GUIDE TO
FLUORINE NMR FOR
ORGANIC CHEMISTS

核磁共振氟谱指南

（原著第二版）

（美）威廉·R. 多尔比耶，Jr. 著
（William R. Dolbier，Jr.）

肖吉昌　林锦鸿　译

化学工业出版社
·北京·

内容简介

本书首先概述了含氟有机化合物的相关特性、氟核磁共振技术及影响因素。然后系统介绍了氟核磁共振在有机化学合成中定量定性分析的应用和全面的氟谱数据，包括氟取代基对氢谱和碳谱的影响，以及氟取代基对磷谱和氮谱化学位移和耦合常数的影响。具体按章节分为单氟取代基、二氟亚甲基、三氟甲基、多氟基团、氟直接连接到杂原子上的化合物和取代基等。

本书可供从事化学、有机合成及分析、医学诊断、化工试剂、生物医药等行业的科研、教学、生产、实验室工作者以及大专院校的本科生、研究生等学习参考。

GUIDE TO FLUORINE NMR FOR ORGANIC CHEMISTS, 2nd edition/by, William R. Dolbier, Jr.
ISBN 9781118831083

Copyright © 2016 by John Wiley & Sons, Inc. All rights reserved.
Authorized translation from the English language edition published by John Wiley & Sons, Inc.

本书中文简体字版由 John Wiley & Son, Inc. 授权化学工业出版社独家出版发行。
本版本仅限在中国内地（大陆）销售，不得销往中国香港、澳门和台湾地区。未经许可，不得以任何方式复制或抄袭本书的任何部分，违者必究。

北京市版权局著作权合同登记号：01-2025-1769

图书在版编目（CIP）数据

核磁共振氟谱指南 /（美）威廉·R. 多尔比耶, Jr. (William R. Dolbier, Jr.) 著；肖吉昌，林锦鸿译.
北京：化学工业出版社，2025.3. -- ISBN 978-7-122-47512-1

Ⅰ. O657.2-62

中国国家版本馆 CIP 数据核字第 2025DT1200 号

责任编辑：高　宁　仇志刚　　　　文字编辑：刘　璐
责任校对：宋　玮　　　　　　　　装帧设计：韩　飞

出版发行：化学工业出版社
　　　　　（北京市东城区青年湖南街 13 号　邮政编码 100011）
印　　装：中煤（北京）印务有限公司
710mm×1000mm　1/16　印张 17　字数 288 千字
2025 年 5 月北京第 1 版第 1 次印刷

购书咨询：010-64518888　　　　　售后服务：010-64518899
网　　址：http://www.cip.com.cn
凡购买本书，如有缺损质量问题，本社销售中心负责调换。

定　　价：198.00 元　　　　　　　版权所有　违者必究

译者前言

由于氟元素的独特性，含氟化合物具有许多不同于其它有机分子的特点和性能，有机氟化学已经成为有机化学中一个重要的分支。有机分子中氟元素的引入可能会大大改变有机分子的物理化学性质以及生理活性，使得含氟化合物广泛应用于材料、医药和能源等领域。据统计，目前已经上市的含氟医药有四百多种，含氟农药有三百多种，为人类健康、粮食安全和社会发展做出了重大贡献。

核磁共振是研究有机化合物结构的重要手段之一，核磁共振氢谱和碳谱是最常用的，而核磁共振氟谱则是含氟有机物结构鉴定必不可少的工具。然而，我们很多关于氟谱的知识一般都来自文献和零零散散的经验积累。目前，国内外仅有一本专门介绍核磁共振氟谱解析的书籍，就是佛罗里达大学 William R. Dolbier, Jr. 教授编著的 *Guide to Fluorine NMR for Organic Chemists*，这本书目前已出版第二版。在中国科学院上海有机化学研究所开设的氟化学课中，也是以该书作为重要参考，上课的学生都盼望能有一本可参考的中文氟谱书。几乎对于所有从事与含氟化合物相关工作的研发人员，无论是来自科研院所还是工业企业，也都非常希望能有一本快速而又全面了解核磁共振氟谱的中文书籍。

我们前面编写的《含氟药物》和《含氟农药》都是由化学工业出版社出版的，在一次交流中，化学工业出版社的同志邀请我将 Dolbier 教授的这本核磁共振氟谱专著翻译成中文，以满足有机氟化学研究和氟产品开发的需求。说实话，我比较犹豫，这工作确实有必要，可我从未做过专业书籍的翻译工作，唯恐无法翻译好，更何况我也不是研究核磁共振的。但在出版社的鼓励下，和林锦鸿博士一道，总算努力完成了这本书的翻译任务。

在开始翻译之前，我特地写信询问过 Dolbier 教授是否会再出新版，他回复我说现在的这版已经比较系统全面，目前没有任何再版的需要。

在翻译过程中发现，这本书没有过多地介绍核磁共振的原理和理论，而是着重分析各种各样含氟分子核磁共振的特点和规律，以及氟取代基对氢谱、碳谱、磷谱和氮谱的化学位移和耦合常数的影响。所以，这本书更偏重实用，正如 Dolbier 教授在该书前言中所说的：这是一本由一线的有机化学工作者为同行们编写的书。

  原著在写作上深入浅出，文笔流畅。翻译时我们尽量忠实于原著，确保译文准确、风格一致，对原著中的一些疏漏也进行了必要的订正。英文人名、参考文献未作翻译。

  由于译者能力水平所限，疏漏和不妥之处恐难避免，恳请广大读者朋友批评指正。

肖吉昌
2024.7.10

前 言

氟取代基独特的极性和空间位阻特性以及对分子物理和化学性质的影响，促使越来越多的有机合成化学家将氟原子引入具有合成价值的目标化合物中。在制备含氟化合物时，人们首先面临的是学习氟化物的独特合成方法这一艰巨任务。

然后，一旦合成出所需的含氟化合物，就进入了核磁共振氟谱的世界，真正的乐趣就开始了。然而，初次接触核磁共振氟谱可能也会遇到问题，因为尽管大多数有机合成化学家都非常熟悉使用核磁共振氢谱和碳谱来进行化合物表征，但很少有使用核磁共振氟谱进行化合物表征的经验。因此，人们急需获取关于核磁共振氟谱本身简明而又全面的介绍，并且同样重要的是，可以去学习氟取代基是如何提高核磁共振氢谱和碳谱作为结构表征工具的有效性的。

简单地说，这就是本书第二版的目标——为一线有机化学工作者提供几乎所有需要了解的核磁共振氟谱知识，包括氟取代基对核磁共振氢谱和碳谱的影响，以及第二版中新增的氟对 ^{31}P NMR 和 ^{15}N NMR 化学位移和耦合常数的影响（基于此类数据的可得程度）。

本书主要供学术界和工业界的有机化学工作者使用，他们大多对具有潜在药物和农用化学品价值的含氟化合物感兴趣。这些化合物大部分是我所说的"轻度"氟化的，即含有一个或最多几个氟取代基，重点是孤立的单氟取代基、CF_2 基团和三氟甲基取代基。然而，几乎所有可能引起兴趣的含氟取代基，包括 C_2F_5 和 SF_5 在内，也都进行了讨论。较"重度"氟化的化合物并非完全被忽视，但重点是"轻度"氟化的。本书还提供了共价结合的无机氟化物的数据。

希望本书能够既为初学者提供入门介绍，又为那些在含氟有机化合物方面已有经验的化学工作者提供参考。本书并非出自核磁共振"专家"之手，而是由一位一线的有机化学工作者为同行们编写的。

我要感谢第一版的所有读者，特别是那些指出错误或疏漏以及为第二版提出补充和修改建议的读者。希望第二版能更好地涵盖含氟化合物的巨大多样性。

本书的完成离不开我妻子 Jing 的持续鼓励、Ion Ghiviriga 博士在获取和解释核磁共振谱方面的重要技术支持，以及我现在和过去研究小组成员的得力帮助——他们合成了关键的模型化合物，并与 Ghiviriga 博士一起获取了本书中出现的所有谱图。他们包括常瑛博士、徐伟博士、Oleksandre Kanishchev 博士、Simon Lopez 博士、唐小军博士、张连好、Henry Martinez、Seth Thomoson、杨先金、Masamune Okamoto 和张祖骁。我还要感谢我的儿子 Stephen 为绘制第二版谱图给予的帮助。

威廉·R. 多尔比耶，Jr.
2016 年 7 月 30 日
佛罗里达州，盖恩斯维尔

目 录

第1章 总论 ... **001**

    1.1 为什么含氟化合物令人感兴趣 ... 001
        1.1.1 空间位阻 ... 001
        1.1.2 极性效应 ... 002
        1.1.3 含氟取代基对化合物酸碱性的影响 ... 002
        1.1.4 含氟取代基对分子亲脂性的影响 ... 003
        1.1.5 其它影响 ... 003
        1.1.6 生物医药化学分析中的应用 ... 004
    1.2 核磁共振氟谱简介 ... 004
        1.2.1 化学位移 ... 005
        1.2.2 耦合常数 ... 006
    参考文献 ... 006

第2章 核磁共振氟谱概述 ... **008**

    2.1 引言 ... 008
    2.2 氟化学位移 ... 009
        2.2.1 屏蔽/去屏蔽效应对氟化学位移的影响 ... 010
        2.2.2 溶剂对氟化学位移的影响 ... 013
        2.2.3 氟化学位移范围的总体概述 ... 014
    2.3 氟取代基对氢化学位移的影响 ... 014
    2.4 氟取代基对碳化学位移的影响 ... 015
    2.5 氟取代基对 ^{31}P 化学位移的影响 ... 016
    2.6 氟取代基对 ^{15}N 化学位移的影响 ... 017
    2.7 氟的自旋-自旋耦合常数 ... 019

	2.7.1	分子手性对耦合的影响	023
	2.7.2	空间耦合	025
	2.7.3	氟和氟之间的耦合	027
	2.7.4	氟和氢之间的耦合	028
	2.7.5	氟和碳之间的耦合	030
	2.7.6	氟和磷之间的耦合	032
	2.7.7	氟和氮之间的耦合	032
2.8	二阶谱		033
2.9	同位素对化学位移的影响		038
2.10	高级主题		040
参考文献			043

第 3 章　单氟取代基　　046

3.1	引言		046
	3.1.1	化学位移——概述	047
	3.1.2	自旋-自旋耦合常数——概述	047
3.2	饱和烃		047
	3.2.1	伯烷基氟化物	048
	3.2.2	仲烷基氟化物	051
	3.2.3	叔烷基氟化物	053
	3.2.4	环状和双环烷基氟化物	055
3.3	取代基/官能团的影响		059
	3.3.1	卤素取代基	059
	3.3.2	醇、醚、环氧化物、酯、硫化物、砜、磺酸盐和磺酸基团	065
	3.3.3	氨基、铵、叠氮和硝基基团	068
	3.3.4	磷化合物	069
	3.3.5	硅烷、锡烷和锗烷	070
3.4	羰基官能团		071
	3.4.1	醛和酮	071
	3.4.2	羧酸衍生物	072
	3.4.3	醛、酮和酯的 ^{1}H 和 ^{13}C NMR 数据	073
	3.4.4	β-酮酯、二酯和硝基酯	074

3.5　腈类化合物 074
3.6　单氟取代的烯烃 075
　　3.6.1　单烯烃 075
　　3.6.2　共轭烯烃 079
　　3.6.3　烯丙醇、醚和卤代物 080
　　3.6.4　卤氟烯烃和氟乙烯基醚 081
　　3.6.5　孪位氟杂烯烃 082
　　3.6.6　多氟烯烃 083
　　3.6.7　α,β-不饱和羰基化合物 085
3.7　炔基氟化物 087
3.8　烯丙基和炔丙基氟化物 087
3.9　含氟芳烃 088
　　3.9.1　单氟芳烃 088
　　3.9.2　含氟多环芳烃：含氟萘 092
　　3.9.3　多氟芳烃 094
3.10　氟甲基芳烃 099
3.11　含氟杂环化合物 100
　　3.11.1　含氟吡啶、喹啉和异喹啉 100
　　3.11.2　含氟嘧啶和其它氟取代的六元杂环 103
　　3.11.3　氟甲基吡啶和喹啉 104
　　3.11.4　含氟吡咯和吲哚 104
　　3.11.5　氟甲基吡咯和吲哚 105
　　3.11.6　含氟呋喃和苯并呋喃 105
　　3.11.7　氟甲基呋喃和苯并呋喃 106
　　3.11.8　含氟噻吩和苯并噻吩 107
　　3.11.9　氟甲基噻吩和苯并噻吩 108
　　3.11.10　含氟咪唑和吡唑 108
　　3.11.11　氟甲基和氟烷基咪唑，$1H$-吡唑，苯并咪唑，
　　　　　　$1H$-三唑，苯并三唑和悉尼酮 109
3.12　其它常见的单氟取代基 109
　　3.12.1　酰氟 110
　　3.12.2　氟甲酸酯 110
　　3.12.3　亚磺酰氟和磺酰氟 110

参考文献 111

第 4 章　二氟亚甲基　　　　　　　　　　　　　　　　　　　112

4.1　引言 112
  4.1.1　化学位移——概述 113
  4.1.2　自旋-自旋耦合常数——概述 113

4.2　含有 CF_2 基团的饱和烃 114
  4.2.1　含有一级 CF_2H 基团的烷烃 114
  4.2.2　二级 CF_2 基团 117
  4.2.3　CF_2 基团耦合常数的讨论 119
  4.2.4　相关的 ^1H 化学位移数据 120
  4.2.5　相关的 ^{13}C NMR 数据 123

4.3　取代基/官能团的影响 125
  4.3.1　卤素取代基 125
  4.3.2　醇、醚、酯、硫醚和相关取代基 127
  4.3.3　环氧化合物 131
  4.3.4　亚砜、砜、亚砜亚胺和磺酸 131
  4.3.5　β,β-二氟醇 132
  4.3.6　CF_2 上连有两个不同杂原子的化合物，包括氯（或溴）二氟甲基醚 132
  4.3.7　胺、叠氮化物和硝基化合物 133
  4.3.8　膦、膦酸酯和镤化合物 135
  4.3.9　硅烷、锡烷和锗烷 136
  4.3.10　有机金属化合物 136

4.4　羰基官能团 137
  4.4.1　醛和酮 137
  4.4.2　羧酸及其衍生物 139

4.5　腈类化合物 141

4.6　氨基、羟基和酮基二氟羧酸衍生物 141

4.7　磺酸衍生物 142

4.8　烯烃和炔烃 143
  4.8.1　含有端 CF_2 乙烯基的简单烯烃 143
  4.8.2　含有端 CF_2 乙烯基的共轭烯烃 145

4.8.3	含有端CF_2基团的累积烯烃	146
4.8.4	邻位卤素或醚官能团的影响	146
4.8.5	烯丙基取代基的影响	146
4.8.6	多氟乙烯	147
4.8.7	三氟乙烯基	147
4.8.8	带有端CF_2乙烯基的α,β-不饱和羰基体系	148
4.8.9	烯丙基和炔丙基CF_2基团	148

4.9 含有CF_2H或CF_2R基团的苯系芳烃 ... 150
    4.9.1 ^1H和^{13}C NMR数据 ... 150
    4.9.2 具有更远芳基取代基的CF_2基团 ... 151

4.10 杂芳基CF_2基团 ... 151
    4.10.1 吡啶、喹诺酮、菲啶和吖啶 ... 151
    4.10.2 呋喃、苯并呋喃、噻吩、吡咯和吲哚 ... 152
    4.10.3 嘧啶 ... 154
    4.10.4 含两个杂原子的五元杂环：咪唑、苯并咪唑、
           $1H$-吡唑、噁唑、异噁唑、噻唑和吲唑 ... 154
    4.10.5 含三个或更多杂原子的五元杂环：悉尼酮、
           三唑和苯并三唑 ... 155
    4.10.6 其它二氟甲基取代的杂环体系 ... 155

参考文献 ... 156

第5章 三氟甲基 — 157

5.1 引言 ... 157
5.2 含CF_3基的饱和烃 ... 158
    5.2.1 含CF_3基的烷烃 ... 158
    5.2.2 含CF_3基的环烷烃 ... 159
    5.2.3 ^1H和^{13}C NMR数据——概论 ... 160
5.3 取代基和官能团的影响 ... 161
    5.3.1 卤素的影响 ... 162
    5.3.2 醚、醇、酯、硫醚和硒醚 ... 163
    5.3.3 砜、亚砜和亚砜亚胺 ... 169
    5.3.4 胺和硝基化合物 ... 169

  5.3.5 三氟甲基亚胺、肟、腙、亚氨酰氯、硝酮、重氮
     和二氮杂环丙烷化合物 ································· 171
  5.3.6 膦和鏻化合物 ································· 172
  5.3.7 有机金属化合物 ································· 172
5.4 硼酸酯 ··· 173
5.5 羰基化合物 ··· 174
5.6 腈类化合物 ··· 179
5.7 双官能团化合物 ····································· 179
5.8 磺酸衍生物 ··· 179
5.9 三氟甲基直接与 sp^2、sp 杂化态碳相连 ····················· 180
  5.9.1 三氟甲基与烯基相连 ································· 180
  5.9.2 α,β-不饱和羰基化合物 ································· 183
  5.9.3 多氟取代的烯丙基 ································· 186
  5.9.4 三氟甲基与炔基相连 ································· 186
5.10 三氟甲基与芳环相连 ································· 186
  5.10.1 氢和碳核磁共振数据 ································· 188
  5.10.2 多三氟甲基苯 ································· 189
5.11 三氟甲基与杂芳环相连 ································· 191
  5.11.1 吡啶、喹啉、异喹啉、苯并喹啉 ································· 191
  5.11.2 嘧啶、喹喔啉、吡嗪 ································· 192
  5.11.3 吡咯和吲哚 ································· 192
  5.11.4 噻吩和苯并噻吩 ································· 193
  5.11.5 呋喃 ································· 194
  5.11.6 咪唑和苯并咪唑 ································· 195
  5.11.7 噁唑、异噁唑、噁唑烷、噻唑、$1H$-吡唑、
      $1H$-吲唑、苯并噁唑和苯并噻唑 ································· 195
  5.11.8 三唑和四唑 ································· 197
参考文献 ·· 197

第 6 章 多氟基团 198

6.1 引言 ··· 198
6.2 1,1,2-和 1,2,2-三氟乙基 ································· 200
6.3 1,1,2,2-四氟乙基和四氟亚乙基 ··························· 201

6.4	1,2,2,2-四氟乙基	204
6.5	五氟乙基	205
	6.5.1 五氟乙基的 α-位连有氧原子	207
	6.5.2 五氟乙基醚、硫醚和膦	208
	6.5.3 五氟乙基金属	209
6.6	2,2,3,3,3-五氟丙基	209
6.7	1,1,2,3,3,3-六氟丙基	211
6.8	1,1,2,2,3,3-六氟丙基和六氟亚丙基	212
6.9	六氟异丙基	212
6.10	七氟正丙基	214
6.11	七氟异丙基	215
6.12	九氟正丁基	215
6.13	九氟异丁基	216
6.14	九氟叔丁基	216
6.15	氟相基团（全氟长链基团）	216
6.16	1-氢-全氟烷烃	217
6.17	全氟烷烃	218
6.18	全氟正烷基卤化物	220
6.19	全氟烷基胺、醚和羧酸衍生物	221
6.20	多氟烯烃	221
	6.20.1 三氟乙烯基	221
	6.20.2 全氟烯烃	224
6.21	多氟芳烃	225
	6.21.1 2,3,5,6-四氟苯化合物	225
	6.21.2 五氟苯基	225
6.22	多氟杂环	226
	6.22.1 多氟吡啶	226
	6.22.2 多氟呋喃	227
	6.22.3 多氟噻吩	227
	6.22.4 多氟嘧啶	228
参考文献		228

第 7 章 氟直接与杂原子相连的化合物和取代基   **229**

7.1	引言	229

7.2	硼氟化物	230
7.3	氟硅烷	230
7.4	氮氟化物	231
7.5	磷氟化物	232
	7.5.1 磷（Ⅲ）氟化物	232
	7.5.2 磷（Ⅴ）氟化物	233
	7.5.3 磷（Ⅴ）氧氟化物	235
	7.5.4 环磷腈	235
7.6	氧氟化物（次氟酸酯）	236
7.7	硫氟化物	236
	7.7.1 无机硫、硒和碲的氟化物	237
	7.7.2 二芳基硫、二芳基硒和二芳基碲的二氟化物	237
	7.7.3 芳基和烷基 SF_3 化合物	237
	7.7.4 二烷基氨基三氟化硫	238
	7.7.5 高价硫氟化物	239
	7.7.6 相关的高价硒和碲氟化物	242
	7.7.7 有机亚磺酰氟和磺酰氟	242
7.8	有机化学中的五氟硫基（SF_5）	243
	7.8.1 饱和脂肪族体系	245
	7.8.2 烯基 SF_5 取代基	248
	7.8.3 炔基 SF_5 取代基	249
	7.8.4 芳香族 SF_5 取代基	249
	7.8.5 杂环 SF_5 化合物	254
7.9	三氟化溴、三氟化碘和五氟化碘	255
7.10	芳基及烷基卤二氟化物和四氟化物	256
7.11	氙氟化物	256
参考文献		257

第1章

总论

1.1 为什么含氟化合物令人感兴趣

有机化学工作者对含氟化合物感兴趣的原因很简单。由于氟的空间位阻和极性特性,所以即使是单氟取代基,在分子中处于合适位置时,也能对该分子的物理和化学性质产生显著影响。已有许多综述和专著讨论了氟对化合物物理和化学性质的影响[1-13]。也有一些关于氟在医药、农业化学和材料化学中应用的综述[14-23]。

1.1.1 空间位阻

就其空间位阻影响而言,氟是除氢的同位素外能够取代分子中氢原子的最小取代基。表 1.1 比较了不同含氟取代基对环己烷中轴向和平伏取代平衡的空间位阻影响[24]。

表 1.1 一些常见取代基的 A 值($-\Delta G^{\ominus}$(kcal/mol)$=A$)

X	A 值	X	A 值
H	[0]	F	0.2
OH	0.5	OCF_3	0.8
OCH_3	0.6	SCF_3	1.2
CH_3	1.7	CH_2F	1.6
C_2H_5	1.8	CHF_2	1.9
i-C_3H_7	2.2	CF_3	2.4
Ph	2.8	C_2F_5	2.7

注:1kcal=4.1868kJ。

1.1.2 极性效应

当然,氟是元素周期表上电负性最强的原子。σ_p(极性取代基常数)值和 F(场效应常数)值("纯的"场诱导效应)是取代基吸电子作用的指标,可以看出,氟具有单原子取代基中最大的 F 值。由其它各种含氟(和不含氟)取代基的 σ_p 值和 F 值,可以深入了解含氟取代基的相对吸电子能力(表1.2)[25]。

表 1.2 取代基效应:σ_p 值和 F 值

取代基	σ_p	F	取代基	σ_p	F
H	[0]	[0]	CH_2F	0.11	0.15
F	0.06	0.45	CHF_2	0.32	0.29
Cl	0.23	0.42	CF_3	0.54	0.38
OH	−0.37	0.33	C_2F_5	0.52	0.44
NH_2	−0.66	0.08	OCF_3	0.35	0.39
NO_2	0.78	0.65	SCF_3	0.50	0.36
CH_3	−0.17	0.01	SF_5	0.68	0.56
			CH_2CF_3	0.09	0.15

1.1.3 含氟取代基对化合物酸碱性的影响

含氟取代基的强电负性体现在其对醇、羧酸和磺酸酸性的影响以及对胺碱性的影响上(表1.3~表1.6)[1, 26]。

表 1.3 羧酸的酸性

羧酸	解离常数(pK_a)
CH_3CO_2H	4.8
FCH_2CO_2H	2.59
$O_2NCH_2CO_2H$	1.32
$CF_3CH_2CO_2H$	2.9
$CF_3CH_2CH_2CO_2H$	4.2
CF_3CO_2H	0.2

表 1.4 磺酸的酸性

磺酸	pK_a
CH_3SO_3H	−2.6
CF_3SO_3H	−12

表 1.5 醇的酸性

醇	pK_a
CH_3CH_2OH	15.9
CF_3CH_2OH	12.4
$(CF_3)_2CHOH$	9.3
$(CF_3)_3COH$	5.4

表 1.6 胺的碱性

胺	在水溶液中的 pK_b
$CH_3CH_2NH_2$	3.3
$CF_3CH_2CH_2NH_2$	5.1
$CF_3CH_2NH_2$	8.3
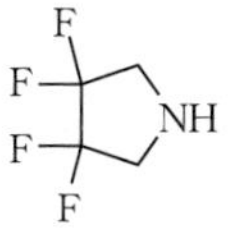 3,3,4-三氟吡咯烷	10.0
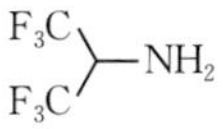 $(CF_3)_2CHNH_2$	12.8
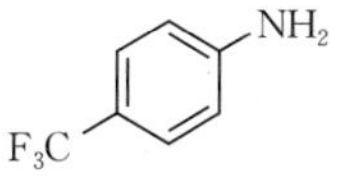 4-(三氟甲基)苯胺	27.0(二甲基亚砜中)

1.1.4 含氟取代基对分子亲脂性的影响

在设计生物活性化合物时,亲脂性是一个重要的考虑因素,因为它通常控制着化合物的吸收、转运或受体结合;也就是说,亲脂性是一种能够提高化合物生物利用度的性质。取代基中氟原子的存在会导致亲脂性的增强。

对于苯环上的取代基,亲脂性由 π_X 值给出,该值可通过图 1.1 中的公式进行计算,其中 P 值为辛醇/水分配系数。

作为衡量氟对分子亲脂性影响的一项指标,CF_3 基团的 π_X 值为 0.88,而 CH_3 基团为 0.56。

1.1.5 其它影响

还有证据表明,与碳相连的单氟取代基,尤其是在芳环上时,可以表现出特定的极性影响,包括氢键作用,这些可以强烈影响与酶的结合[16,27]。

$$\pi_X = \lg P_{C_6H_5X} - \lg P_{C_6H_6}$$

$SO_2CH_3 < OH < NO_2 < OCH_3 < H < F < Cl < SO_2CF_3 < CH_3 < SCH_3 < CF_3 < OCF_3$

$< SF_5 < SCF_3 < C_2F_5$

典型π_X值：CH_3 (0.56)，CF_3 (0.88)，OCF_3 (1.04)，SF_5 (1.23)，SCF_3 (1.44)

图 1.1 取代基亲脂性

上述这些以及其它关于含氟有机化合物结构-活性关系的理解，使得研究氟取代对生物活性影响的研究人员能够更有效地设计含氟生物活性化合物。在这些化合物的合成过程中，有必要对含氟的合成中间体和最终目标化合物进行表征，掌握[19]F NMR 知识对于此类表征至关重要。

1.1.6 生物医药化学分析中的应用

核磁共振波谱已成为促进药物发现过程的一种筛选工具，而[19]F NMR 谱尤其如此（更多相关内容见第 2 章）。

1.2 核磁共振氟谱简介[28]

除了碳和氢，[19]F 可能是核磁共振中研究最多的原子核。这其中的原因既包括氟原子核的特性，也包括含氟分子的重要性。[19]F 原子核具有 100% 的天然丰度和高磁旋比，磁旋比约为[1]H 的 0.94 倍。与氢相比，其化学位移（δ）范围非常大，有机氟化物的化学位移范围超过 350。因此，多氟化合物中不同氟原子核的共振通常分离得很好，并且其谱图通常是一阶的。氟的核自旋量子数为 1/2，因此，氟以类似于氢的方式与其邻近的氢和碳发生耦合，并且弛豫时间很长，足以解析出自旋-自旋分裂。此外，氟的远程自旋-自旋耦合常数可能具有相当大的量级，这在提供广泛的连接性信息方面特别有用，尤其是在[13]C NMR 谱中。

尽管含磷有机氟化物的数量有限，使得[31]P 的普适性较低，但[31]P 也具有 1/2 的核自旋量子数，其天然丰度为 100%，并且与邻近的氟存在强耦合作用。因此，当存在磷时，会对氟的核磁共振谱产生显著影响。[15]N 同样具有 1/2 的核自旋量子数，然而，由于[15]N 的天然丰度非常低（0.366%），再加上其较小的旋磁比（-4.314 MHz/T，约为[1]H 的 1/10），所以，几乎从未能够直接测量它与氟的耦合。因此，几乎总是采用间接方法来确定化学位移以及 F-N 耦合常数。

正如本书中许多例子所展示的，巧妙地将氟谱与氢谱、碳谱、磷谱和氮谱结合在一起使用，可以为结构表征提供独特的优势。特别是当人们了解氟取代基对邻近 H、C、P 和 N 原子化学位移以及耦合常数的影响时，这一点尤为凸显。

1.2.1 化学位移

一氟三氯甲烷（$CFCl_3$）已成为 ^{19}F NMR 谱测量中广泛接受和首选的内标。因此，其化学位移值被指定为零。位于 $CFCl_3$ 峰高场（屏蔽较大区域）的信号被赋予负的化学位移值，而位于其低场（屏蔽微弱区域）的信号则被赋予正的化学位移值。当报道氟化学位移时，建议将其相对于 $CFCl_3$ 进行报道。

其它常见的内标化合物（特别是在早期文献中）的化学位移值如下：

CF_3CO_2H：-76.2

六氟苯：-162.2

三氟甲苯：-63.2

三氟乙酸乙酯：-75.8

$CFCl_3$ 的优点是：其存在不会对化合物的氟化学位移产生任何影响，加之其观察到的信号位于大多数氟碳化合物信号的低场。因此，大多数氟碳化合物的氟化学位移值都是负的。

然而，必须注意的是，一些重要的含氟官能团，例如酰氟（δ 约 $+20$）、磺酰氟（δ 约 $+60$）和五氟硫基（SF_5）取代基（δ 高达 $+85$），其信号位于 $CFCl_3$ 的低场区域。来自脂肪族 CH_2F 基团的信号位于高场端，正烷基氟化物 δ 在约 -218 处。甲基氟 δ 在 -268 处，是具有较高场化学位移的有机氟化物之一。四氟甲基硅烷可能具有最高场的化学位移（$\delta-277$）。第 2 章概述了氟化学位移，后续章节提供了每种氟取代基的详细信息。

本书中提供的所有化学位移数据均来源于原始文献或作者实验室获取的谱图。除非另有说明，书中实际展示的所有谱图均源自作者在佛罗里达大学的研究。所有来自文献的数据均通过使用 Reaxys 或 SciFinder 进行搜索而得。对这些原始文献感兴趣的读者可以通过这些数据库轻松访问，只需搜索在文中提到的特定化合物即可。

需要注意的是，文献报道的特定化合物的化学位移存在差异，这是可以预料的。一般这些差异小于± 2，并且通常可以归因于浓度和溶剂效应（以及简单的实验误差）。在选择数据时，优先使用 $CDCl_3$ 作溶剂所报道的数据，化学位移报道精确到最接近的数据（除非偶尔在来自同一研究的系列内部进行比较时）。当文献中报道了多个值时，作者会根据自己的判断选择在本书中使用的数值。

人们已经做出了越来越有效的努力来计算氟化学位移，下面提供了一些此类理论工作的主要参考文献[29-32]。

1.2.2 耦合常数

氟一个原子核与其它氟原子核、邻近的氢原子核，以及氟取代基附近的碳、磷或氮之间的自旋-自旋耦合常数大小变化很大，但也高度依赖于其环境。后续各章节将讨论不同结构氟取代基中这类特征性耦合常数的大小。

本书中所述的自旋-自旋耦合常数为 |J|，单位为赫兹（Hz），这些耦合常数要么来自原始文献，要么来自作者实验室获取的谱图。

参考文献

[1] Chambers, R. D. *Fluorine in Organic Chemistry*; Blackwell Publishing：Oxford，**2004**.

[2] Chambers, R. D. *Fluorine in Organic Chemistry*; John Wiley and Sons：New York，**1973**.

[3] Uneyama, K. *Organofluorine Chemistry*; Blackwell Publishing：Oxford，**2006**.

[4] Hiyama, T. *Organofluorine Compounds. Chemistry and Applications*; Springer：Berlin，**2000**.

[5] Welch, J. T.; Eswarakrishnan, S. *Fluorine in Bioorganic Chemistry*; John Wiley and Sons：New York，**1991**.

[6] Begue, J.-P.; Bonnet-Delpon, D. *Bioorganic and Medicinal Chemistry of Fluorine*; Wiley：Hoboken, NJ，**2008**.

[7] Smart, B. E. In *Organofluorine Chemistry -Principles and Commercial Applications*; Banks, R. E., Smart, B. E., Tatlow, J. C., Eds.; Plenum Press：New York，**1994**，p 57.

[8] O'Hagan, D. *Chem. Soc. Rev.* **2008**，37，308.

[9] Kirsch, P. *Modern Fluoroorganic Chemistry*; Wiley-VCH：Weinheim，**2004**.

[10] Berger, R.; Resnati, G.; Metrangolo, P.; Weber, E.; Hullinger, J. *Chem. Soc. Rev.* **2011**，40，3496.

[11] Bissantz, C.; Kuhn, B.; Stahl, M. *J. Med. Chem.* **2010**，53，5061.

[12] Ojima, I. *Fluorine in Medicinal Chemistry and Chemical Biology*; Wiley-Blackwell：Chichester, UK，**2009**.

[13] Huchet, Q. A.; Kuhn, B.; Wagner, B.; Fischer, H.; Kansy, M.; Zimmerli, D.; Carreira, E. M.; Mueller, K. *J. Fluorine Chem.* **2013**，152，119.

[14] Böhm, H.-J.; Banner, D.; Bendels, S.; Kansy, M.; Kuhn, B.; Müller, K.; Obst-

Sander, U. ; Stahl, M. *ChemBioChem* **2004**, *5*, 637.

[15] Müller, K. ; Faeh, C. ; Diederich, F. *Science* **2007**, *317*, 1881.

[16] Purser, S. ; Moore, P. R. ; Swallow, S. ; Gouverneur, V. *Chem. Soc. Rev.* **2008**, *37*, 320.

[17] Kirk, K. L. *Org. Proc. Res. Dev.* **2008**, *12*, 305.

[18] Isanbor, C. ; O'Hagan, D. *J. Fluorine Chem.* **2006**, *127*, 303.

[19] Begue, J.-P. ; Bonnet-Delpon, D. *J. Fluorine Chem.* **2006**, *127*, 992.

[20] Kirk, K. L. *J. Fluorine Chem.* **2006**, *127*, 1013.

[21] Fujiwara, T. ; O'Hagan, D. *J. Fluorine Chem.* **2014**, *167*, 16.

[22] Ampt, K. A. M. ; Aspers, R. L. E. G. ; Jaeger, M. ; Geutjes, P. E. T. J. ; Honing, M. ; Wijmenga, S. S. *Magn. Res. Chem.* **2011**, *49*, 221.

[23] Wang, J. ; Sanchez-Rosello, M. ; Acena, J. L. ; del Pozo, C. ; Sorochinsky, A. E. ; Fustero, S. ; Soloshonok, V. A. ; Liu, H. *Chem. Rev.* **2014**, *114*, 2432.

[24] Carcenac, Y. ; Tordeux, M. ; Wakselman, C. ; Diter, P. *New J. Chem.* **2006**, *30*, 447.

[25] Hansch, C. ; Leo, A. ; Taft, R. W. *Chem. Rev.* **1991**, *91*, 165.

[26] Roberts, R. D. ; Ferran, H. E. , Jr. ; Gula, M. J. ; Spencer, T. A. *J. Am. Chem. Soc.* **1980**, *102*, 7054.

[27] Champagne, P. A. ; Desroches, J. ; Paquin, J.-F. *Synthesis* **2015**, *47*, 306.

[28] Hesse, M. ; Meier, H. ; Zeeh, B. *Spectroscopic Methods in Organic Chemistry*; Georg Thieme Verlag: Stuttgart, **1997**.

[29] Wiberg, K. B. ; Zilm, K. W. *J. Org. Chem.* **2001**, *66*, 2809.

[30] Fukaya, H. ; Ono, T. *J. Comput. Chem.* **2004**, *25*, 51.

[31] Saielli, G. ; Bini, R. ; Bagno, A. *Theor. Chem. Acc.* **2012**, *131*, 1140.

[32] Raimer, B. ; Jones, P. G. ; Lindel, T. *J. Fluorine Chem.* **2014**, *166*, 8.

第2章

核磁共振氟谱概述

2.1 引言

如果想要获得核磁共振氟谱，当然首先得有一台带有能够观测氟原子核的探头的波谱仪。幸运的是，当今工业和学术研究实验室中大多数现代高场核磁共振波谱仪都具备这种能力。目前用于常规核磁共振谱测量的最常见的仪器是300MHz、400MHz 和 500MHz 的，它们分别在 300MHz、400MHz 和 500MHz 下测量氢谱，在 75.5MHz、100.6MHz 和 125.8MHz 下测量碳谱，以及在282MHz、376MHz 和 470MHz 下测量氟谱。在大多数情况下，除非另有说明，本书中展示的谱图都是 500MHz 的氢谱、125.8MHz 的碳谱、282MHz 的氟谱，且都是在佛罗里达大学化学系的核磁共振设备上获得的。

在获取并试图解释核磁共振氟谱之前，建议读者先熟悉本书中介绍的与氟化学位移和自旋-自旋耦合常数相关的一些基本概念。W. S. Brey 和 M. L. Brey 对氟核磁共振也有非常精彩的介绍[1]。

对于核磁共振氟谱领域的新研究者来说，氟的核磁共振有很多便利之处，这使得从核磁共振氢谱过渡到核磁共振氟谱相对容易。氟的核自旋为 1/2，具有与氢几乎相等的灵敏度，再加上其足够长的弛豫时间以提供可靠的积分值，因此 ^{19}F 原子核提供的核磁共振谱与氢谱非常相似。另外，氟的化学位移范围更宽，这意味着在带有多个含氟取代基的化合物中，通常不会遇到信号重叠，因此大多数谱图是一阶的。此外，由于在获取氟谱时通常不采用质子去耦，因此不仅可以观察到邻近氟取代基之间的耦合，还可以观察到氟与氢原子核之间的耦合，而且偕位和邻位 F-F 和 F-H 耦合常数的大小通常大于相应的 H-H 自旋-自旋耦合常数。

与氢谱的情况一样（但与碳谱不同），氟谱中各个信号的强度构成了产生这些信号的氟原子相对数量的准确量度。

由于如今从事有机氟化物合成的大多数有机化学家都在制药和农药行业工

作，而这些人主要对轻度氟化的分子感兴趣，所以本书将重点对含一个、两个或三个氟原子，或者含有限数量氟原子取代基的化合物进行核磁共振分析，目标是理解这些取代基的化学位移和自旋-自旋耦合是如何受它们所处的结构环境所影响的。

2.2 氟化学位移

任何核磁共振活性核所观察到的共振频率都特征性地依赖于该核的磁性环境。具有磁矩的原子核所感受到的有效场强（B_{eff}）与外加场强（B_0）的关系如式（2.1）所示：

$$B_{eff} = B_0 - \sigma B_0 \tag{2.1}$$

式中，σ是无量纲屏蔽常数。

这个屏蔽常数σ由三项组成[等式（2.2）]：

$$\sigma = \sigma_{dia} + \sigma_{para} + \sigma^i \tag{2.2}$$

式中，σ_{dia}为抗磁项，对应于由施加在原子核周围电子云上外加磁场的影响而产生的反向磁场，在这种情况下，靠近原子核的电子比远离原子核的电子产生更大的屏蔽；σ_{para}为顺磁项，来源于p电子在外加磁场下的激发，其影响与抗磁屏蔽相反；σ^i，源于邻近基团的作用，它可以增加或减少原子核处的磁场。σ还可能受到分子间效应的影响，在大多数情况下，分子间效应源于溶剂的相互作用。

对于氢谱来说，仅存在s轨道，因此只有σ_{dia}很重要。然而相反，顺磁项σ_{para}在决定氟原子核的相对屏蔽中占主导地位。因此，大多数化学家在使用^1H NMR时所获得的关于"屏蔽"的"正常"直觉，通常不适用于预测^{19}F NMR中的相对化学位移。例如，$ClCH_2CH_2F$（$\sigma_F = -220$）的氟原子核比CH_3CH_2F（$\sigma_F = -212$）的氟原子核受到更高的屏蔽。

核磁共振氟谱和氢谱之间还存在其它显著差别。例如，各向异性磁场（如环电流产生的磁场）对核磁共振氟谱的影响比对核磁共振氢谱的影响要小得多。因此，烯基和芳基氟化物的化学位移范围完全重叠。同样值得注意的是，与碳相连的单氟取代基对环境的敏感性远远大于与碳相连的CF_2或CF_3取代基。含有乙烯基、芳基和饱和脂肪族氟取代基的单氟化物，氟化学位移δ_F范围约为-70至-238，而CF_2基团的δ_F类似范围为-80至-130，CF_3基团的δ_F范围甚至更小，约-52至-87。

一般而言，在其它条件相同的情况下，三氟甲基的氟比CF_2H或$R—CF_2—R'$基团的氟受到的去屏蔽作用更大，而CF_2H或$R—CF_2—R'$基团又比单氟取代基受到的去屏蔽作用更大（图2.1）。

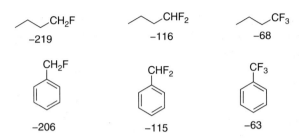

图2.1　CF_3、CHF_2和CH_2F的氟化学位移

2.2.1　屏蔽/去屏蔽效应对氟化学位移的影响

2.2.1.1　α-卤素或硫族元素的影响

如表2.1和表2.2所示，α-卤素或α-硫族元素取代对氟化学位移的影响是变化的，这取决于该取代是在CF_3、CF_2H和CH_2F中的哪个基团上。因此，观察到CF_3和CF_2H基团按F＜Cl＜Br＜I取代顺序受到的去屏蔽作用越来越大（与氢化学位移观察到的趋势相反），其中CF_3的趋势更为明显。相反，CH_2F基团在从F到I的取代过程中受到的屏蔽作用越来越大（表2.1）。

表2.1　α-卤素取代对氟化学位移的影响

化合物	取代基				
	CH_3	F	Cl	Br	I
CF_3X	−65	−62	−33	−21	−5
HCF_2X	−110	−78	−73	−70	−68
H_2CFX	−212	−143	−169	—	−191

同样地，类似的α-硫族元素取代仅在CF_3基团上表现出一致的去屏蔽趋势（F＜OPh＜SPh＜SePh），而对于CF_2H和CH_2F基团则观察到屏蔽效应（表2.2）。

表2.2　α-硫族元素取代对氟化学位移的影响

化合物	取代基			
	F	OPh	SPh	SePh
CF_3Y	−62	−58	−43	−37
HCF_2Y	−79	−87	−96	−94
H_2CFY	−143	−149	−180	—

2.2.1.2　芳基氟化物与苄基氟化物的取代基效应

对位取代基对芳基氟化物与苄基氟化物化学位移的影响存在显著差异。对芳基氟化物来说，给电子给体取代基会屏蔽氟原子核，而这样的取代基则会导致苄基氟化物中氟原子核的去屏蔽（图2.2）[2]。

	对比		
X = NO₂	−103.6	−216.2	屏蔽作用最大
CN	−104.0	−215.7	
H	−113.8	−207.3	
Cl	−116.7	−208.0	
Me	−119.2	−204.3	
OMe	−125.2 屏蔽作用最大	−199.8	

图 2.2 取代基对芳基和苄基氟化物氟化学位移影响的对比

对于芳基氟化物，其屏蔽程度被认为与氟原子的 π 电荷密度有关[3]。另一方面，超共轭 $\pi\text{-}\sigma^*_{CF}$ 相互作用被认为是导致苄基氟化物观察到的趋势的原因。

2.2.1.3 降冰片烯-7-基氟化物中的高超共轭效应

与对位取代苄基氟化物所观察到的趋势相关的是：与 *endo*-异构体或饱和体系相比，降冰片烯-7-基氟化物的反式异构体表现出较大的被去屏蔽作用（图 2.3）[4]。这归因于高超共轭的 π-σ_{CF}* 效应，因为在这种情况下，π-键与 C—F 键是反叠的。

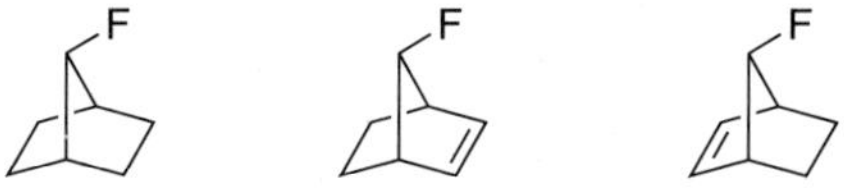

−202.9   −200.8   −178.2

图 2.3 降冰片烯-7-基氟化物的异构体与饱和体系的氟化学位移

在苄基和降冰片烯-7-基氟化物中，给电子基团的存在会导致去屏蔽，这种位移变化似乎与直觉相悖。

2.2.1.4 桥头氟化物中极性取代基效应的传递

有主要来自 Adcock 小组的大量文献，探讨了双环桥头氟化物中极性取代基效应的传递。在这样的体系中，氟化学位移被用作监测 σ-电子离域效应的灵敏探针（图 2.4）。

X = NO₂	−181.2	−174.8	−158.3
H	−133.2	−182.7	−148.4
NH₂	−171.2	−171.4	−155.9
CH₃	−145.4	−176.1	−152.3

图 2.4 取代基对双环桥头氟化物氟化学位移的影响

图 2.4 中观察到的有时差异很大的（取代基）效应，被认为主要来源于电场效应和电负性效应，同时也涉及"跨键（through-bond）"和"跨空间（through-space）"效应等 σ-电子离域机制。对这些效应感兴趣的读者可以查阅这方面的原始文献[4-6]。

2.2.1.5 氟取代基的位阻去屏蔽

另一个重要且经常遇到的影响氟化学位移的因素是邻近烷基对 CF_3 基、CF_2 基和芳基 C—F 的去屏蔽作用（根据有限的数据，对 CH_2F 基似乎没有显著影响）[7]。在图 2.5 所示的情况下，结构上除了烷基与含氟基团的空间相互作用以外，其它因素都相同，人们观察到这种空间相互作用的存在会导致显著的去屏蔽现象。这种去屏蔽现象只在烷基的范德华半径与氟原子的范德华半径直接重叠时发生，被认为是烷基的范德华力限制了氟原子上电子的运动，从而使氟原子核对磁场产生响应，就好像电子密度降低了一样。

这种作用最常见的情况是比较三氟甲基或二氟甲基取代烯烃的 E 式和 Z 式异构体，但正如萘的例子所示，这种作用并非该情况所独有。

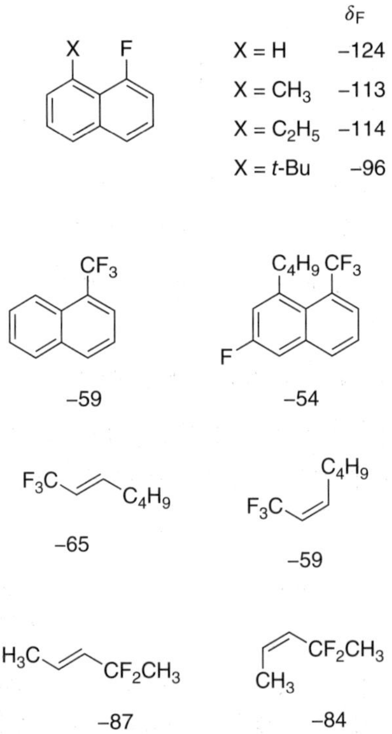

δ_F

X = H   −124
X = CH_3 −113
X = C_2H_5 −114
X = t-Bu   −96

−59   −54

−65   −59

−87   −84

图 2.5 氟取代基的氟化学位移

2.2.2 溶剂对氟化学位移的影响

在获取核磁共振波谱最常用的三种溶剂即 $CDCl_3$、DMSO（二甲基亚砜）-d_6 和丙酮-d_6（d_6 表示溶剂分子中有 6 个氢原子被氘取代）中，观察到的氟化学位移通常不会有太大变化，如表 2.3 所示，该表列出了各种溶剂中一系列典型含氟化合物的波谱数据。这三种溶剂中氟化学位移的变化不超过±1。因此，在本书中报告化学位移时，不会提及具体的溶剂，尽管绝大多数波谱都是在 $CDCl_3$ 中测量的。

在氢谱中，尤其是使用苯-d_6 时，可以观察到较大的溶剂效应。从表 2.4 中的数据可以看出，其它溶剂（特别是 $CDCl_3$ 和丙酮-d_6）中的氢化学位移是相当一致的。

当分子中含有以电正性方式强烈极化的氢原子时，这类显著的位移表明存在 C—H/π 静电相互作用。O'Hagan 对多氟代环己烷的研究提供了一个显著的例证。

表 2.3 溶剂对氟化学位移的影响

化合物	溶剂				
	$CDCl_3$	DMSO-d_6	丙酮-d_6	苯-d_6	CD_3OD
$CF_3CHClBr$	−76.5	−75.1	−76.3	−76.6	−77.5
$HCF_2CF_2CH_2OH$	−139.2	−140.4	−141.1	−139.7	−141.8
	−127.4	−127.1	−128.5	−127.8	−129.4
氟化苯	−113.6	−113.1	−114.2	−113.3	−115.2
1-氟辛烷	−218.5	−216.8	−218.4	−218.2	−219.7

表 2.4 溶剂对氢化学位移的影响

化合物	溶剂				
	$CDCl_3$	丙酮-d_6	DMSO-d_6	苯-d_6	CD_3OD
$CF_3CHClBr$	5.82	6.16	6.08	4.63	5.77
$HCF_2CF_2CH_2OH$	5.93	6.28	6.89	5.34	6.12
	3.98	3.95	4.25	3.29	3.86
氟化苯	7.30	7.40	7.40	6.88	7.33
	7.07	7.15	7.20	6.78	7.09
1-氟辛烷	4.42	4.42	4.42	4.12	4.44

例如 1,2,4,5-四氟环己烷的全顺式异构体，它被极化为具有电负性和电正性的两个面[8]。相对于 CD_2Cl_2，所有下表面的氢在甲苯-d_6 中都受到显著去屏蔽作用，而轴向氢尤其如此，H^1 和 H^3 轴向氢分别被去屏蔽 1.69 和 1.31：

2.2.3 氟化学位移范围的总体概述

图 2.6 简要概述了与碳相连的 F、CF_2 和 CF_3 取代基的基本氟化学位移范围。关于环境对这些化学位移影响的具体细节，分别见第 3~5 章。

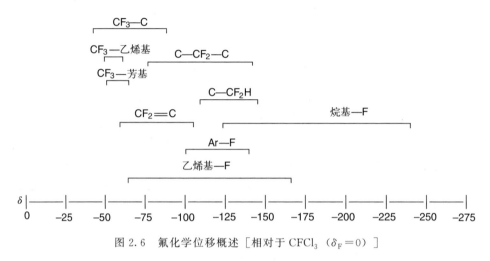

图 2.6 氟化学位移概述［相对于 $CFCl_3$（$\delta_F = 0$）］

尽管常见有机氟化合物的化学位移大多位于 $CFCl_3$ 的高场（因此具有负值），但一些结构会导致氟原子的化学位移为正值（$CFCl_3$ 的低场）。这些情况包括酰基和磺酰氟，以及 SF_5 取代基的氟。

2.3 氟取代基对氢化学位移的影响

总的来说，氟取代基对氢化学位移的影响完全符合人们对高电负性取代基影响的预期。也就是说，其影响在本质上主要是诱导效应。图 2.7 比较了氟取代基与其它卤素和氧（氧与氟的电负性最接近）的相对影响。

因此，可以看出，单氟取代基对连接在同一碳上氢的化学位移的影响符合其相对于电负性较小原子的诱导效应的预期。

	$H_3C-N(CH_3)_2$	H_3C-Cl	$H_3C-O-CH_3$	H_3C-F
δ_H	2.2	3.1	3.4	4.3

$n\text{-}C_4H_9-CH_2-X$	X =	I	Br	Cl	F
$\delta_H =$		3.12	3.40	3.56	4.45

δ_H　　1.29　0.89　　　0.95　1.43　1.70　4.45
CH$_3$—CH$_2$—CH$_2$—CH$_3$　　CH$_3$—CH$_2$—CH$_2$—CH$_2$—F
δ_C　　24.8　13.6

n-C$_7$H$_{15}$—CX$_2$H　　X =　　I　　Br　　Cl　　F
δ_H =　　5.11　5.71　5.93　5.79

δ_H　0.98　1.49　1.80　5.80
CH$_3$—CH$_2$—CH$_2$—CF$_2$H

δ_H　1.01　1.59　2.04
CH$_3$—CH$_2$—CH$_2$—CF$_3$

图 2.7　氟取代基和其它卤素对氢化学位移的影响

与取代基诱导效应引起的其它性质一致，氟取代基对氢化学位移的影响会随着氟原子与目标氢原子距离的增加而急剧减弱。因此，γ-碳上或更远处的氢基本上不会受到单个氟原子的影响。

一个有趣的现象是 CF$_2$H 基中两个氟原子对其氢原子化学位移的影响。从图 2.7 中给出的比较数据可以看出，由两个氟原子引起的去屏蔽作用程度小于两个氯的，仅略高于两个溴的。

最后，从图 2.7 底部的数据可以看出，三氟甲基的诱导效应会影响距离其三个碳原子远的氢的化学位移。

2.4　氟取代基对碳化学位移的影响

尽管碳的主要同位素 ^{12}C 对核磁共振不敏感，但碳核磁共振仍被认为是一种必不可少的表征工具。尽管 ^{13}C 的天然丰度较低（1.1%）、磁矩也较小，导致其相对于氢而言整体灵敏度显著较低（1.76×10^{-4}），但 ^{13}C 具有 1/2 的自旋量子数，碳核磁共振对结构表征至关重要。从最初的商业核磁共振仪器发展开始，获取 ^{13}C NMR 谱图始终是优先考虑的任务。

与氢化学位移的情况一样，^{13}C NMR 化学位移也受到邻近氟取代基的影响，其影响与电负性取代基所预期的方式相同（图 2.8）。这种诱导效应似乎主要适用于 C-1 和 C-2。C-3 实际上似乎被邻近的氟所屏蔽，而 C-4 和 C-5 则不受影响。尽管必须小心注意这一趋势的例外情况，但 ^{13}C 原子核以及与之相连的氢在取代基对其化学位移的影响方面往往表现出类似的行为。

```
CH₃—CH₂—CH₂—CH₂—CH₃                    CH₃—CH₂—CH₂—CH₂—CH₂—F
14.1   22.4  34.2  22.4  14.1           14.0   22.8  27.9  30.8  82.8

            CH₃—CH₂—CH₂—CF₂H
            13.8   15.8  36.2  117.6
            CH₃—CH₂—CH₂—CF₃
            13.4   15.7  35.9  127.5
```

图 2.8　氟取代基对碳化学位移的影响

2.5　氟取代基对 ^{31}P 化学位移的影响

^{31}P 是核自旋为 1/2 的核磁共振活性核，其灵敏度（相对于 H）仅为 0.066，但由于其 100% 的天然丰度，^{31}P 的整体相对灵敏度约为 ^{13}C 的 375 倍。因此，核磁共振磷谱的获取相对容易。通常用于测量 ^{31}P 化学位移的内标是 85% 的 H_3PO_4。

当磷原子在结构上处于氟取代基的邻近位置时，磷化学位移会受到氟取代基存在的显著影响，但影响方式并非人们通常认为的那样。与基于氟的诱导效应（导致其邻近氢和碳去屏蔽）的直观预期相反，磷化合物中邻近氟对磷化学位移的影响是屏蔽磷原子核。图 2.9 给出了几个例子。

```
      Ph₃P             对比        Ph₃PF₂
    δ_P = −6                      δ_P = −55

   Ph₃P⁺—CH₃ BF₄⁻     对比     Ph₃P⁺—CH₂F BF₄⁻
    δ_P = +21.6                   δ_P = +18.2

   Ph₂PO—CH₃          对比        Ph₂PO—CH₂F
    δ_P = +30.2                   δ_P = +23.4

   Ph₂PCH₂CH₃         对比        Ph₂PCH₂CF₃
    δ_P = −12                     δ_P = −27
```

图 2.9　磷化合物中邻近氟对磷化学位移的影响

对于本书中包含的那些含磷化合物示例，如果有可获得的数据，将提供 ^{31}P NMR 数据。

2.6　氟取代基对^{15}N化学位移的影响

含氟化合物的氮核磁共振数据在文献中相对较少。尽管^{14}N核是核磁共振活性的，且天然丰度＞99%，但其灵敏度仅为氢的1/1000，并且它受限于核自旋为1，这意味着它具有一个电核四极矩，会在谱图中产生信号展宽。此外，谱图也反映了$2nI+1$规则，这意味着单个氮原子会将氢和氟分裂成宽的三重峰。这些因素，加上其非常低的灵敏度，意味着在常规的氢或氟核磁共振条件下，观察不到^{14}N的耦合。

另一方面，氮的次要（0.366%）天然同位素^{15}N的核自旋为1/2，但其灵敏度仍然只有氢的1/1000。这使其相对于氢的整体灵敏度仅为3.9×10^{-6}。尽管如此，近年来，从间接方法得到的^{15}N NMR数据已开始出现在文献中。

对于N、F和H之间存在耦合的化合物，采用^{1}H-^{15}N gHSQC实验可以方便地测量^{15}N化学位移和^{19}F-^{15}N耦合，因为这些实验使用了常见的仪器功能：信号路由以进行间接检测，脉冲梯度以抑制与^{15}N相连的氢信号以及可调谐至^{15}N的探针。^{19}F-^{15}N耦合在F1中进行测量，其中H-N耦合已经聚焦。如果在采集过程中使用^{15}N去耦，则两个交叉峰在F1中由J_{FN}分开，在F2中由J_{FH}分开。这种方法仅限于与氢耦合的N原子。在图2.10提供的例子中❶，2-氟吡啶的H6和N均与氟取代基耦合。因此，^{19}F的α和β状态有两个峰。每个峰都保留了氢谱中信号的多重性：通过与H5的耦合，H6是4Hz的双重峰。H6（8.23）和N（275.3）的化学位移可以在各自的F2和F1轴上两个峰的中间读取。耦合常数$^2J_{FN}$（52.8Hz）是^{15}N轴（F1）上峰值之间的距离（以Hz为单位）。耦合常数$^4J_{H6,F}$（0.8Hz）是^{1}H轴（F2）上峰值之间的距离（以Hz为单位）。

随着药物和农药化学工作者对含氟化合物兴趣的增加，以及现代核磁共振仪器性能的不断改善，^{15}N核磁共振数据在结构表征中的潜力开始得到认识和利用。取代基对^{15}N化学位移的影响可能非常显著，而现有的少量含氟氮化合物数据表明，氟可以对^{15}N化学位移产生显著影响。因此，本书列出并讨论了现有的这些数据。所有数据都将在相对于外标（液态NH$_3$［0］）的低场中列出，并且由于氮化学位移（$\delta_N 2\sim 5$）可能表现出显著的溶剂效应，所以当比较不同来源的数据时，需要给出溶剂信息。越来越广泛使用的方法是以

---

❶　感谢Ion Ghiviriga博士提供此图。

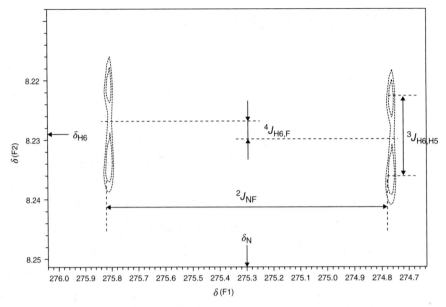

图 2.10 2-氟吡啶在 ^{1}H-^{15}N gHSQC 实验中的 H6-N 交叉峰

CH_3NO_2 作为内标来报告小分子的 ^{15}N NMR 数据。要将以液态 NH_3 作为内标的数据转换为 CH_3NO_2 标度，只需要减去 379.8（对于 $CDCl_3$ 溶液）的转换因子。

为了让读者对 ^{15}N 化学位移的宽广范围有所了解，这里给出一些示例：二级脂肪胺如吡咯烷的化学位移 δ_N 在 38 左右，苯胺为 54，伯酰胺约 105，苯甲腈为 256，吡啶为 317，吡咯为 146，吡唑中 N-1 为 207、N-2 为 399，咪唑为 211，哒嗪为 400，嘧啶为 295，吡嗪为 333[9]。

正如取代基对氢和碳（而不是磷）化学位移的影响一样，当氮原子附近存在比碳原子电负性更强的取代基时，氮的化学位移会表现出去屏蔽效应（图 2.11）。尽管数据很少，但推测这种效应会随着取代基与氮原子之间距离的增加而迅速减弱，这与氢和碳化学位移的情况相同。然而，在芳香杂环化合物（如吡啶）中，取代基的影响会通过 π 体系传递，这可以从吡啶对位取代基产生的显著影响中看出来（图 2.12）[10]。

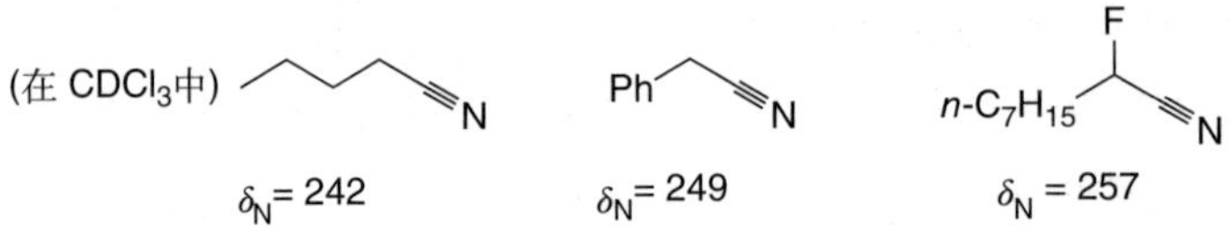

图 2.11 邻近氟对 ^{15}N 化学位移的影响

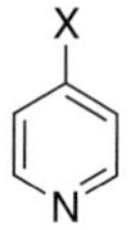

X=	NMe$_2$	Me	H	CF$_3$
δ_N =	268	302	311	322 (在CDCl$_3$中)

图 2.12 4-取代吡啶的 ^{15}N 化学位移

2.7 氟的自旋-自旋耦合常数

核磁共振活性核（如氢、碳、磷、氮和氟）之间的耦合，通常通过共价键的电子进行传递，因此，随着两个耦合核之间键数的增加，耦合会迅速减弱。事实上，在大多数情况下，自旋-自旋耦合常数值在经过三个键之后会变得非常小，这已成为核磁共振结构解析的基础。

大多数核磁共振氟谱被认为是一阶性质的，这意味着，因为氟、氢和磷核都是 $I=1/2$ 核，由自旋-自旋耦合产生的多重性将遵循 $2nI+1$ 规则，即 $n+1$ 规则。多重峰内峰的相对强度也对应于杨辉三角（Pascal 三角形）给出的二项展开式，适用于自旋-1/2 核。因此，氟核磁共振信号将显示出源自氟-氟、氢-氟以及磷-氟（当存在磷时）耦合的多重峰。以下大部分讨论将涉及氟-氟和氢-氟耦合。

举个简单的例子，图 2.14 和图 2.15 分别给出了 CF$_2$Cl-CHCl$_2$（图 2.13）的核磁共振氟谱和氢谱。在这些谱中，唯一的耦合是 CF$_2$Cl 基团中两个磁性等价氟原子和 CHCl$_2$ 基团的单个氢原子之间的耦合，前者被单个氢原子分裂成一个双重峰，而后者被两个氟原子分裂成一个三重峰，每个峰都具有相同的 10Hz 耦合常数。

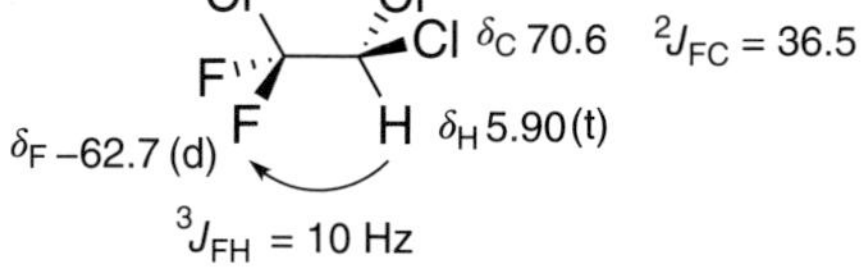

δ_F −62.7 (d)　　δ_C 70.6　$^2J_{FC}$ = 36.5　δ_H 5.90(t)　$^3J_{FH}$ = 10 Hz

图 2.13 CF$_2$Cl-CHCl$_2$ 的核磁共振数据

在另一个例子中，1,1,1-三氟丙烷在核磁共振氟谱（图 2.16）上的三氟甲基信号（δ_F=−69.1）被其相邻的两个氢分裂成三重峰（$^3J_{HF}$=10.5Hz），而这两个相同的氢（δ_H=2.10）在氢谱（图 2.17）上会被 CF$_3$ 基（$^3J_{FH}$=10.5Hz）和 CH$_3$ 基（$^3J_{HH}$=7.5Hz）分裂成四个四重峰。

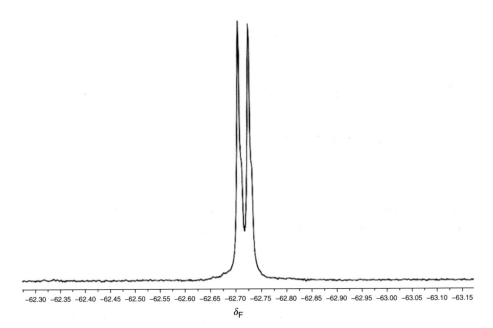

图 2.14　$CF_2Cl\text{-}CHCl_2$ 的 ^{19}F NMR

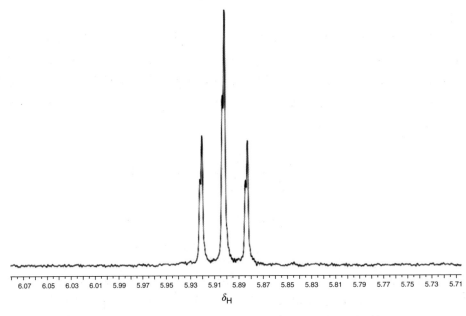

图 2.15　$CF_2Cl\text{-}CHCl_2$ 的 ^1H NMR

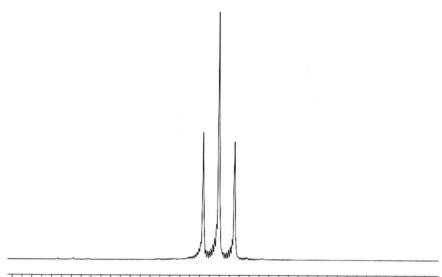

图 2.16　1,1,1-三氟丙烷的 ^{19}F NMR 谱

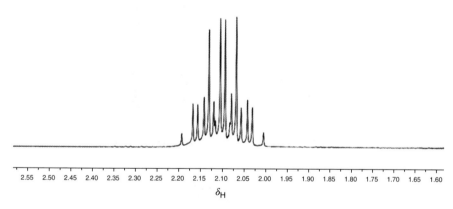

图 2.17　$CH_3CH_2CF_3$ 的 ^{1}H NMR 谱中 CH_2 区域的放大

关于观察到的邻位 F-F 和 F-H 耦合常数的大小，有一些一般性的概念和趋势值得在这里提一提。

在非张力化合物中，邻近 F-F 和 F-H 耦合常数的主要影响因素是耦合核之间的扭转角 ϕ、邻近取代基的性质（特别是电负性）和位置。Williamson 等[11]通过经验证实了 F-F 和 F-H 三键耦合常数的大小与耦合核间的二面角之间存在 Karplus 型依赖关系，因此，观察到的 J 值可以用于评估构象平衡，或者在更刚性的分子中用于评估氟取代基与邻近氢或氟之间的几何关系。这种对

ϕ 的依赖性可以预测 $\phi=180°$ 和 $\phi=0°$ 的最大 J 值，在 $\phi=90°$ 时，J 值约为 0。然而，尝试定量应用 Karplus 方程（这需要严格的角度依赖性）并未成功，主要是因为这些耦合常数存在较大的取代基效应，以及在一定程度上由于氟的空间耦合对 J 的贡献（见第 2.7.2 节）。图 2.18 提供了 $^3J_{HF}$ 值的一些典型示例，以展示二面角依赖性的一般原理。对于自由旋转的 C-C 键，H-F 和 F-F 耦合常数由三种构象的加权平均值组成。对于 CH_3CH_2F 来说，观察到的 H-F 三键 J 值（26.4 Hz）仅仅是一个反式和两个邻位交叉式 H-F 耦合的平均值。

$^3J_{HF}$(反式, 约180°) = 44 Hz
$^3J_{HF}$(邻位交叉, 约60°) = 10 Hz

$^3J_{HF}$(约0°) = 29 Hz

$^3J_{HF}$(约0°) = 23 Hz
$^3J_{HF}$(约120°) = 10 Hz

$^3J_{HF}$(约120°) = 5 Hz

$^3J_{HF}$(约0°) = 19 Hz

H_3C—CH_2F

$^3J_{HF}$ = 26.4 Hz

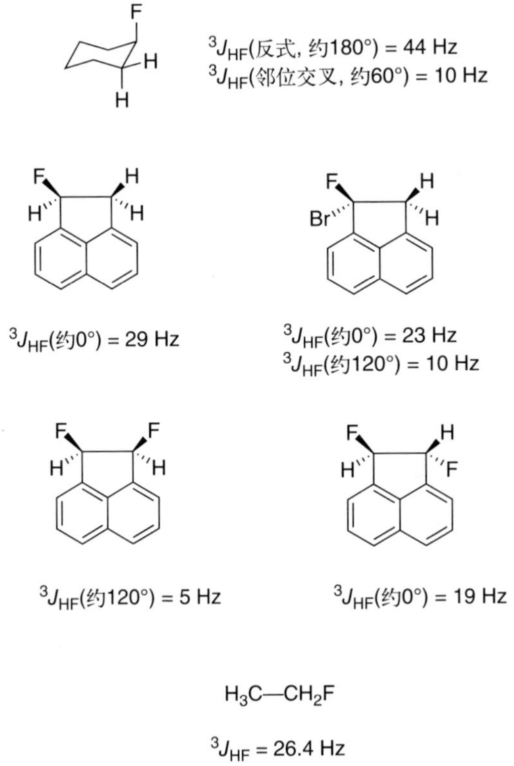

图 2.18 J 值的一些典型示例
（一个反式和两个邻位交叉式 H-F 耦合的平均值）

如下文所示，还观察到 F-F 和 F-H 三键耦合常数的大小随所处两个碳上其它取代基的电负性之和而变化，这些耦合常数的绝对值随取代基电负性的增加而减小。例如，在相邻 CF_2 基团的极端情况下，F-F 耦合常数的大小可能接近于零。表 2.5 中给出了一些示例来说明这一原理。

表 2.5　邻位耦合常数与多个电负性取代基的关系

化合物	$^3J_{FH}$/Hz	化合物	$^3J_{FF}$/Hz
CH_3—CH_2F	27		
CH_3—CHF_2	21	CF_3—CH_2F	16
CH_3—CF_3	13	CF_3—CHF_2	3
CH_2F—CH_2F	17	CF_3—CF_2—CR_3	约 0
CHF_2—CHF_2	3	CF_3—CF_2—O—R	约 0
CF_3—CHF_2	3	CF_3—CF_2—S—R	3
CF_3—CH_3	13		
CF_3—CH_2Cl	8.5		
CF_3—$CHCl_2$	4.7		

在描述分子内的耦合关系时，根据 Pople 表示法，具有一阶耦合关系的原子核（例如图 2.18 中的氟）用字母表中相隔较远的字母（即 AX）表示。本书中讨论的所有轻度氟化化合物几乎都表现出氢和氟之间的耦合，其中许多还表现出氟-氟耦合。它们大多数是一阶 AX 或 AMX 体系。

还应该提到的是，大多数现代核磁共振设备都具备进行氟-氢去耦实验的能力，即 $^{19}F\{^1H\}$ 或 $^1H\{^{19}F\}$ 去耦谱，特别是当氟信号发生在相对较小的化学位移范围内时。这种去耦可以大大地简化核磁共振氢谱。运行此类实验有特定的仪器要求，但经常处理含氟化合物的实验室有时会发现这种能力是不可或缺的。本章稍后（第 2.8 节，图 2.43 和图 2.45❶）将提供一个示例，说明这种去耦可能发生的情况。

2.7.1　分子手性对耦合的影响

当含氟碳或与之相邻的碳具有手性时，经常还会碰到分裂模式和耦合常数方面的额外复杂性。通过检查 1,2-二溴氟乙烷（图 2.19）的核磁共振氟谱和氢谱，可以提供一个简单且完全可分析的关于此现象的实例。

在不考虑手性的情况下，人们可能会认为 1,2-二溴氟乙烷的氟信号会是一个三重态的双峰（六个峰，dt 峰），但如图 2.20 中给出的实际氟谱图所示，该信号被分裂成了八个峰（双峰的双峰的双峰，ddd 峰）。

这一结果源于含氟原子的碳是手性的，这使得两个邻近的氢原子变成了非对映异构体，因此在磁性上不等价。在这种情况下，这两个非对映异构氢不仅

---

❶　非常感谢英国圣安德鲁斯大学的 David O'Hagan 教授和 Tomas Lehl 博士在提供内消旋 1,2-二氟-1,2-二苯乙烷光谱方面的帮助。

会显示为单独的信号（AB体系），而且它们通常还会以不同的耦合常数与邻近的氟原子（和氢原子）发生耦合。观察图 2.19（b）（该图代表了 1,2-二溴氟乙烷可能的最稳定的构象）有助于人们理解分子中各种三键耦合常数在大小上的差异。因此，在 $\delta=-136.3$ 处的氟信号来自与 H_X 的 50Hz 两键耦合，以及分别与 H_A 和 H_B 的 11.5Hz 和 28.5Hz 的三键耦合。

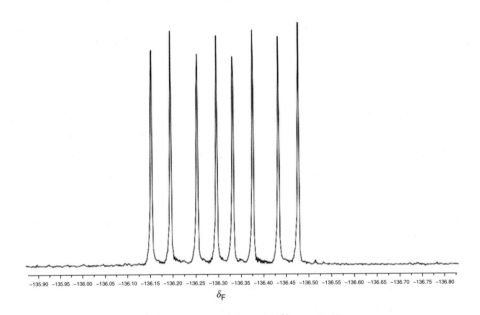

图 2.19　1,2-二溴氟乙烷的非对映异构氢原子

图 2.20　1,2-二溴氟乙烷的 ^{19}F NMR 谱

该化合物的 ^{1}H NMR 谱如图 2.21 所示，也表现出相同的复杂性，其中 H_X 出现在 δ 6.53（ddd，$^2J_{FX}=50$Hz，$^3J_{BX}=8.5$Hz，$^3J_{AX}=11.5$Hz），H_A 出现在 δ 3.96（dt，$^3J_{FA}=^2J_{AB}=11.5$Hz，$^3J_{AX}=8.5$Hz），而 H_B 出现在 δ 3.85（ddd，$^3J_{FB}=28.5$Hz，$^2J_{AB}=11.5$Hz，$^3J_{BX}=2.5$Hz）。H_A 的三重峰来源于两个碰巧相同的 11.5Hz 的耦合常数。

对于像 1,2-二溴氟乙烷这样的手性化合物，正常的氢去耦碳谱并不会表现出任何复杂性，本章后面将展示和讨论 1,2-二溴氟乙烷的 ^{13}C NMR 谱。

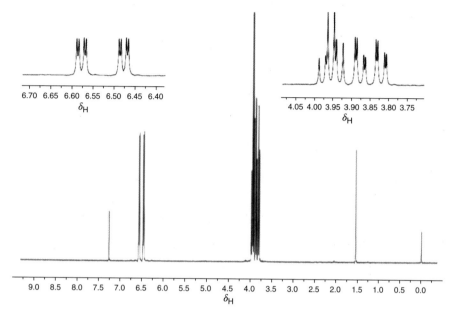

图 2.21　1,2-二溴氟乙烷的 ^{1}H NMR 谱

2.7.2　空间耦合

在某些特定情况下，氟原子与氢原子、碳原子、氮原子或另一个氟原子之间即使被多根键（四、五、六或更多）分开，也还能观察到较大的耦合。自 20 世纪 60 年代初以来，人们就注意到了这种耦合现象，它们被称为"通过空间"的耦合[13]。"通过空间"这个词有些误导，因为所有各向同性耦合都必须以某种方式通过电子传递，无论是成键电子还是未共用电子。

当两个原子（其中至少一个具有孤对电子，在本书例子中是氟原子）被限制在小于它们的范德华半径之和的距离时，就会发生空间耦合。每当两个原子核通过空间处于范德华接触时，无论有多少根键将它们分开，只要其中一个原子核（即氟原子）具有未成键电子对，它们就可以交换自旋信息。Mallory 首次解释了空间耦合的起源，认为这种耦合来源于参与耦合的两个氟原子核的孤对电子轨道的混合[14]。结果产生的成键和反键轨道都被占据，因此没有形成化学键。尽管如此，它们的电子仍然将自旋状态信息从一个原子核传递到另一个原子核。空间自旋-自旋耦合的大小不仅取决于原子核之间的距离，还取决于参与传输路径的轨道的取向。自从这个早期的解释以来，研究人员已经提出了许多其它关于传输机制的解释，这仍然是一个活跃的研究领域[15]。

图 2.22 展示了一个早期的氟-氟空间耦合的例子，可观察到一个"形式上"

的 F-F 五键耦合常数 167～170Hz。

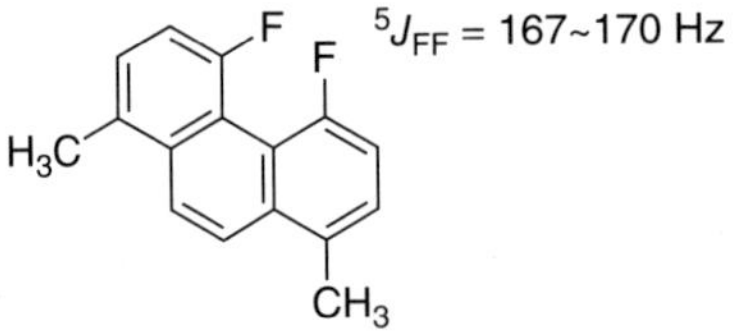

F
F
$^5J_{FF}$ = 167~170 Hz
H_3C
CH_3

图 2.22　早期氟-氟空间耦合的例子

除了两个重叠的孤对电子轨道之外，还发现了其它传输路径，尤其是氟的孤对电子轨道与占据成键电子轨道的重叠，这解释了^{19}F 和^{1}H 或^{13}C 之间的空间耦合[15]。在图 2.23 中可以看到氟和氢之间空间耦合的一个典型示例，这里比较了两种类似取代化合物的六键 F-H 耦合常数[16-17]，图 2.23 中还给出了氟与氢、碳、氮和氟之间远程耦合的其它例子[14,18-19]。

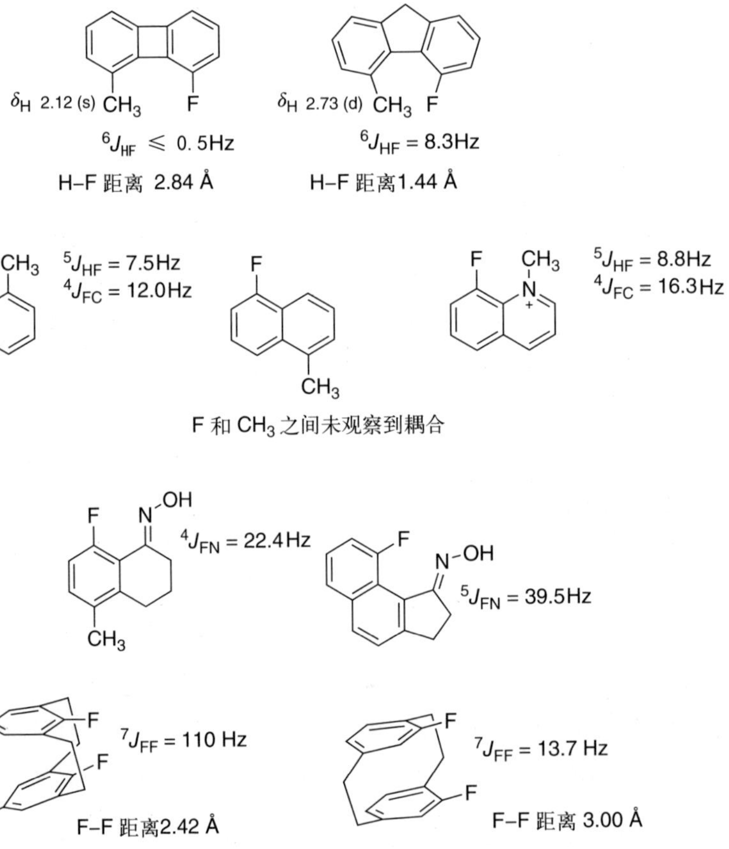

δ_H 2.12 (s) CH_3 F
$^6J_{HF}$ ≤ 0.5Hz
H–F 距离 2.84 Å
δ_H 2.73 (d) CH_3 F
$^6J_{HF}$ = 8.3Hz
H–F 距离1.44 Å
F CH_3
$^5J_{HF}$ = 7.5Hz
$^4J_{FC}$ = 12.0Hz
F
CH_3
F 和 CH_3 之间未观察到耦合
F CH_3 N +
$^5J_{HF}$ = 8.8Hz
$^4J_{FC}$ = 16.3Hz
F N-OH
$^4J_{FN}$ = 22.4Hz
CH_3
F N-OH
$^5J_{FN}$ = 39.5Hz
F
F
$^7J_{FF}$ = 110 Hz
F–F 距离2.42 Å
F
F
$^7J_{FF}$ = 13.7 Hz
F–F 距离 3.00 Å

图 2.23　氟和氢之间空间耦合的典型示例

1Å＝10^{-10}m

也有一些例子（尽管很少见），其 F-F 耦合似乎是通过苯基取代基"传递"的，图 2.24 给出了一个这样的例子[20]。

虽然最初主要是出于理论上的兴趣，但空间耦合现在被认为是结构，特别是立体化学解析的一个基本要素，早期的一项研究就利用了 ^{19}F 标记氨基酸中的氟-氟空间耦合来阐明蛋白质的折叠[21]。

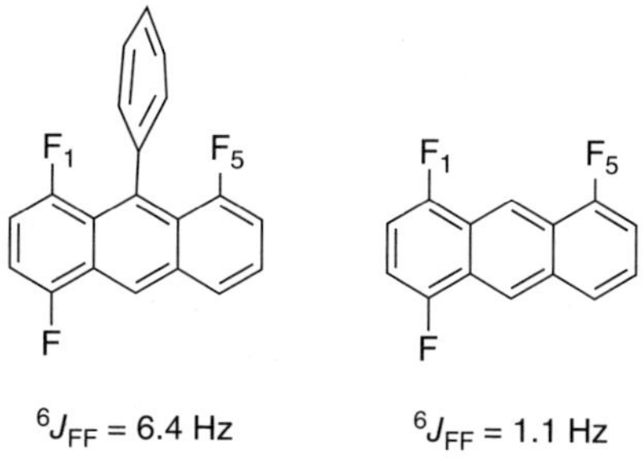

图 2.24　通过苯基取代基传递的 F-F 耦合

2.7.3　氟和氟之间的耦合

与氢原子之间的同核耦合常数相比，氟原子之间的同核耦合常数通常相对较大，其同碳（两键）耦合常数通常在 100～290Hz 之间，但随氟原子环境的不同而有很大变化。环状特别是非环状 sp^3 杂化的非对映氟原子之间的耦合常数最大，通常在 220～290Hz 之间，而乙烯基、sp^2 杂化的 CF_2 基团的同碳耦合常数变化很大，从低至 14Hz 到高达 110Hz 不等。

饱和脂肪烃体系中，F-C-C-F 的邻位三键耦合通常在 13～16Hz 范围内，例如 1,2-二氟丁烷中观察到的 16Hz F-F 耦合。然而，如 2.3 节所示，随着邻近氟原子或其它电负性取代基数量的增加，F-F 耦合常数通常会减小。氯氟烃提供了具有独特但明显减小的 F-F 耦合的化合物实例。一个很好的例子是 1,1,2-三氯-1,2,2-三氟乙烷（F113）的氟谱，如图 2.25 所示，其中 −67.6 和 −71.8 处的两个信号表现出减小的 $^3J_{FF}$ 耦合常数 9.6Hz。这个谱图的分辨率相对较低，很可能是由于氯的多种同位素造成的，这将导致由于同位素效应而引起的信号展宽。

最大的 F-F 三键耦合常数是在反式乙烯基氟之间观察到的，耦合常数可达 145Hz，这与较小的顺式耦合常数（<35Hz，但有时更小）相比要大得多。例如，在 1-氯-1,2-二氟乙烯基苯中（图 2.26），由于两个氟核之间的 F-F 三键耦合，邻位氟原子呈现为双峰。反式耦合常数（127Hz）远远大于相应的顺式耦合常数（12Hz）。（还要注意的是，相对于反式-邻位的氟原子，顺式-邻位的氟

原子之间明显相互去屏蔽。）

-67.35 -67.40 -67.45 -67.50 -67.55 -67.60 -67.65 -67.70 -67.75
δF
-71.4 -71.5 -71.6 -71.7 -71.8 -71.9 -72.0
δF
50 0 -50 -100 -150
δF

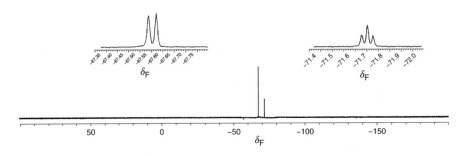

图 2.25 1,1,2-三氯-1,2,2-三氟乙烷的^{19}F NMR 谱

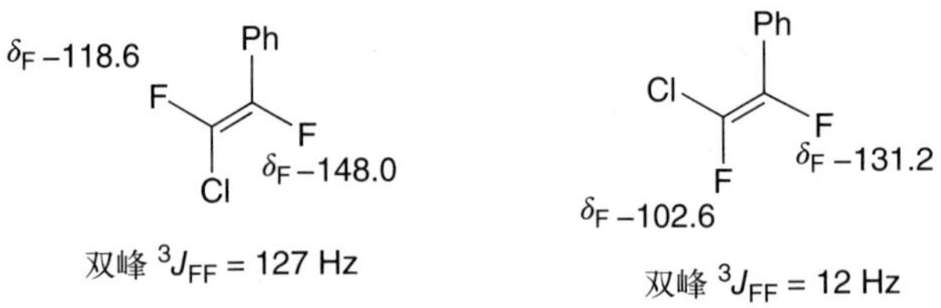

δF −118.6
Ph
F
F
δF −148.0
Cl
双峰 3JFF = 127 Hz
Ph
Cl
F
δF −131.2
F
δF −102.6
双峰 3JFF = 12 Hz

图 2.26 1-氯-1,2-二氟乙烯基苯中 F-F 三键耦合

2.7.4 氟和氢之间的耦合

饱和化合物中氟和氢之间的耦合常数也很大且具有特征性，这取决于针对的是单氟取代基、CF_2 基还是 CF_3 基。两键耦合常数范围从 CH_3F 的低值 46Hz 到 CF_3H 的极端高值 79Hz（图 2.27）。然而，大多数 R-CH_2-F 基团的 H-F 耦合都在 47～55Hz 范围内，而 R-CF_2-H 的 H-F 耦合始终保持在 57～59Hz 之间。

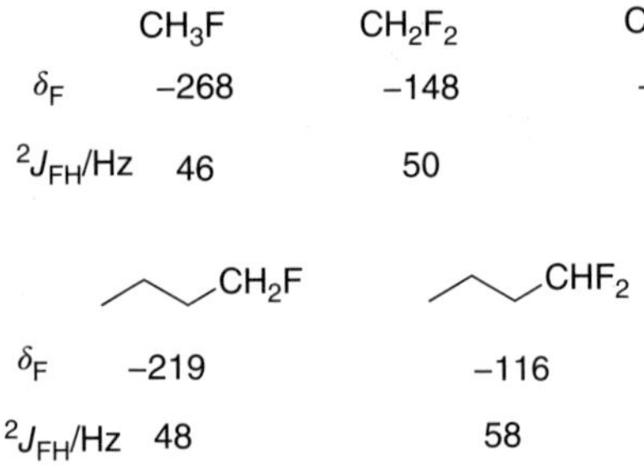

CH3F CH2F2 CHF3
δF −268 −148 −78
2JFH/Hz 46 50 79
CH2F CHF2
δF −219 −116
2JFH/Hz 48 58

图 2.27 两键耦合常数范围

三键耦合的变化更为显著，最大耦合常数出现在单氟取代基的邻位 F 和 H 之间，为 21～27Hz（图 2.28）。相比之下，CF_2 基团类似的耦合常数范围在 14～22Hz 之间，而 H 与 CF_3 基团的邻位耦合通常只有 7～11Hz。因此，与

F-F 三键耦合常数的情况一样，邻位 F-H 耦合常数值也随着耦合核所在碳上额外电负性取代基的增加而减小。

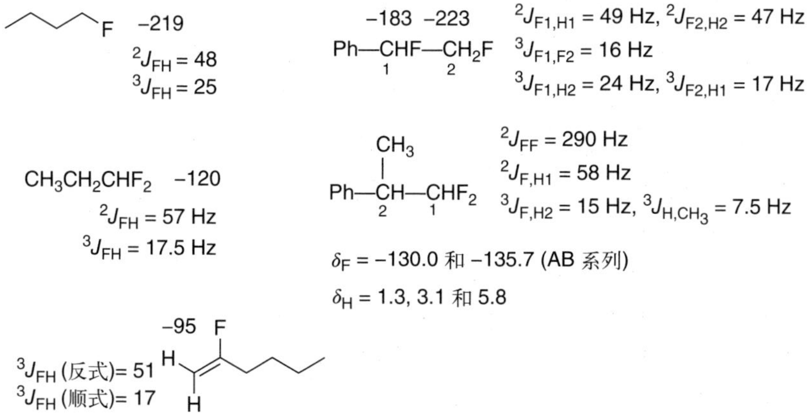

$CH_3CH_2CH_2F$ −219
$^2J_{FH} = 48$
$^3J_{FH} = 25$

$Ph-\underset{1}{CHF}-\underset{2}{CH_2F}$ −183 −223
$^2J_{F1,H1} = 49\ Hz,\ ^2J_{F2,H2} = 47\ Hz$
$^3J_{F1,F2} = 16\ Hz$
$^3J_{F1,H2} = 24\ Hz,\ ^3J_{F2,H1} = 17\ Hz$

$CH_3CH_2CHF_2$ −120
$^2J_{FH} = 57\ Hz$
$^3J_{FH} = 17.5\ Hz$

$Ph-\underset{2}{CH}(CH_3)-\underset{1}{CHF_2}$
$^2J_{FF} = 290\ Hz$
$^2J_{F,H1} = 58\ Hz$
$^3J_{F,H2} = 15\ Hz,\ ^3J_{H,CH_3} = 7.5\ Hz$
$\delta_F = -130.0$ 和 -135.7 (AB 系列)
$\delta_H = 1.3, 3.1$ 和 5.8

−95
$^3J_{FH}$(反式)= 51
$^3J_{FH}$(顺式)= 17

图 2.28　三键耦合最大耦合常数

烯基氟中，当氟原子和氢原子处于反式位置时，具有非常大的三键耦合常数（35～52Hz）。类似的顺式耦合常数较小，通常范围为 14～20Hz。

图 2.28 中给出的 F-F 和 H-F 耦合常数示例对于上述非环状化合物来说是典型的。在第 3 章至第 6 章中讨论各类含氟分子时，将提供具体的耦合常数数据。

在特定情况下，当几何条件允许时，观察 H-F 耦合已被用于推测分子内存在 C—F···H—O 氢键的证据（图 2.29）[22-24]。

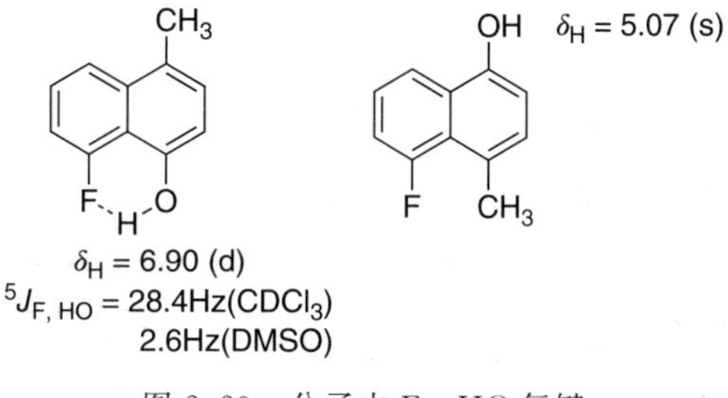

$\delta_H = 6.90\ (d)$
$^5J_{F,HO} = 28.4Hz(CDCl_3)$
$2.6Hz(DMSO)$

$\delta_H = 5.07\ (s)$

图 2.29　分子内 F···HO 氢键

有时，像图 2.30 中所示的含氟"质子海绵"化合物这样的强氢键体系，可能会对反应性能产生影响[25]。

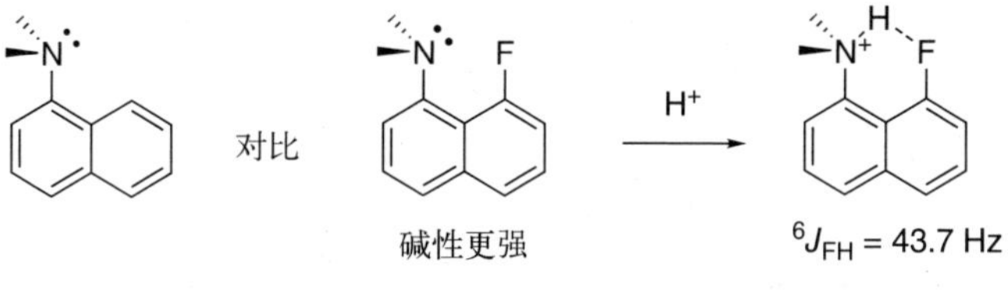

对比　　碱性更强　　$\xrightarrow{H^+}$　　$^6J_{FH} = 43.7\ Hz$

图 2.30　含氟"质子海绵"化合物强氢键体系

2.7.5 氟和碳之间的耦合

^{13}C NMR 的使用得益于这样一个事实，即由于氢化学位移的范围相对较小，因此研究人员很早就开发了宽带质子去耦技术，质子去耦谱（这是现在文献中普遍报道的）通常导致化合物中每个磁等价碳呈现单峰信号。当氟原子被引入化合物时，氟和碳之间的耦合很容易被识别，通过理解 F-C 耦合常数与两个核之间键数的直接关系，可以获得大量信息。在简单的氢氟烃中，氟原子与碳原子之间的一键耦合常数可以在 151～280Hz 之间变化，这同样取决于碳原子上结合了一个、两个还是三个氟原子。图 2.31 展示了氟甲烷及氟代烷烃中的这些趋势。该图还提供了氟甲烷的 H-C 一键耦合常数。人们常常注意到，C—H 耦合常数的大小和参与 C—H 键的碳轨道中的 s 轨道特征程度直接相关。由于氟等电负性取代基与碳结合时，碳使用的是 p 轨道特征较高的碳轨道，因此，从 CH_3F 到 CHF_3，用于 C—H 键的碳轨道中的 s 轨道特征逐渐增加，这反映在氟甲烷 C—H 耦合常数的变化趋势中。

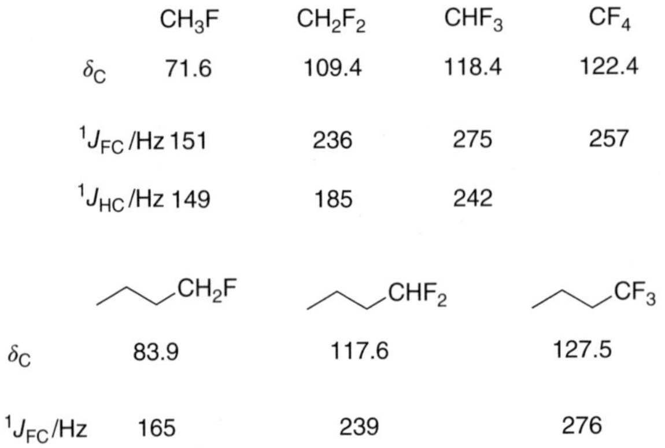

	CH_3F	CH_2F_2	CHF_3	CF_4
δ_C	71.6	109.4	118.4	122.4
$^1J_{FC}$/Hz	151	236	275	257
$^1J_{HC}$/Hz	149	185	242	

	∼CH_2F	∼CHF_2	∼CF_3
δ_C	83.9	117.6	127.5
$^1J_{FC}$/Hz	165	239	276

图 2.31　氟甲烷及氟代烷烃中耦合常数的变化规律

此外，在多氟取代的碳上用一个氯原子取代一个氟原子时，总是会增加 F-C 一键耦合常数，而 Br 和 I 的取代则会引起更大的增加（表 2.6）。无论卤素是与 CF_3、CF_2H 还是 CH_2F 基团相连，这都是个一致的趋势。

表 2.6　α-卤素取代对碳化学位移和 F-C 一键耦合常数的影响

化合物		取代基			
		F	Cl	Br	I
CF_3X	δ	122.4	118.0	112.9	78.2
	$^1J_{FC}$/Hz	257	299	324	344
HCF_2X	δ	118.4	118.0		83.4
	$^1J_{FC}$/Hz	272	288		308

续表

化合物		取代基			
		F	Cl	Br	I
H$_2$CFX	δ	109.4	—	—	—
	$^1J_{FC}$/Hz	235	—	—	—

在多氟取代的碳上以 OR、SR 或 SeR 基团取代氟原子对 F-C 一键耦合常数的影响可能会因碳上剩余氟原子的数量而有很大变化，但仍可观察到 O-S-Se 系列中耦合常数增加的趋势（表 2.7）。

表 2.7　α-硫族元素取代对碳化学位移和 F-C 一键耦合常数的影响

化合物		取代基			
		F	OPh	SPh	SePh
CF$_3$X	δ	122.4	121.0	130.0	123.0
	$^1J_{FC}$/Hz	257	251	308	333
HCF$_2$X	δ	118.4	116.0	—	—
	$^1J_{FC}$/Hz	272	260	—	—
H$_2$CFX	δ	109.4	100.5	88.2	—
	$^1J_{FC}$/Hz	235	217	219	—

尽管尚未对这一趋势做出解释，但它与另一个似乎普遍遵循的经验"规则"相一致，该规则将氟化学位移与 F-C 一键耦合常数相关联："耦合常数随着氟化学位移的增加（即更负）而减小"（图 2.32）[26]。

	CH$_3$F	n-C$_4$H$_9$F	CH$_2$F$_2$	n-C$_3$H$_7$CHF$_2$	CHF$_3$	n-C$_3$H$_7$CF$_3$	CF$_4$
δ_F	−268	−219	−148	−116	−78	−68	−62
$^1J_{FC}$/Hz	151	165	236	239	275	276	257

图 2.32　耦合常数随氟化学位移的变化而变化

F-C 两键耦合常数仍然非常大，通常约为 20Hz，且对于三键，有时甚至四键相互作用，也能观察到显著的耦合。在含氟脂肪族和芳香族体系中，观察到一致的一键、二键、三键和四键 F-C 耦合常数，这非常重要（图 2.33）。在芳香族体系中，耦合强度可以维持较大的距离。这种耦合常数的一致性为理解碳与氟取代基的连接情况提供了极其有用的信息。

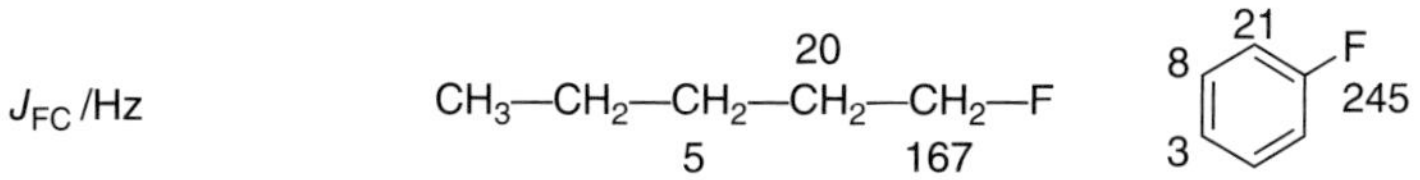

J_{FC}/Hz　　CH$_3$—CH$_2$—CH$_2$—CH$_2$—CH$_2$—F　　　8 21 F
　　　　　　　　　　　5　　　20　　167　　　　　　 245
　　　　　　　　　　　　　　　　　　　　　　　　　3

图 2.33　F-C 耦合常数 J_{FC}

图 2.34 展示了 1,2-二溴氟乙烷的核磁共振碳谱。按照惯例，氢是去耦的，因此观察到的唯一耦合是氟与碳之间的耦合。在 δ_C 33.8 和 89.1 处观察到两个信号，分别具有 257Hz 和 23.5Hz 的一键和两键耦合常数。δ_C 约 77 处的多重峰来自溶剂 $CDCl_3$。

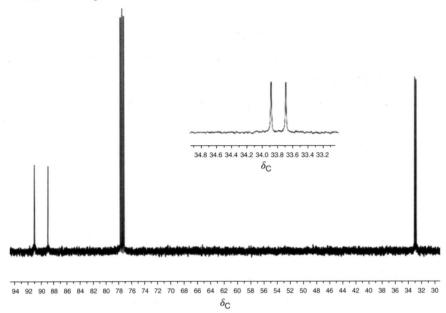

图 2.34　1,2-二溴氟乙烷的 ^{13}C NMR 谱

2.7.6　氟和磷之间的耦合

^{31}P 是核自旋为 1/2 的核磁共振活性核。当在结构上处于氟取代基的附近时，它会表现出相对较强的耦合。图 2.35 中给出了几个例子。当相关数据可获得时，本书讨论的含磷化合物会报告其与氟的 P-F 耦合常数。

Ph_3PF_2　　$^1J_{FP}$ = 668Hz　（一键耦合）

$Ph_2PO—CH_2F$　　$^2J_{FP}$ = 58Hz　（二键耦合）

$Ph_2P—CH_2CH_2F$　　$^2J_{FP}$ = 15Hz　（三键耦合）

图 2.35　P-F 耦合常数

2.7.7　氟和氮之间的耦合

由于 ^{15}N 核的自然丰度低、灵敏度也低，在正常条件下运行氟核磁共振时，即使作为边带，也从未观察到此类耦合。基本上，所有关于 N-F 耦合常数的数据都是通过间接方法获得的，最常见的是通过 ^{1}H-^{15}N gHSQC 实验（有关更多讨论，请参见第 2.6 节）。

对于含氟的含氮化合物，N-F 一键耦合常数可能非常大，尤其是在无机化合物中，如 F_2N=O (356Hz) 和 NF_3 (196Hz)。已测量了少数有机化合物的 N-F 一键耦合，Selectfluor (84Hz) 就是其中之一（图 2.36）。

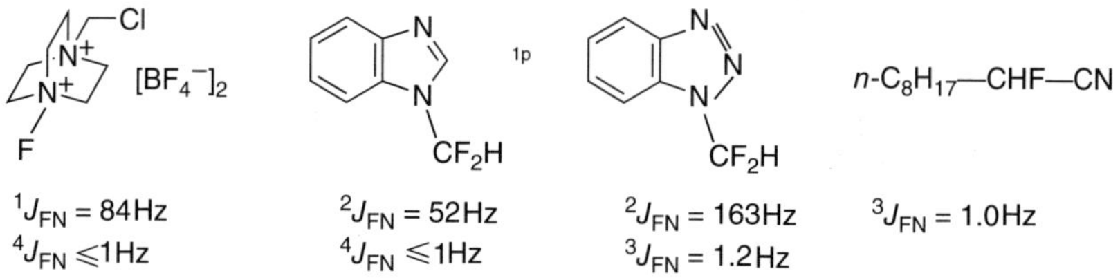

$^1J_{FN}$ = 84Hz $^2J_{FN}$ = 52Hz $^2J_{FN}$ = 163Hz $^3J_{FN}$ = 1.0Hz
$^4J_{FN}$ ≤1Hz $^4J_{FN}$ ≤1Hz $^3J_{FN}$ = 1.2Hz

图 2.36 典型的 F-N 自旋-自旋耦合

两键耦合可能会有很大的变化（图 2.37）。在含氟杂环化合物中，例如 2-氟吡啶，其两键耦合常数比仅通过 σ 键连接 F 和 N 的化合物大得多。在不存在空间相互作用的情况下，F 和 N 之间的三键或更大距离的耦合常数总是很小，但通过 π 体系传递时会稍微大一些（图 2.38）。

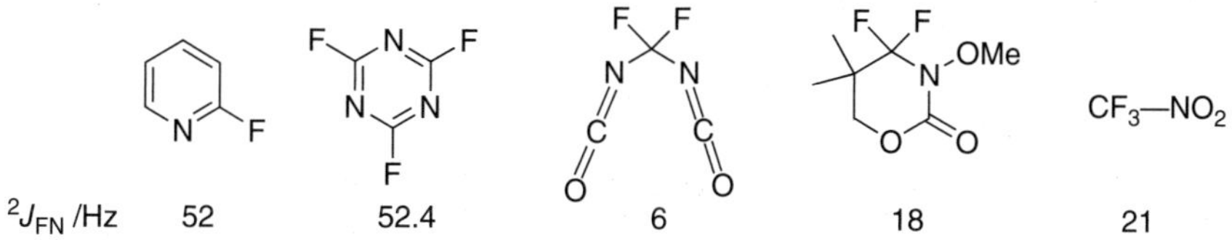

$^2J_{FN}$/Hz   52   52.4   6   18   21

图 2.37 典型的 F-N 两键耦合常数

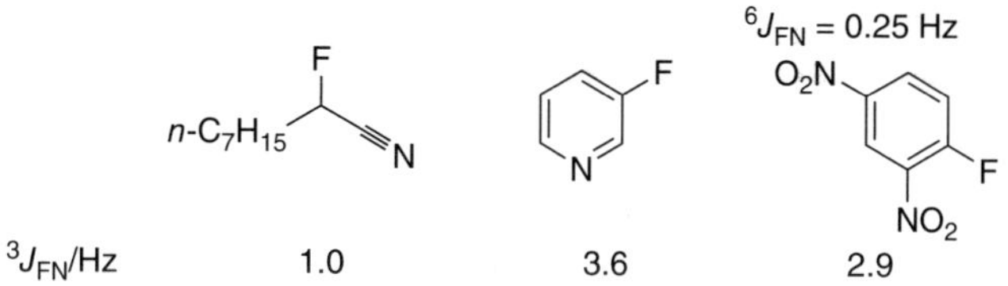

$^6J_{FN}$ = 0.25 Hz

$^3J_{FN}$/Hz   1.0   3.6   2.9

图 2.38 典型的 F-N 三键耦合常数

当涉及空间相互作用时，可以观察到较大的长程 F-N 耦合常数（参见第 2.7.2 节，图 2.23）。

2.8 二阶谱

当耦合核之间的化学位移差（以赫兹为单位）小于耦合常数值的 10 倍左

右时（即 $\Delta v/J \leqslant 10$），谱图中开始出现二阶效应[27]。这种耦合核用 AB 系统表示，在这种情况下，可以观察到强度与二项式模式的偏差。由于核磁共振氟谱的化学位移范围很广，这种情况在氟谱中不像在氢谱中那样常见。与氢谱的情况一样，源自氟 AB 系统的二阶多重峰通常会倾向于其耦合核的共振，内峰的峰强度较大，外峰的峰强度较小。图 2.39 提供了核磁共振氟谱中两个 AB 系统的例子，即假-对二硝基八氟 [2,2] 对环番。

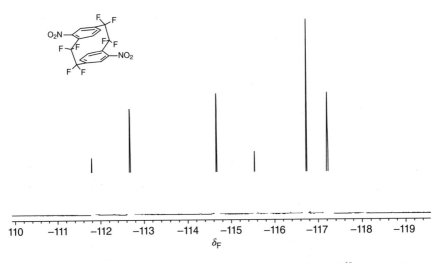

图 2.39　假-对二硝基-1,1,2,2,9,9,10,10-八氟-[2,2]对环番的 ^{19}F NMR 谱

会导致二阶谱的第二种情况更为复杂，并且在核磁共振氟谱中更为常见，即化学等价的氟原子（具有相同的化学位移）在磁性上不等价。当化学等价的氟原子与分子中特定的其它核的耦合常数不同时，就会发生这种情况。

无论是等位氟（如二氟甲烷、2,2-二氟丙烷、1,1-二氟乙烯中的氟）还是对映异位氟（如氯二氟甲烷、2,2-二氟丁烷中的氟）（图 2.40），它们在化学上都是等价的。

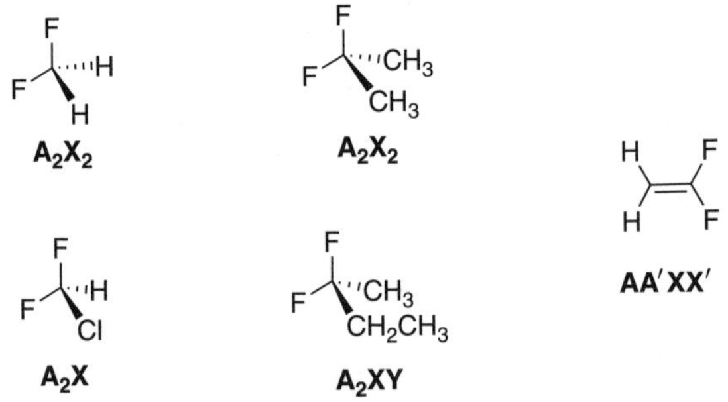

图 2.40　等位氟和对映异位氟

在这些分子中，除了1,1-二氟乙烯外，所有分子中的氟原子对在磁性上也是等价的。为了达到磁等价，化学等价的核必须与分子中任何其它特定核具有相同的耦合常数，并且可以看出，1,1-二氟乙烯中的两个氢原子与给定的氟取代基没有相同的空间关系。例如，F_a取代基与H_a具有顺式关系但与H_b则是反式关系（图2.41）。这样的自旋系统表示为AA′XX′系统，这与图式2.40中的A_2X_2、A_2X和A_2XY系统（这些系统中的两个氟原子都具有相同的$^2J_{HF}$耦合常数）形成对比。

$$\begin{array}{c} H_a \diagdown \quad \diagup F_a \\ H_b \diagup \quad \diagdown F_b \end{array}$$

图 2.41 F_a取代基与H_a和H_b的关系

根据定义，任何包含化学等价但磁不等价的氟取代基的自旋体系，都是二阶的。这样的谱图可能看起来简单，但更常见的是它们可能极其复杂。简单的对称化合物1,1-二氟乙烯的氟谱和氢谱就是后一种情况的例证（图2.42和图2.43）。

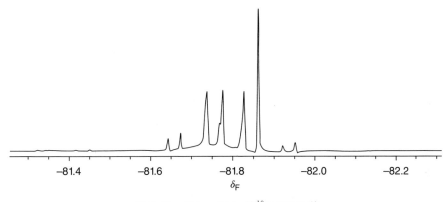

图 2.42 $CF_2{=}CH_2$的^{19}F NMR谱

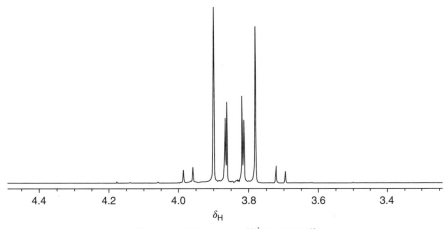

图 2.43 $CF_2{=}CH_2$的^1H NMR谱

磁不等价并不少见，这通常来源于环的约束，如五氟苯基衍生物或其它对称氟取代的环系，如图 2.44 所示。这三种二氟苯的核磁共振氟谱和氢谱是多氟芳烃二阶谱图的代表。它们可以在第 3.9.3 节的图 3.86～图 3.91 中找到。

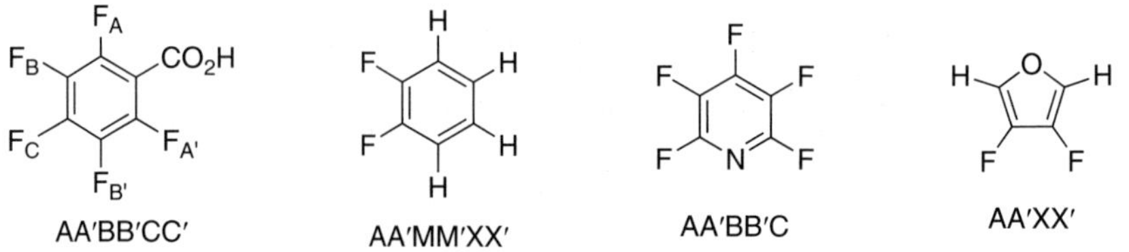

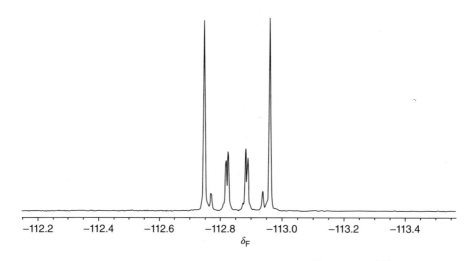

图 2.44　五氟苯基衍生物或其它对称氟取代的环系

另一种可能导致二阶谱图的常见情况是开链体系，例如内消旋-1,2-二氟-1,2-二苯基乙烷，其磁不等价自旋系统和由此产生的二阶核磁共振氟谱（图 2.45），只能通过检查其含氟碳原子的各种构象来理解[12]。

图 2.45　内消旋-1,2-二氟-1,2-二苯基乙烷的 ^{19}F NMR 谱[12]

该分子的对称性使得氟原子在化学上是等价的，但在磁性上不等价。通过检查 AA'XX' 自旋系统的三种交错构象（图 2.46）有助于理解这种情况。

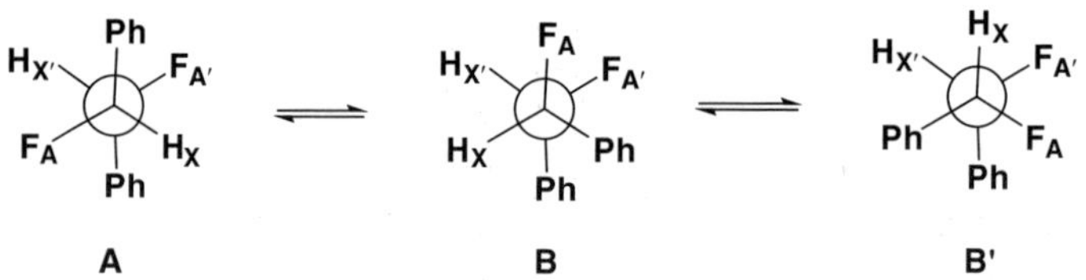

图 2.46　内消旋-1,2-二氟-1,2-二苯基乙烷的交错构象

从图 2.45 所示的二阶谱图中确定各个耦合常数,无法通过简单地观察谱图来完成。这样的分析需要通过将耦合常数值直观地拟合到特定的耦合关系来模拟谱图[28]。基于此类分析,有时可以根据 32Hz 的全反式 $^3J_{HF}$ 耦合常数和大约 8Hz 的全邻位交叉式 $^3J_{HF}$ 耦合常数(在邻位二氟系统中)的估计值来确定单个构象的相对贡献[29]。

基于这些数值,如果图 2.46 中的三种构象贡献均等,则邻位 F-H 耦合常数应为 16Hz。由于实际值估计为 14Hz,这表明构象 A(仅具有邻位交叉 F-H 三键相互作用)肯定略微占优势。

还有另一种情况会导致二阶谱,这种情况通常无法预料,例如图 2.47 中的 3,3,3-三氟丙烯的氢谱。该谱图并不是人们所预期的单取代乙烯的简单谱图。然而,在检查图 2.48 中给出的氟去耦谱后,可以理解该谱图的二阶性质。去耦谱显示了来自 ABC 体系的预期多重峰,每个氢都呈现为双重双重峰(即双二重峰,dd 峰)。图 2.47 中显示的二阶谱来源于这样一个事实:从 ^{19}F 频率看,δ_H5.98 和 5.93 处的氢被视为相同,这意味着它们的频率差与 ^1H 和 ^{19}F 之间的频率差相比是非常小的。当有三个自旋按 A-B-C 的顺序耦合,且 B 和 C 具有相同的化学位移时,耦合模式就不是一阶的。这种情况被称为"虚拟耦合"。

因此,当核磁共振氟和/或氢谱看起来不像你认为的那么简单时,这通常是由上述因素之一导致的二阶现象。

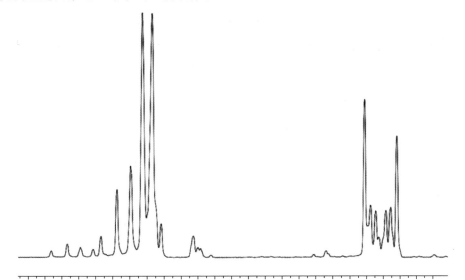

图 2.47　3,3,3-三氟丙烯的 ^1H NMR 谱

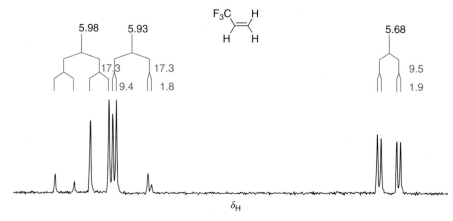

图 2.48　3,3,3-三氟丙烯的氟去耦 ^{1}H NMR 谱

2.9　同位素对化学位移的影响

由于氟对其环境较为敏感，并且具有很大的化学位移范围，所以当邻近的原子被同位素取代时，可以观察到化学位移的显著变化。例如，将氟所连接的原子上的 ^{12}C 替换为 ^{13}C，会产生相当可测量的位移，通常是向较低频率移动。这种同位素效应的一个结果是，在氟谱中，^{13}C 的卫星峰并非围绕着 ^{12}C-F 共振峰呈对称分布。

由 α-或 β-氘代引起的位移也非常显著，通常会导致氘代和非氘代物种的氟信号分辨良好，这对于表征氘标记的含氟化合物非常有用。图 2.49 展示了一个 α 效

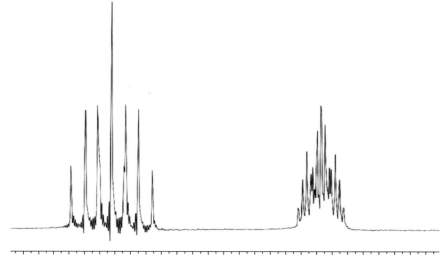

图 2.49　1,6-二氟己烷-1,1-d_2 的 ^{19}F NMR 谱，证明了氘同位素对氟化学位移的影响

应的例子，该图描绘了 F-CH$_2$CH$_2$CH$_2$CH$_2$CH$_2$CD$_2$-F 的核磁共振氟谱，这是一种除了存在氘原子外，其氟原子磁性等价的分子。观察到的同位素对化学位移的影响是 1.31 的高场位移（或每个氘原子 0.65 的高场位移）。该效应是一种 α-氘代同位素效应，在这种情况下是对氟的两键效应。

图 2.50 通过一系列氘代氯氟乙烯，进一步揭示了 α- 和 β-氘代同位素对氟化学位移的影响[30]。

对于顺式-1-氯-2-氟乙烯，观察到 0.6 的 α-氘代同位素效应（1 个 D）以及 0.4 的反式-β-氘代同位素效应。对于反式-1-氯-2-氟乙烯体系，α-氘代同位素效应为 0.5，顺式-β-同位素效应为 0.2。

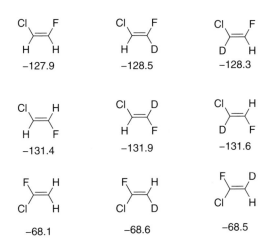

图 2.50 一系列氘代氯氟乙烯的氟化学位移

对于 1-氯-1-氟乙烯体系，反式-β-同位素效应为 0.5，而顺式-β-同位素效应为 0.4。

2-氘-1-氟环己烷体系提供了另外的示例：氘同位素三键传输的立体电子效应对氟化学位移影响，其中反式氘引起 0.35 的增量位移，而邻位交叉式氘只有大约一半的效果（图 2.51）[31]。

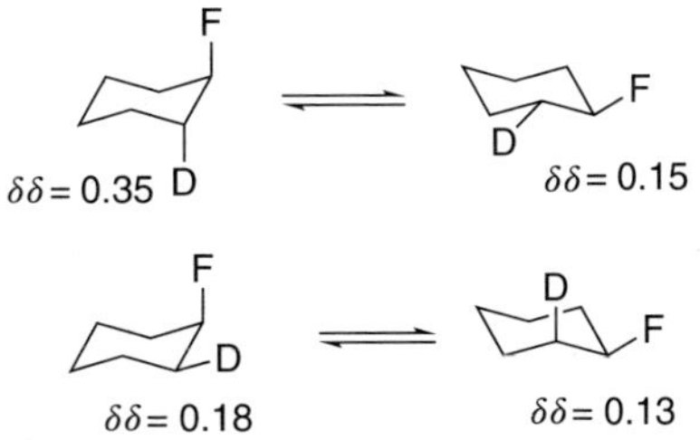

图 2.51 2-氘-1-氟环己烷体系相对未氘取代体系的氟化学位移增量

从这些结果来看，似乎反式氘取代相比邻位交叉式氘取代，能更好地传递其同位素效应，这与耦合常数的传递趋势相同。

图 2.52 描绘了 1,6-二氟己烷-d_2 的 ^{13}C NMR 谱中的 CH_2F/CD_2F 区域，它展示了氘同位素对 CH_2F 碳化学位移的影响（与 CD_2F 碳相比）。

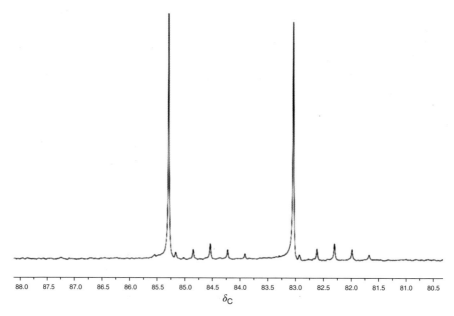

图 2.52　1,6-二氟己烷-1,1-d_2 的 ^{13}C NMR 谱

这种同位素位移比氟核磁共振中观察到的位移更不容易辨别，部分原因是 D-C 耦合进一步分裂了 CD_2F 基团中氟裂分的双重碳峰。观察到的同位素对 ^{13}C 化学位移的影响是 0.72 的高场位移。两个基团的 F-C 耦合常数似乎略有不同（CH_2F 和 CD_2F 基团分别为 165 Hz 和 163 Hz）。这种效应是 α-氘代同位素对碳的影响，在这种情况下是一键效应。这并不是只与氟相关的效应，因为无论是否存在氟取代基，任何氘取代的碳都会观察到这种效应。

2.10　高级主题

如第 1 章所述，本书旨在介绍氟核磁共振，并作为一本实用手册，供从事含氟有机化合物合成的有机化学家使用，重点是对轻度氟化有机化合物的表征。本书旨在成为这类化合物的氟、氢、碳以及更有限范围内的磷和氮化学位移和耦合常数数据的主要来源。而不是为了涵盖氟核磁共振的所有可能应用。在某些情况下，本书中的数据不足以解决详细的结构问题，特别是与立体化学相关的问题,在这种情况下,读者可能需要考虑更高级的核磁共振技术,特别是多维^{19}F NMR。虽然本书没有详细讨论这些技术,但在某些时候,这些技术会变得不可缺少,因此简单介绍了二维^{19}F NMR 技术,并给出了获取更多信息的参考文献。通常,使用这些技术需要特定的仪器和核磁共振专家的协助。

此外,各种分析和诊断核磁共振技术已被广泛应用,特别是在药物发现领域,若不提及这些技术的发展,那将是一种疏忽。由于其化学位移对局部环境的敏感性,^{19}F NMR 已越来越广泛地被用作研究小分子、蛋白质和其它生物体系结构和动力学的探针[32-36]。

这里举几个例子:①现在,化学家可以通过使用胺敏感钯配合物[图 2.53(a)]来轻松确定手性胺的对映体过量[37];②二氟甲硫氨酸[图 2.53(b)]中 CF_2H 基两个氟原子的非对映异构性质已被用于蛋白质的结构和功能研究,因为它们的化学位移差异取决于 CF_2H 基的旋转活动性[38];③用 3-氟酪氨酸或三氟甲基苯丙氨酸标记小分子蛋白质,使化学家能得以研究活细菌内部蛋白质的结构和动态特性[39]。

基于^{19}F NMR 的筛选技术已成为一种强大且可靠的工具,广泛应用于识别潜在的药物候选物[40-42]。

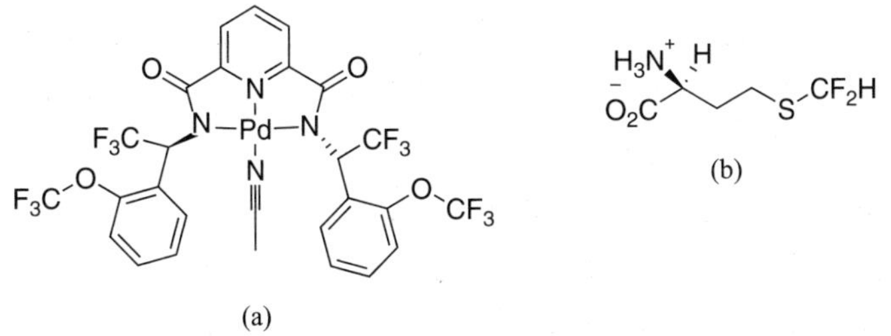

图 2.53 胺敏感钯配合物 (a) 和二氟甲硫氨酸 (b) 结构

使用氟标记的配体或底物,可以通过^{19}F NMR 检测微弱的分子间相互作用。有一项这样的技术(FAXS——氟化学位移各向异性和交换筛选法),可利用含氟的"间谍"分子来监测在一系列测试化合物存在下^{19}F 共振的横向弛豫率的变化[43]。

二维核磁共振 2D-NMR 技术几乎已成为常规手段,用于分析含碳和氢的复杂有机分子,已几乎成为常规手段。相比之下,二维^{19}F NMR 方法在含氟分子的分析中并不那么常用。这主要是由于仪器要求与氟和氢核磁共振之间固有差异的综合原因,特别是^{19}F 化学位移的宽广范围,这在一定程度上减少了对二维核磁共振的需求,但也可能会造成问题,例如,关于整个^{19}F 带宽的均匀激发。

然而，随着对含氟化合物兴趣的增加，以及可用仪器质量的提高，人们对二维 ^{19}F NMR 技术的兴趣也随之增长。Battiste 和 Newmark 对 ^{19}F 多维核磁共振的应用进行了出色的综述，并提供了关于各种可用 ^{19}F 二维核磁共振技术的硬件要求和应用方面的详细信息[44]，该综述值得一读。

与本书主要讨论的一维核磁共振技术不同，下面简要介绍的二维 ^{19}F NMR 技术通常不会成为一线有机化学工作者日常结构解析的必备工具。然而，在某些情况下，这些技术对于确定含氟化合物的详细三维结构是不可或缺的，此时合成化学家可能需要向核磁共振专家寻求帮助。

同核 ^{19}F-^{19}F 实验是最常见的，也是最容易在传统核磁共振光谱仪上实现的。在这些实验中，^{19}F COSY 相关光谱可能是最常遇到的二维 ^{19}F NMR 技术，这主要是因为通过空间耦合，使得从观察到的相关性的存在或大小推断出确切的结构信息变得困难。人们发现该技术在氟聚合物的分析中特别有用。

同核 ^{19}F-TOCSY 和 ^{19}F-NOESY 实验的使用频率远低于 ^{19}F-COSY，但正如 Battiste 的综述[44] 中所讨论的那样，它们是远未充分利用的实验，一旦实施，它们可以提供独特的结构信息，特别是立体化学信息。

对于含有有限数量氟原子的化合物，异核 ^{19}F-^{1}H 二维核磁共振实验，如 ^{19}F-^{1}H HETCOR 和 ^{1}H-^{19}F 异核 Overhauser 谱（HOESY），可以为区分结构异构体和非对映异构体以及进行构象分析提供相当大的帮助。HOESY 实验经常被用于含氟标记生物分子的构象分析[33]。

扩散序谱（DOSY）"通过提供一个二维图谱，其中一个轴是化学位移，另一个轴是扩散系数，为化合物的虚拟分离提供了一种手段[45]"。^{19}F NMR 和 DOSY 的直接结合已被证明对研究含氟化合物（它们是复杂混合物的一部分）的药物配方非常有用[46]。

作为多维核磁共振技术用于获取含氟化合物结构信息的一个例子，Ernst 通过结合异核二维核磁技术，成功地归属了 4-氟-[2.2] 对环番 F-PCP 的所有 16 个碳和所有芳香氢，但未能对其桥连 CH_2 基团建立明确的 *syn/anti* 归属；他还能够区分 PCP 的二氟环取代物 F_2-PCP 的伪孪位、伪邻位、伪间位和伪对位异构体，并且同样成功地归属了这些异构体中除桥连 CH_2 碳上的 *syn/anti* 氢以外的所有碳和氢[47]。类似地，Ghiviriga 成功地归属了一氟和二氟环取代的八氟 [2.2] 对环番（F-AF4 和 F_2-AF4）中所有氟和氢的化学位移和耦合常数[48]。四种 PCP 衍生物结构如图 2.54 所示。

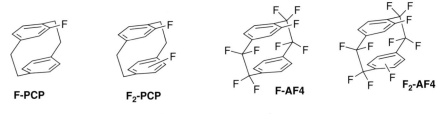

图 2.54 四种 PCP 衍生物结构

参考文献

[1] Brey, W. S.; Brey, M. L. In *Encyclopedia of Nuclear Magnetic Resonance*; Grant, D. M., Harris, R. K., Eds.; *John Wiley & Sons*; Chichester, **1996**; Vol. 3, p 2063.

[2] Bromilow, J.; Brownlee, R. T. C.; Page, A. V. *Tetrahedron Lett.* **1976**, *17*, 3055.

[3] Taft, R. W.; Prosser, F.; Goodman, L.; Davis, G. T. *J. Chem. Phys.* **1963**, *38*, 380.

[4] Adcock, W.; Angus, D. L.; Lowe, D. A. *Magn. Reson. Chem.* **1996**, *34*, 675.

[5] Adcock, W.; Abeywickrema, A. N.; Kok, G. B. *J. Org. Chem.* **1983**, *49*, 1387.

[6] Adcock, W.; Krstic, A. R. *Magn. Reson. Chem.* **2000**, *38*, 115.

[7] Gribble, G. W.; Keavy, D. J.; Olson, E. R.; Rae, I. D.; Staffa, A.; Herr, T. E.; Ferrara, M. B.; Contreras, R. H. *Magn. Reson. Chem.* **1991**, *29*, 422.

[8] Durie, A. J.; Slawin, A. M. Z.; Lebl, T.; Kirsch, P.; O'Hagan, D. *Chem. Commun.* **2012**, *48*, 9643.

[9] Dokalik, A.; Kalchhauser, H.; Mikenda, W.; Schweng, G. *Magn. Reson. Chem.* **1999**, *37*, 895.

[10] Kleinmaier, R.; Arenz, S.; Karim, A.; Carlsson, A.-C. C.; Erdelyi, M. *Magn. Reson. Chem.* **2012**, *51*, 46.

[11] Williamson, K. L.; Hsu, Y.-F. L.; Hall, F. H.; Swager, S.; Coulter, M. S. *J. Am. Chem. Soc.* **1968**, *90*, 6717.

[12] O'Hagan, D.; Rzepa, H. S.; Schuler, M.; Slawin, A. M. Z. *Beilstein J. Org. Chem.* **2006**, *2*, 19.

[13] Petrakis, L.; Sederholm, C. H. *J. Chem. Phys.* **1961**, *35*, 1243.

[14] Mallory, F. B. *J. Am. Chem. Soc.* **1973**, *95*, 7747.

[15] Hierso, J.-C. *Chem. Rev.* **2014**, *114*, 4838.

[16] Gribble, G. W.; Douglas, J. R., Jr. *J. Am. Chem. Soc.* **1970**, *92*, 5764.

[17] Mallory, F. B.; Mallory, C. W.; Butler, K. E.; Lewis, M. B.; Xia, A. Q.; Luzik, E. D., Jr.; Fedenburgh, L. E.; Ramanjulu, M. M.; Van, Q. N.; Francl, M. M.; Freed, D. A.; Wray, C. C.; Hann, C.; Nerz-Stormes, M.; Carroll, P. J.; Chirlian,

L. E. *J. Am. Chem. Soc.* **2000**, *122*, 4108.

[18] Gribble, G. W.; Kelly, W. J. *Tetrahedron Lett.* **1981**, *22*, 2475.

[19] Ernst, L.; Ibrom, K. *Angew. Chem. Int. Ed. Engl.* **1995**, *34*, 1881.

[20] Mallory, F. B.; Mallory, C. W.; Baker, M. B. *J. Am. Chem. Soc.* **1990**, *112*, 2577.

[21] Kimber, B. J.; Feeney, J.; Roberts, G. C. K.; Birdsall, B.; Griffiths, D. V.; Burgen, A. S. V. *Nature* **1978**, *271*, 184.

[22] Takemura, H.; Ueda, R.; Iwanaga, T. *J. Fluorine Chem.* **2009**, *130*, 684.

[23] Fonseca, T. A. O.; Ramalho, T. C.; Freitas, M. P. *Magn. Res. Chem.* **2012**.

[24] Champagne, P. A.; Desroches, J.; Paquin, J.-F. *Synthesis* **2015**, *47*, 306.

[25] Scerba, M. T.; Leavitt, C. M.; Diener, M. E.; DeBlase, A. F.; Guasco, T. L.; Siegler, M. A.; Bair, N.; Johnson, M. A.; Lectka, T. *J. Org. Chem.* **2011**, *76*, 7975.

[26] Muller, N.; Carr, D. T. *J. Phys. Chem.* **1963**, *67*, 112.

[27] Lambert, J. B.; Mazzola, E. P. *Nuclear Magnetic Resonance Spectroscopy*; Pearson Education, Inc.: Upper Saddle River, **2004.**

[28] Abraham, R. T.; Loftus, P. *Tetrahedron* **1977**, *33*, 1227.

[29] Irig, A. M.; Smith, S. L. *J. Am. Chem. Soc.* **1972**, *94*, 34.

[30] Osten, H. J.; Jameson, C. J.; Craig, N. C. *J. Chem. Phys.* **1985**, *83*, 5434.

[31] Lambert, J. B.; Greifenstein, L. G. *J. Am. Chem. Soc.* **1973**, *95*, 6150.

[32] Gerig, J. T. *Prog. Nucl. Magn. Reson. Spectrosc.* **1994**, *26*, 293.

[33] Gakh, Y. G.; Gakh, A. A.; Gronenborn, A. M. *Magn. Reson. Chem.* **2000**, *38*, 551.

[34] Cobb, S. L.; Murphy, C. D. *J. Fluorine Chem.* **2009**, *130*, 132.

[35] Chen, H.; Viel, S.; Ziarelli, F.; Peng, L. *Chem. Soc. Rev.* **2013**, *42*, 7971.

[36] Keita, M.; Kaffy, J.; Troufflard, C.; Morvan, E.; Crousse, B.; Ongeri, S. *Org. Biomol. Chem.* **2014**, *12*, 4576.

[37] Zhao, Y.; Swager, T. M. *J. Am. Chem. Soc.* **2015**, *137*, 3221.

[38] Vaughan, M. D.; Cleve, P.; Robinson, V.; Durwel, H. S.; Honek, J. F. *J. Am. Chem. Soc.* **1999**, *121*, 8475.

[39] Li, C.; Wang, G.-F.; Wang, Y.; Creager-Allen, R.; Lutz, E. A.; Scronce, H.; Slade, K. M.; Ruf, R. A. S.; Mehl, R. A.; Pielak, G. J. *J. Am. Chem. Soc.* **2010**, *132*, 321.

[40] Berkowitz, D. B.; Karukurichi, K. R.; de la Salud-Bea, R.; Nelson, D. L.; McCune, C. D. *J. Fluorine Chem.* **2008**, *129*, 731.

[41] Shuker, S. B.; Hajduk, P. J.; Meadows, R. P.; Fesik, S. W. *Science* **1996**, *274*, 1531.

[42] Dalvit, C.; Vulpetti, A. *Magn. Res. Chem.* **2012**, *50*, 592.

[43] Dalvit, C. *Prog. Nucl. Magn. Reson. Spectrosc.* **2007**, *51*, 243.

[44] Battiste, J.; Newmark, R. A. *Prog. Nucl. Magn. Reson. Spectrosc.* **2006**, *48*, 1.

[45] Cohen, Y.; Avram, L.; Frish, L. *Angew. Chem. Int. Ed.* **2005**, *44*, 520.

[46] Poggetto, G. D.; Favaro, D. C.; Nilsson, M.; Morris, G. A.; Tormena, C. F. *Magn. Reson. Chem.* **2013**, *52*, 172.

[47] Ernst, L.; Ibrom, K. *Magn. Reson. Chem.* **1997**, *35*, 868.

[48] Ghiviriga, I.; Dulong, F.; Dolbier, W. R., Jr. *Magn. Reson. Chem.* **2009**, *47*, 313.

第3章

单氟取代基

3.1 引言

即使在分子中某个特定位置上仅存在一个单氟取代基,也会对化合物的生物活性产生显著影响。这其中的原因多种多样,本书的前言和引言部分已简要讨论过。下面给出了一些含有单氟取代基的生物活性化合物的示例(图 3.1)。其中包括可能是由于氟取代引起生物活性增强的第一个例子,即下文中的糖皮质激素 **3-1** (Fried 在 1954 年发现),氟代醇增强的酸性提高了其与糖皮质激素(GC)受体的结合亲和力,并延缓了邻近 11-OH 基的氧化,从而增强了该化合物的活性[1]。图 3.1 中还有作为自杀底物酶灭活剂的抗菌性 β-氟代氨基酸 FA (**3-2**),以及众所周知的抗炭疽病药物 CIPRO® (**3-3**)。

本章所提供的信息和实例使读者能够预测在几乎任何可能遇到的环境中单氟取代基的化学位移和耦合常数值。

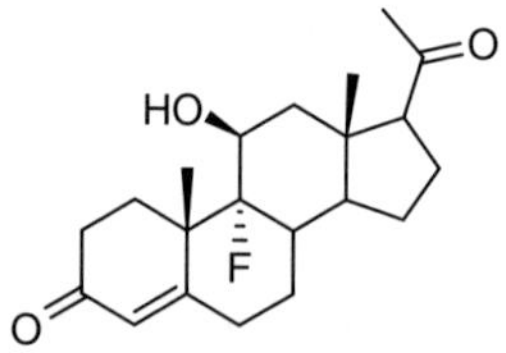

3-1 糖皮质激素 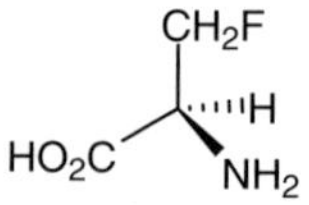   **3-2** 抗菌剂

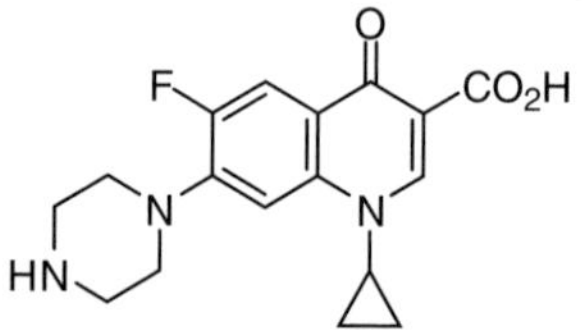

3-3 环丙沙星 (CIPRO®)

图 3.1 含有单氟取代基的生物活性化合物示例

3.1.1 化学位移——概述

如第 2 章所述,单氟取代基具有很宽的氟化学位移范围,包括磺酰氟和酰氟,它们分别在 +40 和 +25 的低场区域吸收,一直延伸到氟甲基三甲基硅烷,其信号位于远在 -277 处的高场。

即便在带有氟取代基的不同类别化合物中,化学位移的范围仍然相当大,但存在可预测的趋势,这些趋势不仅存在于每一类化合物内部,也贯穿于不同类化合物之间。例如,饱和烃中单个氟原子的化学位移范围,δ_F 从叔丁基氟的 -131 到甲基氟的 -272。一级氟化物在较高场端(更负)吸收,而三级氟化物在较低场端吸收。单乙烯基和芳香族氟化物在更低场吸收,δ_F 范围为 -130~-95。

3.1.2 自旋-自旋耦合常数——概述

还可看到,氟与氢之间、氟与氟之间以及氟与碳之间的自旋-自旋耦合常数是可以预测的,因此在详细结构表征中很有用。在饱和氢氟烃体系中,含有单氟取代基的化合物表现出最大的邻位 F-H 三键耦合,这种耦合常数范围为 21~27Hz。它们的 F-H 两键耦合常数(47~51Hz)也很大,但 CH_2F 基(48~51Hz)的两键耦合常数比 CF_2H 基表现出的 56~58Hz 耦合常数小。

—CH_2F 和—CHF—基团的 F-C 一键耦合常数通常在 162~170Hz 范围内,这比—CF_2H 或—CF_2—基团所表现的 234~250Hz 耦合,以及 CF_3 基团所观察到的 275~285Hz 耦合要小得多。然而,当碳原子同时还连有其它电负性取代基时,单氟甲基和二氟甲基的 F-C 耦合常数都会显著增加。例如,比较一下甲基氟甲基醚(CH_3OCH_2F)与 1-氟丁烷($CH_3CH_2CH_2CH_2F$)的 F-C 一键耦合常数,就会发现很大的差异(219Hz 与 165Hz)。这些趋势可能反映了这些化合物中,与氟结合的碳轨道中 s 轨道特性的相对含量,s 轨道特性越多,C-F 耦合常数越大。

3.2 饱和烃

在以单氟烷烃为代表的这一大类化合物[2-3]中,一级氟取代基是最受屏蔽的,决定相对化学位移的规则非常简单:

烷基氟化物的屏蔽作用:$CH_3 > 1° > 2° > 3°$

氟化学位移范围:-272 → -131

这一趋势与所观察到的氢和碳的化学位移是一致的：取代程度最高的碳上的氢以及具有最多烷基取代基的碳，都显示出最大的去屏蔽效应。Wiberg 和 Zilm 的计算工作使人们能够确定导致烷基氟化物屏蔽趋势的因素[1]。

一个推论是，在 β-或 γ-位置的支化会导致 1°、2°或 3°氟原子核屏蔽效应的增加。

3.2.1 伯烷基氟化物

伯烷基氟化物的典型氟化学位移为－219，但伯烷基氟化物的值在－212（氟乙烷）和－226（2-乙基-1-氟丁烷）之间变化（图 3.2）。如前所述，烷基支化会导致氟核的屏蔽。

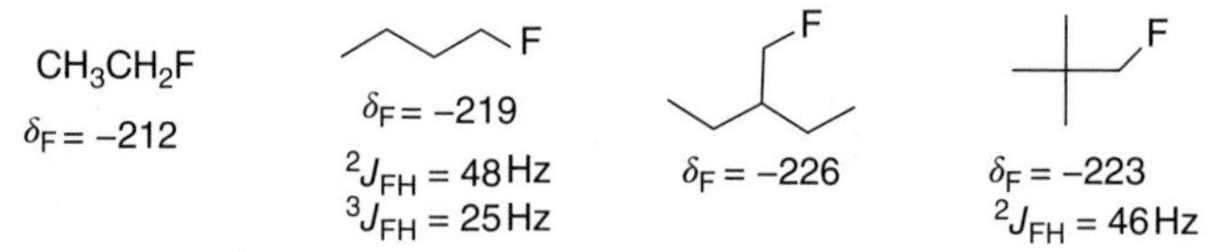

CH_3CH_2F
$\delta_F = -212$

$\delta_F = -219$
$^2J_{FH} = 48\,Hz$
$^3J_{FH} = 25\,Hz$

$\delta_F = -226$

$\delta_F = -223$
$^2J_{FH} = 46\,Hz$

图 3.2　伯烷基氟化物的化学位移

这里给出的是这类体系中典型的 H-F 两键和三键耦合常数值，其中 F-H 两键耦合的范围为 47～49 Hz，F-H 三键耦合的范围为 21～27 Hz。由于 H-F 三键耦合常数值约为 H-F 两键耦合常数值的一半，因此最终结果是正烷基氟化物的氟信号通常呈现为七重峰的形态，如图 3.3 所示的正戊基氟化物。

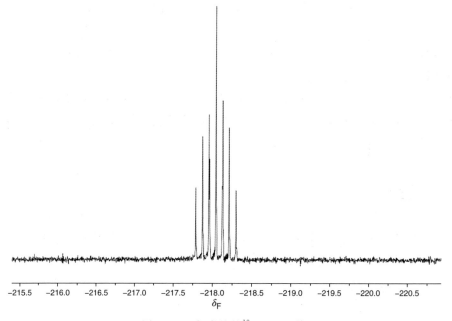

图 3.3　1-氟戊烷的 ^{19}F NMR 谱

当 CH_2F 作为大多数脂环族环的取代基时，例如环己烷环，该基团的 ^{19}F 化学位移与非环状体系的相比没有显著变化（图 3.4）。然而，当它连接到环丙烷环上时，会观察到一种独特的去屏蔽效应。

$\delta_F = -223$, $^2J_{FH} = 49\,Hz$ $\delta_F = -208$, $^2J_{FH} = 51\,Hz$

图 3.4 CH_2F 基团的 ^{19}F 化学位移与非环状体系相比无显著变化

这种去屏蔽作用可能是环丙烷环通过其给电子效应稳定缺电子中心的结果。因此，这很可能是一种高超共轭的 $\pi\text{-}\sigma^*_{CF}$ 相互作用，类似于在反式降冰片烯-7-基氟化物中所讨论的（第 2.2.1.3 节）。

以下实例（图 3.5）提供了伯烷基氟化物预期的氢和碳化学位移以及耦合常数数据。可以看出，随着远离氟取代位点，氟对氢和碳化学位移的影响迅速减小。

δ_H 1.29   0.89   4.45   1.70   1.43   0.95 $^2J_{FH} = 47\,Hz$
$CH_3-CH_2-CH_2-CH_3$ $^3J_{HH} = 7.4\,Hz$ $F-CH_2-CH_2-CH_2-CH_3$ $^3J_{H1,H2} = 6.0\,Hz$
δ_C 24.8   13.6   83.9   32.7   18.6   13.7

$^1J_{FC} = 165\,Hz$
$^2J_{FC} = 19\,Hz$
$^3J_{FC} = 6\,Hz$
$^4J_{FC} = 3\,Hz$

δ_H 0.86   4.51   1.37   4.3
CH_3-CH_3 $F-CH_2-CH_3$ $^3J_{HH} = 7.0\,Hz$ CH_4 CH_3-F
δ_C 6.5   80.0   15.8 -2.1 71.6

$n\text{-}C_4H_9-CH_2-X$ X =   F   Cl   Br   I
δ_H 4.45   3.56   3.40   3.12

图 3.5   伯烷基氟化物预期的氢和碳化学位移以及耦合常数数据

图 3.6 提供了正烷基氟化物氢谱的一个典型示例。在这个谱图中，可以清楚地看到由于较大的 F-H 两键耦合（47Hz）产生的双峰信号，这些信号本身又被较小的 H-H 三键耦合（6Hz）分裂成三重峰。该谱图的化学位移和耦合常数的详细信息如下：δ 0.95 (t, $^3J_{HH}=7.5\,Hz$, 3H), 1.39 (br, s, 4H), 1.72 (d, pent, $^3J_{FH}=25\,Hz$, $^3J_{HH}=7\,Hz$, 2H), 4.45 (dt, $^2J_{HF}=47\,Hz$, $^3J_{HH}=6.0\,Hz$, 2H) (t 为三重峰，s 为单峰，d 为双重峰，dt 为双三重峰，pent 为五重峰)。

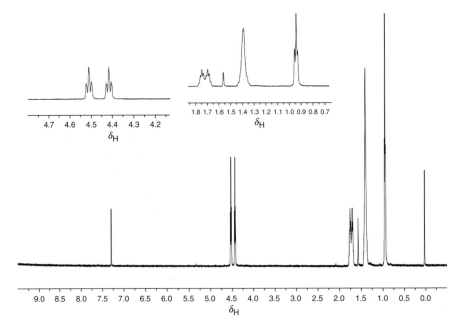

图 3.6　1-氟戊烷的 ^{1}H NMR 谱

图 3.7 给出了 1-氟戊烷的 ^{13}C NMR 谱，这也是正烷基氟化物的典型谱图。通过分析这一谱图，可以很容易地分辨出每个碳原子相对于氟取代基的位置。这不仅可以通过比较它们的化学位移来实现，还可以通过比较它们的氟-碳耦合

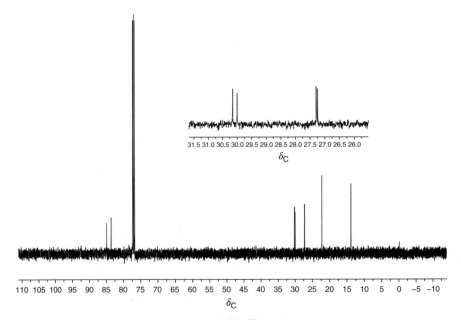

图 3.7　1-氟戊烷的 ^{13}C NMR 谱

常数来更明确地区分。在谱图中,可以看到在 84.2 处的信号具有较大的一键耦合 (164Hz),在 30.1 处的信号具有较小的 F-C 两键耦合 (20.1Hz),在 27.3 处的信号具有更小的三键耦合 (5.0Hz)。在 22.3 和 14.0 处的信号中,与其余两个碳的小耦合并不明显。(本书中大多数 ^{13}C NMR 谱图上约 77.2 处的多重峰来源于溶剂 $CDCl_3$。)

3.2.2 仲烷基氟化物

仲烷基氟化物相比其伯烷基类似物表现出约 +35 往低场(去屏蔽)的位移,其氟原子通常在 δ_F 约 −183 处吸收(图 3.8),并且这类氟原子也会由于支化而被大大屏蔽。

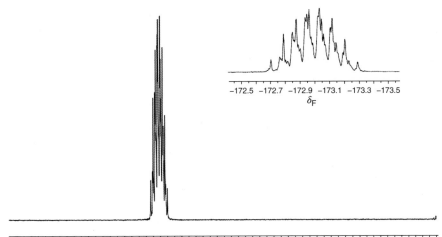

图 3.8　仲烷基氟化物在 δ_F 约 −183 处吸收

从图 3.9 中典型二级氟化物 2-氟戊烷的氟谱可以看出,由于 2-氟戊烷与相邻氢原子相对较大的 H-F 三键耦合(20~25Hz),我们无法轻易区分在 −173 的多重峰中由 H-F 两键耦合产生的 47Hz 双峰。

图 3.9　2-氟戊烷的 ^{19}F NMR 谱

最终结果就是在图 3.9 中看到的多重峰。在氢谱(图 3.10)中,由于可能引起干扰的 H-H 三键耦合常数要小得多(6~7Hz),因此可以在氢谱上更清楚地看到由 47Hz 耦合产生的双重峰。

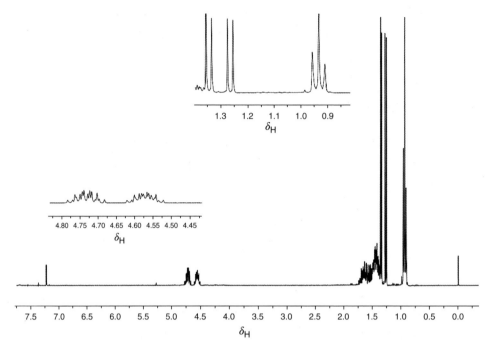

图 3.10　2-氟戊烷的 ^{1}H NMR 谱

以下实例（图 3.11）提供了仲烷基氟化物预期的氢、碳化学位移和耦合常数数据。

如前所述，在 2-氟戊烷的氢谱中，由于有较大的 F-H 两键耦合常数（47Hz），可以清楚地观察到一个双峰（图 3.10）。同时，也请注意 1.31（$^3J_{FH}=24$Hz，$^3J_{HH}=6$Hz）处来自 C-1 甲基的漂亮双二重峰，这说明了典型的 F-H 三键和 H-H 三键耦合常数在大小上的显著差异。

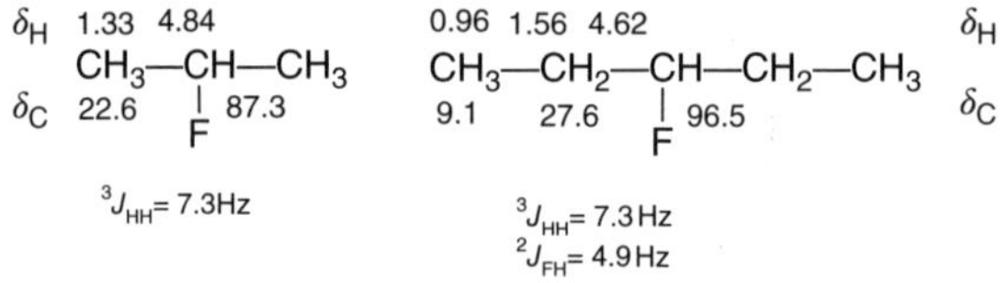

图 3.11　仲烷基氟化物预期的氢、
碳化学位移和耦合常数数据

图 3.12 给出了一个典型二级氟代烷烃（2-氟戊烷）的 ^{13}C NMR 谱。在该谱图中，可以检测到除 C-5 之外的所有碳原子与氟取代基的耦合。

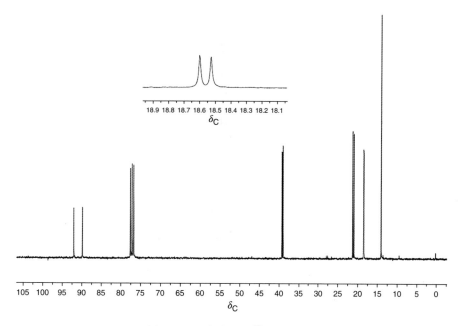

图 3.12　2-氟戊烷的 ^{13}C NMR 谱

2-氟戊烷的具体化学位移和耦合常数数据如下：δ14.11（s，C-5），18.56（d，$^{3}J_{FC}$=5.1Hz，C-4），21.20（d，$^{2}J_{FC}$=22.3Hz，C-1），39.24（d，$^{2}J_{FC}$=20.4Hz，C-3），91.0（d，$^{1}J_{FC}$=164Hz，C-2）。

3.2.3　叔烷基氟化物

叔烷基氟化物表现出约+25 的额外低场位移，如图 3.13 所示，这种位移对支化也非常敏感。叔丁基氟化物的氟谱如图 3.14 所示。-131 处的信号被分裂成 10 个峰，具有 21Hz 的 H-F 三键耦合常数。

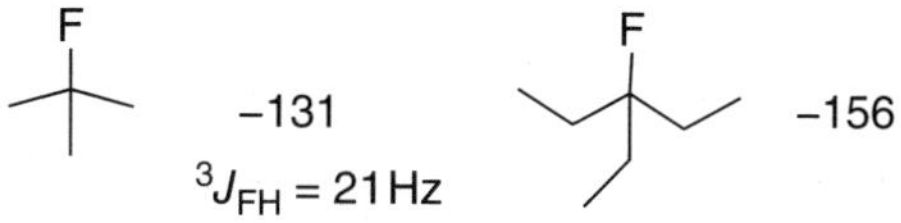

图 3.13　叔烷基氟化物氟化学位移

下面的例子提供了相关的氢和碳化学位移数据（图 3.15）❶。

---

❶ 本结构式附近表示化学位移的数字，在未标明的情况下，斜体为氢谱数据，正体为碳谱或氟谱数据。本书后续内容遵循此规则。

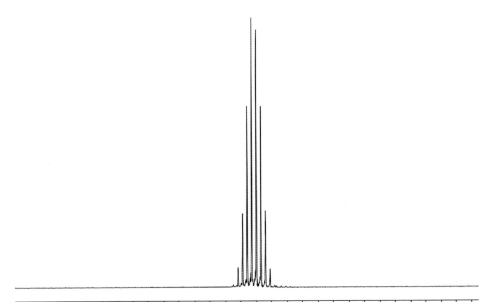

图 3.14　叔丁基氟化物的 ^{19}F NMR 谱

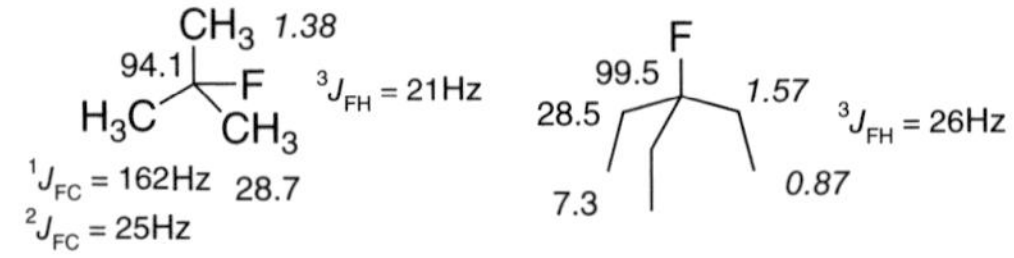

图 3.15　叔烷基氟化物氢和碳化学位移

图 3.16 和图 3.17 分别提供了叔丁基氟化物的氢谱和碳谱。

氢谱显示，在 $\delta 1.38$ 处有一个双峰（$^3J_{FH} = 21\text{Hz}$），而碳谱在 28.7 处展示了一个双峰（$^2J_{FC} = 25\text{Hz}$），同时在 94.1 处还有一个更弱的双峰（$^1J_{FC} = 162\text{Hz}$）。

关于叔丁基氟化物的核磁共振碳谱，有一点需要说明。由于像叔丁基氟化物中这种带有氟原子但没有氢原子的叔碳的信号较弱，因此许多已发表的包含此类结构特征的化合物的 ^{13}C 谱常常没有报告这些关键信号。如果你不知道自己要找什么，这些信号就很容易被遗漏。即使是浓度相对较高的样品，通常也需要适当地运行此类图谱，以积累足够的傅里叶变换数据来观察这些微弱的信号。

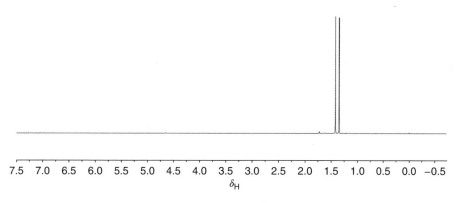

图 3.16　叔丁基氟化物的 ^{1}H NMR 谱

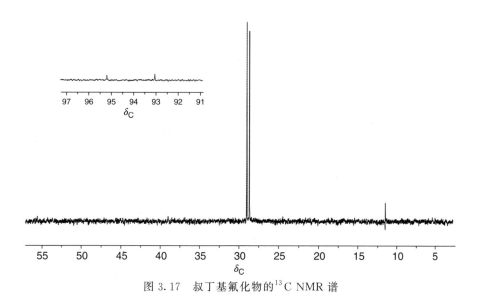

图 3.17　叔丁基氟化物的 ^{13}C NMR 谱

3.2.4　环状和双环烷基氟化物

氟代环烷烃从六元环到五元环再到四元环，化学位移呈现出小幅往低场（+）移动的趋势，但环丙烷则因其强烈的高场位移而显得与众不同，其中氟代环丙烷具有迄今为止最易受屏蔽的二级氟原子，δ_F 位于 -213（图 3.18）。请注意，与反式异构体的氟原子相比，1-氟-2-甲基环丙烷上的顺式甲基会屏蔽氟原子，这一观察结果与"支化原则"一致，即在 β 位的支化会导致氟取代基的屏蔽。

更仔细地观察氟代环己烷体系，可以发现轴向位置的氟取代基比平伏位置的氟取代基更易被屏蔽。当然，由于两种椅式构象之间的转化相对较快，通常

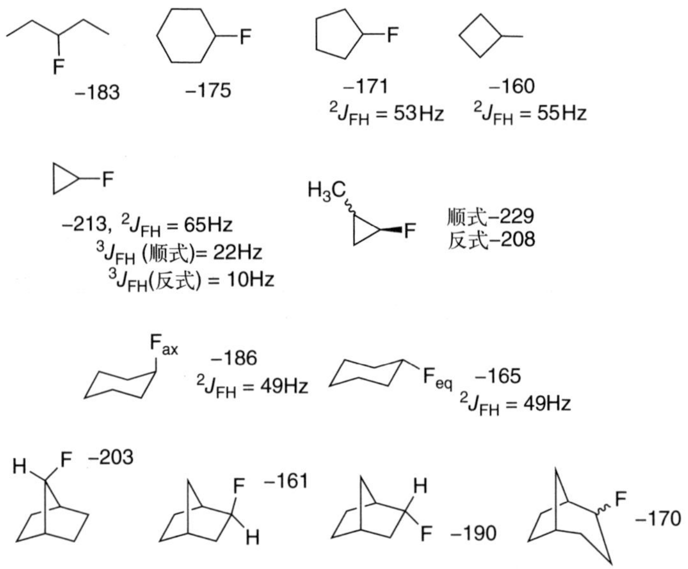

图 3.18 环状和双环二级氟化物的氟化学位移及耦合常数

只能观察到一个时间平均的 ^{19}F 信号。据报道，室温下动态平衡的氟代环己烷的 δ_F 为 -171（宽的单重峰）。有关氟代环己烷体系构象动力学的更多细节，请参阅第 4 章。

从二级环烷基氟化物到三级环烷基氟化物（图 3.19），可以观察到通常的去屏蔽效应，如 1-氟-1-甲基-4-叔丁基环己烷的异构体所示。当然，因为存在 4-叔丁基取代基，这两种异构体基本上以给定的单一构象存在。

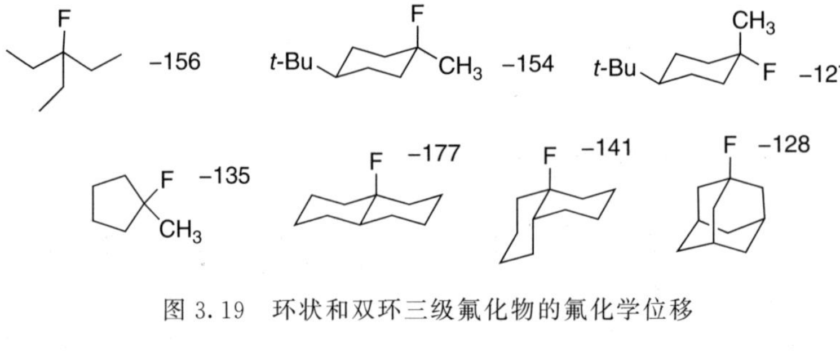

图 3.19 环状和双环三级氟化物的氟化学位移

这些 1-氟-1-甲基-叔丁基环己烷、顺式和反式-9-氟萘烷以及 1-氟金刚烷的化学位移差异，揭示了构象对氟代环己烷中氟化学位移的显著影响。这些不同环己基氟化物的相对化学位移可以简单地根据通常所说的端基异构效应（异头效应）来解释。也就是说，与氟取代基处于刚性反式的邻位氢会表现出"异头"双键/无键共振（或 $\sigma \to \sigma^*$）相互作用；跟那些与氟原子没有反式氢的情况相比，这种作用将导致氟原子的相对屏蔽。与这个解释一致的事实是，反式-9-氟萘烷中高度屏蔽的氟原子有三个反式氢原子，而顺式异构体只有一个。类似地，顺式-1-氟-反式-1-甲基-4-叔丁基环己烷的氟原子有两个环上的反式氢，而另一种异构体则没有（当然，这两种异构体都会与一个甲基氢产生反式相互作用）。1-氟金刚烷也没有与其氟原子处于反式的氢。因此，所有这些叔环己基氟化物的化学位移值一般都可以与存在的反式氢的相对数量相关联。

虽然没有证据表明在那些具有轴向氟取代基的环己烷中存在"通过空间"的1,3-轴向F-H耦合，但如图3.20中的例子所示，两个1,3-轴向氟之间的耦合可能会相当大[2-3]。

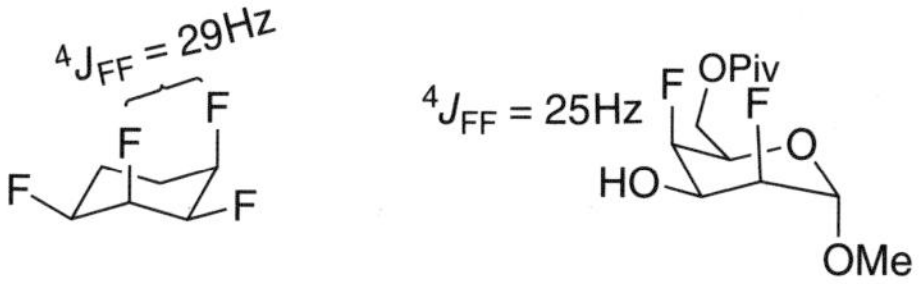

图3.20　两个1,3-轴向氟取代基之间的空间耦合

还应注意的是，同碳H-F耦合常数（$^2J_{HF}$）虽然对于环己基氟化物（约为49Hz）来说处于正常范围，但它随着环尺寸的减小而逐渐增大（环戊基氟化物，53Hz；环丁基氟化物，55Hz），最终在环丙基氟化物中达到特征性的大值（约为65Hz）。这种增加与该系列中用于与氟成键的碳轨道的s特性增加的假设是一致的。

图3.21所示的一系列有张力的桥头氟代双环化合物表现出较大范围的化学位移，这些化学位移没有明显的趋势。令人惊讶的是，这些化学位移与用于跟氟成键的碳轨道的s含量缺乏相关性，而s含量本应该是沿着这个系列逐渐减少的[4]。

图3.21　桥头氟代双环化合物的氟化学位移

除以上给出的数据外，图3.22和图3.23中还提供了相关的氢和碳核磁共振数据。同样，值得注意的是，在该系列中观察到了F-C一键耦合常数的增加，其中环丙基氟化物的耦合常数最大，而且再次与F-C键中s特征程度一致。文献中已有一篇关于氟代环丙烷^{13}C NMR谱的综述发表[5]。

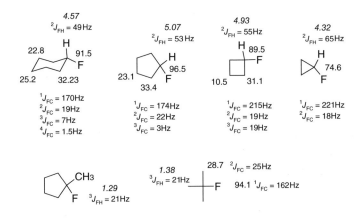

图 3.22 环状氟化物的氢谱和碳谱数据

当谈到桥头氢的化学位移时，就像氟原子位移的情况一样，似乎没有任何可以理解的趋势（图 3.23）。另一方面，1-氟-双环 [1.1.1] 戊烷的碳谱数据是独特的，两个桥头碳比图 3.23 中其它化合物对应的碳原子具有更高的屏蔽性，而且它们的耦合常数也更大。实际上，F-C 一键耦合常数存在一个普遍趋势，即随着化合物张力的减小，耦合常数逐渐变小。

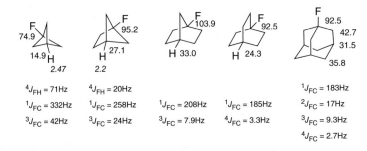

图 3.23 桥头氟化物的氢谱和碳谱数据

3.3 取代基/官能团的影响

电负性取代基，例如卤素和醚官能团，当它们直接与带有氟取代基的碳原子相连时，会使氟原子核去屏蔽。然而，这些相同的卤素、醚和醇取代基以及类似的电负性羰基官能团，当位于氟取代基的 β 位时，通常会对氟原子核产生屏蔽效应。

3.3.1 卤素取代基[6]

在与含氟取代基相连的同一碳上进行卤素取代会产生显著递增的去屏蔽效应（图 3.24 和图 3.25）。

卤素取代产生的去屏蔽效应沿 I＜Br＜Cl 逐渐增强，甲烷系列中的去屏蔽效应大于伯烷基系列的。

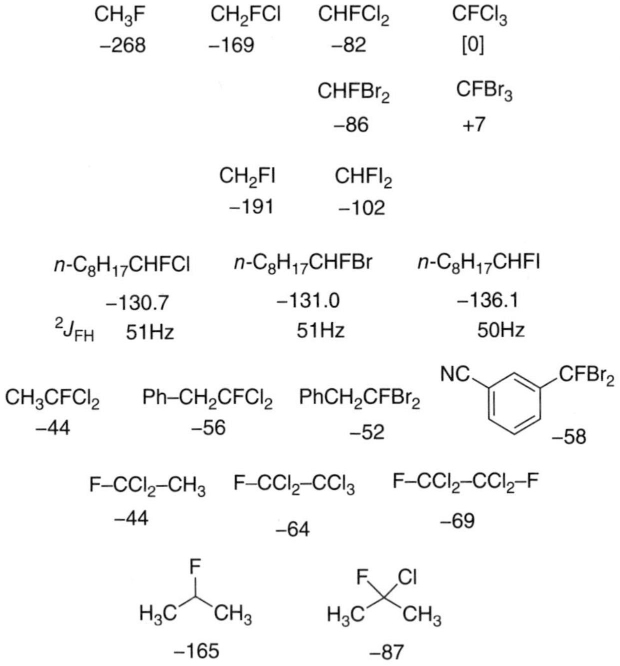

CH₃F   CH₂FCl   CHFCl₂   CFCl₃
−268   −169   −82   [0]

CHFBr₂   CFBr₃
−86   +7

CH₂FI   CHFI₂
−191   −102

n-C₈H₁₇CHFCl n-C₈H₁₇CHFBr n-C₈H₁₇CHFI
−130.7   −131.0   −136.1
$^2J_{FH}$ 51Hz   51Hz   50Hz

CH₃CFCl₂   Ph−CH₂CFCl₂   PhCH₂CFBr₂   NC−C₆H₄−CFBr₂ (间位)
−44   −56   −52   −58

F−CCl₂−CH₃   F−CCl₂−CCl₃   F−CCl₂−CCl₂−F
−44   −64   −69

(CH₃)₂CHF   (CH₃)₂CFCl
−165   −87

图 3.24 卤素取代产生的去屏蔽效应（1）

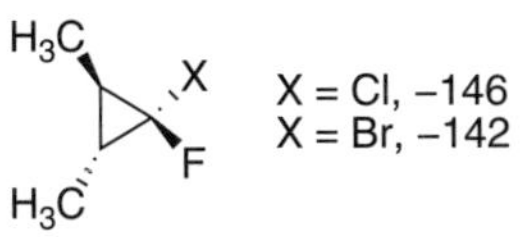

环丙烷：(H₃C)₂(F)(X)   X = Cl, −146；X = Br, −142

图 3.25 卤素取代产生的去屏蔽效应（2）

氟原子 β 位置的卤素取代基通常会引起氟核的屏蔽（图 3.26），其中氟产生最大的屏蔽作用，而碘几乎没有影响。有趣的是，氟的 β 位引入第二个和第三个氯取代基会导致去屏蔽效应的逐渐增强。

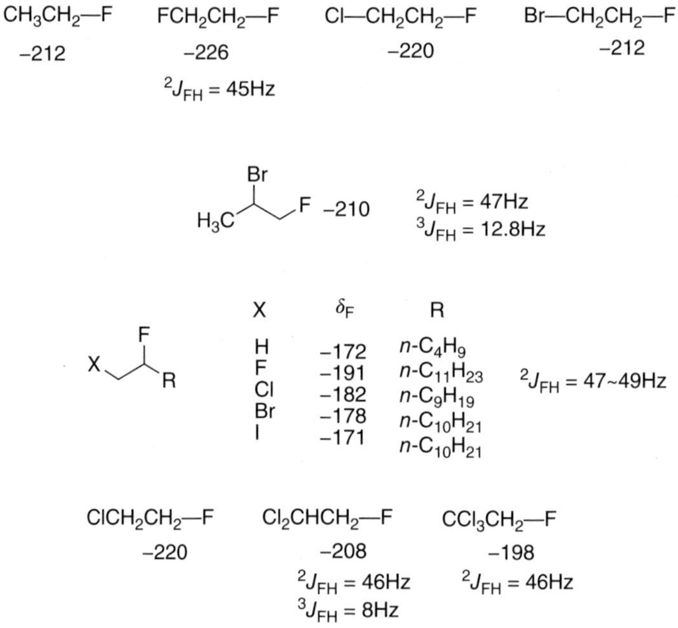

$$CH_3CH_2{-}F \quad FCH_2CH_2{-}F \quad Cl{-}CH_2CH_2{-}F \quad Br{-}CH_2CH_2{-}F$$
$$-212 \qquad\quad -226 \qquad\qquad -220 \qquad\qquad\quad -212$$
$$\qquad\qquad\quad {}^2J_{FH} = 45\,Hz$$

$$H_3C{-}CHBr{-}CH_2F \quad -210 \qquad {}^2J_{FH} = 47\,Hz$$
$$\qquad\qquad\qquad\qquad\qquad\qquad {}^3J_{FH} = 12.8\,Hz$$

$$X{-}CH_2{-}CHF{-}R$$

X	δ_F	R
H	−172	$n\text{-}C_4H_9$
F	−191	$n\text{-}C_{11}H_{23}$
Cl	−182	$n\text{-}C_9H_{19}$
Br	−178	$n\text{-}C_{10}H_{21}$
I	−171	$n\text{-}C_{10}H_{21}$

$${}^2J_{FH} = 47\sim49\,Hz$$

$$ClCH_2CH_2{-}F \qquad Cl_2CHCH_2{-}F \qquad CCl_3CH_2{-}F$$
$$-220 \qquad\qquad\quad -208 \qquad\qquad\quad -198$$
$$\quad {}^2J_{FH} = 46\,Hz \qquad {}^2J_{FH} = 46\,Hz \qquad {}^2J_{FH} = 46\,Hz$$
$$\qquad\qquad\qquad\quad {}^3J_{FH} = 8\,Hz$$

图 3.26　氟原子 β-位置的卤素取代基引起氟核的屏蔽

3.3.1.1　卤氟烷烃的 ^1H 和 ^{13}C NMR 数据

在卤代乙烷中，四种卤素对氢和碳化学位移的相对影响如图 3.27 所示。氢和碳化学位移的趋势与相对电负性效应一致。

	CH_3CH_2F	CH_3CH_2Cl	CH_3CH_2Br	CH_3CH_2I
δ_H	4.36	3.47	3.37	3.18
δ_C	78.0	38.7	27.9	−1.0

图 3.27　卤代乙烷中四种卤素对 H1 和 C1 化学位移的相对影响

图 3.28 提供了三卤甲烷中一些相关的氢和碳化学位移和耦合常数数据，包括可获得的氟二卤甲烷数据。溶剂对所有三卤甲烷的氢化学位移都有潜在的显著影响，因此，在可能的情况下，尽量列出以 $CDCl_3$ 为溶剂获得的数据。请注意，氢和碳化学位移的趋势再次显示出与相对电负性效应的完全一致。因此，CHI_3 的碳化学位移为 −161，$CHBr_3$ 的碳化学位移为 +11.85，$CHFCl_2$ 的碳化学位移为 +105.9。

不含氟的三卤甲烷

	CHI$_3$	CHI$_2$Br	CHI$_2$Cl	CHBr$_2$I	CHIBrCl	CHBr$_3$	CHICl$_2$	CHBrCl$_2$	CHCl$_3$
δ_H (CDCl$_3$)	4.90	5.74	6.19	6.4	6.71	6.83	7.0	7.2	7.25
δ_H (氘代丙酮)									7.89
δ_C	−161.4	−99.6	−67.8	−42.9	−15.4	11.85	10.5	54.5	77.1

氟二卤甲烷

	CHFI$_2$	CHFIBr	CHFICl	CHFBr$_2$	CHFClBr	CHFCl$_2$
δ_H (CDCl$_3$)	7.32	7.58	7.64		7.83*	
δ_H (氘代丙酮)				8.32		7.97
$^2J_{FH}$/Hz	48	49	50	50		54
δ_C	ua	ua	55.0	75.9	91.4	105.9
$^1J_{FC}$/Hz			306	312	304	292

* 溶剂未知; ua = 难以获得

图 3.28　三卤甲烷中一些相关的氢和碳化学位移和耦合常数数据

图 3.29 展示了一系列类似的二卤甲烷和氟卤甲烷的数据，而三卤氟甲烷的数据可以在图 3.30 中找到。在第 4 章和第 5 章分别对含有两个和三个氟原子的甲烷进行了类似比较。

	CH$_2$I$_2$	CH$_2$Br$_2$	CH$_2$BrCl	CH$_2$Cl$_2$	CH$_2$FCl	CH$_2$FI
δ_H	3.85	4.69	5.14	5.27	5.93	6.35
δ_C	−61.1	18.4	36.7	53.0	*	51.8
$^2J_{FH}$/Hz					49	49
$^1J_{FC}$/Hz						251

图 3.29　类似的二卤甲烷和氟卤甲烷的数据

	CFCl$_3$	CFCl$_2$Br	CFCl$_2$I	CFClBr$_2$	CFBr$_3$	CFBr$_2$I	CFBrI$_2$	CFI$_3$
δ_F	[0]	+3.2	+5.9	+5.6	+7	−3.8	−9.0	*
δ_C					48.1			
$^1J_{FC}$/Hz	337				365			

图 3.30　三卤甲烷的数据

图 3.31 包含了一些典型 1-氟卤代烷和二卤代烷的相关数据。

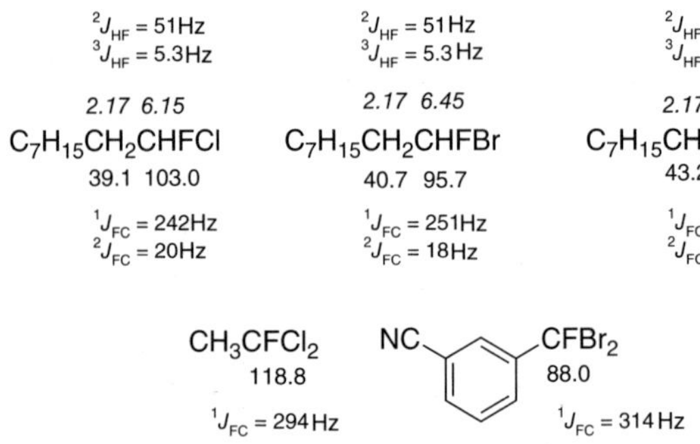

$^2J_{HF}$ = 51Hz $\qquad$ $^2J_{HF}$ = 51Hz $\qquad$ $^2J_{HF}$ = 50Hz
$^3J_{HF}$ = 5.3Hz $\qquad$ $^3J_{HF}$ = 5.3Hz $\qquad$ $^3J_{HF}$ = 5.5Hz

2.17 6.15 $\qquad\qquad$ 2.17 6.45 $\qquad\qquad$ 2.17 6.82
C$_7$H$_{15}$CH$_2$CHFCl $\quad$ C$_7$H$_{15}$CH$_2$CHFBr $\quad$ C$_7$H$_{15}$CH$_2$CHFI
39.1 103.0 $\qquad\quad$ 40.7 95.7 $\qquad\quad$ 43.2 75.6

$^1J_{FC}$ = 242Hz $\qquad$ $^1J_{FC}$ = 251Hz $\qquad$ $^1J_{FC}$ = 253Hz
$^2J_{FC}$ = 20Hz $\qquad$ $^2J_{FC}$ = 18Hz $\qquad$ $^2J_{FC}$ = 18Hz

CH$_3$CFCl$_2$ $\qquad\qquad$ NC—〔C$_6$H$_4$〕—CFBr$_2$
118.8 $\qquad\qquad\qquad\qquad\qquad$ 88.0

$^1J_{FC}$ = 294Hz $\qquad\qquad$ $^1J_{FC}$ = 314Hz

图 3.31 典型 1-氟卤代烷和二卤代烷的相关数据

图 3.32 包含了 1-氟-2-卤代和 3-卤代烷烃的数据。

X—$\overset{2}{CH_2}$—$\overset{1}{CH_2}$—F

X	δ_H^1	δ_H^2	$^2J_{HF/H^2}$	$^3J_{HF/H^2}$	$^3J_{HH/H^2}$
Cl	4.58	3.67	47	23	5.7
Br	4.61	3.49	46	18	4.9
I	3.88	2.54	47	19	6.7

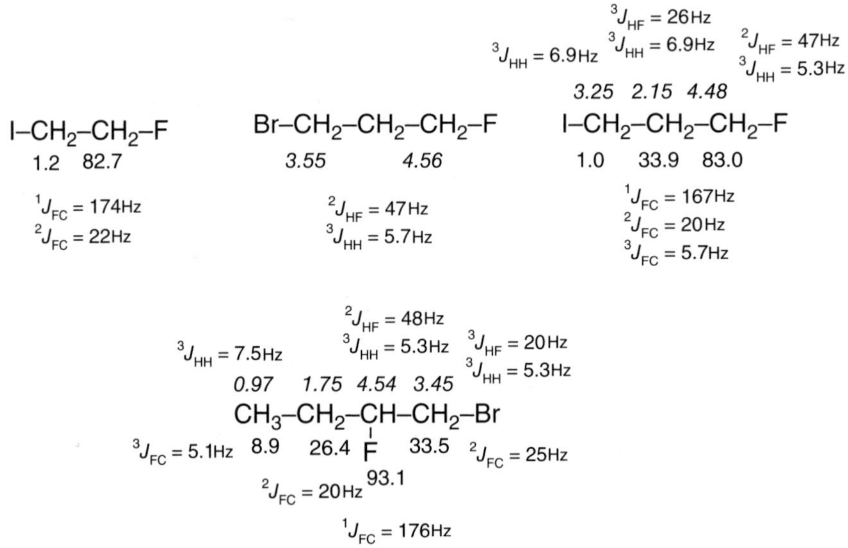

$\qquad\qquad\qquad\qquad\qquad\qquad\qquad\qquad\qquad$ $^3J_{HF}$ = 26Hz
$\qquad\qquad\qquad\qquad\qquad\qquad$ $^3J_{HH}$ = 6.9Hz $\quad$ $^3J_{HH}$ = 6.9Hz $\quad$ $^2J_{HF}$ = 47Hz
$\qquad\qquad\qquad\qquad\qquad\qquad\qquad\qquad\qquad\qquad\qquad\qquad$ $^3J_{HH}$ = 5.3Hz

$\qquad\qquad\qquad\qquad\qquad\qquad\qquad$ 3.25 2.15 4.48
I—CH$_2$—CH$_2$—F $\qquad$ Br—CH$_2$—CH$_2$—CH$_2$—F $\qquad$ I—CH$_2$—CH$_2$—CH$_2$—F
1.2 82.7 $\qquad\qquad\qquad$ 3.55 4.56 $\qquad\qquad\qquad$ 1.0 33.9 83.0

$^1J_{FC}$ = 174Hz $\qquad$ $^2J_{HF}$ = 47Hz $\qquad$ $^1J_{FC}$ = 167Hz
$^2J_{FC}$ = 22Hz $\qquad$ $^3J_{HH}$ = 5.7Hz $\qquad$ $^2J_{FC}$ = 20Hz
$\qquad\qquad\qquad\qquad\qquad\qquad\qquad\qquad\qquad$ $^3J_{FC}$ = 5.7Hz

$\qquad\qquad\qquad\qquad$ $^2J_{HF}$ = 48Hz
$\qquad\qquad$ $^3J_{HH}$ = 7.5Hz $\quad$ $^3J_{HH}$ = 5.3Hz $\quad$ $^3J_{HF}$ = 20Hz
$\qquad\qquad\qquad\qquad\qquad\qquad\qquad\qquad$ $^3J_{HH}$ = 5.3Hz

$\qquad\qquad\qquad$ 0.97 1.75 4.54 3.45
$\qquad\qquad\qquad$ CH$_3$—CH$_2$—CH—CH$_2$—Br
$^3J_{FC}$ = 5.1Hz $\quad$ 8.9 26.4 F 33.5 $\quad$ $^2J_{FC}$ = 25Hz
$\qquad\qquad\qquad\qquad$ $^2J_{FC}$ = 20Hz 93.1

$\qquad\qquad\qquad\qquad$ $^1J_{FC}$ = 176Hz

图 3.32 1-氟-2-卤代和 3-卤代烷烃的数据

3.3.1.2 邻位氟取代基

本节提供的例子说明了邻位氟取代基对化学位移和自旋-自旋耦合常数的具体影响（图 3.33）。正如第 3.3.1 节（图 3.26）所述，每个氟原子都因另一个氟原子的存在而受到一定程度的屏蔽。

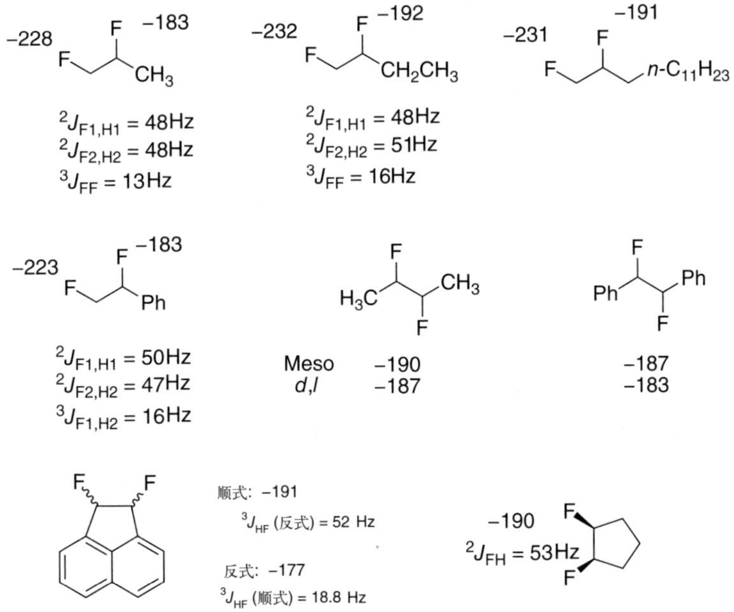

图 3.33 邻位氟取代基对化学位移和自旋-自旋耦合常数的具体影响

在上述例子中，邻位 F-F 耦合常数在 15Hz 左右，然而，如图 3.34 所示，邻位 F-H 耦合常数较大，通常在 20~25Hz 的范围内。

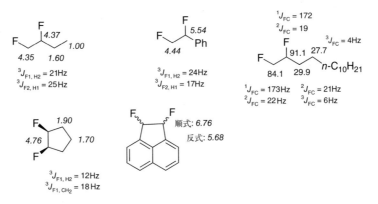

图 3.34 邻位二氟取代体系的核磁共振氢谱和碳谱数据的一些典型示例

对于许多邻位二氟体系，例如 2,3-二氟-2,3-二苯基乙烷或 2,3-二氟丁二酸

（即琥珀酸）衍生物，耦合体系为 AA′XX′，这意味着它们会产生二阶谱（见第 2.3.7 节）。一个典型的例子是 1,2-二氟乙烷的氟谱和氢谱，这些谱图已经通过实验和计算进行了仔细分析，以确定该分子构象分布的细节（图 3.35）[7]。众所周知，邻位交叉式构象在热力学上优于反式构象。

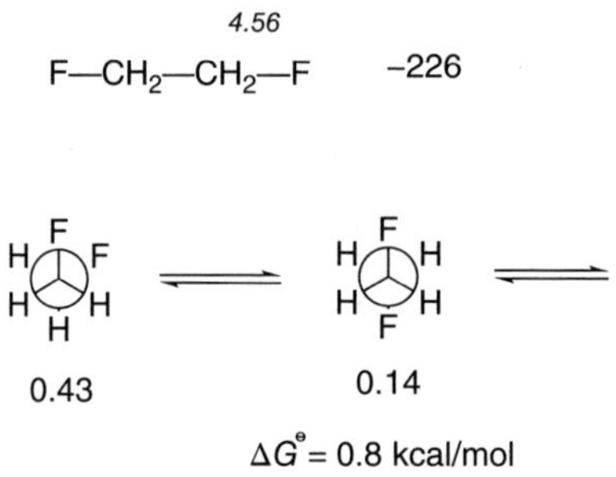

$$\underset{4.56}{F\text{—}CH_2\text{—}CH_2\text{—}F} \quad -226$$

0.43   0.14   0.43

$\Delta G^{\ominus} = 0.8 \text{ kcal/mol}$

图 3.35   1,2-二氟乙烷的核磁共振氟谱和氢谱数据
1kcal=4.1868kJ

3.3.1.3 邻位二氟体系的 ^{1}H 和 ^{13}C NMR 谱

图 3.34 给出了邻位二氟取代体系的氢和碳核磁共振数据的一些典型示例。

3.3.1.4 更多氟取代的化合物

氟代乙烷系列表明，随着 β-氟原子数量的增加，CH_2F 基团的氟原子核越来越易被屏蔽（图 3.36），这与增加 β-氯取代基数量时观察到的结果不同（图 3.26）。请注意，随着 β-位氟原子的增加，H-F 三键耦合常数逐渐变小。

用 CF_3 基替换 CF_3CH_2F 中的氢原子，得到以下二级和三级氟化物，它们在越来越低的场强下吸收（图 3.36）。然而，这些二级和三级氟取代基是所有二级和三级氟原子中最受屏蔽的。该图还提供了一些相关的氢化学位移。

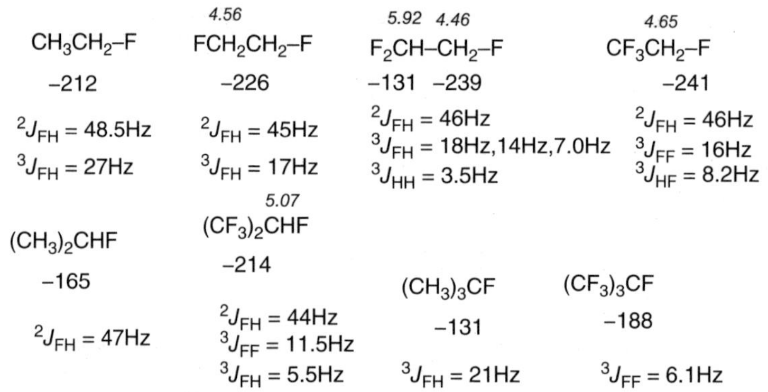

CH_3CH_2-F	$\underset{4.56}{FCH_2CH_2\text{-}F}$	$\underset{5.92\ \ 4.46}{F_2CH\text{–}CH_2\text{-}F}$	$\underset{4.65}{CF_3CH_2\text{-}F}$
−212	−226	−131 −239	−241
$^2J_{FH}$ = 48.5Hz	$^2J_{FH}$ = 45Hz	$^2J_{FH}$ = 46Hz	$^2J_{FH}$ = 46Hz
$^3J_{FH}$ = 27Hz	$^3J_{FH}$ = 17Hz	$^3J_{FH}$ = 18Hz,14Hz,7.0Hz	$^3J_{FF}$ = 16Hz
		$^3J_{HH}$ = 3.5Hz	$^3J_{HF}$ = 8.2Hz
$(CH_3)_2CHF$	$\underset{5.07}{(CF_3)_2CHF}$		
−165	−214	$(CH_3)_3CF$	$(CF_3)_3CF$
		−131	−188
$^2J_{FH}$ = 47Hz	$^2J_{FH}$ = 44Hz		
	$^3J_{FF}$ = 11.5Hz		
	$^3J_{FH}$ = 5.5Hz	$^3J_{FH}$ = 21Hz	$^3J_{FF}$ = 6.1Hz

图3.36   随着 β-氟原子数量增加，CH_2F 基团的氟原子核越来越易被屏蔽

3.3.2 醇、醚、环氧化物、酯、硫化物、砜、磺酸盐和磺酸基团

氟原子直接与带羟基的碳原子相连的化合物通常很不稳定，尽管也有例外。六氟丙酮和六氟环丁酮均可与 HF 发生加成，形成稳定的 α-氟醇，这些 α-氟醇在水中会迅速释放 HF 生成相应的水合物。这些醇的稳定性仅仅来源于相应全氟酮的相对不稳定性。图 3.37 提供了一个氟核磁共振数据的例子。它的化学位移显然也受到了六个 β-氟原子的显著影响。

在氟甲基醚中，直接与 CH_2F 基团相连的醚氧原子对氟原子的去屏蔽作用大于氯取代基（图 3.37）。

类似的硫取代，如在氟甲基硫醚中，也会导致去屏蔽，但相比类似的醚，其去屏蔽作用较小。

同样，与一级氟化物相比，二级氟化物受到的去屏蔽作用明显增强，而三级氟化物受到的去屏蔽作用更为显著。

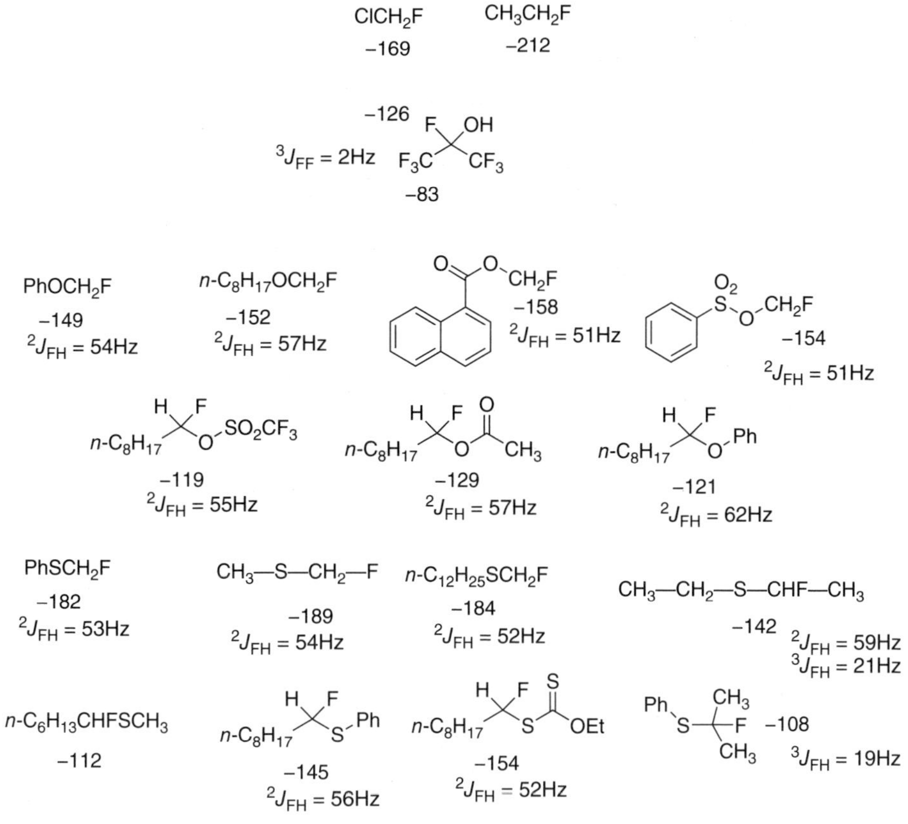

$ClCH_2F$ CH_3CH_2F
−169   −212

$^3J_{FF} = 2Hz$ F_3C—C(F)(OH)—CF_3 (−126, −83)

$PhOCH_2F$ −149 $^2J_{FH} = 54Hz$

$n\text{-}C_8H_{17}OCH_2F$ −152 $^2J_{FH} = 57Hz$

萘甲酸-OCH_2F 酯   −158 $^2J_{FH} = 51Hz$

$PhSO_2\text{—}OCH_2F$ −154 $^2J_{FH} = 51Hz$

$n\text{-}C_8H_{17}\text{—}CHF\text{—}OSO_2CF_3$ −119 $^2J_{FH} = 55Hz$

$n\text{-}C_8H_{17}\text{—}CHF\text{—}OC(O)CH_3$ −129 $^2J_{FH} = 57Hz$

$n\text{-}C_8H_{17}\text{—}CHF\text{—}OPh$ −121 $^2J_{FH} = 62Hz$

$PhSCH_2F$ −182 $^2J_{FH} = 53Hz$

$CH_3\text{—}S\text{—}CH_2\text{—}F$ −189 $^2J_{FH} = 54Hz$

$n\text{-}C_{12}H_{25}SCH_2F$ −184 $^2J_{FH} = 52Hz$

$CH_3\text{—}CH_2\text{—}S\text{—}CHF\text{—}CH_3$ −142 $^2J_{FH} = 59Hz$, $^3J_{FH} = 21Hz$

$n\text{-}C_6H_{13}CHFSCH_3$ −112

$n\text{-}C_8H_{17}\text{—}CHF\text{—}SPh$ −145 $^2J_{FH} = 56Hz$

$n\text{-}C_8H_{17}\text{—}CHF\text{—}S\text{—}C(S)OEt$ −154 $^2J_{FH} = 52Hz$

$Ph\text{—}S\text{—}C(CH_3)_2\text{—}F$ −108 $^3J_{FH} = 19Hz$

图 3.37 核磁共振氟谱数据的一些例子

图 3.38 提供了两个环氧化合物的例子，在其环氧的氧原子旁边带有一个氟取代基。与类似的直链醚体系相比，这些氟原子被显著屏蔽。

图 3.38　环氧化合物的氟化学位移数据

带有 CH_2F 基团的砜和亚砜具有非常相似的氟化学位移；相对于未氧化的硫醚类似物而言，它们受到相当大的屏蔽。与亚砜和砜相比，连接到锍盐硫上的 CH_2F 基团受到略微去屏蔽（图 3.39）。同一图中还提供了一个 α-氟代磺酸酯的例子。最后，比较了双砜和去质子化形成的碳负离子。请注意碳负离子中氟取代基被显著屏蔽。

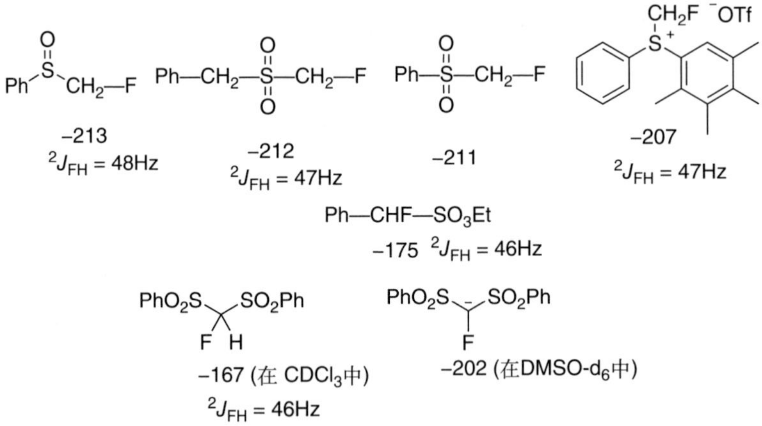

图 3.39　与硫相连的 CH_2F 基团氟谱数据

与存在 β-氟取代基时的情况一样，将醚或醇官能团置于氟取代基的 β 位，会导致适度的屏蔽（图 3.40）。

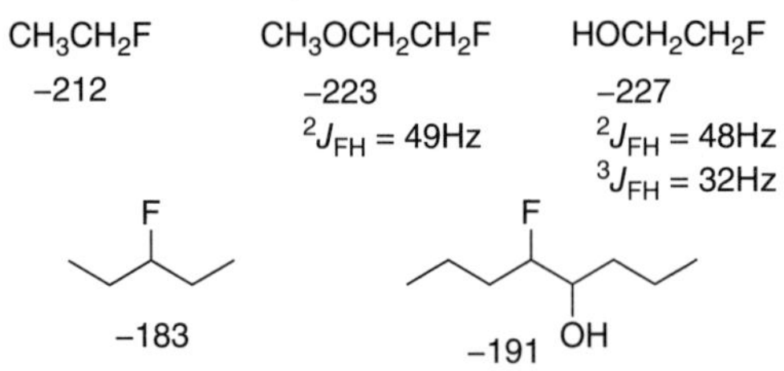

图 3.40　将醚或醇官能团置于氟取代基的 β 位的化合物氟谱数据

进一步远离一个或两个碳原子，即在氟取代基的 γ 或 δ 位的羟基，对氟的化学位移影响不大（图 3.41）。对于二级氟化物体系，氟原子同样不会受 γ-羟基取代基的影响。

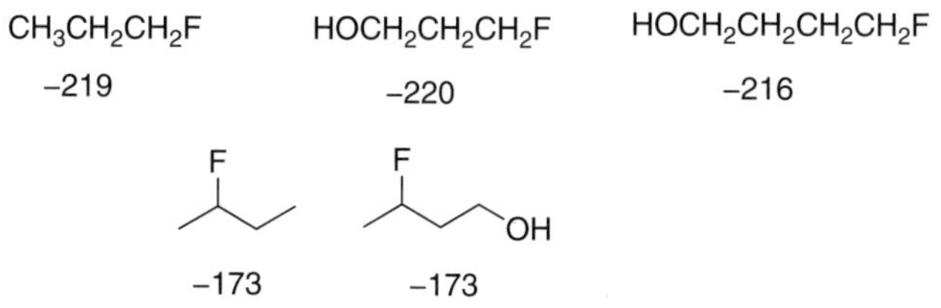

CH₃CH₂CH₂F   HOCH₂CH₂CH₂F   HOCH₂CH₂CH₂CH₂F
   −219   −220   −216

[structure: CH₃CH(F)CH₂CH₃] −173
[structure: CH₃CH(F)CH₂CH₂OH] −173

图 3.41　在氟取代基的 γ 或 δ 位的羟基对氟的化学位移影响不大

3.3.2.1　¹H 和 ¹³C NMR 数据

以下示例提供了含氟醇、醚、硫醚、亚砜和砜特征的氢和碳化学位移以及耦合常数数据（图 3.42）。醚取代基会使 CH_2F 的碳原子去屏蔽（移动约 20）。这可以与不含氟的醚体系中通常观察到的去屏蔽效应（移动约 40）进行比较。因此，氟取代基似乎对其它取代基的常见影响具有抑制作用。

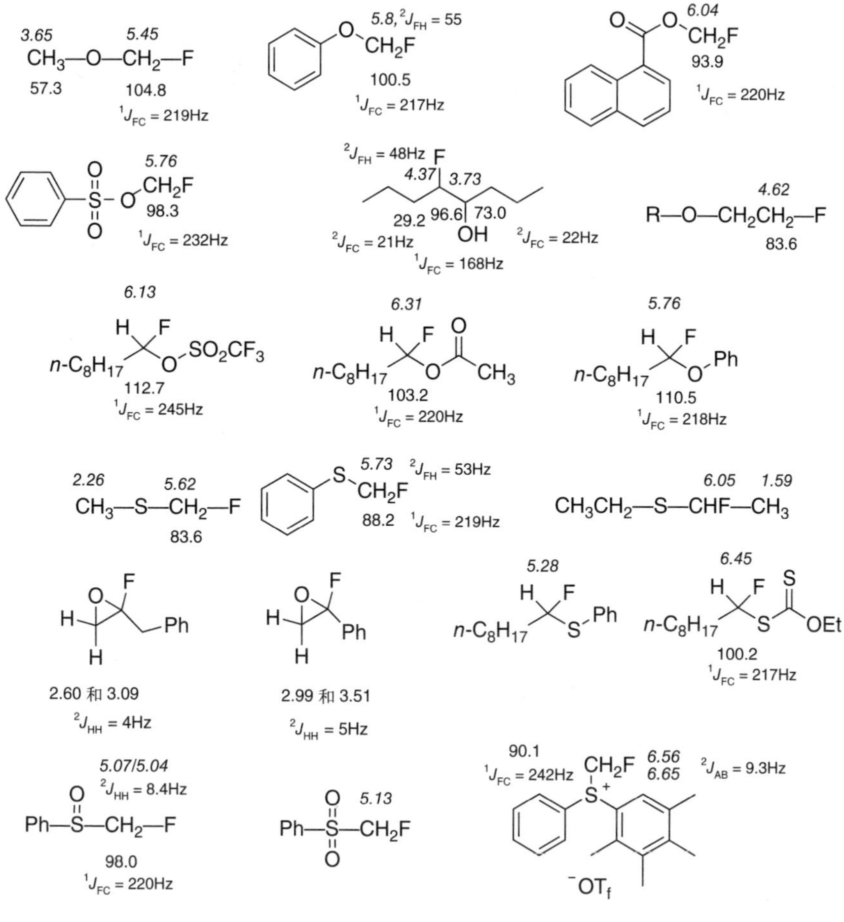

$$CH_3-O-CH_2-F$$
3.65　　5.45
57.3　　104.8
$^1J_{FC} = 219Hz$

PhO—CH₂F
5.8, $^2J_{FH} = 55$
100.5
$^1J_{FC} = 217Hz$

Naphthyl-C(O)O—CH₂F
6.04
93.9
$^1J_{FC} = 220Hz$

PhSO₂—O—CH₂F
5.76
98.3
$^1J_{FC} = 232Hz$

[structure: CH₃CH₂CH₂CH(F)CH(OH)CH₂CH₂CH₃]
$^2J_{FH} = 48Hz$
4.37　3.73
29.2　96.6│73.0
$^2J_{FC} = 21Hz$　$^2J_{FC} = 22Hz$
$^1J_{FC} = 168Hz$

R—O—CH₂CH₂F
4.62
83.6

n-C₈H₁₇—CHF—O—SO₂CF₃
6.13
112.7
$^1J_{FC} = 245Hz$

n-C₈H₁₇—CHF—O—C(O)CH₃
6.31
103.2
$^1J_{FC} = 220Hz$

n-C₈H₁₇—CHF—O—Ph
5.76
110.5
$^1J_{FC} = 218Hz$

CH₃—S—CH₂—F
2.26　5.62
83.6

PhS—CH₂F
5.73　$^2J_{FH} = 53Hz$
88.2　$^1J_{FC} = 219Hz$

CH₃CH₂—S—CHF—CH₃
6.05　1.59

[epoxide structure with CH₂Ph]
5.28
2.60 和 3.09
$^2J_{HH} = 4Hz$

[epoxide structure with Ph]
2.99 和 3.51
$^2J_{HH} = 5Hz$

n-C₈H₁₇—CHF—S—Ph
5.28

n-C₈H₁₇—CHF—S—C(S)OEt
6.45
100.2
$^1J_{FC} = 217Hz$

Ph—S(O)—CH₂—F
5.07/5.04
$^2J_{HH} = 8.4Hz$
98.0
$^1J_{FC} = 220Hz$

Ph—SO₂—CH₂F
5.13

[sulfonium structure: Ph—S⁺(Mesityl)—CH₂F　⁻OTf]
90.1　CH₂F　6.56
$^1J_{FC} = 242Hz$　　6.65
$^2J_{AB} = 9.3Hz$

图 3.42　含氟醇、醚、硫醚、亚砜和砜特征的氢和碳化学位移以及耦合常数数据

3.3.2.2 多个 α-醚取代基

这类化合物的例子很少。三个苯氧基取代基对 C—F 键中氟原子的去屏蔽作用不如三个氯取代基，但比另外三个氟取代基的去屏蔽作用稍微强一点（图 3.43）。

$$Cl_3C-F \qquad (p\text{-}CF_3\text{-}C_6H_4O)_3C-F \qquad F_3C-F$$
$$[0] \qquad\qquad -53.8 \qquad\qquad\quad -64.6$$

图 3.43　多个 α-醚取代基的去屏蔽作用

3.3.2.3 磺酸衍生物

图 3.44 提供了有关单氟烷基磺酸衍生物的核磁共振氟谱、碳谱和氢谱数据。

$$\underset{\substack{-175 \\ {}^2J_{FH}=46Hz}}{\text{Ph}\overset{H\ \ F}{\underset{SO_3Et}{\diagup\!\!\!\diagdown}}} \qquad \underset{\substack{-200 \quad 96.6 \\ {}^2J_{FH}=46Hz \quad {}^1J_{FC}=235Hz}}{\overset{5.45}{F-CH_2-SO_2Cl}}$$

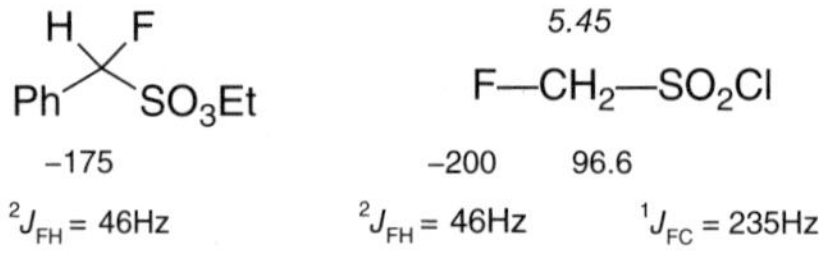

图 3.44　单氟烷基磺酸衍生物的核磁共振氟谱、碳谱和氢谱数据

3.3.3 氨基、铵、叠氮和硝基基团

由于官能团反应性的相互影响，不存在 α-氨基氟化物，同样地，β-氨基氟化物也很少见。然而，当 CH_2F 或 CHFR 基团连接在苯并咪唑或苯并三唑的碱性较弱的氮原子上时，这些基团要稳定得多（图 3.45）。请注意，当连接到部

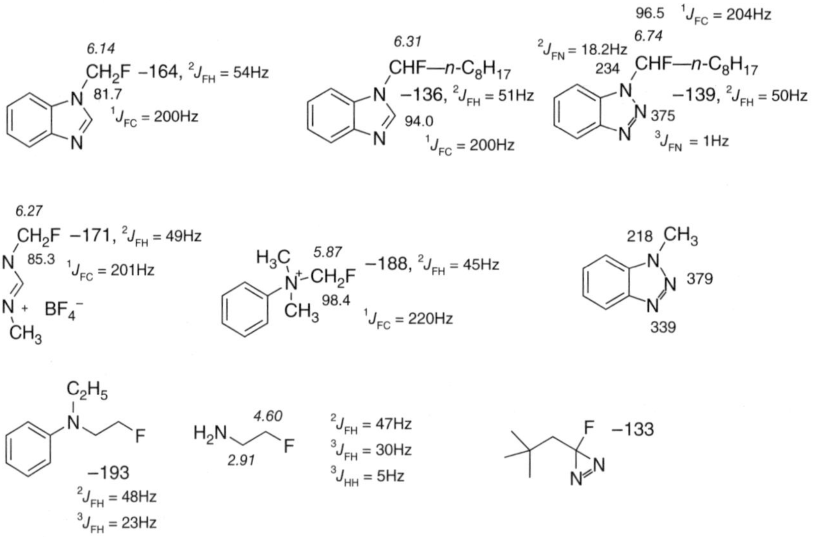

图 3.45　β-氟代胺的核磁共振碳谱、氢谱和氮谱数据

分带正电的氮原子（如在咪唑鎓化合物中）或完全带正电的铵氮原子上时，相应的氟原子会逐渐被屏蔽。α-氟代叠氮化物可以被制备出来，但它们也不是很稳定。

在同一图中还给出了这些化合物的碳、氢和氮谱数据。为了展示邻位氟对苯并三唑氮化学位移的影响，提供了苯并三唑情况下的比较数据。

图式 3.44 给出的 β-氟代胺的例子表明，与卤素或醇或醚官能团的影响不同，β-氨基取代基会使氟原子去屏蔽。此外，还提供了一个氟代二氮环丙烯的例子。

叠氮取代基似乎对氟化学位移具有类似的影响，但与苯并咪唑氮相比，对孪位氢的去屏蔽作用较小（图 3.46）。硝基取代基对氟化学位移也具有类似的影响，但会降低 F-H 两键耦合常数，对孪位氢的去屏蔽作用略大于叠氮取代基。

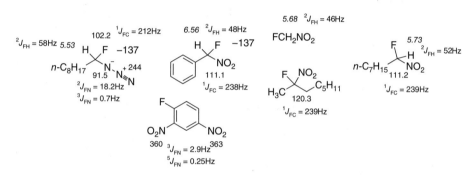

图 3.46 叠氮取代基对氟化学位移具有类似的影响

3.3.4 磷化合物

目前似乎还没有发现带有 CH_2F 基团的简单膦。然而，已有文献报道了含 CH_2F 和 —CHF— 与磷相连的膦酸酯、膦氧化物和鏻化合物的核磁共振氟谱。图 3.47 中给出了一些示例，包括有用的 Horner-Wadsworth-Emmons 试剂——2-氟-2-膦酰基乙酸三乙酯的谱图数据。同时还提供了一种膦烯烃的核磁共振数据。

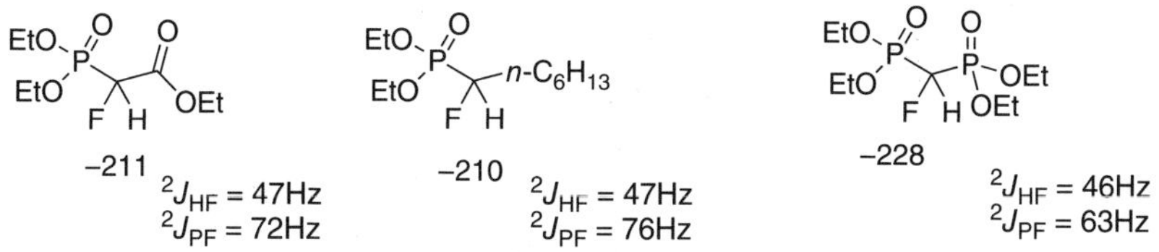

图 3.47

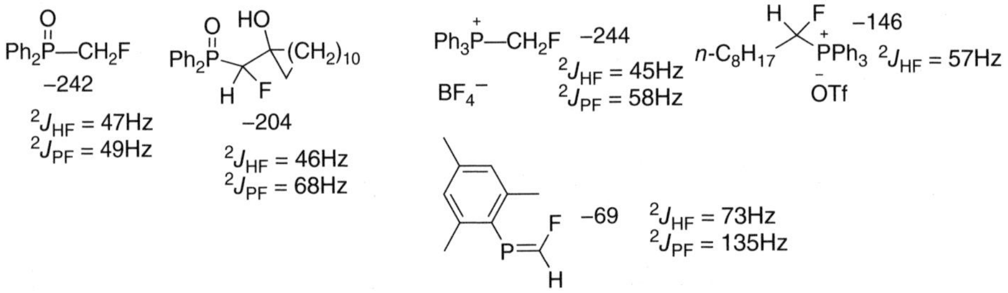

[图 3.47 含磷化合物结构数据]

Ph₂(O)P—CH₂F −242, ²J_HF = 47Hz, ²J_PF = 49Hz

Ph₂(O)P—C(OH)(CH₂)₁₀ with HF at α −204, ²J_HF = 46Hz, ²J_PF = 68Hz

Ph₃P⁺—CH₂F BF₄⁻ −244, ²J_HF = 45Hz, ²J_PF = 58Hz

n-C₈H₁₇—CHF—PPh₃⁺ OTf⁻ −146, ²J_HF = 57Hz

Mes—P=CHF −69, ²J_HF = 73Hz, ²J_PF = 135Hz

图 3.47　多种含磷化合物的核磁共振氟谱数据

图 3.48 给出了上述化合物的核磁共振氢谱、碳谱和氟谱数据，包括 ^{31}P 化学位移以及 P-C 和 P-F 耦合常数。

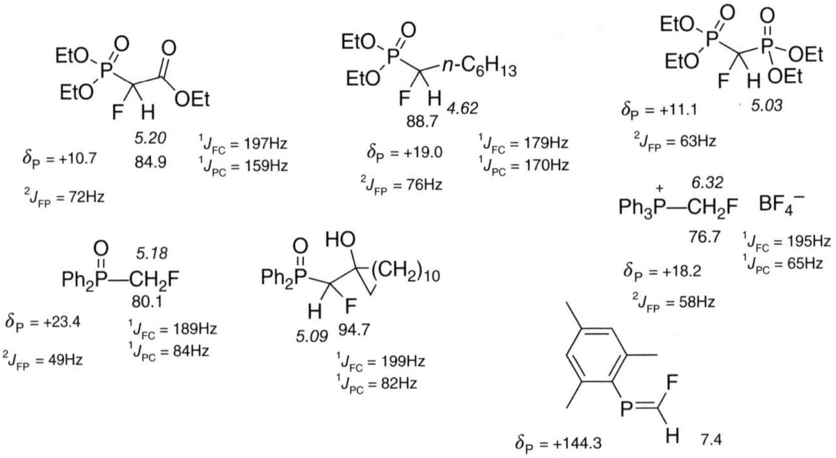

[图 3.48 数据]

(EtO)₂P(O)—CF(H)—C(O)OEt: 5.20, 84.9, δ_P = +10.7, $^1J_{FC}$ = 197Hz, $^1J_{PC}$ = 159Hz, $^2J_{FP}$ = 72Hz

(EtO)₂P(O)—CF(H)—n-C₆H₁₃: 4.62, 88.7, δ_P = +19.0, $^1J_{FC}$ = 179Hz, $^1J_{PC}$ = 170Hz, $^2J_{FP}$ = 76Hz

(EtO)₂P(O)—CF(H)—P(O)(OEt)₂: 5.03, δ_P = +11.1, $^2J_{FP}$ = 63Hz

Ph₂P(O)—CH₂F: 5.18, 80.1, δ_P = +23.4, $^1J_{FC}$ = 189Hz, $^1J_{PC}$ = 84Hz, $^2J_{FP}$ = 49Hz

Ph₂P(O)—C(OH)(CH₂)₁₀ with HF: 5.09, 94.7, $^1J_{FC}$ = 199Hz, $^1J_{PC}$ = 82Hz

Ph₃P⁺—CH₂F BF₄⁻: 6.32, 76.7, δ_P = +18.2, $^1J_{FC}$ = 195Hz, $^1J_{PC}$ = 65Hz, $^2J_{FP}$ = 58Hz

Mes—P=CHF: 7.4, δ_P = +144.3

图 3.48　含磷化合物核磁共振氢谱、碳谱和氟谱数据

3.3.5　硅烷、锡烷和锗烷

无论是直接与硅结合，还是与硅或锗上的碳结合，氟取代基相比于在烃类化合物中的情况，它们都被高度屏蔽。

例如，三甲基氟硅烷中氟原子的吸收位于叔丁基氟化物中氟原子的高场 25 处（图 3.49）。（有关 Si-F 化合物的更多数据，请参阅第 7 章，该章讨论具有杂原子-氟键的化合物。）

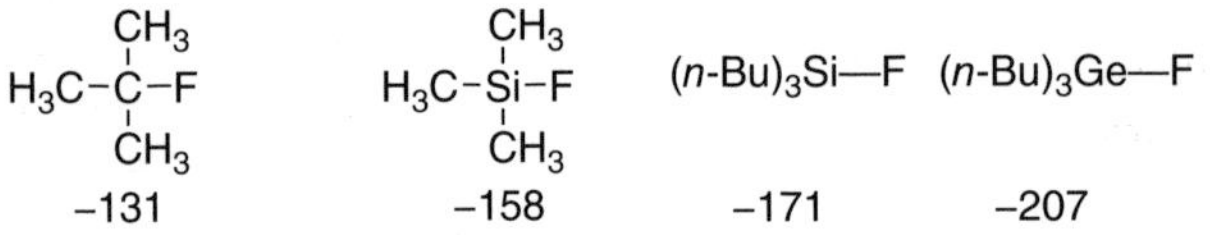

[图 3.49]

(CH₃)₃C—F −131
(CH₃)₃Si—F −158
(n-Bu)₃Si—F −171
(n-Bu)₃Ge—F −207

图 3.49　氟取代基在烃类化合物、硅烷、锗烷中的核磁共振氟谱数据

类似地，与相应的烃类化合物相比，紧邻硅原子的一级—CH₂F 的氟原子

被屏蔽了约 50，而相似的锡或锗化合物被屏蔽得稍微少一些。四（氟甲基）硅烷所观察到的 -277 值是已知单碳氟键分子中化学位移最大的（图 3.50）。

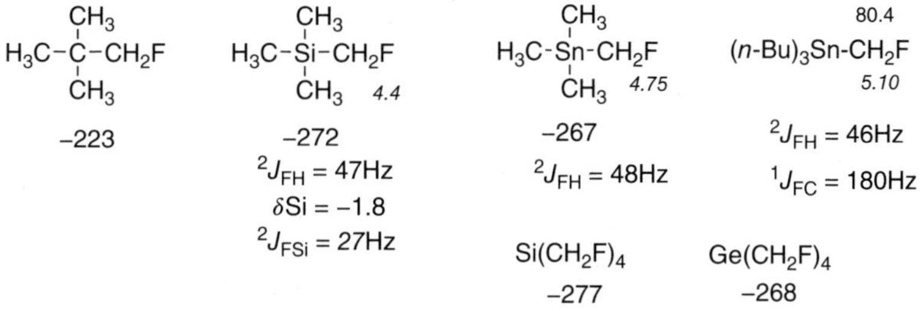

$$
\begin{array}{cccc}
\text{H}_3\text{C}-\underset{\underset{\text{CH}_3}{|}}{\overset{\overset{\text{CH}_3}{|}}{\text{C}}}-\text{CH}_2\text{F} & \text{H}_3\text{C}-\underset{\underset{\text{CH}_3 \ 4.4}{|}}{\overset{\overset{\text{CH}_3}{|}}{\text{Si}}}-\text{CH}_2\text{F} & \text{H}_3\text{C}-\underset{\underset{\text{CH}_3 \ 4.75}{|}}{\overset{\overset{\text{CH}_3}{|}}{\text{Sn}}}-\text{CH}_2\text{F} & (n\text{-Bu})_3\text{Sn}-\text{CH}_2\text{F}^{80.4}_{5.10}
\end{array}
$$

-223 -272 -267 $^2J_{FH} = 46\text{Hz}$
$^2J_{FH} = 47\text{Hz}$ $^2J_{FH} = 48\text{Hz}$ $^1J_{FC} = 180\text{Hz}$
$\delta\text{Si} = -1.8$
$^2J_{FSi} = 27\text{Hz}$

$\text{Si}(\text{CH}_2\text{F})_4$ $\text{Ge}(\text{CH}_2\text{F})_4$
-277 -268

图 3.50　硅烷、锡烷和锗烷中氟原子被屏蔽情况

3.4　羰基官能团

与含氟碳原子结合的羰基官能团会导致氟原子的显著屏蔽。

3.4.1　醛和酮

醛对 α-氟取代基化学位移的影响大于酮，而二级氟化物的化学位移受到的影响比一级氟化物的略大（图 3.51）。

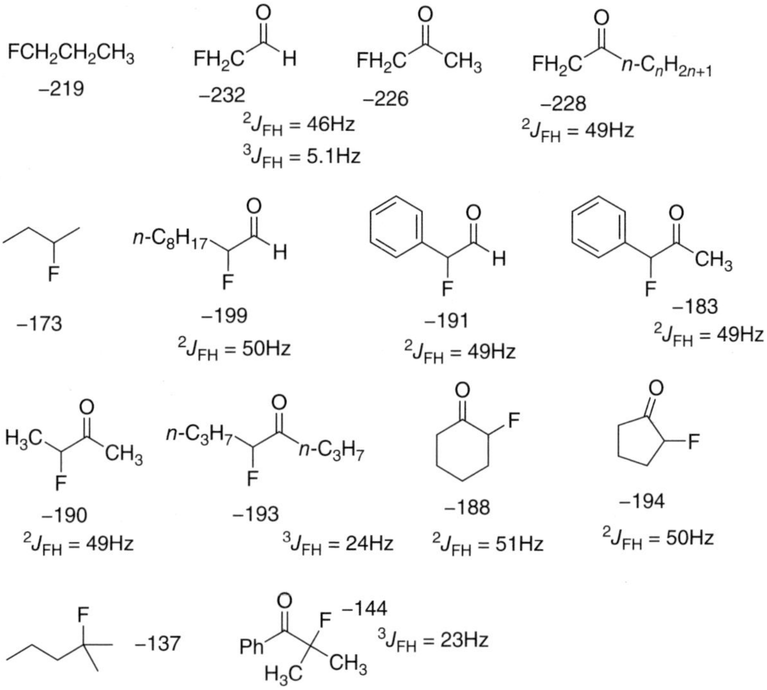

FCH$_2$CH$_2$CH$_3$ FH$_2$C-CHO   FH$_2$C-COCH$_3$ FH$_2$C-CO-n-C$_n$H$_{2n+1}$
-219 -232 -226 -228
                 $^2J_{FH} = 46\text{Hz}$ $^2J_{FH} = 49\text{Hz}$
                 $^3J_{FH} = 5.1\text{Hz}$

(i-Pr)CHF-   n-C$_8$H$_{17}$-CHF-CHO   Ph-CHF-CHO   Ph-CHF-COCH$_3$
-173 -199 -191 -183
              $^2J_{FH} = 50\text{Hz}$ $^2J_{FH} = 49\text{Hz}$ $^2J_{FH} = 49\text{Hz}$

H$_3$C-CO-CHF-CH$_3$ n-C$_3$H$_7$-CO-CHF-n-C$_3$H$_7$ 2-氟环己酮   2-氟环戊酮
-190 -193 -188 -194
$^2J_{FH} = 49\text{Hz}$ $^3J_{FH} = 24\text{Hz}$ $^2J_{FH} = 51\text{Hz}$ $^2J_{FH} = 50\text{Hz}$

(叔戊基)F   Ph-CO-C(CH$_3$)$_2$-F
-137 -144
                         $^3J_{FH} = 23\text{Hz}$

图 3.51　醛和酮中化学位移数据

当羰基官能团与氟取代基相隔一个碳原子时，它对氟的化学位移几乎没有影响（图 3.52）。

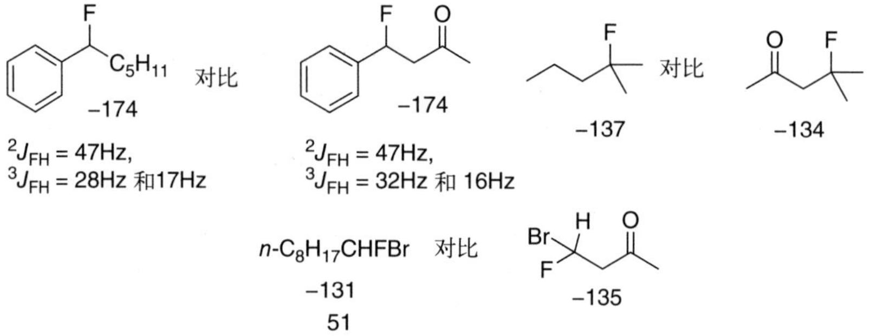

PhCHF-C₅H₁₁
−174
$^2J_{FH} = 47Hz$,
$^3J_{FH} = 28Hz$ 和 17Hz

对比

PhCHF-CH₂-C(O)CH₃
−174
$^2J_{FH} = 47Hz$,
$^3J_{FH} = 32Hz$ 和 16Hz

(CH₃)₂CF-C₃H₇
−137

对比

CH₃C(O)-C(CH₃)₂F
−134

n-C₈H₁₇CHFBr
−131
51

对比

BrCHF-CH₂-C(O)CH₃
−135

图 3.52　羰基官能团与氟取代基相隔一个碳原子时的化学位移

3.4.2　羧酸衍生物

羧酸官能团同样也会屏蔽其羰基 α-位的氟原子，尽管屏蔽作用不如醛和酮（图 3.53）。酰胺的屏蔽作用似乎不如酯，尽管可供比较的例子不多。

图 3.54 提供了许多 $XCHFCO_2Et$ 或 $XYCFCO_2Et$ 的氟和碳化学位移数据。

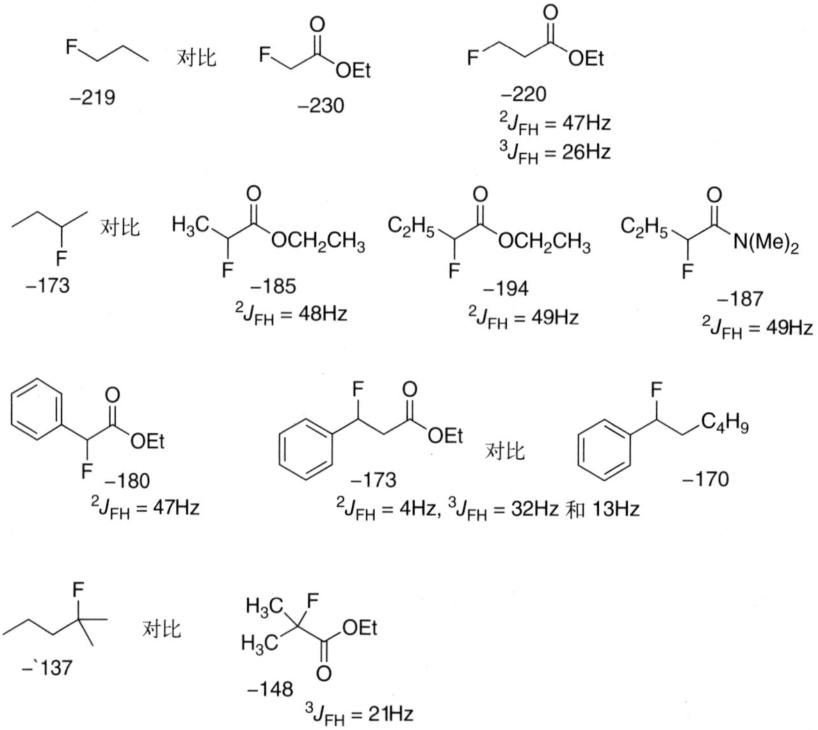

F-CH₂CH₂CH₃
−219

对比

F-CH₂-C(O)OEt
−230

F-CH₂CH₂-C(O)OEt
−220
$^2J_{FH} = 47Hz$
$^3J_{FH} = 26Hz$

(CH₃)₂CHF
−173

对比

CH₃-CHF-C(O)OCH₂CH₃
−185
$^2J_{FH} = 48Hz$

C₂H₅-CHF-C(O)OCH₂CH₃
−194
$^2J_{FH} = 49Hz$

C₂H₅-CHF-C(O)N(Me)₂
−187
$^2J_{FH} = 49Hz$

Ph-CHF-C(O)OEt
−180
$^2J_{FH} = 47Hz$

Ph-CHF-CH₂-C(O)OEt
−173
$^2J_{FH} = 4Hz$, $^3J_{FH} = 32Hz$ 和 13Hz

对比

Ph-CHF-CH₂-C₄H₉
−170

(CH₃)₂CF-C₂H₅
−137

对比

(CH₃)₂CF-C(O)OEt
−148
$^3J_{FH} = 21Hz$

图 3.53　羧酸衍生物的化学位移及耦合常数

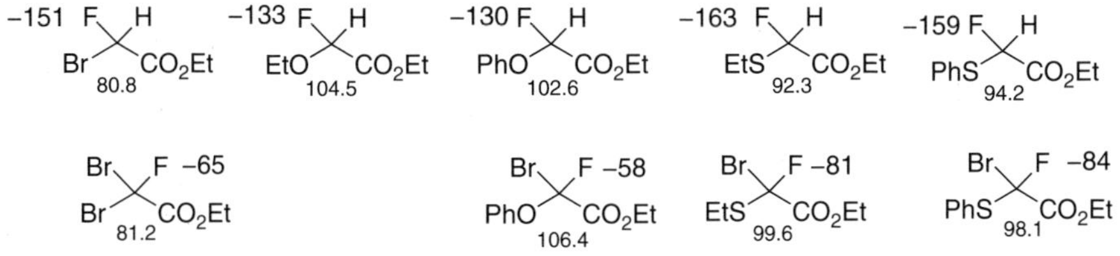

图 3.54 XCHFCO$_2$Et 或 XYCFCO$_2$Et 的氟和碳化学位移及耦合常数数据

3.4.3 醛、酮和酯的 ^{1}H 和 ^{13}C NMR 数据

图 3.55 给出了 α-、β-氟代酮和醛典型的氢、碳化学位移以及耦合常数数据，而酯的数据则在图 3.56 中给出。

一级和二级氟代酮体系的 F-H 两键耦合常数始终在 47~49Hz 的范围内。F-C 一键耦合常数在 181~183Hz 范围内，而 F-C 两键耦合常数则在 16~25Hz 之间，如下例所示。与酮相连的一级 CH$_2$F 的碳化学位移通常在 83~85 范围内，而与羰基相连的二级 CHF 基团的碳化学位移则在 92~95 之间。CH$_2$F 基团的氢化学位移取决于酮是否具有脂肪族（4.5~4.7）或芳香族（5.3~5.6）取代基。对于脂肪族体系，与酮相邻的二级 CHF 基团的氢化学位移约为 4.7~4.8。

对于一级和二级 α-氟代酯，其 α-氢在类似脂肪酮的稍低场以及类似芳香酮的稍高场处吸收。

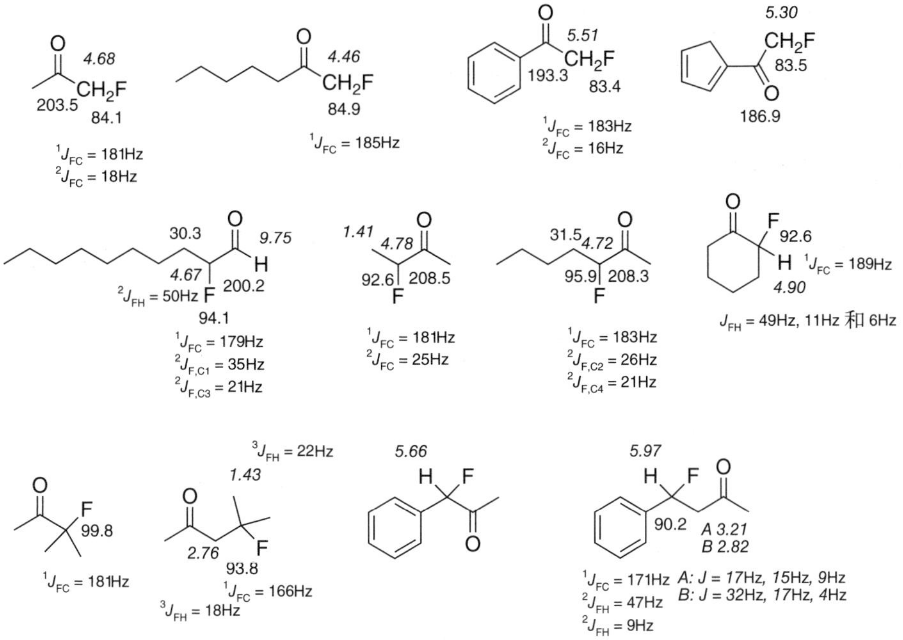

图 3.55 α-、β-氟代酮和醛典型的氢、碳化学位移以及耦合常数数据

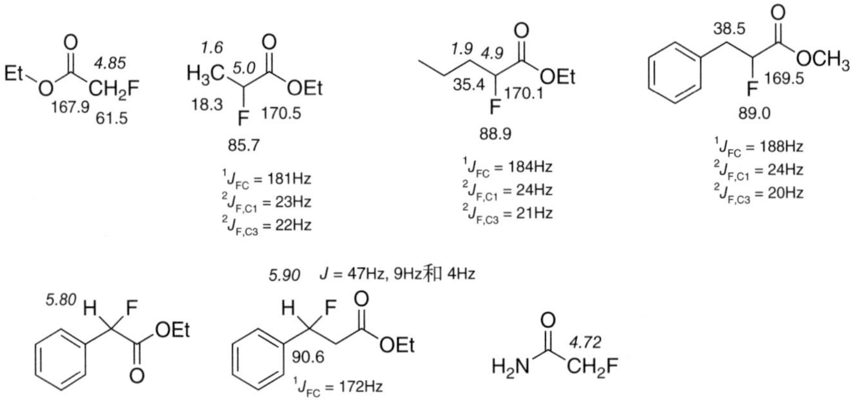

图 3.56 酯的氢、碳化学位移及耦合常数数据

3.4.4 β-酮酯、二酯和硝基酯

2-氟-β-酮酯和二酯的氟化学位移与单酯相比几乎没有变化（图 3.57）。唯独硝基酯的氢经历了较大的去屏蔽作用。

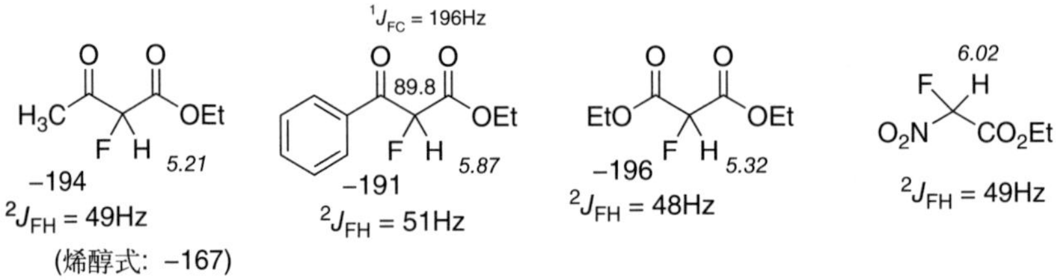

图 3.57 β-酮酯、二酯和硝基酯的氟化物的氟、氢化学位移和耦合常数数据

3.5 腈类化合物

就其对烷基氟化物化学位移的影响而言，氰基的作用很像羰基官能团，它会适度地屏蔽氟原子（图 3.58）。

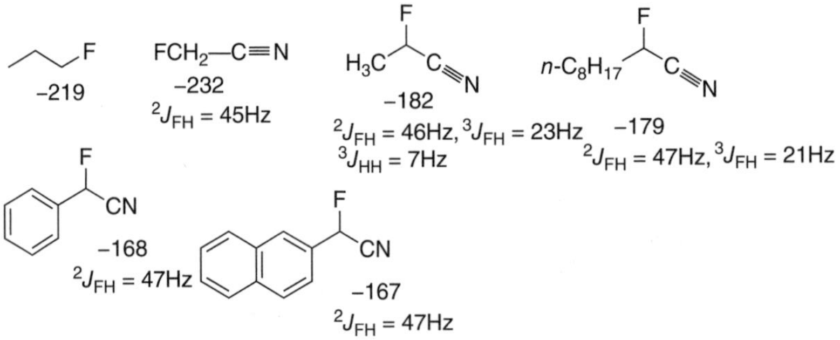

图 3.58 腈类化合物的氟化学位移和耦合常数数据

表 3.1 比较了一些单取代乙腈的碳化学位移[8]，而图 3.59 则提供了几个多取代体系的氢谱和碳谱数据。

表 3.1 α-取代乙腈的 ^{13}C NMR 化学位移

XCH$_2$CN	CH$_3$CN	ClCH$_2$CN	MeOCH$_2$CN	FCH$_2$CN
δ_C(CH$_2$X)	1.5	24.6	59.0	66.7
δ_C(CN)	116.3	114.5	115.6	113.7

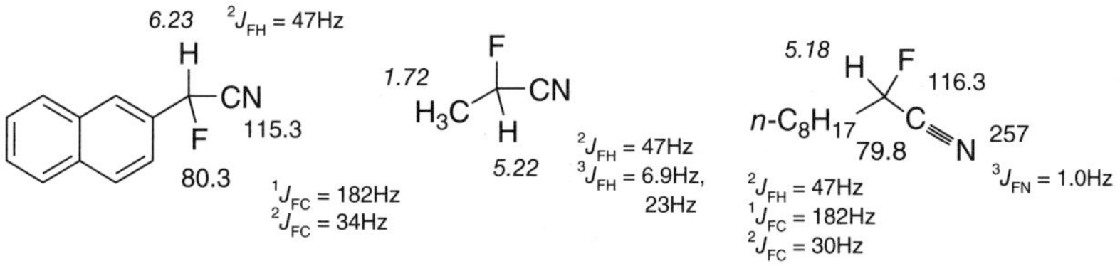

图 3.59 多取代体系的氢谱和碳谱数据

3.6 单氟取代的烯烃

乙烯基氟取代基在相当宽的化学位移范围内吸收，其中氟代丙二烯位于高场端（δ_F −169），β-氟代丙烯酸酯衍生物位于低场端（δ_F −75）（图 3.60）。

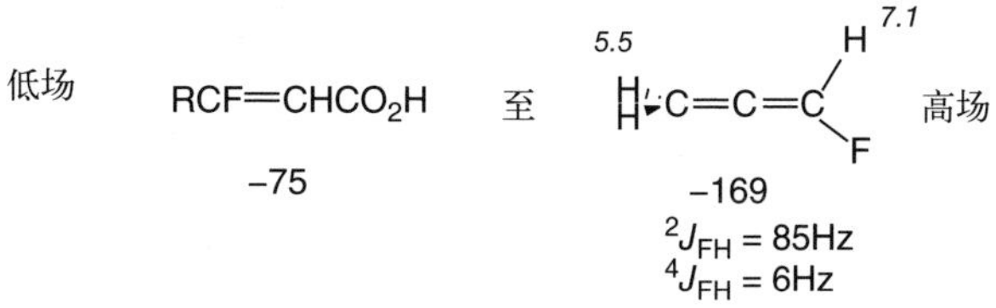

图 3.60 单氟取代烯烃的化学位移范围

3.6.1 单烯烃

1-烯烃 1-位氟取物是简单烯基氟中屏蔽作用最大的，其中 Z-异构体比 E-异构体屏蔽作用更大（向高场移动），见图 3.61。

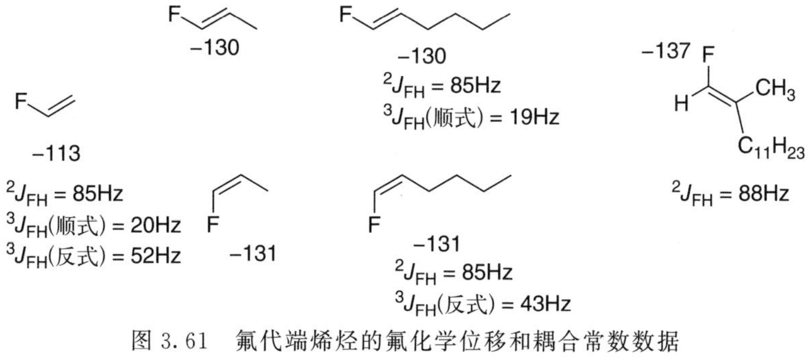

图 3.61 氟代端烯烃的氟化学位移和耦合常数数据

反式 F-H 三键耦合常数较大，通常是相应顺式耦合常数的两倍以上。

图 3.62 给出了一种 1-氟烯烃 [即 (Z)-1-氟戊烯] 的核磁共振氟谱。你会注意到，该样品中还含有少量的 E-异构体，这体现了顺式和反式异构体之间 H-F 三键耦合常数的显著差异。Z-异构体和 E-异构体的化学位移分别为 −131.9 和 −131.4，两种异构体的 H-F 两键耦合常数均为 87Hz，Z-异构体的反式 H-F 三键耦合常数为 44Hz，而 E-异构体的顺式 H-F 三键耦合常数为 18.6Hz。

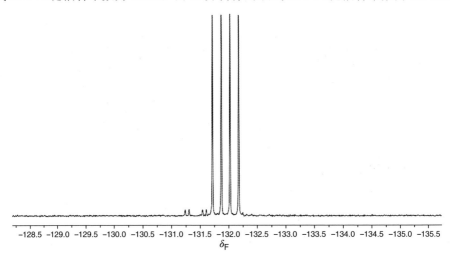

图 3.62 (Z)-1-氟戊烯的 ^{19}F NMR 谱，明显含有痕量的 (E)-异构体

(Z)-1-氟烯烃相对于 (E)-1-氟烯烃有轻微屏蔽效应值得再次思考，因为尽管这种效应很小，但它与之前提到的顺式和反式-2-甲基-1-氟环丙烷的化学位移效应是一致的（第 3.2.4 节），然而，这与第 2 章中讨论的顺式烷基对烯基三氟甲基化学位移的去屏蔽效应相反（第 2.2.1.5 节，图 2.5）。

当氟取代基位于 2 位或任何烷基取代的烯基碳上时，它通常会显示一定的去屏蔽作用（移动约 30～40）（图 3.63）。请注意 1-氟环烯烃化学位移和耦合常数的有趣变化。

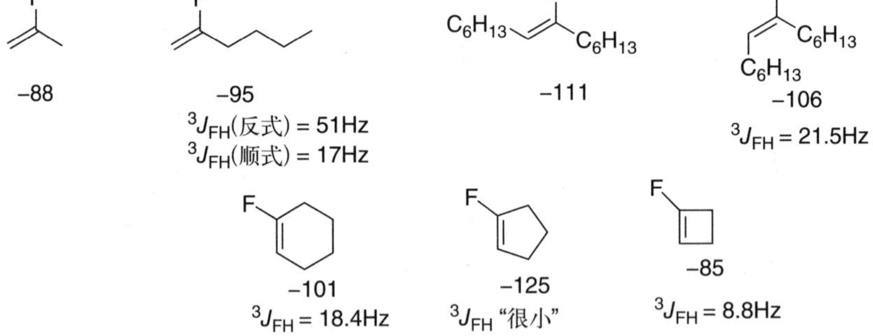

图 3.63 氟取代基位于 2 位或任何烷基取代的烯基碳上时，会经历 30～40 的去屏蔽

以下数据为氟代烯烃的氢和碳核磁共振化学位移以及耦合常数提供了一些参考（图 3.64）。请注意，在所有情况下，与氟取代基处于顺式的氢原子相对于反式的氢原子而言是去屏蔽的。

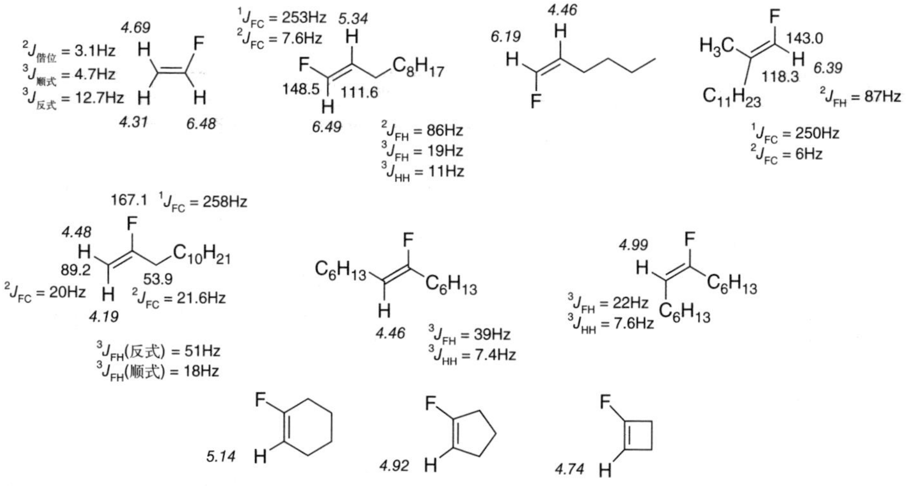

图 3.64 氟代烯烃的 ^{1}H 和 ^{13}C NMR 数据

图 3.65（a）和（b）展示了（Z）-1-氟-戊烯的核磁共振氢谱，其化学位移和耦合常数数据如下：δ0.92（t，$^3J_{HH}$=7.2Hz，3H），1.40（sext，$^3J_{HH}$=7.3Hz，2H），2.09（qt，$^3J_{HH}$=7.5Hz，$^4J_{HH\&F}$=1.5Hz，2H），4.72［ddt，$^3J_{HF(trans)}$=44Hz，$^4J_{HH(cis)}$=4.8Hz，$^3J_{HCH_2}$=7.5Hz，1H］，6.45［ddt，$^2J_{FH}$=86Hz，$^3J_{HH(cis)}$=4.8Hz，$^4J_{HCH_2}$=1.5Hz，1H］。

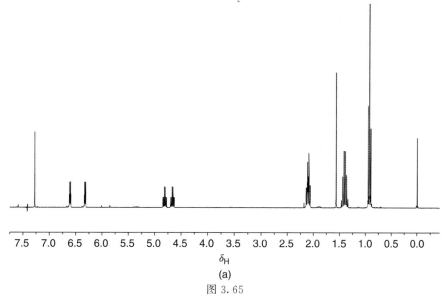

(a)

图 3.65

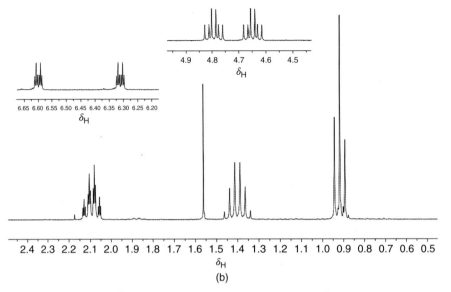

图 3.65 (Z)-1-氟戊烯 ^{1}H NMR 的全谱 (a) 和 (Z)-1-氟戊烯 ^{1}H NMR 的谱图细节 (b)

图 3.66 给出了 (Z)-1-氟戊烯的 ^{13}C NMR 谱，其化学位移和 F-C 耦合常数如下：δ_C 147.9 (d, $^1J_{FC}=255\text{Hz}$)，111.0 (d, $^2J_{FC}=5.1\text{Hz}$)，24.9 (d, $^3J_{FC}=5.0\text{Hz}$)，22.6 (d, $^4J_{FC}=2.0\text{Hz}$)，13.7 (s)。还可以检测到上述谱图中 (E)-异构体的存在，其中 (E)-1-氟戊烯的归属如下：δ_C 148.8 (d, $^1J_{FC}=252\text{Hz}$)，111.6 (d, $^2J_{FC}=5\text{Hz}$)，27.2 (d, $^3J_{FC}=5\text{Hz}$)，23.0 (d, $^4J_{FC}=2\text{Hz}$)，13.6 (s)。

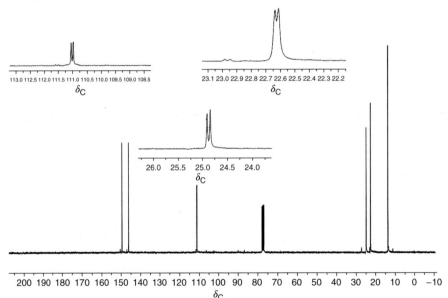

图 3.66 (Z)-1-氟戊烯的 ^{13}C NMR 谱

3.6.2 共轭烯烃

末端（1°）氟乙烯基的化学位移不会因该含氟双键与另一个 C═C 双键或苯环的共轭而显著受影响（图 3.67）。然而，在这种情况下，（Z）-异构体的氟原子相对于（E）-异构体的稍微受到去屏蔽。

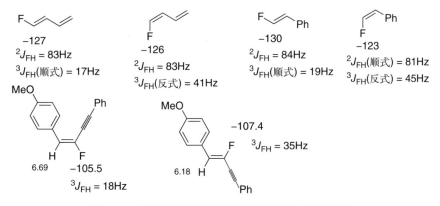

图 3.67　末端氟乙烯基的化学位移和耦合常数数据

与末端的氟原子不同，共轭体系内部（2°）的氟原子与其非共轭的对应物相比，显著发生了屏蔽（图 3.68）。

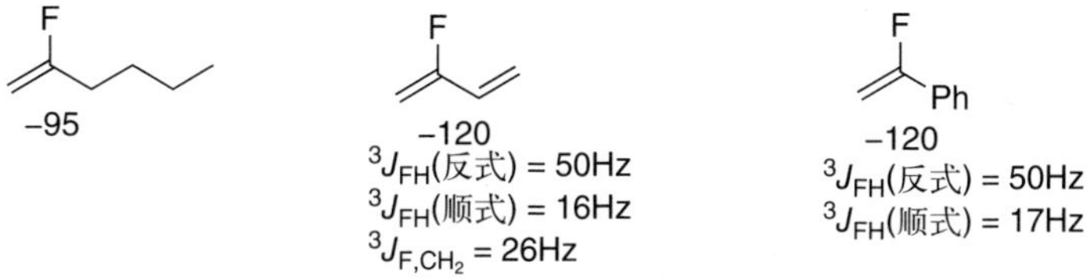

图 3.68　共轭烯烃内部氟原子化学位移和耦合常数数据

共轭 CHF 体系的一些氢和碳化学位移以及耦合常数数据如图 3.69 所示。共轭体系中的含氟碳相对于非共轭体系的含氟碳是受到去屏蔽的。同样地，共轭体系末端 CHF 基团的氢相对于类似非共轭体系的氢也是受到去屏蔽的。

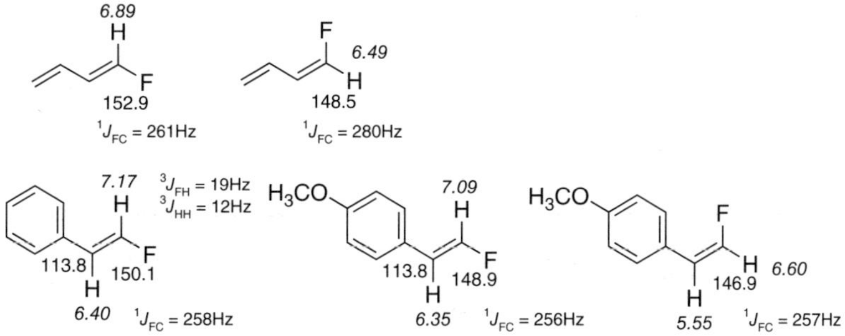

图 3.69　共轭 CHF 体系的一些氢和碳化学位移以及耦合常数数据

3.6.3 烯丙醇、醚和卤代物

烯丙基位的氧官能团（如醇、醚和乙酸根）和卤素，对处于末端的氟原子有去屏蔽作用，而对位于内部2-位的氟原子则起屏蔽作用（图3.70）。这些化合物的F-H自旋-自旋耦合常数与简单烯烃的大致相同。

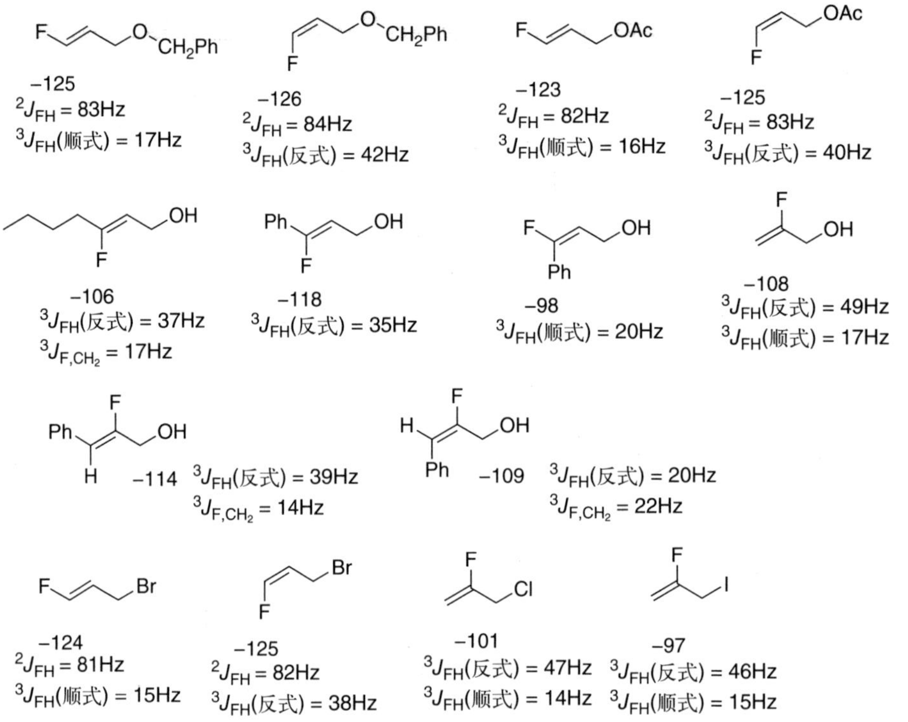
F O CH2Ph
−125
2JFH = 83Hz
3JFH(顺式) = 17Hz
O CH2Ph F
−126
2JFH = 84Hz
3JFH(反式) = 42Hz
F OAc
−123
2JFH = 82Hz
3JFH(顺式) = 16Hz
OAc F
−125
2JFH = 83Hz
3JFH(反式) = 40Hz
OH F
−106
3JFH(反式) = 37Hz
3JF,CH2 = 17Hz
Ph OH F
−118
3JFH(反式) = 35Hz
F OH Ph
−98
3JFH(顺式) = 20Hz
F OH
−108
3JFH(反式) = 49Hz
3JFH(顺式) = 17Hz
F Ph OH H
−114
3JFH(反式) = 39Hz
3JF,CH2 = 14Hz
F H OH Ph
−109
3JFH(反式) = 20Hz
3JF,CH2 = 22Hz
F Br
−124
2JFH = 81Hz
3JFH(顺式) = 15Hz
Br F
−125
2JFH = 82Hz
3JFH(反式) = 38Hz
F Cl
−101
3JFH(反式) = 47Hz
3JFH(顺式) = 14Hz
F I
−97
3JFH(反式) = 46Hz
3JFH(顺式) = 15Hz

图3.70 烯丙醇、醚和卤代物中氟原子化学位移及耦合常数数据

图3.71提供了一些含氟烯丙醇和含氟烯丙基溴化物的特征性^{13}C和^{1}H NMR数据。

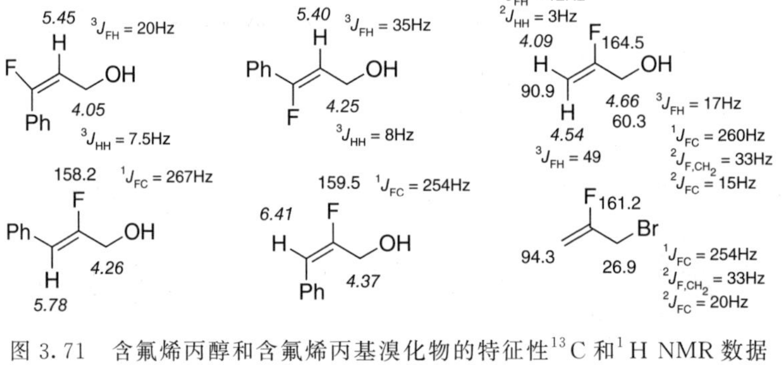
5.45 3JFH = 20Hz
H F OH Ph
4.05
3JHH = 7.5Hz
5.40 3JFH = 35Hz
H Ph OH F
4.25
3JHH = 8Hz
3JFH = 12Hz
2JHH = 3Hz
4.09
F 164.5
H OH
90.9
H
4.66 3JFH = 17Hz
60.3
4.54
3JFH = 49
1JFC = 260Hz
2JF,CH2 = 33Hz
2JFC = 15Hz
158.2 1JFC = 267Hz
F Ph OH H
4.26
5.78
159.5 1JFC = 254Hz
6.41 F H OH Ph
4.37
F 161.2
Br
94.3
26.9
1JFC = 254Hz
2JF,CH2 = 33Hz
2JFC = 20Hz

图3.71 含氟烯丙醇和含氟烯丙基溴化物的特征性^{13}C和^{1}H NMR数据

3.6.4 卤氟烯烃和氟乙烯基醚

α位的氯或溴取代基会使乙烯基氟显著地受到去屏蔽，而邻位的氯取代基则与饱和体系的情况一样会屏蔽氟。同样地，第二个邻位氯取代基则会逆转这一趋势，使氟信号向低场移动（图3.72）。

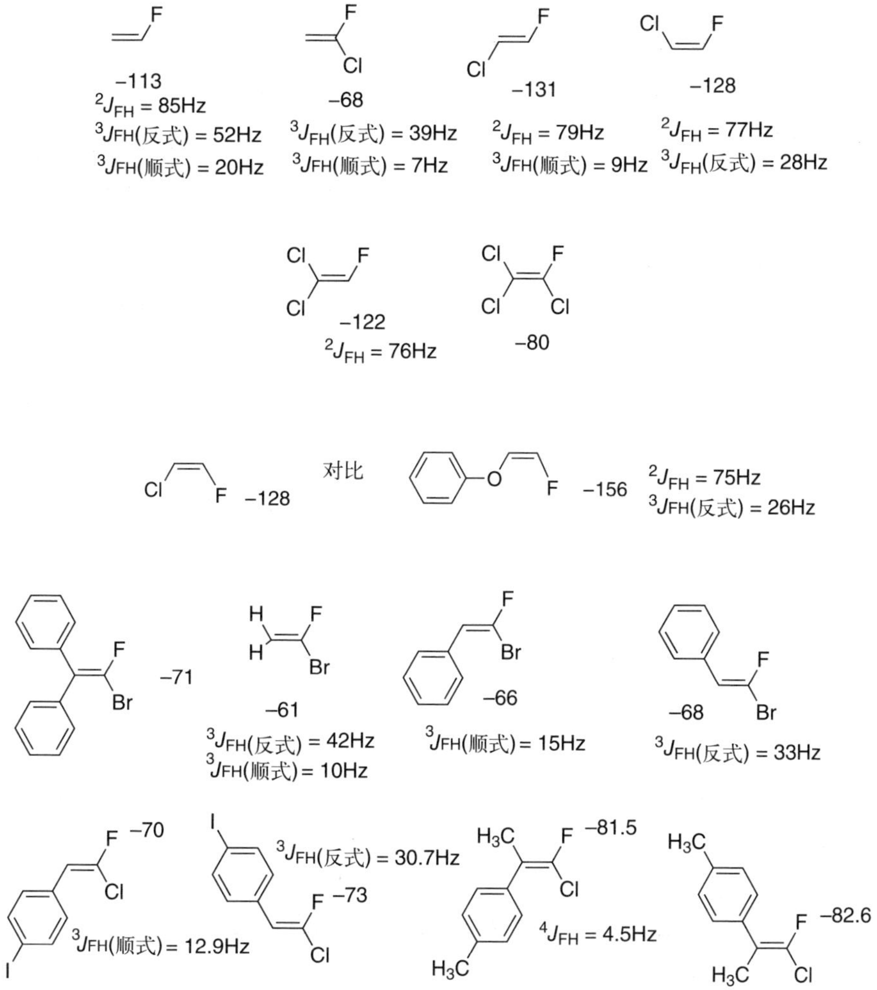

（结构式 1）CH$_2$=CHF
−113
$^2J_{FH}$ = 85Hz
$^3J_{FH}$(反式) = 52Hz
$^3J_{FH}$(顺式) = 20Hz

（结构式 2）CH$_2$=CFCl
−68
$^3J_{FH}$(反式) = 39Hz
$^3J_{FH}$(顺式) = 7Hz

（结构式 3）ClCH=CHF（反式）
−131
$^2J_{FH}$ = 79Hz
$^3J_{FH}$(顺式) = 9Hz

（结构式 4）ClCH=CHF（顺式）
−128
$^2J_{FH}$ = 77Hz
$^3J_{FH}$(反式) = 28Hz

（结构式 5）Cl$_2$C=CHF
−122
$^2J_{FH}$ = 76Hz

（结构式 6）ClHC=CClF
−80

对比：

ClCH=CHF −128

PhO−CH=CHF −156
$^2J_{FH}$ = 75Hz
$^3J_{FH}$(反式) = 26Hz

（Ph)$_2$C=CFBr
−71

CH$_2$=CFBr
−61
$^3J_{FH}$(反式) = 42Hz
$^3J_{FH}$(顺式) = 10Hz

PhCH=CFBr
−66
$^3J_{FH}$(顺式) = 15Hz

PhCH=CFBr
−68
$^3J_{FH}$(反式) = 33Hz

(4-I-C$_6$H$_4$)CH=CClF
−70
$^3J_{FH}$(顺式) = 12.9Hz

(4-I-C$_6$H$_4$)CH=CClF
−73
$^3J_{FH}$(反式) = 30.7Hz

(4-CH$_3$-C$_6$H$_4$)C(CH$_3$)=CClF
−81.5
$^4J_{FH}$ = 4.5Hz

(4-CH$_3$-C$_6$H$_4$)CH=CClF
−82.6

图 3.72 卤氟烯烃和氟乙烯基醚中氟的化学位移和耦合常数数据

文献中报道的单氟乙烯基醚很少，这里给出了一个例子的核磁共振数据。可以看出，β-醚取代基比β-氯取代基更能屏蔽氟原子。

请注意这些体系中，α位的氯或溴取代基对减小顺式和反式F-H耦合常数的影响。

从氯氟乙烯和溴氟乙烯的氢谱和碳谱中选取的一些化学位移和耦合常数数据展示在图 3.73 中。

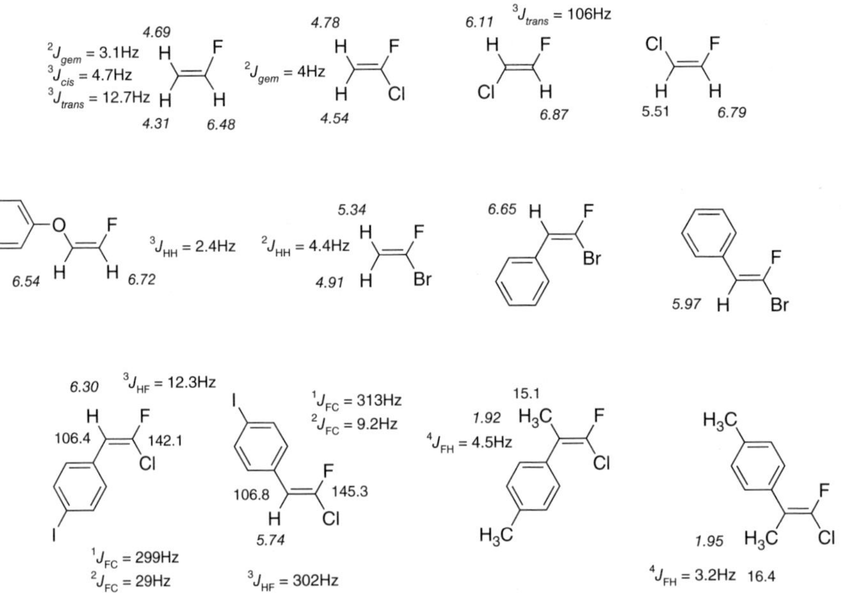

图 3.73　氯氟乙烯和溴氟乙烯的氢谱和碳谱数据

3.6.5　孪位氟杂烯烃

图 3.74 给出了几个带有孪位杂原子取代基的烯基氟的例子。

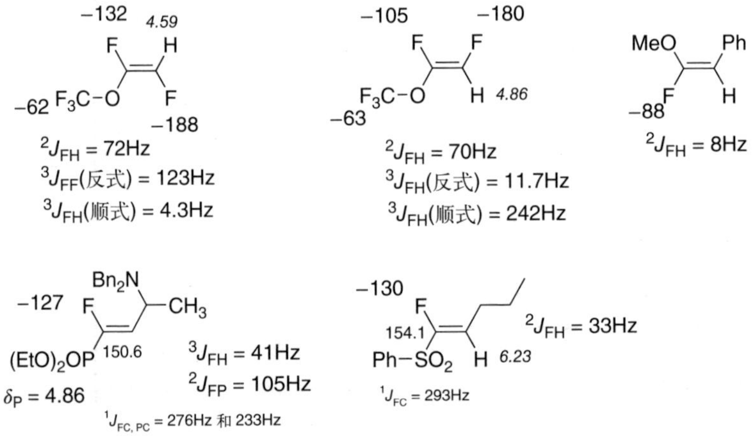

图 3.74　带有孪位杂原子取代基的烯基氟的核磁共振数据

3.6.6 多氟烯烃

3.6.6.1 邻二氟烯烃

两个邻位氟取代基中的每一个都因另一个的存在而受到显著屏蔽（图 3.75）。然而，可以看出，互为顺式的两个邻位氟原子比互为反式的出现在更低场。

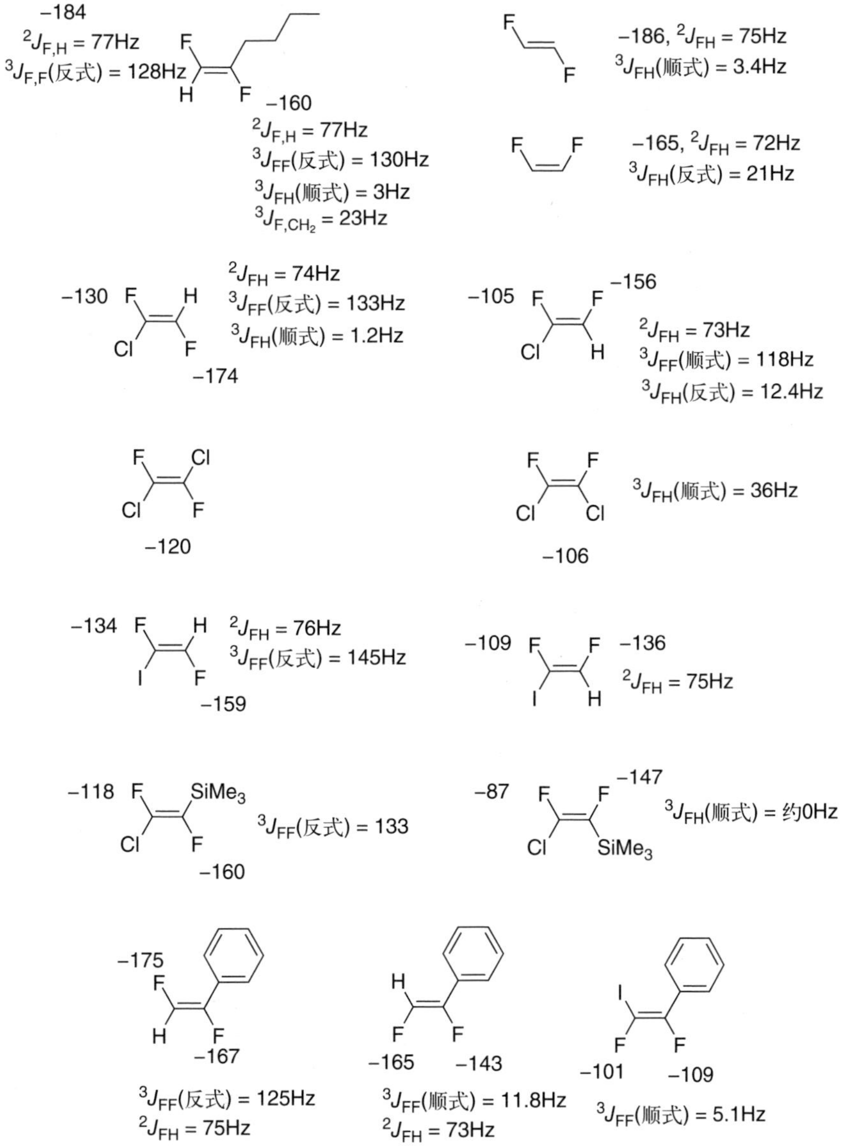

-184
$^2J_{F,H} = 77Hz$
$^3J_{F,F}(反式) = 128Hz$

-160
$^2J_{F,H} = 77Hz$
$^3J_{FF}(反式) = 130Hz$
$^3J_{FH}(顺式) = 3Hz$
$^3J_{F,CH_2} = 23Hz$

$-186, ^2J_{FH} = 75Hz$
$^3J_{FH}(顺式) = 3.4Hz$

$-165, ^2J_{FH} = 72Hz$
$^3J_{FH}(反式) = 21Hz$

-130
-174
$^2J_{FH} = 74Hz$
$^3J_{FF}(反式) = 133Hz$
$^3J_{FH}(顺式) = 1.2Hz$

-105 -156
$^2J_{FH} = 73Hz$
$^3J_{FF}(顺式) = 118Hz$
$^3J_{FH}(反式) = 12.4Hz$

-120

-106
$^3J_{FH}(顺式) = 36Hz$

-134 $^2J_{FH} = 76Hz$
$^3J_{FF}(反式) = 145Hz$
-159

-109 -136
$^2J_{FH} = 75Hz$

-118
-160
$^3J_{FF}(反式) = 133$

-87 -147
$^3J_{FH}(顺式) = 约0Hz$

-175
-167
$^3J_{FF}(反式) = 125Hz$
$^2J_{FH} = 75Hz$

-165 -143
$^3J_{FF}(顺式) = 11.8Hz$
$^2J_{FH} = 73Hz$

-101 -109
$^3J_{FF}(顺式) = 5.1Hz$

图 3.75

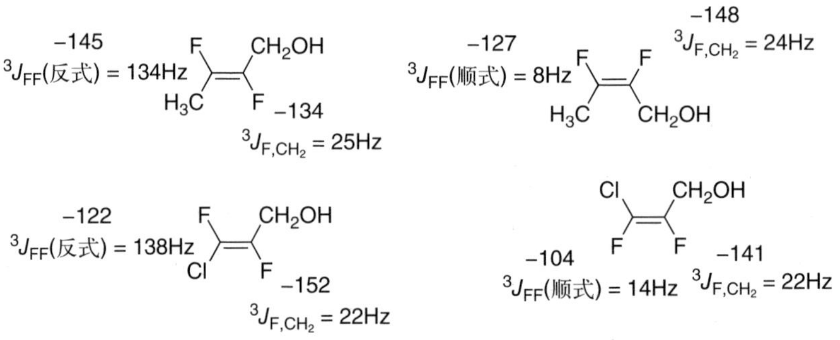

−145
$^3J_{FF}$(反式) = 134Hz
F
CH_2OH
H_3C
F
−134
$^3J_{F,CH_2}$ = 25Hz
−148
−127
$^3J_{F,CH_2}$ = 24Hz
$^3J_{FF}$(顺式) = 8Hz
F
F
H_3C
CH_2OH
−122
$^3J_{FF}$(反式) = 138Hz
F
CH_2OH
Cl
F
−152
$^3J_{F,CH_2}$ = 22Hz
Cl
CH_2OH
F
F
−104
−141
$^3J_{FF}$(顺式) = 14Hz
$^3J_{F,CH_2}$ = 22Hz

图 3.75 邻二氟烯烃中氟原子的化学位移和耦合常数数据

观察到的反式 F-F 耦合常数非常大（>130Hz），而类似的顺式耦合常数则要小得多（<15Hz）。无论是反式还是顺式的 F-H 三键耦合，都比单氟烯烃中观察到的要小得多，它们受邻位氟的影响比受邻位氯的影响更大。

图 3.76 中提供了含有邻位氟原子烯烃的一些代表性化学位移和耦合常数数据。比较 CHF═CFR 类型的几何异构体，与氟原子处于顺式的氢比与氟原子处于反式的氢更加去屏蔽。

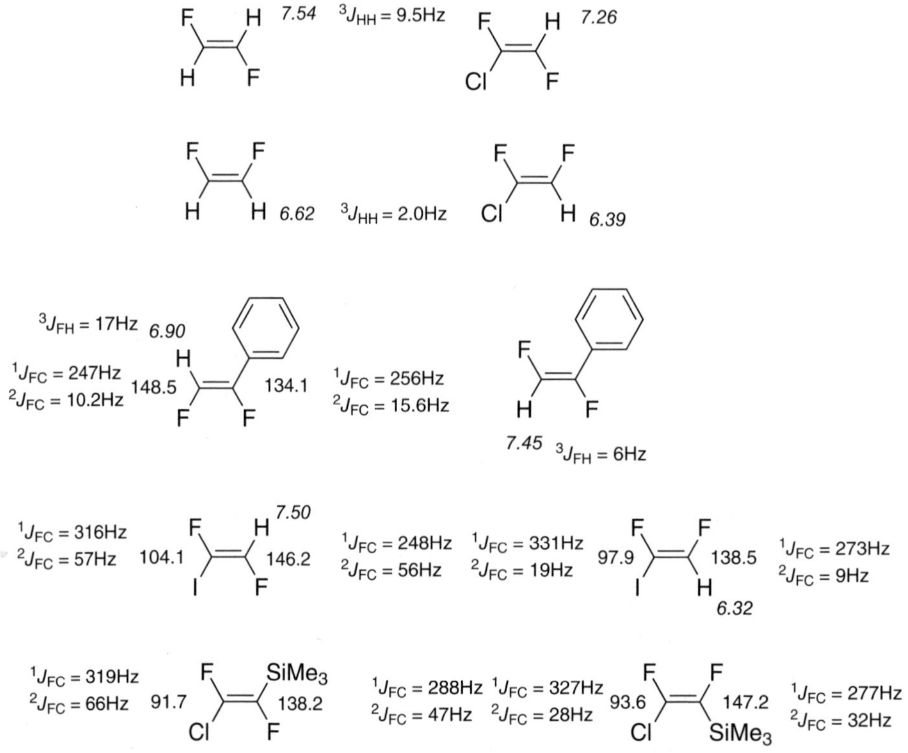

7.54
$^3J_{HH}$ = 9.5Hz
7.26
6.62
$^3J_{HH}$ = 2.0Hz
6.39
$^3J_{FH}$ = 17Hz
6.90
$^1J_{FC}$ = 247Hz
$^2J_{FC}$ = 10.2Hz
148.5
134.1
$^1J_{FC}$ = 256Hz
$^2J_{FC}$ = 15.6Hz
7.45
$^3J_{FH}$ = 6Hz
$^1J_{FC}$ = 316Hz
$^2J_{FC}$ = 57Hz
104.1
7.50
146.2
$^1J_{FC}$ = 248Hz
$^2J_{FC}$ = 56Hz
$^1J_{FC}$ = 331Hz
$^2J_{FC}$ = 19Hz
97.9
138.5
6.32
$^1J_{FC}$ = 273Hz
$^2J_{FC}$ = 9Hz
$^1J_{FC}$ = 319Hz
$^2J_{FC}$ = 66Hz
91.7
$SiMe_3$
138.2
$^1J_{FC}$ = 288Hz
$^2J_{FC}$ = 47Hz
$^1J_{FC}$ = 327Hz
$^2J_{FC}$ = 28Hz
93.6
147.2
$SiMe_3$
$^1J_{FC}$ = 277Hz
$^2J_{FC}$ = 32Hz

图 3.76 含有邻位氟原子烯烃的一些代表性化学位移和耦合常数数据

3.6.6.2　三氟乙烯基

三氟乙烯基具有特征性的化学位移和耦合常数，这些特征在图 3.77 的例子中得到了体现。更多详细信息和示例请参见第 6 章。

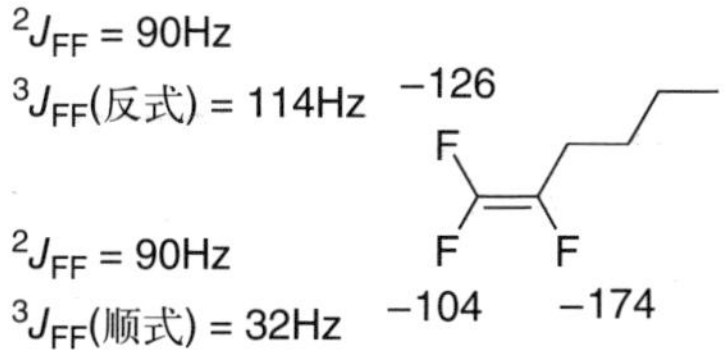

²J_FF = 90Hz
³J_FF(反式) = 114Hz
−126
F
²J_FF = 90Hz
³J_FF(顺式) = 32Hz
F
F
−104
−174

图 3.77　三氟乙烯基化合物氟谱数据

3.6.7　α, β -不饱和羰基化合物

α,β-不饱和羰基化合物的 β 位在氢和碳核磁共振中通常会观察到去屏蔽效应，当此位置被氟取代时也同样可以观察到该效应（见下式）。

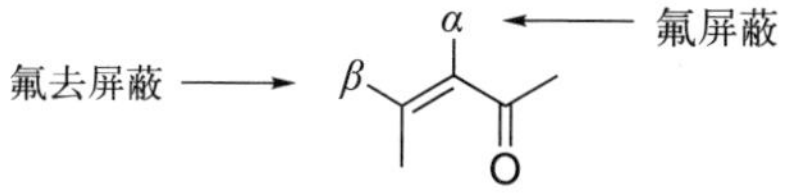

α
氟屏蔽
氟去屏蔽
β
O

相对于简单的氟烯烃，β 位氟原子的去屏蔽程度多达 20；而在 α 位的氟原子则被屏蔽了大约 20，这与 1,3-二烯的 2 位上的氟原子相似（图 3.78）。一般来说，在成对几何异构体中，与羰基处于顺式的氟原子出现在比与羰基处于反式的氟原子的更高场。

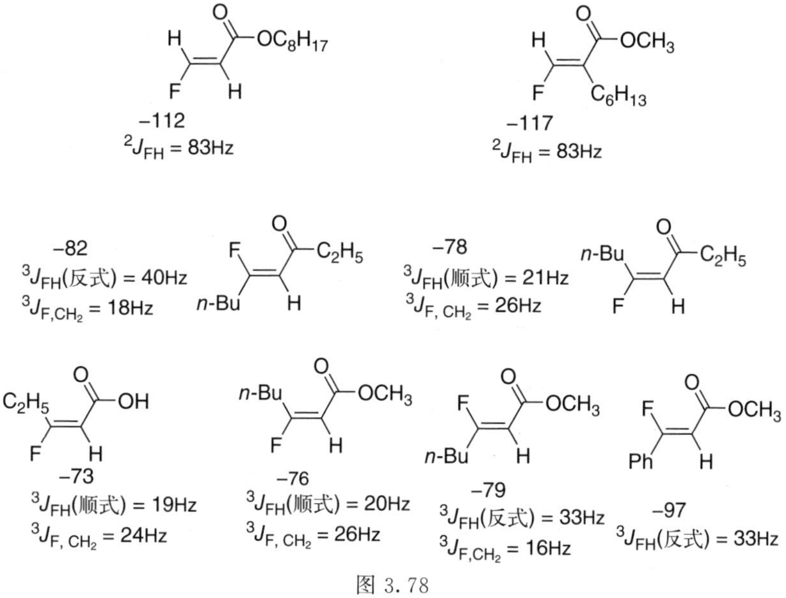

−112
²J_FH = 83Hz
−117
²J_FH = 83Hz
−82
³J_FH(反式) = 40Hz
³J_F,CH₂ = 18Hz
−78
³J_FH(顺式) = 21Hz
³J_F, CH₂ = 26Hz
−73
³J_FH(顺式) = 19Hz
³J_F, CH₂ = 24Hz
−76
³J_FH(顺式) = 20Hz
³J_F, CH₂ = 26Hz
−79
³J_FH(反式) = 33Hz
³J_F,CH₂ = 16Hz
−97
³J_FH(反式) = 33Hz

图 3.78

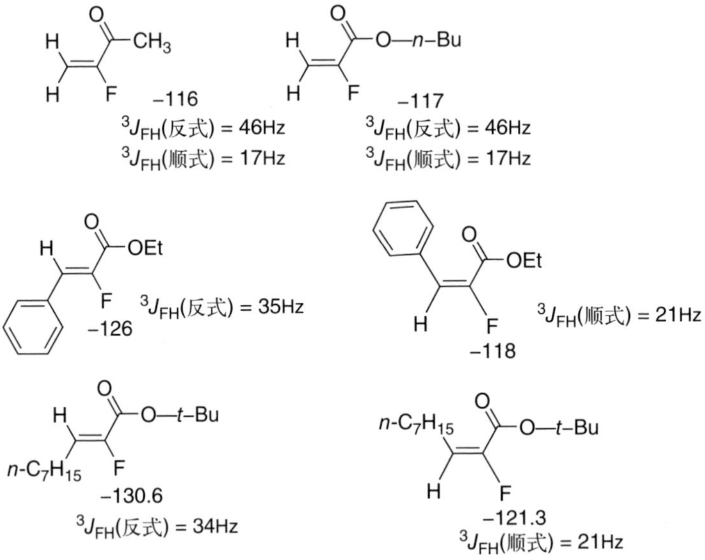

图 3.78　α,β-不饱和羰基化合物中氟原子的化学位移和耦合常数数据

相对于普通的末端含氟烯烃，α,β-不饱和羰基化合物 β 位的碳也是去屏蔽的（图 3.79）。

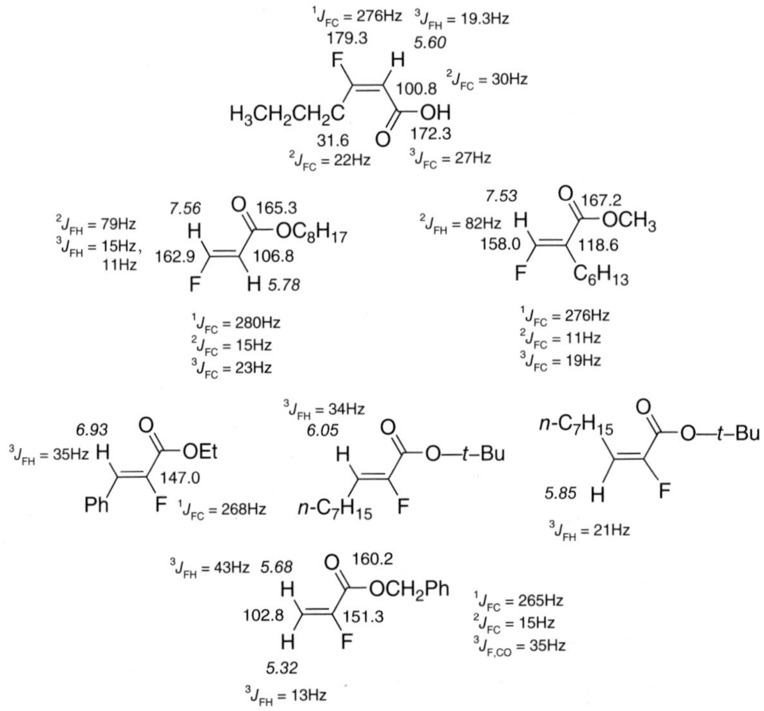

图 3.79　氟代 α,β-不饱和羰基化合物 ^{1}H 和 ^{13}C NMR 数据

3.7 炔基氟化物

含氟炔烃的核磁共振谱报道很少，其母体氟乙炔的氟化学位移被报道为 $-210^{[9]}$。三（异丙基）硅基氟乙炔的氟谱和碳谱数据均有报道（图 3.80）。

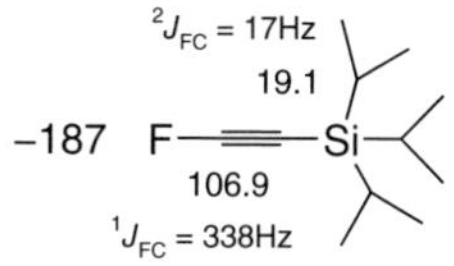

$$-187 \quad F\!-\!\!\!\equiv\!\!\!-Si(iPr)_3$$
$${}^2J_{FC} = 17\text{Hz}, \quad 19.1$$
$${}^1J_{FC} = 338\text{Hz}, \quad 106.9$$

图 3.80　炔基氟化物化学位移和耦合常数数据

3.8 烯丙基和炔丙基氟化物

在烯丙基和炔丙基体系中，邻近的碳-碳双键或三键对氟取代基的化学位移几乎没有影响（图 3.81）。请注意，人们通常不会直观地预期烯丙基氟化物和正丁基氟化物具有如此相似的化学位移。

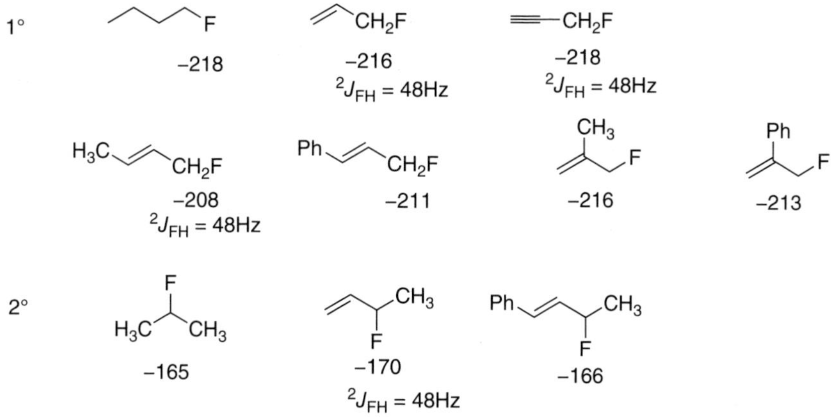

1°

CH₃CH₂CH₂CH₂F	CH₂=CH-CH₂F	HC≡C-CH₂F
−218	−216	−218
	${}^2J_{FH} = 48$Hz	${}^2J_{FH} = 48$Hz

H₃C-CH=CH-CH₂F	Ph-CH=CH-CH₂F	CH₂=C(CH₃)-CH₂F	CH₂=C(Ph)-CH₂F
−208	−211	−216	−213
${}^2J_{FH} = 48$Hz			

2°

(CH₃)₂CHF	CH₂=CH-CHF-CH₃	Ph-CH=CH-CHF-CH₃
−165	−170	−166
	${}^2J_{FH} = 48$Hz	

图 3.81　烯丙基和炔丙基氟化物中氟化学位移和耦合常数数据

值得注意的是，在取代的苄基氟化物中观察到的超共轭 $\pi\text{-}\sigma^*_{CF}$ 相互作用（见第 2.2.1 节），也显然在这里起作用。图 3.82 中两个系列烯丙基氟化物所观察到的趋势清楚地表明了这一点。

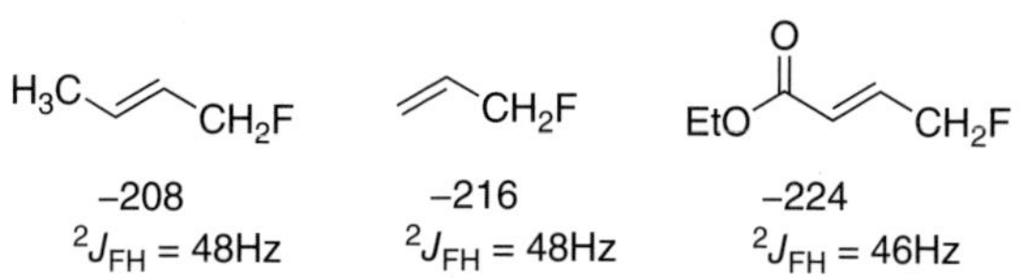

H₃C-CH=CH-CH₂F	CH₂=CH-CH₂F	EtO(O)C-CH=CH-CH₂F
−208	−216	−224
${}^2J_{FH} = 48$Hz	${}^2J_{FH} = 48$Hz	${}^2J_{FH} = 46$Hz

图 3.82

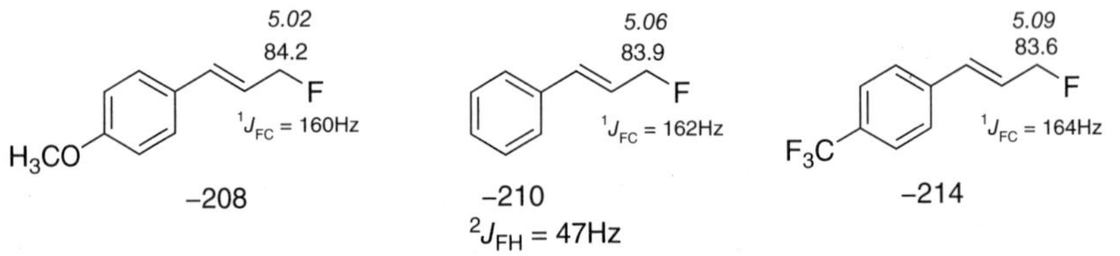

图 3.82 两个系列烯丙基氟化物中氟化学位移和耦合常数数据

图 3.83 给出了一些烯丙基体系典型的氢和碳化学位移以及耦合常数数据。无论是 CH_2F 还是—CHF—基团上的烯基取代基,都几乎不会对该碳的化学位移产生影响,它们也仅会使氢化学位移改变约 0.5。

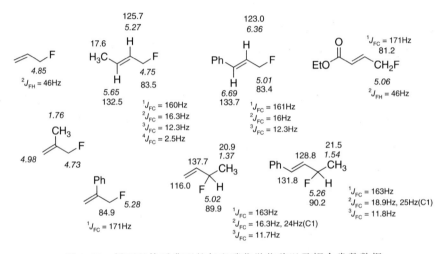

图 3.83 烯丙基体系典型的氢和碳化学位移以及耦合常数数据

3.9 含氟芳烃

环电流(各向异性)效应在氟核磁共振中并不显著。因此,苯环上氟取代基的吸收通常与氟烯烃相近,其中氟苯和 1-氟萘的氟化学位移分别为 -113.4 和 -123.9。氟苯的核磁共振氟谱如图 3.84 所示。

3.9.1 单氟芳烃

表 3.2 提供了各种取代氟苯的化学位移数据[10]。对位取代氟苯的化学位移与取代基的 σ_p 值具有合理的相关性,取代基的吸电子能力越强,其对位氟原子受到的去屏蔽作用就越大。邻位取代氟苯的化学位移也表现出大致的相关性,但存在一些显著的偏差。间位取代氟苯的化学位移没有相关性,且变化范

围很小。需要注意的是（从表3.2可以看出），溶剂对氟苯的化学位移可能会产生显著影响。

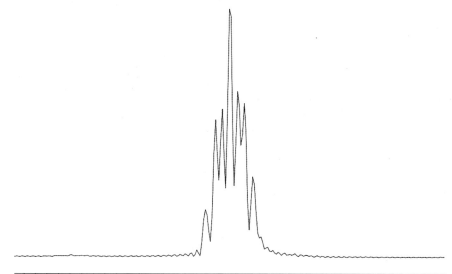

图3.84 氟苯的^{19}F NMR谱图

表3.2 氟苯的^{19}F化学位移[10]

取代基	邻位		间位		对位		σ_p值
	丙酮-d_6	DMSO	丙酮-d_6	DMSO	丙酮-d_6	DMSO	
COCl	−109.5		−113.6		−101.8		0.61
NO$_2$	−119.7	−119.0	−110.0	−109.5	−103.0	−102.4	0.78
CN	−108.6	−107.9	−110.9	−110.0	−104.0	−102.8	0.66
CHO	−122.4	−120.7	−112.6	−111.6	−104.3	−103.2	0.42
COCH$_3$	−110.6	−110.0	−113.1	−112.0	−107.1	−105.9	0.50
CO$_2$H	−110.0	−110.1	−113.3	−112.0	−107.2	−106.5	0.45
CF$_3$	−115.8	−115.4	−111.4	−110.3	−108.0	−106.8	0.54
CONH$_2$	−113.6	−113.3	−113.4	−112.6	−109.8	−109.2	0.36
H					−113.8	−112.6	0
I	−94.4	−106.2	−110.9	−110.3	−114.8	−114.2	0.18
Br	−108.1	−107.7	−110.8	−110.0	−115.6	−114.7	0.23
Cl	−116.3	−115.9	−111.2	−110.3	−116.7	−115.2	0.23
F	−139.7	−138.8	−110.6	−109.5	−120.0	−119.4	0.06
CH$_3$	−118.4	−117.3	−114.9	−113.7	−119.2	−118.0	−0.17

续表

取代基	邻位		间位		对位		σ_p 值
	丙酮-d_6	DMSO	丙酮-d_6	DMSO	丙酮-d_6	DMSO	
NHAc	−125.6	−124.6	−112.8	−111.8	−120.3	−119.4	0.0
OCH$_3$	−136.1	−135.3	−112.6	−111.4	−125.2	−124.0	−0.27
OH	−138.0	−136.3	−113.2	−112.1	−126.8	−125.0	−0.37
NH$_2$	−136.3	−134.9	−115.6	−113.5	−129.7	−129.4	−0.66

3.9.1.1　含氟芳烃 ^{19}F、^{13}C 和 ^{1}H NMR 谱的相互作用

^{1}H NMR 谱的二阶特征（图 3.85）导致不能通过观察进行分析。

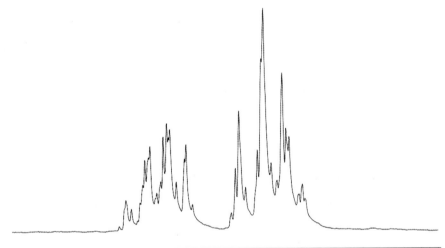

图 3.85　氟苯的 ^{1}H NMR 谱（苯-d_6）

苯环上的氟取代基对苯的 ^{13}C 谱具有特征性影响，它以独特且高度一致的方式与本位、邻位、间位和对位的碳原子发生耦合（图 3.86）。

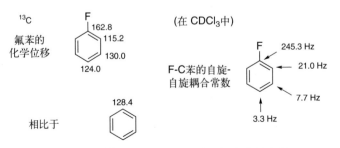

图 3.86　氟苯中的碳的化学位移和耦合常数数据

氟苯的 ^{13}C NMR（如图 3.87 所示）很好地说明了这一点，可以清楚地观察到四个双峰。由于溶剂（C_6D_6）选择的不同，在该谱图中观察到的化学位移与图 3.86 给出的略有不同。

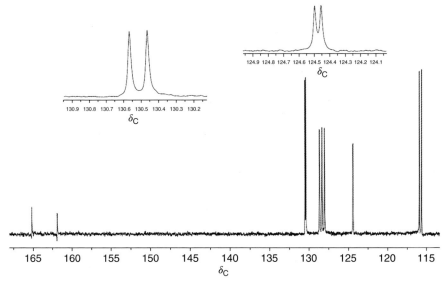

图 3.87　氟苯的 ^{13}C NMR 谱（苯-d_6）

3.9.1.2　邻-、间-和对-硝基氟苯的完整核磁共振分析

一系列邻-、间-和对-二取代氟苯化合物（即硝基氟苯）的全套核磁共振数据，可进一步说明 ^{19}F、^{13}C 和 1H 化学位移和耦合常数之间的相互作用，这些相互作用给二取代氟苯的结构提供了独特信息。这些数据列于表 3.3～表 3.5 中。

表 3.3　邻硝基氟苯的核磁共振分析

碳原子（位置）	与碳的耦合常数/Hz					化学位移	耦合常数/Hz	
	F	H-3	H-4	H-5	H-6		F-H	H-H
C-1	−262.6	−8.1	−1.9	−11.5	−5.0	−119.6 F / 156.7 NO₂ 8.14 H / 119.1 / 138.2 136.9 H / 126.8 7.48 H / 125.8 H 7.83	$^4J_{F,H3}=7.9$	$^3J_{H3,H4}=8.1$
C-2	8.8	—	—	—	—		$^5J_{F,H4}=-0.9$	$^3J_{H4,H5}=7.5$
C-3	−2.6	169.4	2.6	9.0	1.0		$^4J_{F,H5}=4.6$	$^3J_{H5,H6}=8.5$
C-4	4.0	0.9	167.8	0.9	8.7		$^3J_{F,H6}=11.5$	$^4J_{H3,H5}=1.7$
C-5	8.8	9.2	1.5	165.5	0.5			
C-6	20.7	1.3	8.3	1.3	167.2			$^4J_{H4,H6}=1.2$

表 3.4 间硝基氟苯的核磁共振分析

碳原子（位置）	与碳的耦合常数/Hz					化学位移	耦合常数/Hz	
	F	H-2	H-4	H-5	H-6		F-H	H-H
C-1	−249.6	−6.0	−1.4	−11.9	−4.5	F −110.2 163.2 H 8.00 7.65 H 111.7 122.8 132.2 150.0 H 120.3 NO$_2$ 7.76 H 8.12	$^3J_{F,H2}=8.9$	$^3J_{H4,H5}=8.3$
C-2	26.5	171.1	−5.2	−1.5	−4.3		$^5J_{F,H4}=-1.0$	$^3J_{H5,H6}=8.3$
C-3	8.8	−3.9	−1.5	−11.4	−2.6		$^4J_{F,H5}=5.7$	$^4J_{H2,H4}=2.2$
C-4	3.1	−4.2	171.3	−1.7	−8.0		$^3J_{F,H6}=8.3$	$^4J_{H2,H6}=2.6$
C-5	8.8	0.0	0.0	167.9	0.0			$^4J_{H4,H6}=0.9$
C-6	21.6	4.0	8.0	−2.4	1687.1			

表 3.5 对硝基氟苯的核磁共振分析

碳原子（位置）	与碳的耦合常数/Hz					化学位移	耦合常数/Hz	
	F	H-2	H-3	H-5	H-6		F-H	H-H
C-1	−255.7	4.6	10.9	−10.9	−4.6	F −103.5 167.2 H 7.43 H 117.3 127.2 H 145.5 H NO$_2$ 8.35	$^3J_{F,H2}=8.2$	$^3J_{H2,H3}=9.2$
C-2	24.1	168.9	0.0	0.05	−4.5		$^5J_{F,H3}=-4.8$	
C-3	10.2	0.0	171.4	5.4	0.0			
C-4	4.5	10.2	5.8	5.8	10.2			

3.9.1.3 耦合常数

在氟苯中，常见的 H-H 三键耦合常数约为 8Hz，而四键耦合常数在 1～3Hz 之间，通常观察不到五键耦合。类似地，F-H 三键耦合常数约为 8Hz，四键耦合常数为 5～6Hz，五键耦合常数约为 1Hz。

氟与其直接取代的碳（即本位碳）之间的耦合常数会根据其取代环境而有很大变化，但它总是很大，通常为 250Hz 或更高。氟和邻位碳的耦合常数通常约为 20～26Hz，与间位碳的耦合常数约为 8～10Hz，与对位碳的耦合常数约为 4Hz。

H 与 C 的本位（一键）耦合常数始终在 165～172Hz 之间，而其两键耦合常数（0～5Hz）通常远小于 H-C 三键耦合常数（4～10Hz）。

通常，对氟、氢和碳核磁共振化学位移以及自旋-自旋耦合常数的组合进行仔细分析，可以为二取代氟芳烃的结构提供明确的信息。

3.9.2 含氟多环芳烃：含氟萘

异构的 1-氟萘和 2-氟萘的氟化学位移分别为 −124 和 −116。图 3.88 给出了1-氟萘的氢谱和碳谱的完整分析。还有其它一些含氟多环芳香化合物的核磁共振数据可供参考[11]。

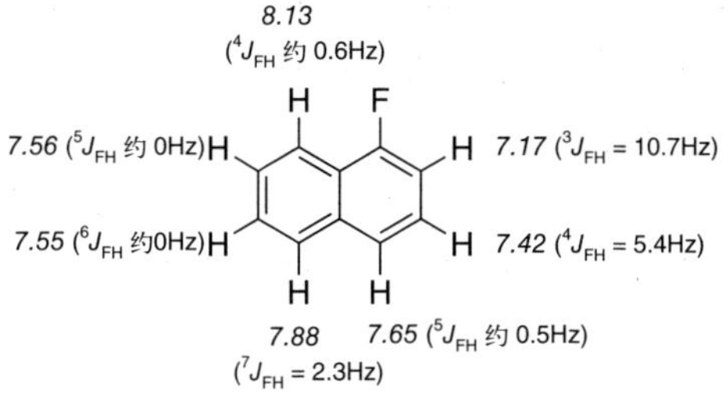

8.13 ($^4J_{FH}$ 约 0.6Hz)

7.56 ($^5J_{FH}$ 约 0Hz)   7.17 ($^3J_{FH}$ = 10.7Hz)

7.55 ($^6J_{FH}$ 约 0Hz)   7.42 ($^4J_{FH}$ = 5.4Hz)

7.88   7.65 ($^5J_{FH}$ 约 0.5Hz)
($^7J_{FH}$ = 2.3Hz)

(a) 氢谱

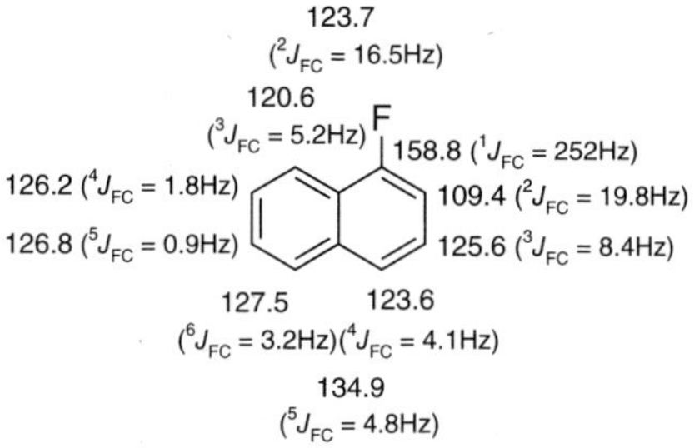

123.7 ($^2J_{FC}$ = 16.5Hz)

120.6 ($^3J_{FC}$ = 5.2Hz)   158.8 ($^1J_{FC}$ = 252Hz)

126.2 ($^4J_{FC}$ = 1.8Hz)   109.4 ($^2J_{FC}$ = 19.8Hz)

126.8 ($^5J_{FC}$ = 0.9Hz)   125.6 ($^3J_{FC}$ = 8.4Hz)

127.5   123.6
($^6J_{FC}$ = 3.2Hz)($^4J_{FC}$ = 4.1Hz)

134.9 ($^5J_{FC}$ = 4.8Hz)

(b) 碳谱

图 3.88　1-氟萘的核磁共振氢谱和碳谱数据

从表 3.2 和 4-甲基-1-氟萘（图 3.89）的数据可以看出，含氟芳烃上的甲基通常会引起氟原子核的屏蔽。然而，1-氟萘的 8-位甲基提供了一个罕见的氟原子空间去屏蔽的例子[12]。该位置上的其它基团，例如乙基和乙酰基，也会产生类似的去屏蔽效应，其中叔丁基的去屏蔽效应最大，使氟去屏蔽约 27（位移至-96）。第 2.2.2 节对此类去屏蔽效应进行了进一步讨论。

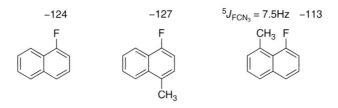

图 3.89　含氟萘的核磁共振数据

还应该注意，8-甲基-1-氟萘的甲基氢与其氟取代基之间存在显著的 7.5Hz F-H 耦合常数，这可能至少部分来源于通过空间的 F-H 耦合（见第 2.3.2 节）。

3.9.3 多氟芳烃

在多氟芳烃体系中，第二个氟取代基在邻位尤其是在对位时会产生屏蔽效应，但在间位时则会导致去屏蔽，其中 1,3,5-三氟苯的氟原子是最去屏蔽的（图 3.90）。另一方面，六氟苯具有高度屏蔽的氟原子。这些多氟苯的氟谱本质上是二阶的，因此它们的外观通常无法根据一阶逻辑来进行预测。

事实上，基于在苯-d_6 中获得的 ^{19}F NMR 谱图（图 3.91～图 3.93），很难区分这三种异构的二氟苯。

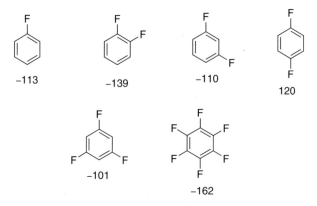

图 3.90　多氟芳烃的氟取代基的化学位移

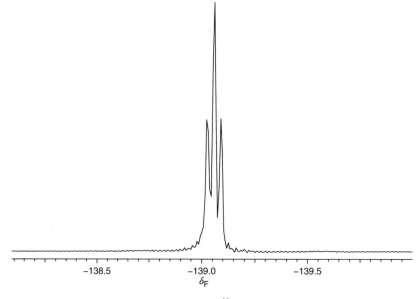

图 3.91　1,2-二氟苯的 ^{19}F NMR 谱

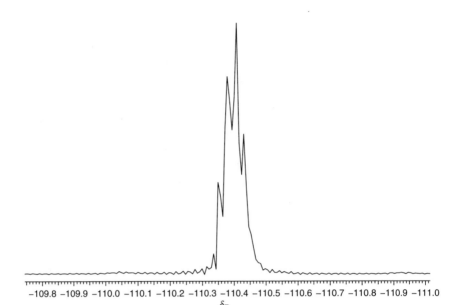

图 3.92　1,3-二氟苯的 ^{19}F NMR 谱

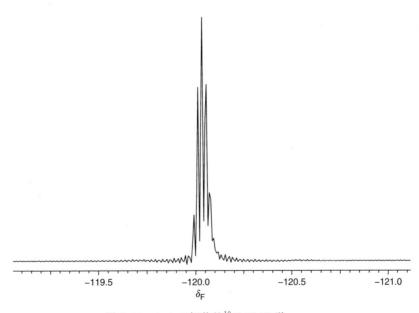

图 3.93　1,4-二氟苯的 ^{19}F NMR 谱

相比之下，虽然三种异构二氟苯的氢谱并非都能轻易解读，但它们之间确实有明显的区别（图 3.94～图 3.96，均在苯-d_6 中运行）。

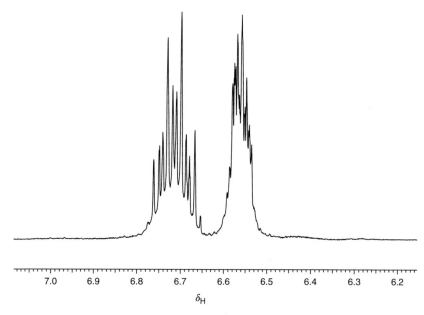

图 3.94　1,2-二氟苯的 ^{1}H NMR 谱

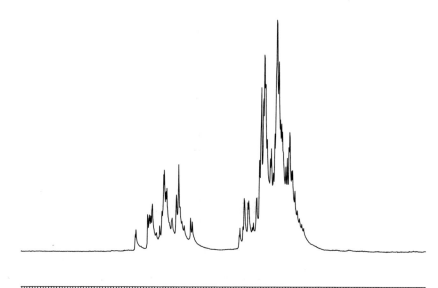

图 3.95　1,3-二氟苯的 ^{1}H NMR 谱

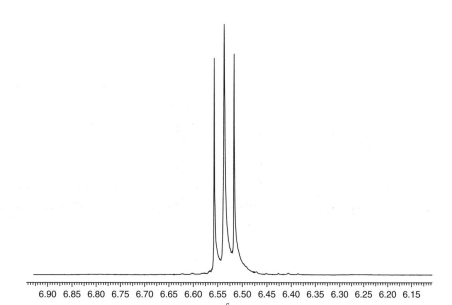

图 3.96　1,4-二氟苯的 ^{1}H NMR 谱

三种异构二氟苯的 ^{13}C NMR 谱具有明显的区别,且可通过观察进行解读,其中 1,2-异构体显示三个信号,1,3-异构体显示四个信号,1,4-异构体显示两个信号(图 3.97～图 3.99)。每个 ^{13}C 谱图中在约 128.3 处观察到的信号均来自溶剂苯-d_6。

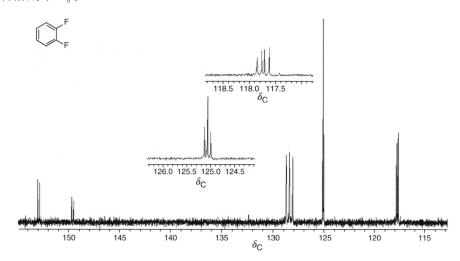

图 3.97　1,2-二氟苯的 ^{13}C NMR 谱

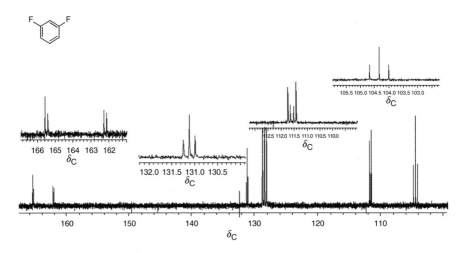

图 3.98　1,3-二氟苯的 ^{13}C NMR 谱

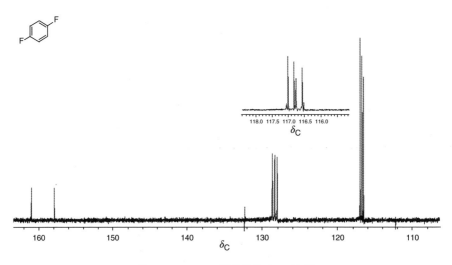

图 3.99　1,4-二氟苯的 ^{13}C NMR 谱

邻位、间位和对位氟原子的氟谱化学位移可能会有很大的变化。有关更完整的详细信息，请参阅第 6 章。图 3.100 提供了一个例子，即五氟甲苯的数据。

$^3J_{23} = 20.4\,\text{Hz}$
$^3J_{34} = 18.9\,\text{Hz}$
$^5J_{25} = 8.6\,\text{Hz}$

图 3.100　五氟甲苯的化学位移和耦合常数数据

3.10 氟甲基芳烃

如第 2.2.1.2 节所述，苄基氟的化学位移对超共轭 $\pi\text{-}\sigma^*_{CF}$ 相互作用非常敏感，其中给电子基团和吸电子基团分别产生显著的去屏蔽和屏蔽效应。相对于饱和一级氟化物，苄基氟化物的去屏蔽超过 15（图 3.101）。氟甲基萘的化学位移与类似苄基氟化物的基本相同。

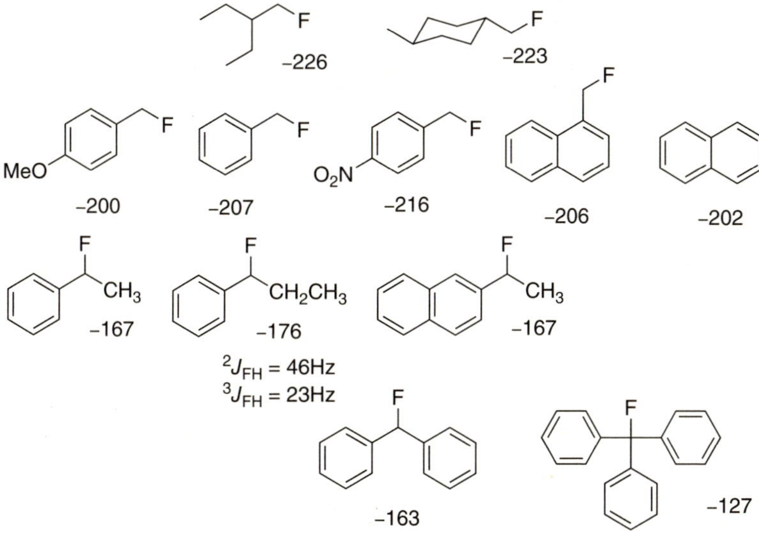

图 3.101　氟甲基芳烃中氟的化学位移和耦合常数数据

图 3.102 中给出了苄基氟化物和氟甲基萘代表性的氢和碳化学位移以及耦合常数。请注意，氟甲基萘的氢化学位移明显大于氟甲基苯的。

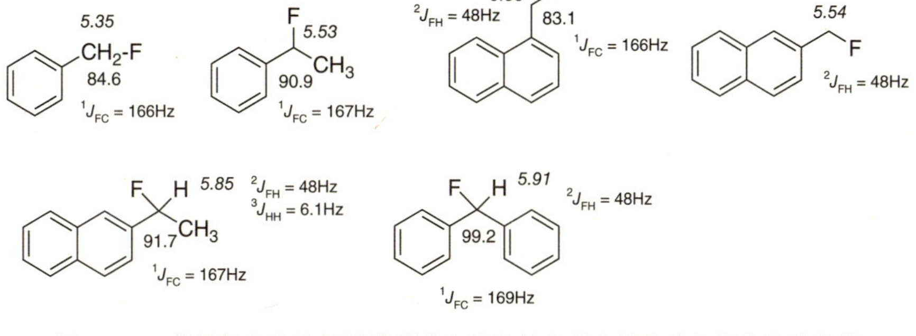

图 3.102　苄基氟化物和氟甲基萘代表性的氢和碳化学位移和耦合常数数据

3.11 含氟杂环化合物

简单含氟杂环化合物可获得的数据越来越多，使得人们能够理解氟取代基在杂环上的位置如何显著影响其化学位移。对于所有含氮和含氧杂环，与其它位置的氟相比，与氮或氧相连的碳上的氟取代基都被去屏蔽。而对于含硫杂环，情况正好相反，尽管观察到的差异较小。

3.11.1 含氟吡啶、喹啉和异喹啉

就吡啶来说，2位、3位和4位氟原子的化学位移存在很大差异，其中吡啶和喹啉2位的氟原子是最去屏蔽的，而3位的氟原子是最受屏蔽的（图3.103）。2-氟吡啶的核磁共振氟谱如图3.104所示。在282MHz下，氟原子与各种氢的小耦合似乎只是合并在一起而导致氟信号的展宽。

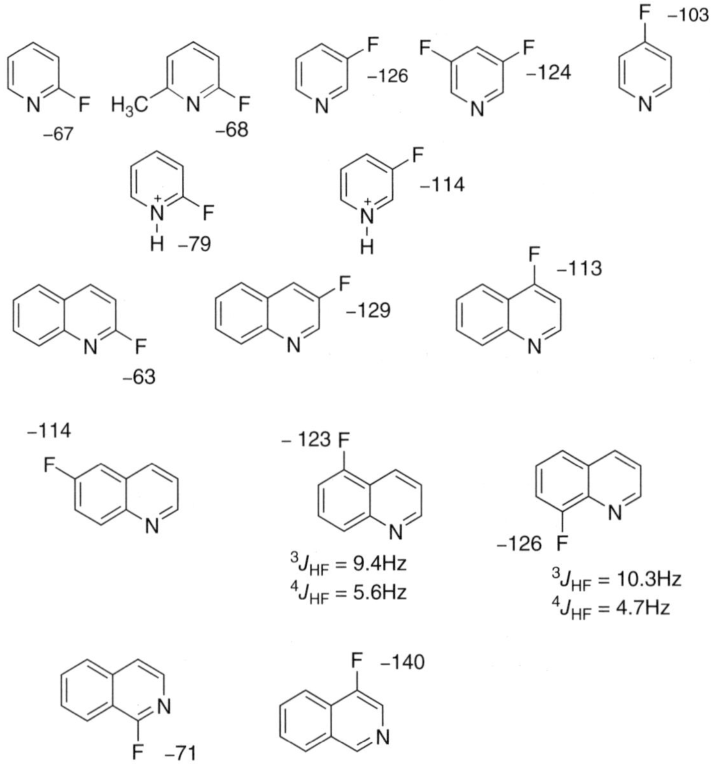

图 3.103 含氟吡啶、喹啉和异喹啉氟原子化学位移和耦合常数数据

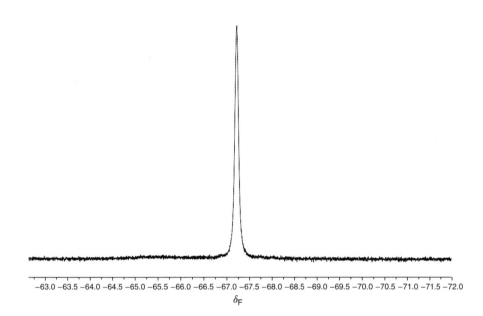

图 3.104　2-氟吡啶的 ^{19}F NMR 谱

含氟吡啶的三种异构体都已获得其详细的氢和碳核磁共振数据[13]，包括氮核磁共振数据也已获得。图 3.105 中提供了这些数据。2-氟吡啶的 ^{1}H 和 ^{13}C NMR 谱分别如图 3.106 和图 3.107 所示。

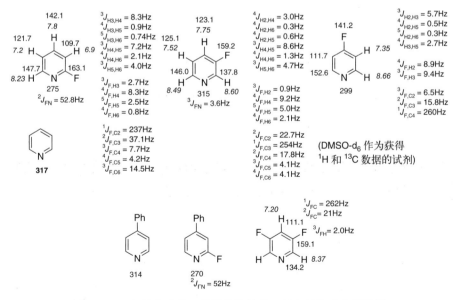

图 3.105　含氟吡啶的三种异构体的碳、氢和氮核磁共振数据

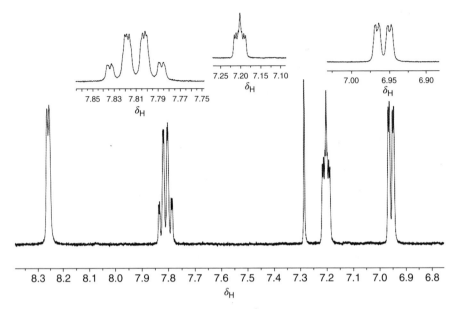

图 3.106　2-氟吡啶的 ^{1}H NMR 谱

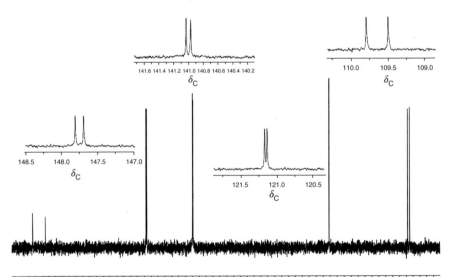

图 3.107　2-氟吡啶的 ^{13}C NMR 谱

在氢谱中，C-6 氢是最受去屏蔽的（位于 8.2），而与氟原子相邻的 C-3 氢是最受屏蔽的。氟原子的最大 F-H 耦合常数是其与 C-4 氢的五键耦合常数 8.3Hz。在 ^{13}C 谱中，请注意，通过氮原子与 C-6 的 F-C 三键耦合（14.5Hz）明显大于与 C-4 碳的耦合常数（7.7Hz）；与该相对大小相反，与 C-6 氢的 F-H

四键耦合常数（1.3Hz）却小于与 C-4 氢的耦合常数（5.3Hz）[7]。

请注意，在吡啶分子中，当氟原子取代位于 2 位时，对 ^{15}N 化学位移有显著的屏蔽效应，3 位氟原子取代的屏蔽效应要小得多，而 4-位的氟原子取代实际上对氮原子产生了去屏蔽效应。

图 3.108 给出了含氟喹啉和异喹啉的氢以及碳核磁共振数据。

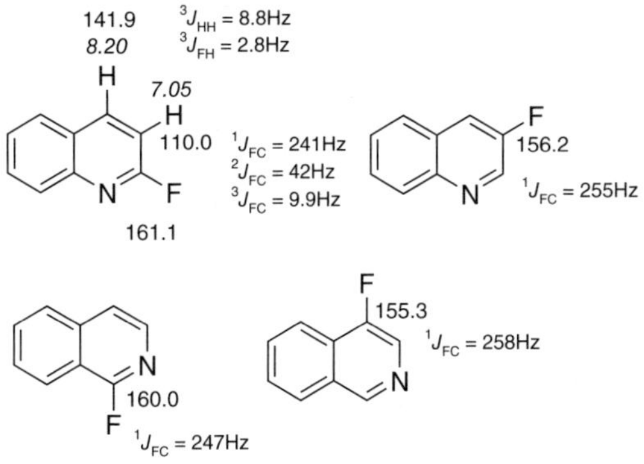

图 3.108　含氟喹啉和异喹啉的氢以及碳核磁共振数据

3.11.2　含氟嘧啶和其它氟取代的六元杂环

图 3.109 提供了氟代嘧啶、2-氟吡嗪、2-氟喹喔啉、4-氟喹唑啉、5-氟尿嘧啶、5-氟胞嘧啶和氰尿酰氟（三聚氰氟）的氟化学位移数据。相对于 2-氟吡啶，2-氟嘧啶的氟原子被显著去屏蔽，而 4-氟异构体只有被轻微的去屏蔽。另一方面，2-氟吡嗪的氟相对于 2-氟吡啶实际上是被屏蔽的。

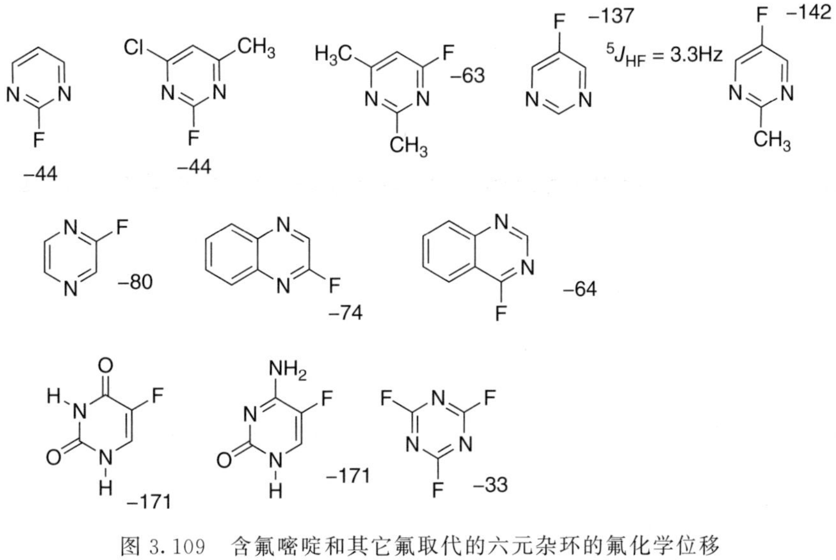

图 3.109　含氟嘧啶和其它氟取代的六元杂环的氟化学位移

这些化合物的氢和碳核磁共振数据见图 3.110。

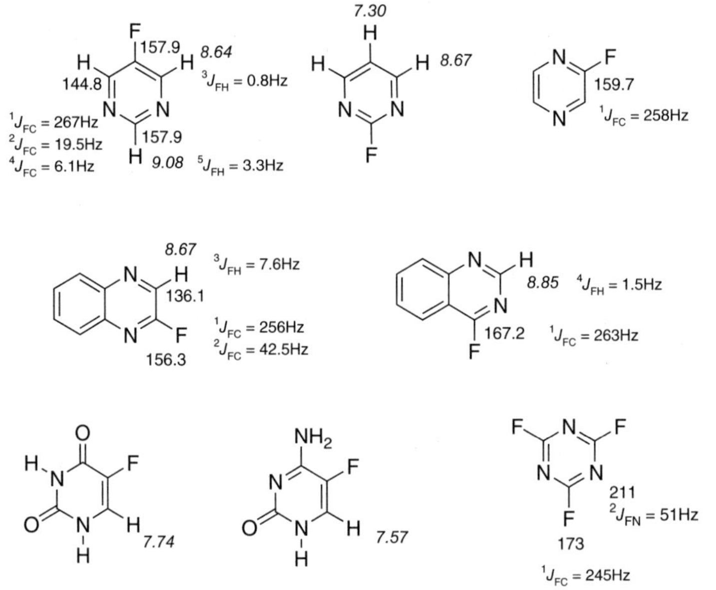

图 3.110 含氟嘧啶和其它氟取代的六元杂环的核磁共振数据

3.11.3 氟甲基吡啶和喹啉

一些 2-和 4-氟甲基吡啶和喹啉的氟化学位移数据已有报道。与苯基和萘基类似物相比，4-氟甲基吡啶似乎表现出屏蔽效应，这可以归因于吡啶的吸电子超共轭 $\pi\text{-}\sigma_{CF}^*$ 效应（图 3.111）（参见第 2.2.1.1 节）。

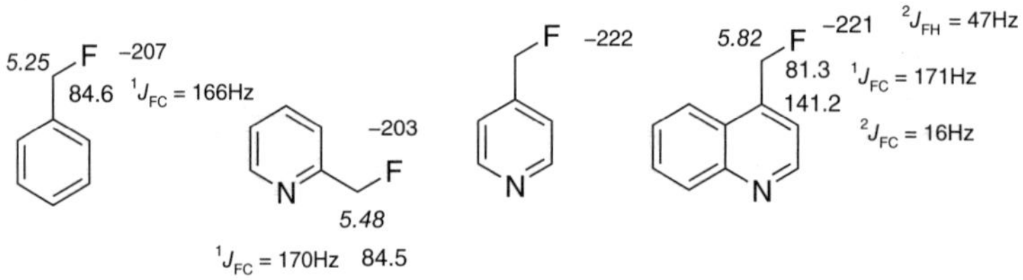

图 3.111 氟甲基吡啶和喹啉的核磁共振数据

3.11.4 含氟吡咯和吲哚

作为富电子的芳香族化合物，氟吡咯上的氟核相对于氟苯的氟核通常会受到一定程度的屏蔽，但进一步的取代会显著影响化学位移（图 3.112）。此外，相对于 3 位的氟原子，2 位的氟原子显著去屏蔽。

图 3.113 给出了一些典型的氢和碳化学位移以及耦合常数数据。

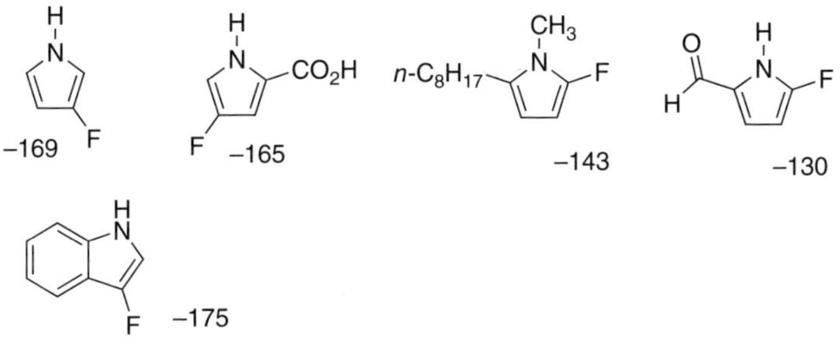

图 3.112　含氟吡咯和吲哚的氟化学位移

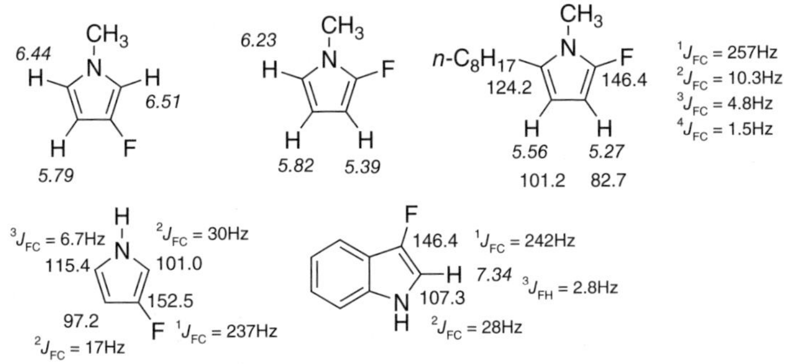

图 3.113　典型的含氟吡咯和吲哚的碳和氢化学位移和耦合常数

3.11.5　氟甲基吡咯和吲哚

唯一报道了核磁共振数据的此类化合物是图 3.114 结构式中给出的吲哚。

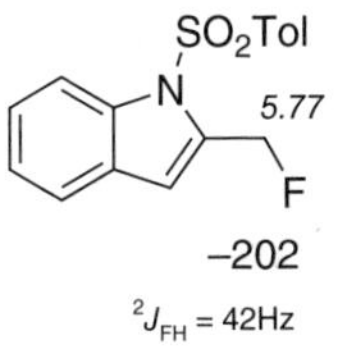

图 3.114　吲哚的核磁共振数据

3.11.6　含氟呋喃和苯并呋喃

与吡咯的情况一样，呋喃和苯并呋喃 2 位上的氟取代基相对于 3 位上的氟取代基被大大去屏蔽（图 3.115）。

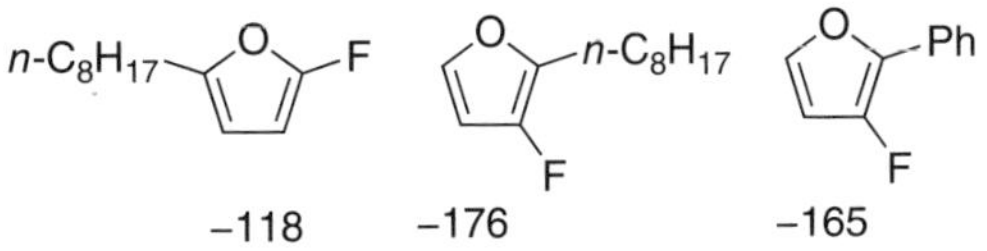

图 3.115

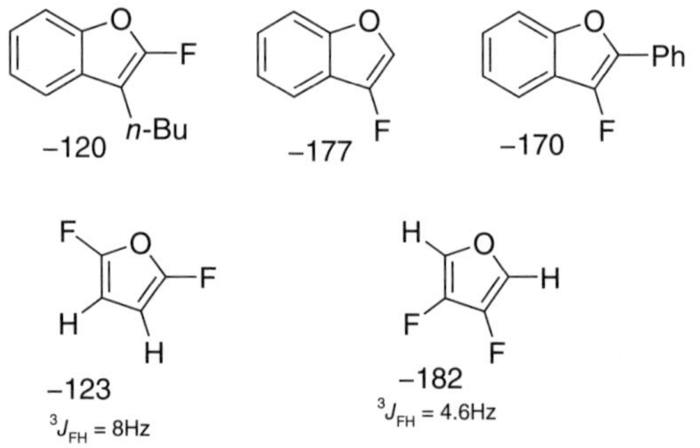

图 3.115 含氟呋喃和苯并呋喃氟化学位移和耦合常数数据

图 3.115 底部给出的两个二氟呋喃，也展示了呋喃的 2 位和 3 位在氟化学位移上的显著差异。

3.11.6.1 碳和氢核磁共振数据

图 3.116 给出了含氟呋喃一些典型的氢和碳化学位移以及耦合常数数据。

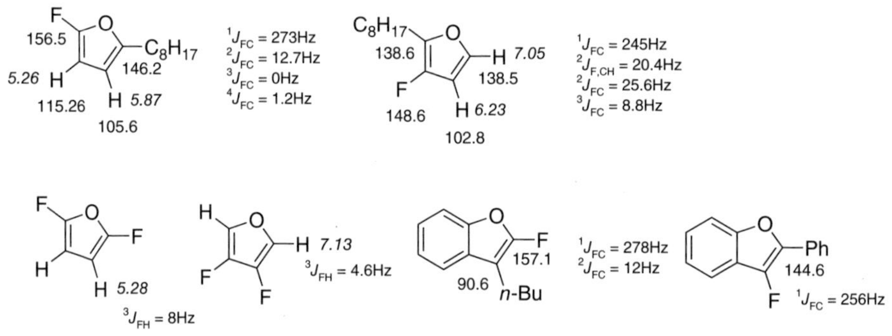

图 3.116 含氟呋喃的一些典型的氢和碳化学位移以及耦合常数数据

3.11.6.2 氟代二苯并呋喃

已经报道了三种氟代二苯并呋喃。图 3.117 给出了它们的氟核磁共振数据。

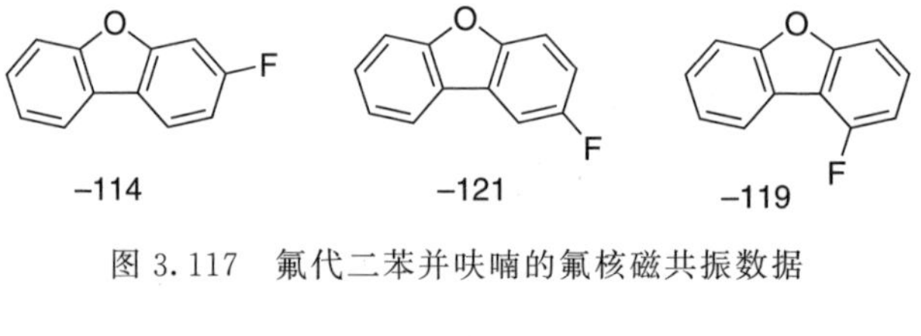

图 3.117 氟代二苯并呋喃的氟核磁共振数据

3.11.7 氟甲基呋喃和苯并呋喃

即使考虑到了不同溶剂的影响，也难以解释这两种相似化合物（图 3.118）

在氟和氢化学位移方面的差异。

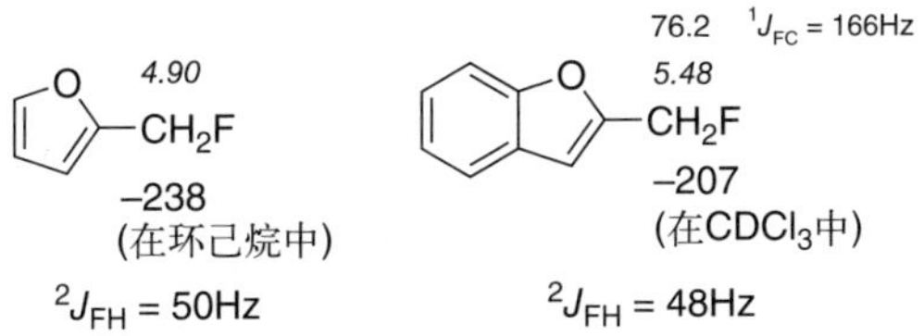

$^{2}J_{FH}$ = 50Hz （在环己烷中）呋喃-CH$_2$F，4.90，-238

$^{1}J_{FC}$ = 166Hz，76.2，5.48，苯并呋喃-CH$_2$F，-207，（在CDCl$_3$中），$^{2}J_{FH}$ = 48Hz

图 3.118　不同溶剂中氟甲基呋喃和苯并呋喃氟和氢化学位移差异

3.11.8　含氟噻吩和苯并噻吩

与吡咯的氮和呋喃的氧不同，噻吩的硫无论是通过诱导效应还是作为电子供体，都不会对氟化学位移产生显著影响。因此，含氟噻吩的氟化学位移通常位于富电子氟苯的区域（图 3.119）。此外，在这种杂环中，与 3 位的氟原子相比，2 位的氟原子被略微屏蔽。

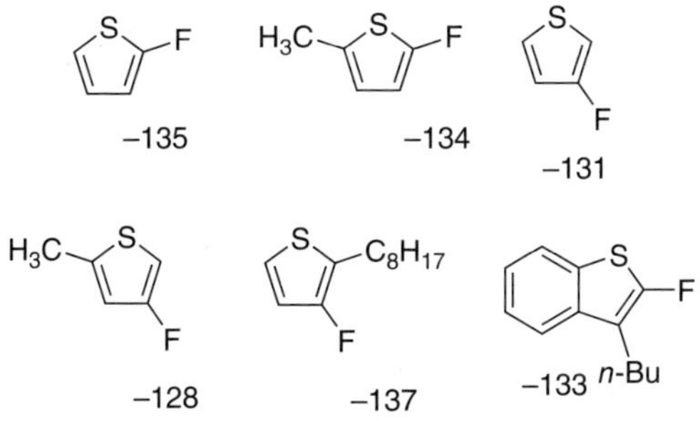

2-氟噻吩 −135；5-甲基-2-氟噻吩 −134；3-氟噻吩 −131

5-甲基-3-氟噻吩 −128；2-辛基-3-氟噻吩 −137；2-氟-3-正丁基苯并噻吩 −133

图 3.119　含氟噻吩和苯并噻吩的氟化学位移

图 3.120 中给出了含氟噻吩一些典型的碳和氢化学位移以及耦合常数数据。请注意，当氟原子与含硫的碳原子相连时，F-C 两键、三键和四键耦合常数会减小。

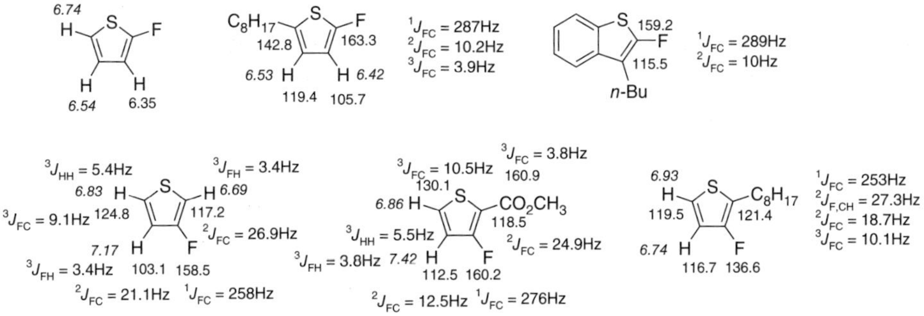

2-氟噻吩：H 6.74，H 6.54，H 6.35

2-辛基-5-氟噻吩：142.8，163.3，6.53，6.42，119.4，105.7；$^{1}J_{FC}$ = 287Hz，$^{2}J_{FC}$ = 10.2Hz，$^{3}J_{FC}$ = 3.9Hz

2-氟-3-正丁基苯并噻吩：159.2，115.5；$^{1}J_{FC}$ = 289Hz，$^{2}J_{FC}$ = 10Hz

3-氟噻吩：6.83，6.69，124.8，117.2，7.17，103.1，158.5；$^{3}J_{HH}$ = 5.4Hz，$^{3}J_{FH}$ = 3.4Hz，$^{3}J_{FC}$ = 9.1Hz，$^{3}J_{FC}$ = 26.9Hz，$^{3}J_{FH}$ = 3.4Hz，$^{2}J_{FC}$ = 21.1Hz，$^{1}J_{FC}$ = 258Hz

2-甲氧羰基-3-氟噻吩：130.1，160.9，6.86，118.5，7.42，112.5，160.2，CO$_2$CH$_3$；$^{3}J_{FC}$ = 10.5Hz，$^{3}J_{FC}$ = 3.8Hz，$^{3}J_{HH}$ = 5.5Hz，$^{2}J_{FC}$ = 24.9Hz，$^{3}J_{FH}$ = 3.8Hz，$^{2}J_{FC}$ = 12.5Hz，$^{1}J_{FC}$ = 276Hz

2-辛基-4-氟噻吩：6.93，6.74，119.5，121.4，116.7，136.6；$^{1}J_{FC}$ = 253Hz，$^{2}J_{F,CH}$ = 27.3Hz，$^{2}J_{FC}$ = 18.7Hz，$^{3}J_{FC}$ = 10.1Hz

图 3.120　含氟噻吩的一些典型氢和碳化学位移以及耦合常数数据

3.11.9 氟甲基噻吩和苯并噻吩

这种化合物的唯一一个例子见图 3.121 结构式。

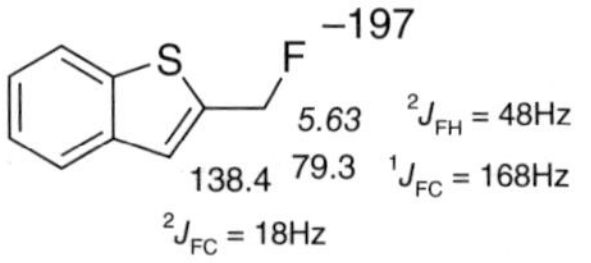

图 3.121 氟甲基苯并噻吩核磁共振数据

3.11.10 含氟咪唑和吡唑

已经报道了 4-氟咪唑、4,5-二氟咪唑、4-氟吡唑、N 取代 3-氟吡唑等咪唑、吡唑衍生物的核磁共振氟谱、氢谱、碳谱（图 3.122）。

在比较单氟吡唑与二氟吡唑时，请注意第二个氟原子对两个氟原子化学位移的显著影响！

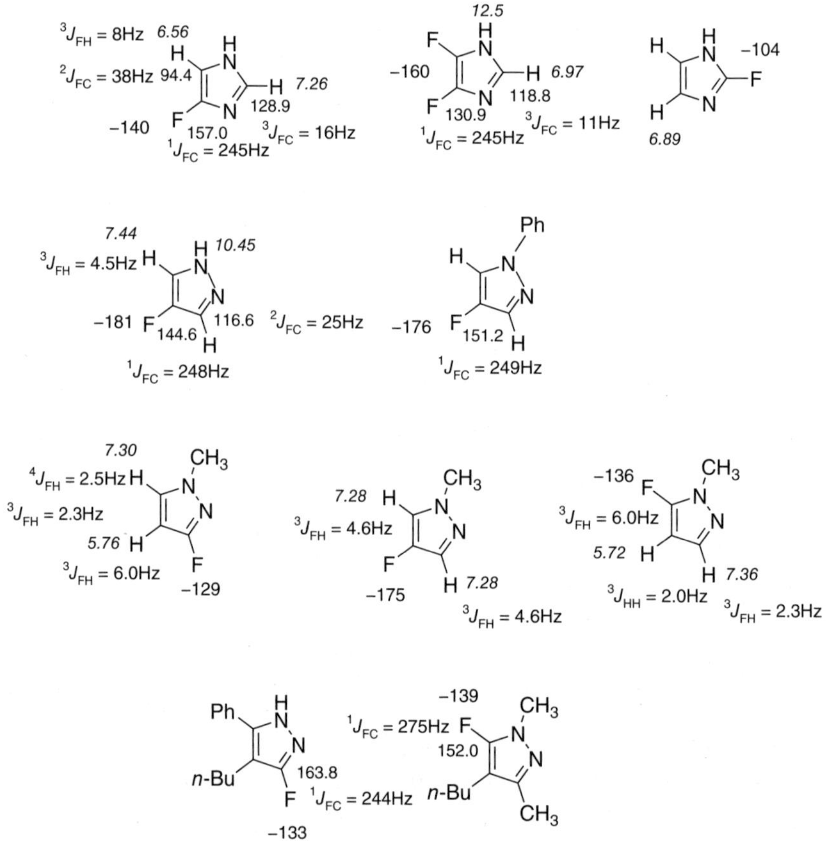

一些二氟吡唑：

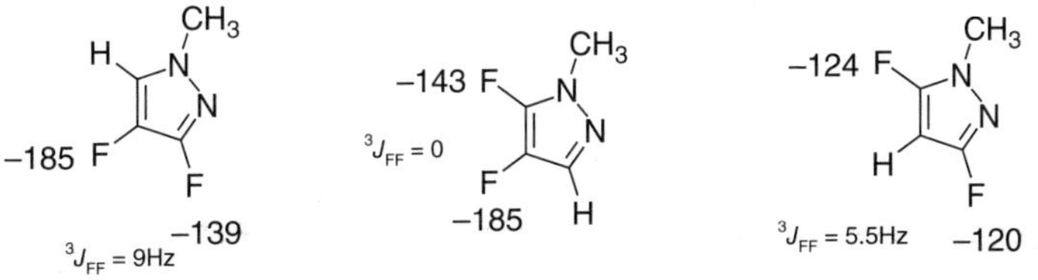

图 3.122　含氟咪唑和吡唑衍生物的核磁共振氟谱、氢谱、碳谱数据

3.11.11　氟甲基和氟烷基咪唑，1H-吡唑，苯并咪唑，1H-三唑，苯并三唑和悉尼酮

图 3.123 给出了这些类型化合物中几个例子的核磁共振数据。

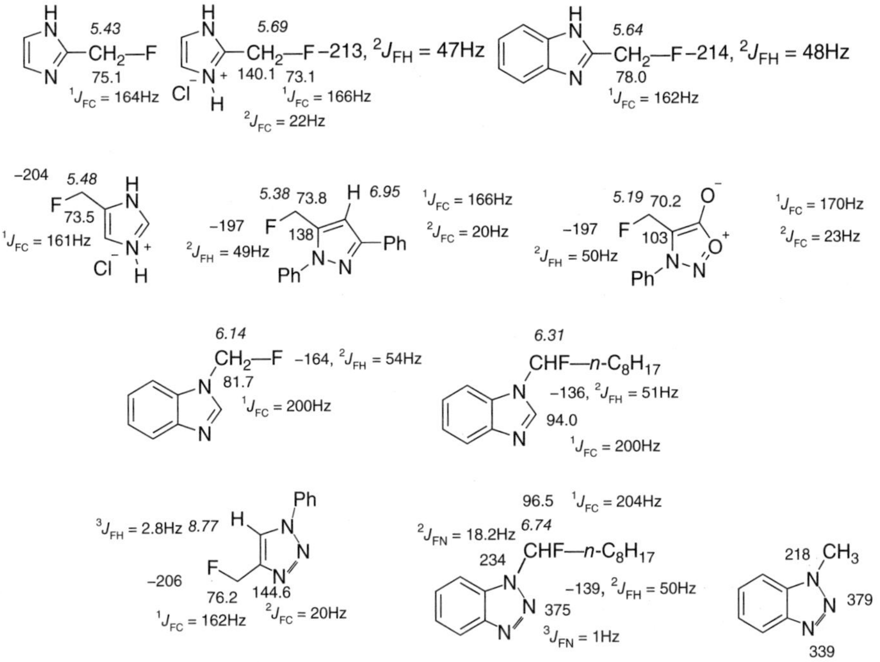

图 3.123　氟甲基和氟烷基咪唑等化合物的几个例子的核磁共振数据

3.12　其它常见的单氟取代基

含单氟取代基的另外两种官能团是酰氟和磺酰氟，这类氟原子属于少数几种在 $CFCl_3$ 的低场（高度去屏蔽区域）吸收的氟化物之一。

3.12.1 酰氟

酰基氟化物是少数几个在 $CFCl_3$ 低场吸收的单氟化合物之一（图 3.124）。

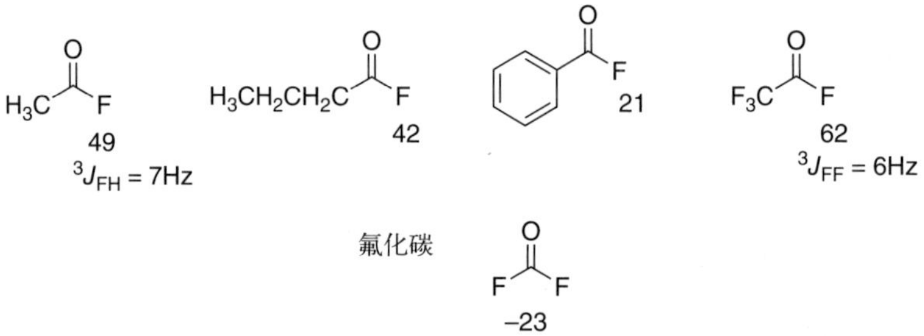

$H_3C-C(=O)-F$ 49 $^3J_{FH} = 7Hz$

$H_3CH_2C-C(=O)-F$ 42

Ph-C(=O)-F   21

$F_3C-C(=O)-F$ 62 $^3J_{FF} = 6Hz$

氟化碳 $F-C(=O)-F$ −23

图 3.124   酰基氟化物中氟的化学位移和耦合常数数据

图 3.125 给出了酰氟和羰基氟化物一些典型的碳核磁共振数据。

$H_3C-C(=O)-F$ 160.8, $^1J_{FC} = 354Hz$;   18.7, $^1J_{FC} = 354Hz$

Ph-C(=O)-F   157.3, $^1J_{FC} = 344Hz$

$F-C(=O)-F$ 133.6, $^1J_{FC} = 308Hz$

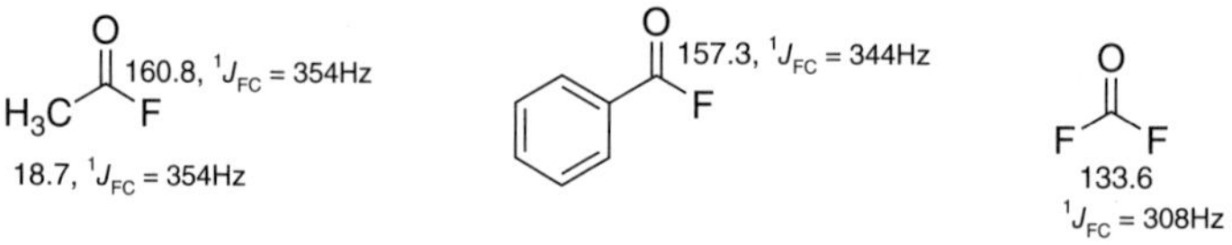

图 3.125   酰氟和羰基氟化物一些典型的碳核磁共振数据

3.12.2 氟甲酸酯

这类化合物以氟甲酸甲酯的数据来举例说明（图 3.126）。

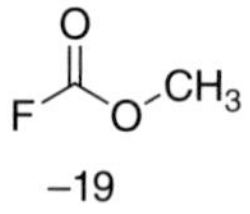

$F-C(=O)-O-CH_3$ −19

图 3.126   氟甲酸甲酯中氟的化学位移

3.12.3 亚磺酰氟和磺酰氟

图 3.127 给出了亚磺酰氟和磺酰氟的典型例子，后续第 6 章会更全面地介绍直接与硫相连的含氟化合物。

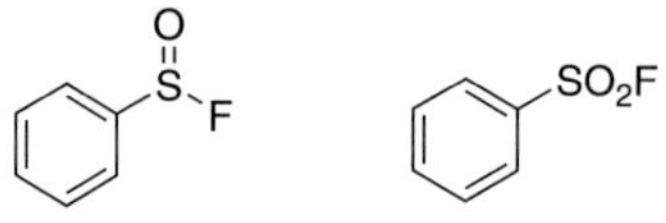

Ph-S(=O)-F   6

Ph-SO_2F   65

图 3.127   亚磺酰氟和磺酰氟中氟的化学位移

参考文献

[1] Wiberg, K. B.; Zilm, K. W. *J. Org. Chem.* **2001**, *66*, 2809.

[2] Durie, A. J.; Slawin, A. M. Z.; Lebl, T.; Kirsch, P.; O'Hagan, D. *Chem. Commun.* **2011**, *47*, 8265.

[3] Giuffredi, O. T.; Jennings, L. E.; Bernet, B.; Gouverneur, V. *J. Fluorine Chem.* **2011**, *132*, 772.

[4] Bradshaw, T. K.; Hine, P. T.; Della, E. W. *Org. Magn. Reson.* **1981**, *16*, 26.

[5] Brey, W. S. *Magn. Res. Chem.* **2008**, *46*, 480.

[6] Weigert, F. J. *J. Fluorine Chem.* **1990**, *46*, 375.

[7] Hirano, T.; Nonogama, S.; Miyajima, T.; Kurita, Y.; Kawamura, T.; Sato, H. *J. Chem. Soc. Chem. Commun.* **1986**, 606.

[8] Butt, G.; Cilmi, J.; Hoobin, P. M.; Topsom, R. D. *Spectrochim. Acta Part* **A1980**, *36A*, 521.

[9] Simonnin, M.-P. *J. Organometal. Chem.* **1966**, *5*, 155.

[10] Fifolt, M. J.; Sojka, S. A.; Wolfe, R. A.; Hojnicki, D. S.; Bieron, J. F.; Dinon, F. J. *J. Org. Chem.* **1989**, *54*, 3019.

[11] Lutnaes, B. F.; Luthe, G.; Brinkman, U. A. T.; Johansen, J. E.; Krane, J. *Magn. Reson. Chem.* **2005**, *43*, 588.

[12] Gribble, G. W.; Keavy, D. J.; Olson, E. R.; Rae, I. D.; Staffa, A.; Herr, T. E.; Ferrara, M. B.; Contreras, R. H. *Magn. Reson. Chem.* **1991**, *29*, 422.

[13] Denisov, A. Y.; Mamatyuk, V. I.; Shkurko, O. P. *Magn. Res. Chem.* **1985**, *23*, 482.

第4章

二氟亚甲基

4.1 引言

二氟亚甲基（CF_2）广泛存在于许多药物和农用化学品分子中，它对分子内邻近的羟基（OH）和氨基（NH）的酸碱性产生显著影响，并且由于氟原子强大的吸电子能力，它对大多数有机官能团的反应性也有重要影响。因此，CF_2基可以作为分子内的重要结构基元，对该分子的化学和生物活性产生重大影响[1]。一些含二氟亚甲基的生物活性化合物的例子有：①血栓素 A_2 的二氟类似物 [图 4.1（**4-1**）]，它可以提高这种强力血管收缩和血小板聚集的非氟化合物的生物活性，同时大大增强其水解稳定性；②含氟前列腺素抗生育药物 16,16-二氟 PGE_1 [图 4.1（**4-2**）]，其中的 CF_2 基团增强了邻近 OH 基的酸性，并抑制 OH 的代谢氧化，同时提高该化合物的活性；③杀菌剂，咯菌腈 [图 4.1（**4-3**）]；④除草剂，氟嘧磺隆 [图 4.1（**4-4**）]，其中的 CF_2 基团对其作为农药的功效具有多重有益作用；⑤抗癌药物吉西他滨 [图 4.1（**4-5**）]。

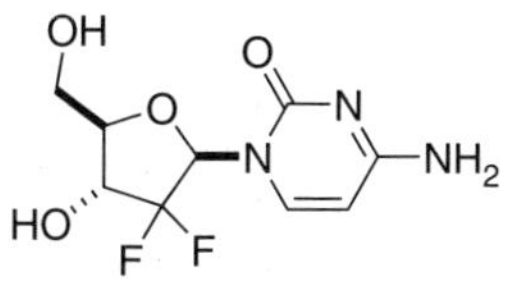

4-5 吉西他滨抗癌药物

图 4.1 含有 CF_2 基团的生物活性化合物的例子

因此，对于有兴趣设计和合成新型生物活性化合物的有机化学家来说，考虑如何在合适的位置引入 CF_2 基团来帮助实现他们的目标是很常见的。这将要求他们能够合成以及表征他们制备的新化合物的结构，这些化合物含有特定结构环境中的 CF_2 基团。对此类化合物，^{19}F NMR 谱的解析通常可以提供确切的结构表征信息，特别是当与 1H 和 ^{13}C NMR 谱结合使用时。本章提供的化学位移和耦合常数数据应该包含了人们希望从含 CF_2 基团化合物的氟、氢和碳核磁共振谱中所获取的全部信息。

4.1.1 化学位移——概述

CF_2 基团表现出广泛的化学位移范围，例如，二氟甲烷类化合物出现在两个极端，CF_2H_2 位于 -143.6 的高场，而 CF_2I_2 位于 $+18.6$ 的低场。

然而，实际上，有机化学家在合成中遇到的 CF_2 基团，其 ^{19}F 化学位移通常位于一个较窄的范围内，即 -80 至 -120。事实上，CF_2 基团对结构环境的不敏感有时会令人相当惊讶，一个很好的例子是：CF_2=CH_2（$\delta_F=-81.8$）和 $CH_3CF_2CH_3$（$\delta_F=-84.5$）中乙烯基 CF_2 和烷基 CF_2 的化学位移非常相近。

在不同类别的 CF_2 化合物中，无论是与饱和碳或不饱和碳相连的 CF_2，还是与氢相连的 CF_2，抑或是与杂原子相连且靠近官能团的 CF_2，其化学位移的趋势都是可以预测的。

4.1.2 自旋-自旋耦合常数——概述

关于自旋-自旋耦合常数，CF_2 基团和邻位氢之间正常的 H-F 三键耦合常数尽管不及单氟取代基的大，但仍然相当大且在量级上保持一致（通常在 15~22Hz 之间）。

CF_2H 基团的 H-F 两键耦合常数比 CH_2F 基团的大，通常在 57Hz 的范围内。

—CF_2—或—CF_2H 基团的 F-C 一键耦合常数在 234~250Hz 范围内，明显大于—CHF—或—CH_2F 基团的 160~170Hz，但远小于 CF_3 基团的

275~285Hz。

CF_2 基团中非对映氟之间的 F-F 两键耦合常数可能变化很大。对于某些乙烯基 C=CF_2 基团，它们可能小至 14Hz（参见第 4.7.1 节）；对于环丙基 CF_2 基团，其大小适中（约 150Hz）；而对于非对映的、非环状的 CF_2 基团，其值可高达 240~285Hz。

4.2　含有 CF_2 基团的饱和烃[2]

烃类 CF_2 基团氟化学位移的规律基本与单氟烷烃的相同，其中二氟甲烷（CF_2H_2）的氟原子屏蔽作用最强，一级 CF_2 基团（即 CF_2H 基）往低场移动约 25~30，二级 CF_2 基团（即那些与两个烷基相连的基团）被进一步去屏蔽（移动约 20~30）（图 4.2）。同样，CF_2 基团附近链的支化会增加对一级和二级 CF_2 基团的屏蔽（即更负的化学位移）。

一级 CF_2H 基团

CH_3CF_2H, −110　　　$CH_3CH_2CF_2H$, −120, $^2J_{HF}$ = 57Hz, $^3J_{HF}$ = 17.5Hz

n-$C_7H_{15}CF_2H$　　−116, $^2J_{HF}$ = 57Hz, $^3J_{HF}$ = 18Hz

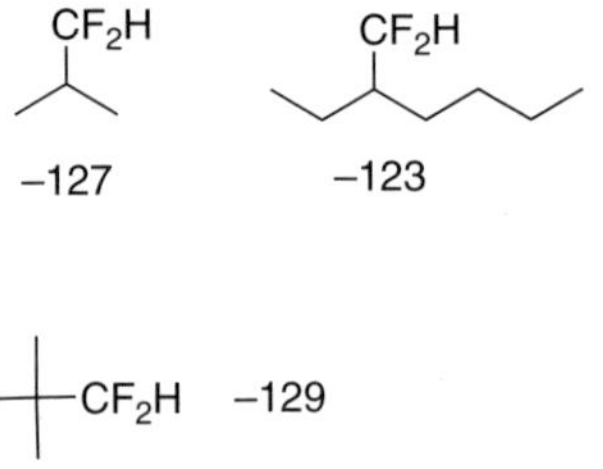

(i-Pr)CF_2H −127　　(sec-hexyl)CF_2H −123

(t-Bu)CF_2H −129

图 4.2　烃类 CF_2 基团氟化学位移

4.2.1　含有一级 CF_2H 基团的烷烃

n-$C_nH_{2n+1}CF_2H$ 化合物的典型 ^{19}F 化学位移在 −116 至 −117 之间，通常可以观察到支化效应。因此，与二级碳相连的 CF_2H 基团被屏蔽作用更强（7~10），与三级碳相连的 CF_2H 基团则更进一步移向高场。

图 4.2 中给出的耦合常数是此类体系典型的 F-H 二键和三键耦合常数值；如前所述，CF_2H 基团中的这种 F-H 两键耦合常数几乎总是在 57Hz 左右，不受环境的影响。CF_2H 基团和邻位氢之间的 F-H 三键耦合常数通常在 17~20Hz 范围内。

当获取含 CF_2H 基化合物的 ^{19}F NMR 谱时，通常扫描很宽的氟谱范围（从大约 0 到 -220），这就导致信号看起来像是单重峰（尽管典型的 F-H 两键耦合常数为 57Hz），这可从 1,1-二氟丁烷的谱图看出来（图 4.3）。然而，当扩展信号区域时，可以清楚地看到较大的 HF 两键耦合和较小的 HF 三键耦合，如图 4.3 中的扩展插图所示。1,1-二氟丁烷的氟谱化学位移和耦合常数数据如下：$\delta-116.4$ (dt, $^2J_{FH}=58$Hz, $^3J_{FH}=16.6$Hz)。

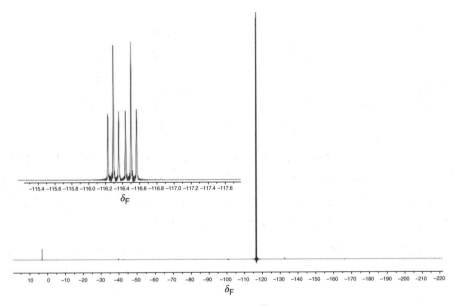

图 4.3　1,1-二氟丁烷的 ^{19}F NMR 谱

当 CF_2H 连接到碳环时，与上述类似的非环体系相比，其化学位移并没有受到显著影响（图 4.4）。

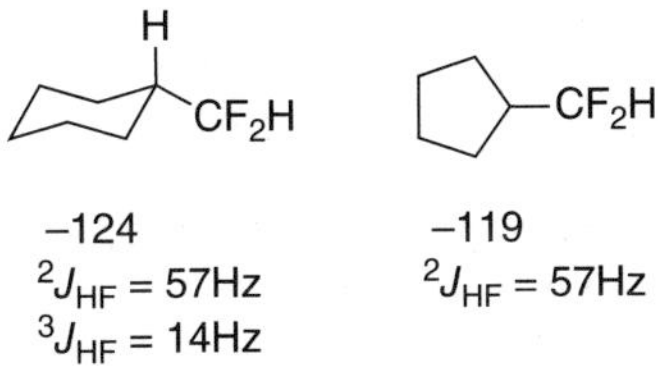

图 4.4　CF_2H 连接到碳环上时，化学位移未受到影响

当 CF_2H 基靠近分子中的手性中心时，会产生有趣的耦合。在这种情况下，两个氟原子变成非对映，表现为两个不同的信号，它们之间存在较大的两键耦合。图 4.5 展示了这种情况的一个简单实例，即 1,4-二苯基-2-二氟甲基-1,4-丁二酮的 ^{19}F NMR 谱，其中 CF_2H 基直接连接到手性中心，并与一个氢原

子存在三键耦合。两个氟原子各自表现为双峰（$^2J_{FF}$）的双峰（$^2J_{FH}$）的双峰（$^3J_{FH}$）：$\delta-116.7$（$^2J_{FF}=285\text{Hz}$,$^2J_{FH}=56\text{Hz}$,$^3J_{FH}=11.3\text{Hz}$）和 -120.2（$^2J_{FF}=285\text{Hz}$,$^2J_{FH}=56\text{Hz}$,$^3J_{FH}=15.2\text{Hz}$）。需要注意的是，CF_2H 基中两个氟原子的 H-F 三键耦合常数是不同的。

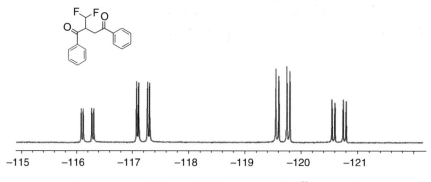

图 4.5　1,4-二苯基-2-二氟甲基-1,4-丁二酮的 ^{19}F NMR 谱

当 CF_2H 距手性中心较远且连接到 CH_2 基团时，谱图可能会变得更加复杂，因为这时 CH_2 基团的两个氢原子也是非对映的，它们与 CF_2H 中两个氟原子的耦合可能相同也可能不同。图 4.6 展示了一个例子，其中两个氢原子恰巧以相同的耦合常数与 CF_2H 基团的两个氟原子耦合。

在这种情况下，两个氟原子分别在 -116.3 和 -118.9 处以双重峰（$^2J_{FF}$）的双重峰（$^2J_{FH}$）的三重峰（$^3J_{FH}$）的形式出现，耦合常数分别为 289Hz、57Hz 和 16Hz。

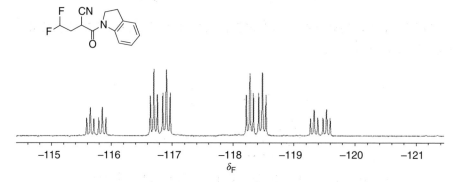

图 4.6　2-氰基-4,4-二氟-1-(2,3-二氢吲哚-1-基)-1-丁酮的 ^{19}F NMR 谱

如果将本例中的氰基简单地替换为氯取代基，则谱图会变得更加复杂，每个 β-氢与每个氟原子之间的耦合也会有所不同，从而产生如图 4.7 所示的谱图，其中两个氟原子呈现为双峰（$^2J_{FF}$）的双峰（$^2J_{FH}$）的双峰（$^3J_{FHA}$）的

双峰（$^3J_{FHB}$）：δ -116.5（$^2J_{FF} = 290$Hz，$^2J_{FH} = 57$Hz，$^3J_{FHA} = 23$Hz，$^3J_{FHB} = 13$Hz）和 -118.8（$^2J_{FF} = 290$Hz，$^2J_{FH} = 57$Hz，$^3J_{FHA} = 16$Hz，$^3J_{FHB} = 10$Hz）。请注意，在这种情况下，CF_2H 基中两个氟原子的 H-F 三键耦合常数均不相同。

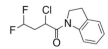

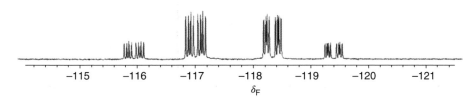

图 4.7　2-氯-4, 4-二氟-1-（2,3-二氢吲哚-1-基）-1-丁酮的 ^{19}F NMR 谱

4.2.2　二级 CF_2 基团

与通常在约 -102 处吸收的含 CF_2H 基的化合物相比，含中间 CF_2 基团的烷烃在其 ^{19}F NMR 谱中表现出显著的往低场的位移（15～20）。同样，如图 4.8 所示，支化会产生显著的屏蔽效应。

二级 CF_2 基团

$CH_3CF_2CH_3$　-84.5，$^3J_{HF} = 18$Hz
$CH_3CH_2CF_2CH_3$　-93.3
$CH_3CH_2CF_2CH_2CH_3$　-102.4
$(CH_3)_3CCF_2CH_3$　-102.2
$(CH_3)_2CHCF_2CH(CH_3)_2$　-120

图 4.8　二级 CF_2 基团的化学位移

图 4.9 给出了含二级 CF_2 基团化合物——2,2-二氟戊烷的典型 ^{19}F NMR 谱。其单一信号以六重峰的形式出现在 -90.8 处，与其相邻 CH_2 和 CH_3 的氢具有相同的三键耦合常数 18.6Hz。

碳环体系中的 CF_2 基团没什么特别，其吸收峰通常比直链非环体系中的 CF_2 基团略向低场偏移，但环丙烷体系是个显著的例外，其氟原子表现出特征性的向高场位移（约 40），约在 -139 处吸收（图 4.10）。

请注意，在刚性的 4-叔丁基-1,1-二氟环己烷体系中，非对映异构的轴向氟和平伏氟之间的化学位移差异非常大（11.6），其中轴向氟原子受到的屏蔽作

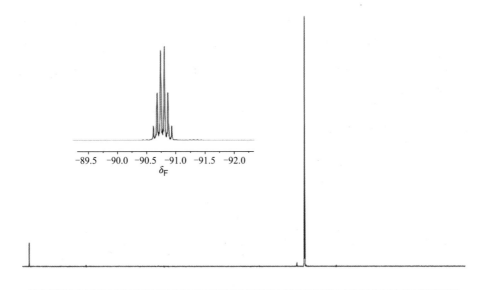

图 4.9　2,2-二氟戊烷的 ^{19}F NMR 谱

图 4.10　碳环体系中 CF_2 基团的化学位移

用更强。当然，由于叔丁基的存在，轴向氟和平伏氟不能通过环翻转过程进行互换。然而，对于 1,1-二氟环己烷本身，其轴向氟和平伏氟的互换很容易通过动态核磁共振进行检测。尽管含氟环己烷的环翻转所需的能量与环己烷本身的相差不大（$\Delta G^\ddagger \approx 10 \text{kcal/mol}$），但由于轴向氟和平伏氟的化学位移差异相对较大，使得 1,1-二氟环己烷的 CF_2 基团即使在室温下也表现出展宽，而且聚结发生的温度比不含氟的体系要高得多。方程（4.1）定义了 $\Delta G^\ddagger$（kcal/mol）、聚

结温度和平衡核的化学位移差之间的关系。

$$\Delta G^{\ddagger} = 4.57 \times 10^{-3} \times T_c \times (9.97 + \lg T_c - \lg|\nu_A - \nu_B|) \quad (4.1)$$

图 4.11 展示了 1,1-二氟环己烷的 ^{19}F NMR 谱随温度变化的情况。观察到的化学位移差（$\Delta\nu$）为 15.3（4315Hz）、聚结温度（T_c）为 249K，据此计算出 1,1-二氟环己烷环翻转的 $\Delta G^{\ddagger}$ 为 9.9kcal/mol。在 −50℃ 的谱图中可以看到轴向-平伏 AB 体系的出现。

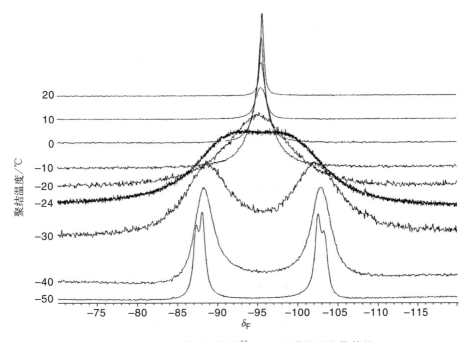

图 4.11 1,1-二氟环己烷的 ^{19}F NMR 谱的温度依赖性

4.2.3 CF$_2$ 基团耦合常数的讨论

CF$_2$ 基团的氟原子和邻位氢原子之间的 F-H 三键耦合常数通常在 18～20Hz 范围内（见下列结构式）。

$$\text{CH}_3\text{CF}_2\text{CH}_3 \quad (^3J_{HF} = 17.8\text{Hz})$$

$$\text{CH}_3\text{CF}_2\text{CH}_2\text{CH}_2\text{CH}_2\text{CH}_3 \quad (^3J_{HF} = 18.6\text{Hz})$$

图 4.12 中的示例进一步揭示了当 CF$_2$ 基团处于非对映异构环境中时，其同碳氟原子间耦合常数的变化趋势。非环状体系中 CF$_2$ 基团的非对映氟原子通常具有最大的同碳耦合常数，范围约为 250～290Hz。而六元环和五元环中那些非对映氟原子间的同碳耦合常数稍微小一点，但环丁烷或环丙烷环中 CF$_2$ 基团的同碳耦合常数则明显要小得多，分别在 190Hz 和 150Hz 范

围内。

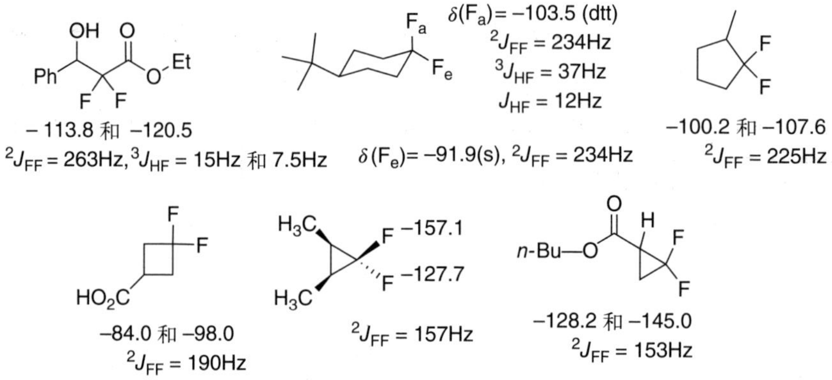

图 4.12　CF_2 基团中非对映氟之间的耦合

尽管图 4.11 展示了 1,1-二氟环己烷中 AB 体系的出现，而图 4.13 提供了 CF_2 基团 AB 体系的一个经典例子，该体系来源于 2,2-二氟环丙烷羧酸正丁酯中的两个非对映氟原子。在这种情况下，$^2J_{AB}=153\,Hz$。

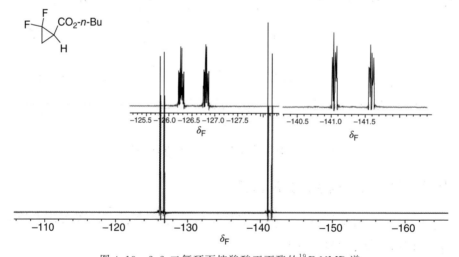

图 4.13　2,2-二氟环丙烷羧酸正丁酯的 ^{19}F NMR 谱

4.2.4　相关的 ^1H 化学位移数据

CH_2F_2 的氢出现在 4.70，而直链饱和烃末端 CF_2H 基团的氢则几乎总是出现在约 5.79。当 CF_2H 基团连接到二级碳上时，它会在稍微高场出现。这种体系的 $^2J_{FH}$ 耦合常数总是为 56~58 Hz（图 4.14）。

图 4.15 给出了一级 CF_2H 体系的典型氢谱图，即 1,1-二氟丁烷的氢谱。

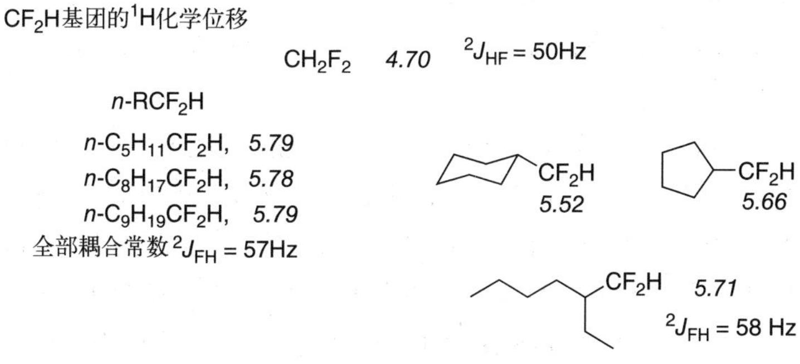

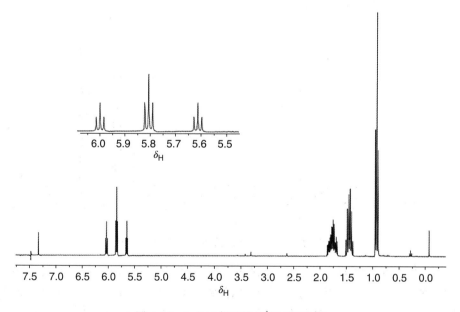

图 4.14 CF$_2$H 体系化合物的核磁共振数据

请注意图中显示了特征性大的 F-H 两键耦合常数 57Hz，以及小的 H-H 三键耦合常数 4.5Hz。1,1-二氟丁烷的氢谱化学位移和耦合常数数据如下：δ0.98（t，$^3J_{HH}$=7.2Hz，3H），1.49（六重峰，$^3J_{HH}$=7.5Hz，2H），1.80（m，2H），5.80（tt，$^2J_{FH}$=57Hz，$^3J_{HH}$=4.5Hz，1H）。

图 4.15 1,1-二氟丁烷的 ^{1}H NMR 谱

图 4.16 中给出了与 CF$_2$ 基团相邻的 CH$_3$ 和 CH$_2$ 基团的典型化学位移。

$$\underset{\text{CH}_3-\text{CF}_2-\text{CH}_2-\text{CH}_3}{1.57 \quad 1.84}$$

图 4.16 与 CF$_2$ 基团相邻的 CH$_3$ 和 CH$_2$ 基团的典型化学位移

对于一级和二级 CF_2 基团，邻位氟和氢之间的耦合常数通常在 $18\sim20Hz$ 之间。另一方面，在这些化合物中，邻位氢原子之间的 H-H 耦合常数要小得多，在 $4\sim8Hz$ 之间。

图 4.17 提供了一个含有二级 CF_2 基团的烃的典型[1]H NMR 谱图。在这个谱图中，可以区分出 1.58 处来自 C-1 甲基的三重峰，该甲基与 CF_2 基团中的两个相邻氟原子耦合，具有特征性大的 F-H 三键耦合常数 18.6Hz。请注意 $\delta 0.96$ 处源自 C-5 甲基的三重峰，该甲基具有特征性小的 H-H 三键耦合常数 7.5Hz。2,2-二氟戊烷的氢谱化学位移和耦合常数数据如下：$\delta 0.96$（t，$^3J_{HH}=7.5Hz$，3H），1.51（sext，$^3J_{HH}=7.8Hz$，2H），1.58（t，$^3J_{FH}=18.6Hz$，3H），1.81（m，2H）。

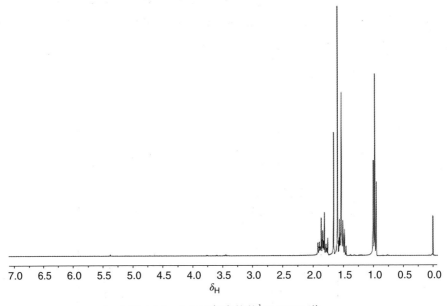

图 4.17 2,2-二氟戊烷的[1]H NMR 谱

对于—CF_2H 的氢，溶剂对其化学位移的影响很大（而 CF_3H 所受影响更大）。如表 4.1 所示，从非极性溶剂到极性溶剂，这类氢的化学位移显著地向低场移动。溶剂对氢化学位移的这种影响可能是由多种不同因素引起的。然而，对于 CF_2—H 基团，与溶剂之间的氢键作用可能是主要影响因素。苯是独特的，它会产生一个往高场的位移，这通常归因于一个 1：1 复合物的形成，其中 CF_2—H 键与苯环的六重对称轴对齐。

溶剂对 CF_2H 的氟化学位移和 F-H 耦合常数的影响很小，在大多数情况下可以忽略不计。

表 4.1　溶剂对 CF_2H 氢化学位移的影响

溶剂	$CHF_3$①	$CHF_3$②	$HOCH_2CF_2CF_2H$③	$CH_2F_2$②
环己烷	6.25			5.42
CCl_4	6.46	6.44		
$CDCl_3$	6.47		5.93	
THF-d_4		6.88e④		
丙酮-d_6	7.04	6.97	6.28	5.72
DMSO-d_6		7.09	6.89	5.78
DMF	7.32			
C_6D_6	5.31		5.34	4.70④

① 参考文献[3]。
② 参考文献[4]。
③ 参见第 2 章, 表 2.4。
④ 来自其它来源。

4.2.5　相关的 ^{13}C NMR 数据

从以下示例（图 4.18）可以看出，CF_2 碳的 ^{13}C 化学位移和 F-C 耦合常数在数值上都很有特征性。关于含氟环丙烷 ^{13}C NMR 谱的综述文章可参考文献 [5]。

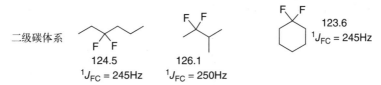

图 4.18　CF_2 碳的 ^{13}C 化学位移和 F-C 耦合常数数据

此类谱图的典型示例，例如 1,1-二氟丁烷和 2,2-二氟戊烷的谱图，分别在图 4.19 和图 4.20 中给出。下面给出了每个谱图的化学位移和 F-C 耦合常数数据。

δ117.59 (t, $^1J_{FC}=239$Hz), 36.23 (t, $^2J_{FC}=20$Hz), 15.84 (t, $^3J_{FC}=6.0$Hz), 13.79 (s)

δ124.57 (t, $^1J_{FC}=238$Hz), 40.25 (t, $^2J_{FC}=25$Hz), 23.39 (t, $^2J_{FC}=28$Hz), 16.46 (t, $^3J_{FC}=4.8$Hz), 14.11(s)

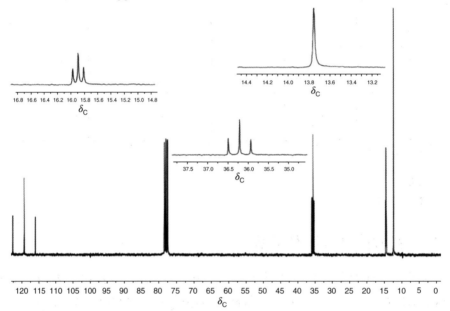

图 4.19　1,1-二氟丁烷的 ^{13}C NMR 谱

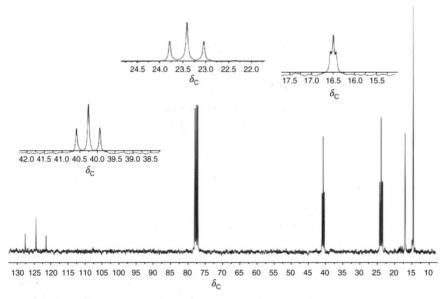

图 4.20　2,2-二氟戊烷的 ^{13}C NMR 谱

4.3 取代基/官能团的影响

当电负性取代基（如卤素、醇和醚）直接连接到含有两个氟原子的碳上时，它们会使 CF_2 基团的氟原子去屏蔽。而 β-位的电负性取代基总是具有屏蔽作用。

4.3.1 卤素取代基

与单氟系列的情况一样，直接连接到 CF_2 碳上的卤素会使氟原子去屏蔽（表 4.2 和表 4.3）。碘对氟化学位移的去屏蔽作用最大：I＞Br＞Cl＞F。相比之下，碘对碳化学位移通常具有屏蔽作用。当考虑氟甲烷的氢化学位移时，同样需要注意在所有二卤甲烷和三卤甲烷中观察到的显著溶剂效应。

表 4.2　XCF_2H 化合物的 ^{19}F、^1H 和 ^{13}C 化学位移

X	H	CH_3	F	Cl	Br	I
δ	-144	110	-78	-73	-69	-67
δ_H	5.42	5.75	6.47	7.79	8.05	7.62
$^2J_{HF}$	50	57	79	62	60	56
δ_C	109.4	116.9	118.4	118.0	无法获得	83.4
$^1J_{FC}$	238	234	272	288	无法获得	308

表 4.3　X_2CF_2 化合物的 ^{19}F 化学位移

X	H	CH_3	F	Cl	Br	I
δ	-144	-84.5	-64.6	-6.8	+6.3	+16.3

如图 4.21 所示，无论是连接到脂肪族还是芳香族体系，CF_2X 基团的化学位移都是相似的，并且当 X＝Cl 或 Br 时具有特征性。

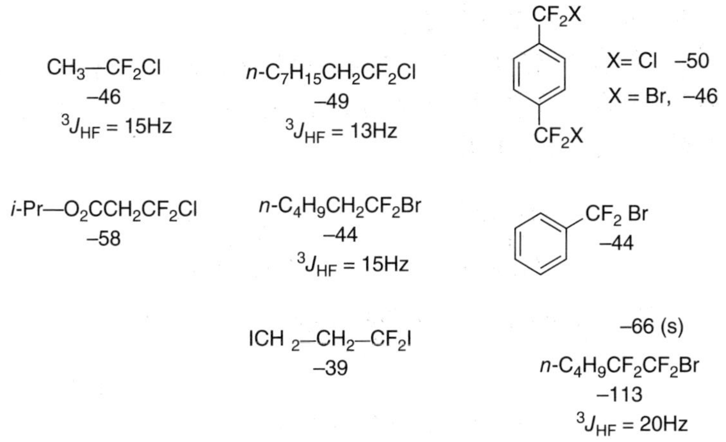

$CH_3—CF_2Cl$
−46
$^3J_{HF}$ = 15Hz

$n\text{-}C_7H_{15}CH_2CF_2Cl$
−49
$^3J_{HF}$ = 13Hz

对位双 CF_2X 取代苯：
X = Cl　−50
X = Br,　−46

$i\text{-}Pr—O_2CCH_2CF_2Cl$
−58

$n\text{-}C_4H_9CH_2CF_2Br$
−44
$^3J_{HF}$ = 15Hz

$C_6H_5—CF_2Br$
−44

$ICH_2—CH_2—CF_2I$
−39

$n\text{-}C_4H_9CF_2CF_2Br$
−66 (s)
−113
$^3J_{HF}$ = 20Hz

图 4.21　CF_2X 基团的化学位移

位于 F 原子的 β-位的卤素通常会使一级 CF_2H 基团的氟原子核发生屏蔽，其中 β-位的氟原子比氯原子具有更大的屏蔽影响（表 4.4）[6]。

表 4.4　一级 CF_2H 化合物的 ^{19}F 化学位移——β-卤素的影响

X	CH_3CF_2H（无 X）	XCH_2CF_2H	X_2CHCF_2H	X_3CCF_2H
Cl	−110	−120	−124	−122
F		−130	−138 另外：$CHCIFCH_2H$ AB−131，−132	−142

表 4.5 中关于卤代 2,2-二氟丙烷的数据表明，β-位的卤素对二级 CF_2 基团具有类似的屏蔽影响[7-8]。

表 4.5　二级 CF_2 基团的 ^{19}F 化学位移——β-卤素的影响

X	$CH_3CF_2CH_3$（无 X）	$XCH_2CF_2CH_3$	$X_2CHCF_2CH_3$	$X_3CCF_2CH_3$	
Cl	−85	−95	−98	−100	$CF_3CF_2CH_2CH_3$ −121
F		−103	−109	−111 $^3J_{HF}=18.7Hz$	

参考文献［9］中讨论了氯二氟环丙烷的化学位移和耦合常数数据。

β-位的卤素也会导致 CF_2Cl 基团中氟原子的屏蔽（表 4.6）[6]。

表 4.6　CF_2Cl 化合物的 ^{19}F 化学位移——β-卤素的影响

X	CH_3CF_2Cl（无 X）	XCH_2CF_2Cl	X_2CHCF_2Cl	X_3CCF_2Cl
Cl	−47（无 X）	−59	−62	−65
F		−66	−74	−75

关于 β-位溴或碘取代影响的相关数据非常有限，但图 4.22 给出的少量数据表明，氟也会受到 β-位溴或碘的屏蔽。

尽管文献中没有明确的示例可供参考，但基于单氟和三氟甲基体系有限的数据，我们可以预期，位于 CF_2 的 γ-或 δ-位的电负性取代基对 CF_2 的化学位移几乎没有影响（或略有屏蔽作用）。

$PhCF_2CH_3$　对比　$PhCF_2CH_2Br$
−87.9　　　　　　　−98.2
$^3J_{FH} = 18Hz$　　　　$^3J_{HF} = 14Hz$

$CH_3CF_2CH_2CH_2CH_3$　　$BrCH_2CF_2C_4H_9$　　$ICH_2CF_2C_4H_9$
−91　　　　　　　　　　−99.2　　　　　　　−94.9
　　　　　　　　　　　　　　　　　　　　　　$^3J_{HF} =14Hz$

图 4.22　β-位溴或碘取代的影响

一些含 CF_2Cl 或 CF_2Br 基团化合物的氢谱和碳谱数据如图 4.23 所示。

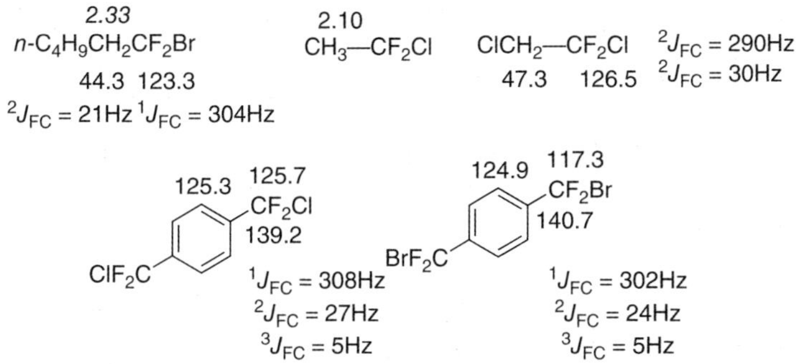

$$\begin{array}{c}
2.33 \\
n\text{-}C_4H_9CH_2CF_2Br \\
44.3\ 123.3 \\
^2J_{FC}=21Hz\ ^1J_{FC}=304Hz
\end{array}$$

$$\begin{array}{c}
2.10 \\
CH_3\text{—}CF_2Cl
\end{array}$$

$ClCH_2\text{—}CF_2Cl$　$^2J_{FC}=290Hz$
　　　　$47.3\ \ 126.5$　$^2J_{FC}=30Hz$

125.3 — CF_2Cl 125.7 / 139.2, ClF_2C— 对位苯基
$^1J_{FC}=308Hz$, $^2J_{FC}=27Hz$, $^3J_{FC}=5Hz$

124.9 — CF_2Br 117.3 / 140.7, BrF_2C— 对位苯基
$^1J_{FC}=302Hz$, $^2J_{FC}=24Hz$, $^3J_{FC}=5Hz$

图 4.23　含 CF_2Cl 或 CF_2Br 基团化合物的氢谱和碳谱

值得注意的是，CF_2X 的 F—C 一键耦合常数比 CF_2H 的大得多，这可能是由于 CF_2Cl 中与氟相连的碳轨道的 s 成分比 CF_2H 中与氟相连的碳轨道的大。

尽管有一篇氯氟环丙烷 ^{13}C 谱的综述，但有关 β-位卤素对 CF_2H 或 CF_2 基团的氢和碳化学位移影响的数据却很少（图 4.24）[5]。

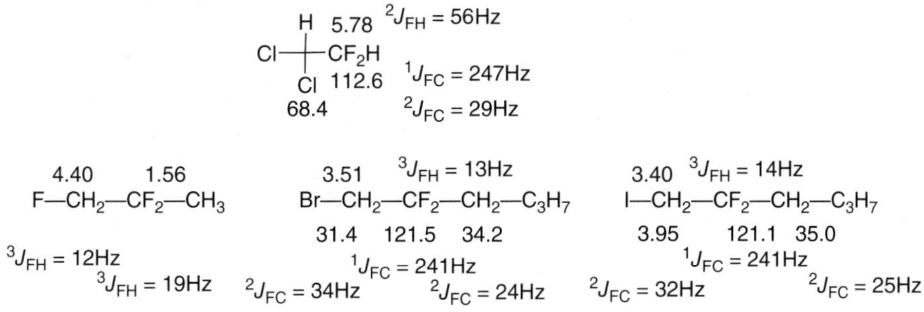

$$\begin{array}{c}
H\ 5.78\ \ ^2J_{FH}=56Hz \\
Cl\text{—}C\text{—}CF_2H \\
Cl\ 112.6\ \ ^1J_{FC}=247Hz \\
68.4\ \ ^2J_{FC}=29Hz
\end{array}$$

$$\begin{array}{c}
4.40\ \ \ 1.56 \\
F\text{—}CH_2\text{—}CF_2\text{—}CH_3 \\
^3J_{FH}=12Hz \\
^3J_{FH}=19Hz
\end{array}$$

$$\begin{array}{c}
3.51\ \ \ \ ^3J_{FH}=13Hz \\
Br\text{—}CH_2\text{—}CF_2\text{—}CH_2\text{—}C_3H_7 \\
31.4\ \ 121.5\ \ 34.2 \\
^1J_{FC}=241Hz\ \ ^2J_{FC}=34Hz\ \ ^2J_{FC}=24Hz
\end{array}$$

$$\begin{array}{c}
3.40\ \ ^3J_{FH}=14Hz \\
I\text{—}CH_2\text{—}CF_2\text{—}CH_2\text{—}C_3H_7 \\
3.95\ \ 121.1\ \ 35.0 \\
^1J_{FC}=241Hz\ \ ^2J_{FC}=32Hz\ \ ^2J_{FC}=25Hz
\end{array}$$

图 4.24　β-位卤素对 CF_2H 或 CF_2 基团的氢碳化学位移

4.3.2　醇、醚、酯、硫醚和相关取代基

所有第ⅥA族元素取代基当直接连接到 CF_2 基团时均使其氟核去屏蔽，其中氧取代基对 CF_2 基团的影响最大（表 4.7）。当 CF_3 基团与 O、S、Se 和 Te 相连时，其氟原子逐渐变得更加去屏蔽；但对于 CF_2H 基团来说，情况并非如此：与 O 相比，S 会导致屏蔽，而 Se 和 Te 相对于 S 则会导致去屏蔽，但所有去屏蔽作用都小于 O。

表 4.7　CH_3XCF_2H 化合物的 ^{19}F 化学位移——α-取代的影响

X	CH_2	O	S	Se	Te
δ	−120	−86.9	−96.4	−94.4	−91.8

图 4.25 中给出了烷基二氟甲基醚和硫醚的一些实例。请注意，硫醚中的氟原子比醚中的被屏蔽作用更大，而且 F-H 两键耦合要小得多。该图中还包括两种二氟甲基烯醇醚。

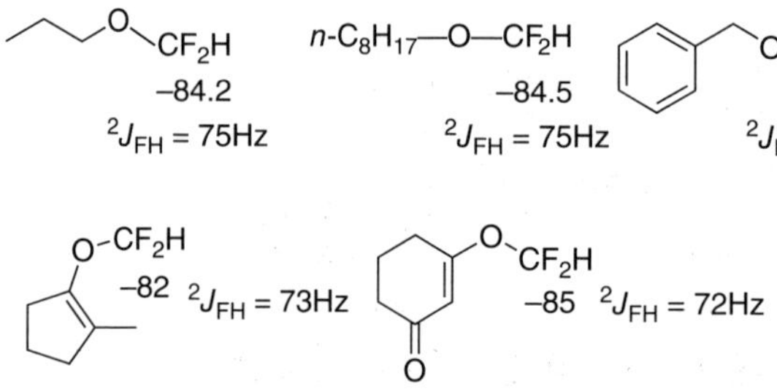

烷基二氟甲基醚：
- 正丙基-O-CF$_2$H：-84.2，$^2J_{FH} = 75$Hz
- n-C$_8$H$_{17}$-O-CF$_2$H：-84.5，$^2J_{FH} = 75$Hz
- 苄基-O-CF$_2$H：-84.8，$^2J_{FH} = 75$Hz
- 苄基-S-CF$_2$H：-94，$^2J_{FH} = 56$Hz

烯醇醚：
- 2-甲基环戊烯基-O-CF$_2$H：-82，$^2J_{FH} = 73$Hz
- 3-氧代环己烯基-O-CF$_2$H：-85，$^2J_{FH} = 72$Hz

图 4.25 烷基二氟甲基醚和硫醚的一些实例

图 4.26 给出了一系列二氟甲酯。酯中的酸部分越缺电子，CF$_2$H 基团的氟原子受到的去屏蔽作用就越大。

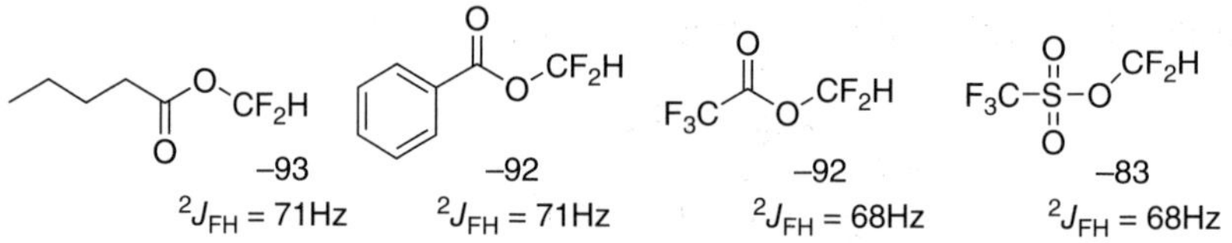

- 戊酰基-O-CF$_2$H：-93，$^2J_{FH} = 71$Hz
- 苯甲酰基-O-CF$_2$H：-92，$^2J_{FH} = 71$Hz
- F$_3$C-C(O)-O-CF$_2$H：-92，$^2J_{FH} = 68$Hz
- F$_3$C-S(O)$_2$-O-CF$_2$H：-83，$^2J_{FH} = 68$Hz

图 4.26 二氟甲酯中 CF$_2$H 基团的 F 的化学位移和耦合常数数据

Ar-OCF$_2$H、Ar-SCF$_2$H 和 Ar-SeCF$_2$H 化合物近来在合成化学领域引起了很大的兴趣，而 Ar-OCF$_2$H 的氟原子相对于烷基类似物受到的去屏蔽作用更大（移动了约 10）。图 4.27 中的示例代表了此类化合物预期的氟化学位移和耦合常数。请注意，OCF$_2$H 化合物的 $^2J_{FH}$ 耦合常数并不处于与碳结合 CF$_2$H 基特征性的 56~58Hz 范围内，而是明显更大。

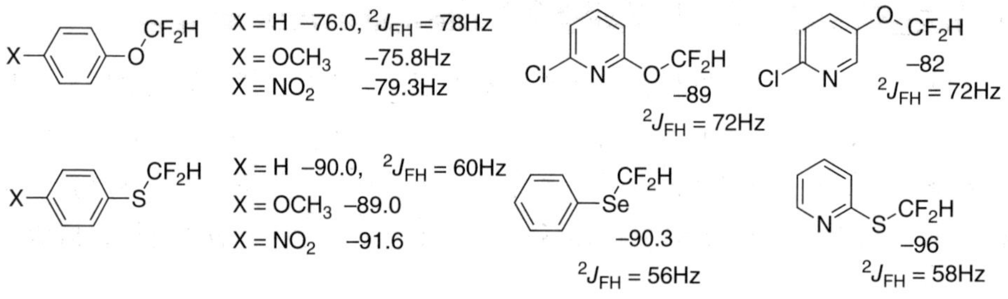

X-C$_6$H$_4$-O-CF$_2$H：
- X = H：-76.0，$^2J_{FH} = 78$Hz
- X = OCH$_3$：-75.8Hz
- X = NO$_2$：-79.3Hz

2-(6-氯吡啶基)-O-CF$_2$H：-89，$^2J_{FH} = 72$Hz

5-(6-氯吡啶基)-O-CF$_2$H：-82，$^2J_{FH} = 72$Hz

X-C$_6$H$_4$-S-CF$_2$H：
- X = H：-90.0，$^2J_{FH} = 60$Hz
- X = OCH$_3$：-89.0
- X = NO$_2$：-91.6

C$_6$H$_5$-Se-CF$_2$H：-90.3，$^2J_{FH} = 56$Hz

2-吡啶基-S-CF$_2$H：-96，$^2J_{FH} = 58$Hz

图 4.27 OCF$_2$H 化合物的预期的氟化学位移和耦合常数数据

二级 CF$_2$ 基团同样会受到 O、S 和 Se 取代的影响，如图 4.28 中的例子所示。同样，硫醚中的氟相对于类似醚中的氟来说被屏蔽了。

PhOCF₂Ph　　　CH₃OCF₂Ph　　　CH₃OCF₂C₇H₁₅
−66　　　　　　−72　　　　　　　−79

PhSCF₂Ph
−72

PhSeCF₂Ph
−71

图 4.28　二级 CF_2 基团同样会受到 O、S 和 Se 取代的影响

与 β-卤素的情况一样，β-羟基和醚官能团也屏蔽一级 CF_2H 和二级 CF_2 基团（图 4.29 和图 4.30）。

同样，人们通常不会预期位于 CF_2 基团较远处（即 γ 或 δ 位）的羟基或醚取代基会对氟化学位移产生显著影响。

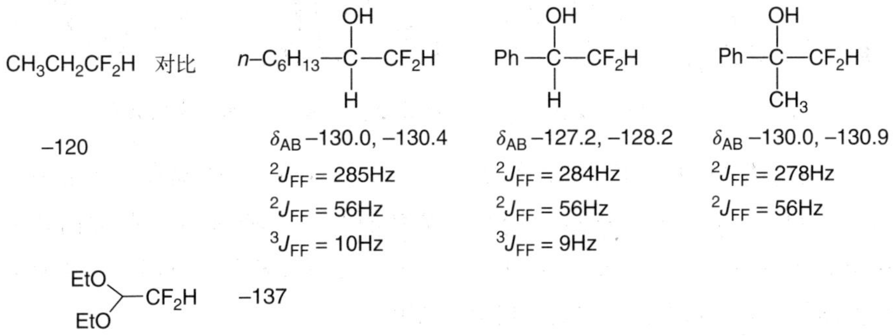

CH₃CH₂CF₂H　对比　　n–C₆H₁₃–C(OH)(H)–CF₂H　　Ph–C(OH)(H)–CF₂H　　Ph–C(OH)(CH₃)–CF₂H

−120　　　　　　　　δ_{AB} −130.0, −130.4　　δ_{AB} −127.2, −128.2　　δ_{AB} −130.0, −130.9
　　　　　　　　　　$^2J_{FF}$ = 285Hz　　　　$^2J_{FF}$ = 284Hz　　　　$^2J_{FF}$ = 278Hz
　　　　　　　　　　$^2J_{FF}$ = 56Hz　　　　　$^2J_{FF}$ = 56Hz　　　　　$^2J_{FF}$ = 56Hz
　　　　　　　　　　$^3J_{FF}$ = 10Hz　　　　　$^3J_{FF}$ = 9Hz

(EtO)₂CH–CF₂H　−137

图 4.29　一级 CF_2H 基团中 F 化学位移和耦合常数数据

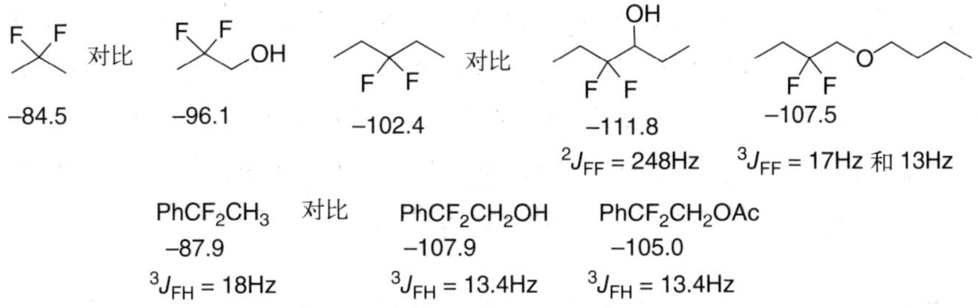

(CF₃)₂　对比　(CF₃)(CH₂OH)　　CH₃CF₂CH₃　对比　CH₃CH₂CF₂CH(OH)CH₂CH₃　　CH₃CH₂CF₂OC₄H₉
−84.5　　　−96.1　　　　　　−102.4　　　　　　　　−111.8　　　　　　　　　　　　−107.5
　　　　　　　　　　　　　　　　　　　　　　　　　$^2J_{FF}$ = 248Hz　　　　　　$^3J_{FF}$ = 17Hz 和 13Hz

PhCF₂CH₃　对比　PhCF₂CH₂OH　　PhCF₂CH₂OAc
−87.9　　　　　−107.9　　　　　−105.0
$^3J_{FH}$ = 18Hz　$^3J_{FH}$ = 13.4Hz　$^3J_{FH}$ = 13.4Hz

图 4.30　二级 CF_2 基团中 F 化学位移和耦合常数数据

与醇碳结合的 CF_2H 基的氢化学位移似乎不受 OH 基存在的显著影响。图 4.31 给出了一些带 α-羟基的 CF_2H 和 CF_2R 化合物的氢化学位移。

CH₃CH₂CH₂CF₂H　　HO—CH₂—CF₂H　　Ph–CH₂–CH₂–CH(OH)–CF₂H　　HO—CH₂—CF₂—CH₃
1.80　5.80　　　　　4.78　5.87　　　　　　　　　　5.63　　　　　　　3.58　　1.50
J_{FH} = 57Hz　　J_{FH} = 15Hz　75Hz　　　　$^2J_{FH}$ = 56Hz　　$^3J_{FH}$ = 12Hz　　19Hz

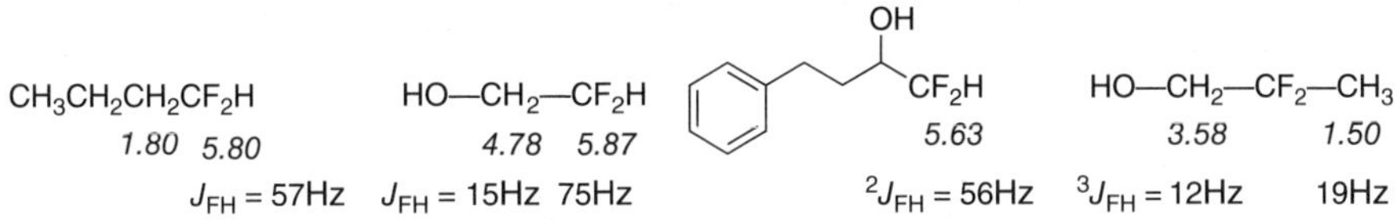

图 4.31　带 α-羟基的 CF_2H 和 CF_2R 化合物的氢化学位移和耦合常数数据

二氟甲基醚中 CF_2H 的 ^1H 化学位移在 6.0 和 6.3 之间，且具有显著增强的 F-H 两键耦合常数，约为 76Hz（图 4.32）。

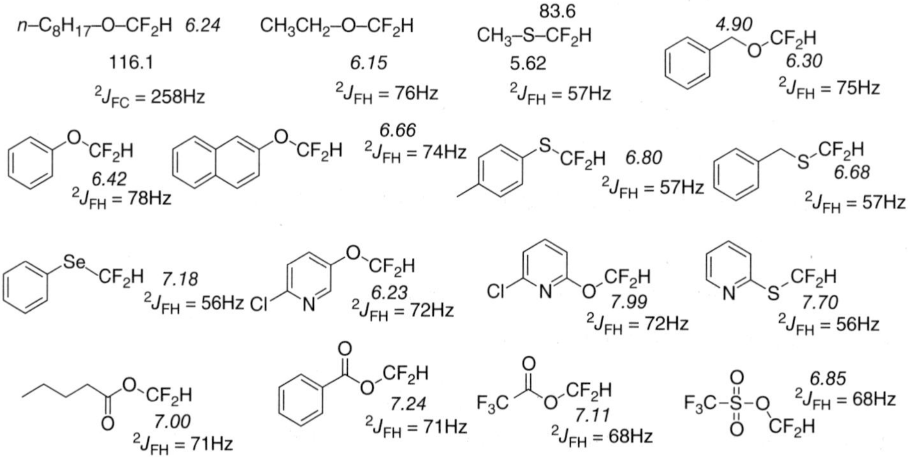

$n-C_8H_{17}-O-CF_2H$ 6.24
116.1
$^2J_{FC}$ = 258Hz

$CH_3CH_2-O-CF_2H$
6.15
$^2J_{FH}$ = 76Hz

83.6
CH_3-S-CF_2H
5.62
$^2J_{FH}$ = 57Hz

PhCH₂-O-CF₂H 4.90 / 6.30
$^2J_{FH}$ = 75Hz

Ph-O-CF₂H
6.42
$^2J_{FH}$ = 78Hz

Naphthyl-O-CF₂H 6.66
$^2J_{FH}$ = 74Hz

Tol-S-CF₂H 6.80
$^2J_{FH}$ = 57Hz

PhCH₂-S-CF₂H 6.68
$^2J_{FH}$ = 57Hz

Ph-Se-CF₂H 7.18
$^2J_{FH}$ = 56Hz

Cl-Py-O-CF₂H 6.23
$^2J_{FH}$ = 72Hz

Cl-Py(N)-O-CF₂H 7.99
$^2J_{FH}$ = 72Hz

Py-S-CF₂H 7.70
$^2J_{FH}$ = 56Hz

RC(=O)-O-CF₂H 7.00
$^2J_{FH}$ = 71Hz

PhC(=O)-O-CF₂H 7.24
$^2J_{FH}$ = 71Hz

F_3C-C(=O)-O-CF₂H 7.11
$^2J_{FH}$ = 68Hz

F_3C-S(=O)₂-O-CF₂H 6.85
$^2J_{FH}$ = 68Hz

图 4.32　二氟甲基醚中 CF_2H 的 ^1H 化学位移和 F-H 耦合常数数据

二氟甲基硫醚的氢出现在更远的低场，约 6.8，其 F-H 耦合常数更为"正常"，为 57Hz。实际上，与 O、S 和 Se 结合的 CF_2H 基的 H-F 两键耦合常数存在明显下降的趋势（78Hz＞57Hz＞56Hz），这跟 CF_2H 基与 N 和 P 相连时所观察到的趋势（65Hz＞52Hz）相似（见第 4.3.5 节）。

令人惊讶的是，与类似的非醚类化合物相比，二氟甲基醚的 CF_2H 碳和 1,1-二氟烷基醚的 CF_2 碳的 ^{13}C 化学位移几乎没有变化。这与通常观察到的带有醚取代基的烃类碳原子大约 40 的低场增量位移形成对比（图 4.33）。然而，人们可以根据二氟甲基醚中显著较大的 F-C 一键耦合常数（增大 20～25Hz）来区分醚结合的 CF_2 基和非醚结合的 CF_2 基。此外，还应注意醚、硫醚和硒醚中 F-C 耦合常数的变化趋势（260Hz＜276Hz＜289Hz）。

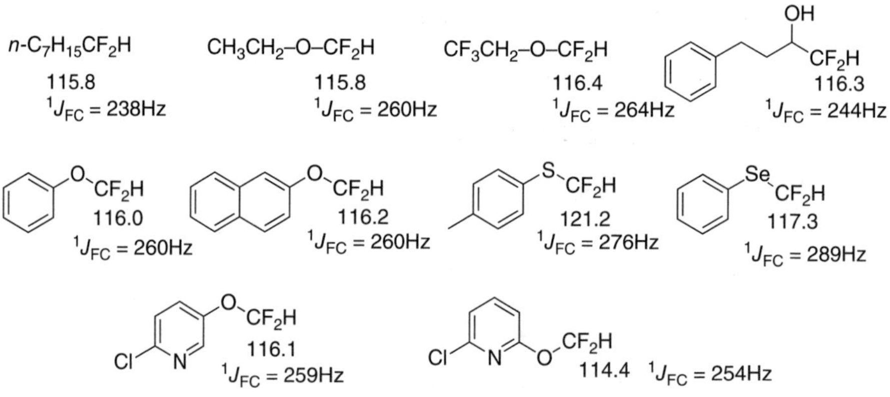

$n-C_7H_{15}CF_2H$
115.8
$^1J_{FC}$ = 238Hz

$CH_3CH_2-O-CF_2H$
115.8
$^1J_{FC}$ = 260Hz

$CF_3CH_2-O-CF_2H$
116.4
$^1J_{FC}$ = 264Hz

PhCH₂CH(OH)CF₂H
116.3
$^1J_{FC}$ = 244Hz

Ph-O-CF₂H
116.0
$^1J_{FC}$ = 260Hz

Naphthyl-O-CF₂H
116.2
$^1J_{FC}$ = 260Hz

Tol-S-CF₂H
121.2
$^1J_{FC}$ = 276Hz

Ph-Se-CF₂H
117.3
$^1J_{FC}$ = 289Hz

Cl-Py-O-CF₂H
116.1
$^1J_{FC}$ = 259Hz

Cl-Py(N)-O-CF₂H
114.4　$^1J_{FC}$ = 254Hz

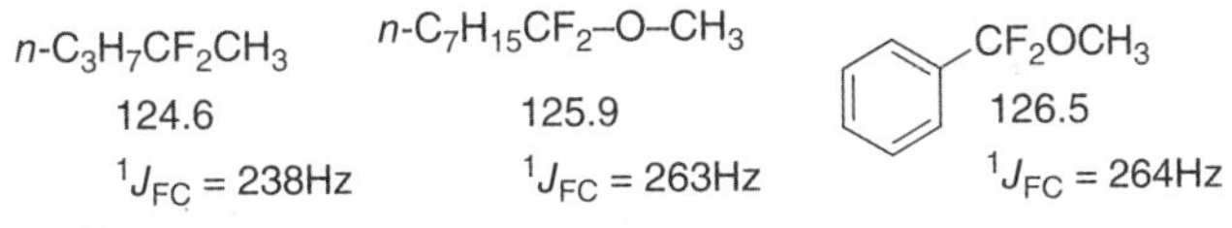

n-C₃H₇CF₂CH₃   n-C₇H₁₅CF₂–O–CH₃   PhCF₂OCH₃
124.6   125.9   126.5
$^1J_{FC}$ = 238Hz $^1J_{FC}$ = 263Hz $^1J_{FC}$ = 264Hz

与烃类类似物比较：

CH₃CH₂CH₂CH₃   CH₃CH₂–O–CH₂CH₃
24.8   65.2

图 4.33　二氟甲基醚的 CF_2H 碳和 1,1-二氟烷基醚的 CF_2 碳的 ^{13}C 化学位移与烃类碳原子对比

4.3.3　环氧化合物

在图 4.34 中，有一个环氧化物的氟谱示例，该环氧化物包含一个 CF_2 基团。与偕二氟环丙烷的情况类似，相对于醚 RCF_2OR（约 −79）中氟原子而言，环氧化物的三元环对 CF_2 中的氟原子产生了显著屏蔽。

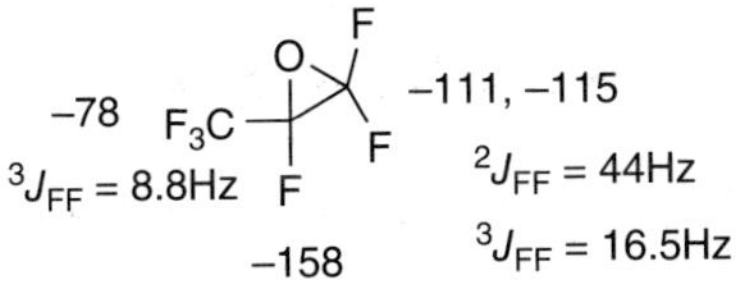

F₃C: −78, F: −158, CF₂: −111, −115
$^3J_{FF}$ = 8.8Hz $^2J_{FF}$ = 44Hz $^3J_{FF}$ = 16.5Hz

图 4.34　环氧化物的氟谱示例

4.3.4　亚砜、砜、亚砜亚胺和磺酸

最近，人们对二氟甲基苯基砜和亚砜亚胺作为二氟甲基化剂的应用产生了极大的兴趣。图 4.35 中提供了这些化合物的氟、氢和碳核磁共振数据，以及类似的硫醚、亚砜和磺酸的核磁共振数据。对于大多数数据，没有观察到明显的趋势，例外的是，随着硫氧化态的升高，CF_2H 碳原子屏蔽作用更强。

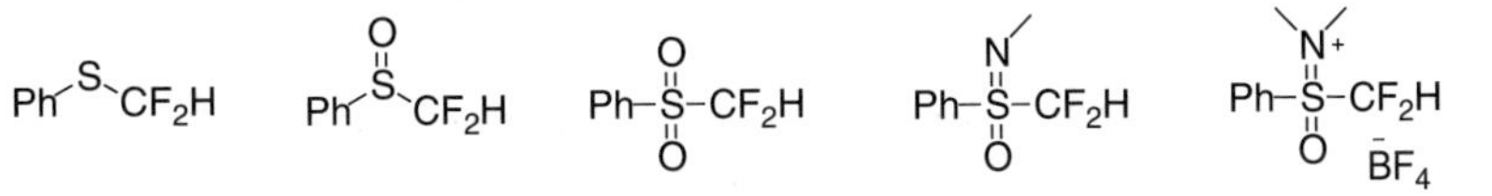

	Ph–S–CF₂H	Ph–S(=O)–CF₂H	Ph–SO₂–CF₂H	Ph–S(=O)(=NMe)–CF₂H	Ph–S⁺(=O)(=NMe)–CF₂H · BF₄⁻
$\delta_F(^2J_{FF})$	−90	−119.6 和 −120.3	−122	−118.0 和 −120.5	−108.9 和 −115.3
$\delta_C(^2J_{FC})$	121.2 (276Hz)	120.9 (289Hz)	114.6 (284Hz)	115.6 (288Hz)	117.2 (296Hz)
$\delta_H(^2J_{FH})$	6.80 (57Hz)	6.04 (55Hz)	6.22 (53Hz)	6.20 (54Hz)	7.70 (52Hz)

	HCF₂SO₂F	HCF₂SO₃H
δ_F	−119 +37	−121
$\delta_H(^2J_{FH})$	6.35 (52Hz)	6.67 (52Hz)

图 4.35　亚砜、亚砜亚胺等的氟、氢和碳核磁共振数据

4.3.5 β,β-二氟醇

图 4.36 提供了一些 3,3-二氟-2-羟基羧酸的氟核磁共振数据，而图 4.37 给出了 RCH（OH）CF$_2$XPh 的氢谱和氟谱数据，其中 X=S、Se 和 Te。

PhCF$_2$CH(OH)CO$_2$H   PhCF$_2$C(OH)$_2$CO$_2$H
−104   −110
$^2J_{FF}$ = 253Hz
$^3J_{FH}$ = 7.6Hz

图 4.36 3,3-二氟-2-羟基羧酸的核磁共振氟谱数据

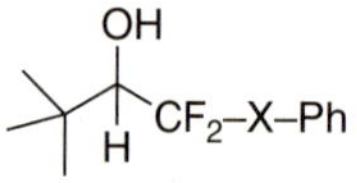

X = S $\delta_{F(AB)}$ = −72.4 和 −83.5（$^2J_{FF}$ = 209Hz）δ_H = 3.52, $^3J_{FH}$ = 18.6Hz

X = Se $\delta_{F(AB)}$ = −68.7 和 −81.6（$^2J_{FF}$ = 205Hz）δ_H = 3.60, $^3J_{FH}$ = 20.4Hz

X = Te $\delta_{F(AB)}$ = −62.6 和 −76.7（$^2J_{FF}$ = 218Hz）δ_H = 3.63, $^3J_{FH}$ = 23.6Hz

图 4.37 RCH（OH）CF$_2$XPh 的核磁共振氢谱和氟谱数据

4.3.6 CF$_2$ 上连有两个不同杂原子的化合物，包括氯(或溴)二氟甲基醚

越来越多 CF$_2$ 基团上连有两个杂原子的化合物被制备出来，特别是卤二氟甲基醚和硫醚，也包括—OCF$_2$O—和—OCF$_2$S—化合物。图 4.38 和图 4.39 中给出了一些代表性的例子。

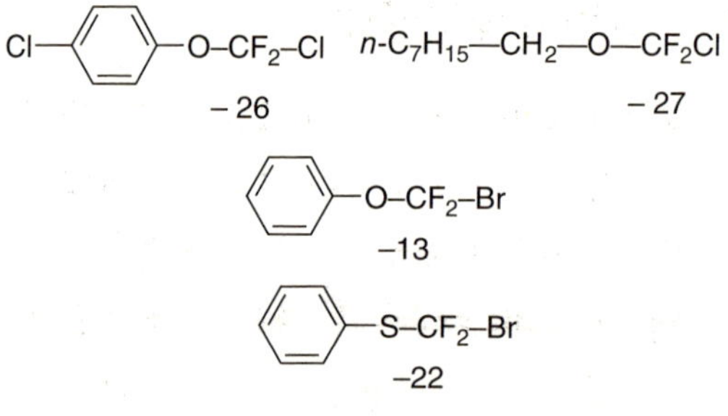

Cl—C$_6$H$_4$—O—CF$_2$—Cl   n-C$_7$H$_{15}$—CH$_2$—O—CF$_2$Cl
−26   −27

Ph—O—CF$_2$—Br
−13

Ph—S—CF$_2$—Br
−22

图 4.38 CF$_2$ 上连有两个杂原子的化合物的示例（1）

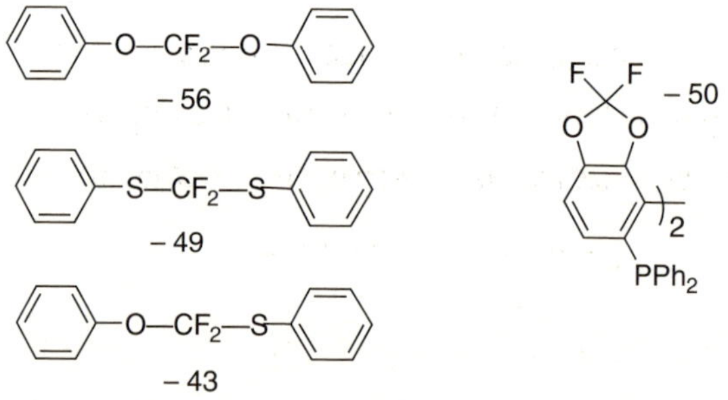

Ph—O—CF$_2$—O—Ph
−56

Ph—S—CF$_2$—S—Ph
−49

Ph—O—CF$_2$—S—Ph
−43

图 4.39 CF$_2$ 上连有两个杂原子的化合物的示例（2）

图 4.40 提供了带有 OCF$_2$Cl 基和含其它两个杂原子化合物的一些碳核磁共振数据。

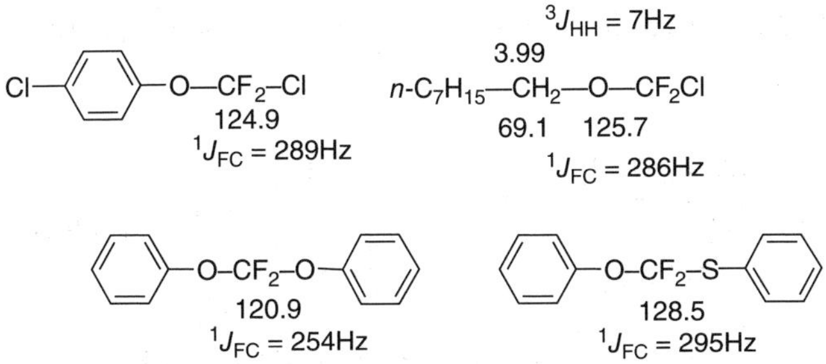

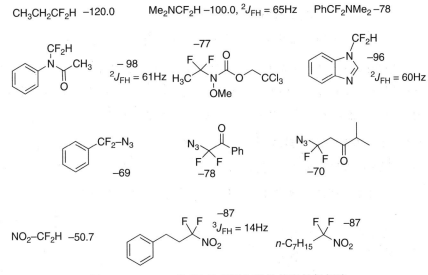

图 4.40 带有 OCF$_2$Cl 基和含其它两个杂原子化合物的一些核磁共振碳谱数据

4.3.7 胺、叠氮化物和硝基化合物

单氟体系中，氨基氮直接结合到含氟碳上的化合物是不稳定的；与单氟体系不同，CF$_2$ 基具有更好的热力学（和动力学）稳定性，尽管这种化合物不常见且通常反应性很强，但 R$_2$NCF$_2$H 化合物的谱图是已知的。氨基氮在 α-取代时引起的去屏蔽作用比第ⅥA族元素中的任何一个都要小。还有许多 CF$_2$H 或 CF$_2$R 基团与碱性较弱的氮相连的例子，如酰胺或芳香族氮（图 4.41）。

图 4.41 CF$_2$H 或 CF$_2$R 基团与碱性较弱的氮相连

二级 CF$_2$ 基团与氨基氮相连的例子很少见，仅有 PhCF$_2$N（CH$_3$）$_2$ 的化学位移被报道。与 CF$_2$ 基团相连的叠氮化物也较为罕见，但图 4.41 中也提供了一些实例，还有一些 CF$_2$ 基团与硝基相连的例子。有趣的是，高度吸电子的

NO_2 基比叠氮基团更显著地屏蔽 CF_2 中的氟原子。

当 CF_2H 基与铵氮相连时，其氟原子相对于相应的胺被大大屏蔽。因此，二氟甲基三烷基铵盐的氟化学位移在 $-113 \sim -115$ 范围内，如图 4.42 中给出的两个例子所示。

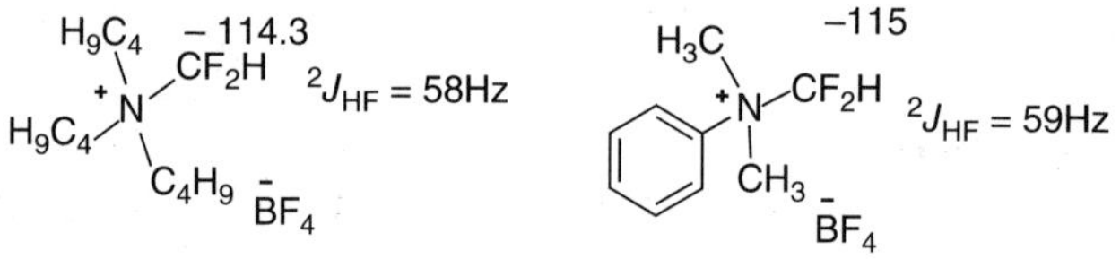

图 4.42　二氟甲基三烷基铵盐的氟化学位移

β-氨基对氟化学位移具有类似于 OH 基的屏蔽效应（图 4.43）。

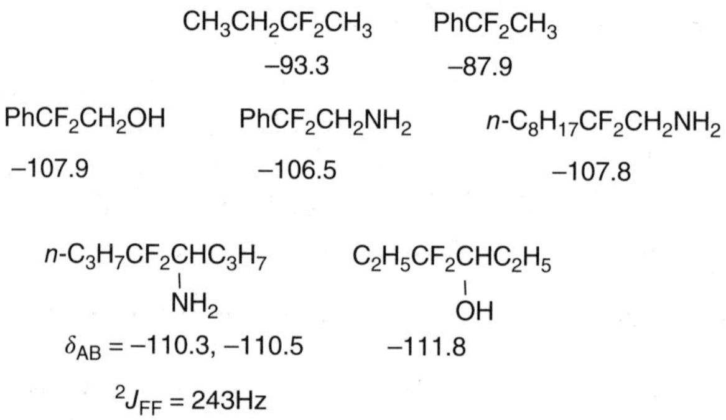

图 4.43　β-氨基对氟化学位移具有类似于 OH 基的屏蔽效应

还应注意的是，当苯基是 CF_2 基团上唯一有影响的取代基时，它有一定的去屏蔽作用（产生约 5 的化学位移），然而，当附近存在更强影响力的基团（如 OH、NH_2 或羰基）时，苯基的影响似乎变得微不足道。

4.3.7.1　^1H、^{13}C 和 ^{15}N NMR 数据

与烷基链末端的氢相比，与氮相连的 CF_2H 基的氢只有轻微的去屏蔽作用（图 4.44）。同样，请注意这类化合物的 $^2J_{FH}$ 耦合常数相对较大。

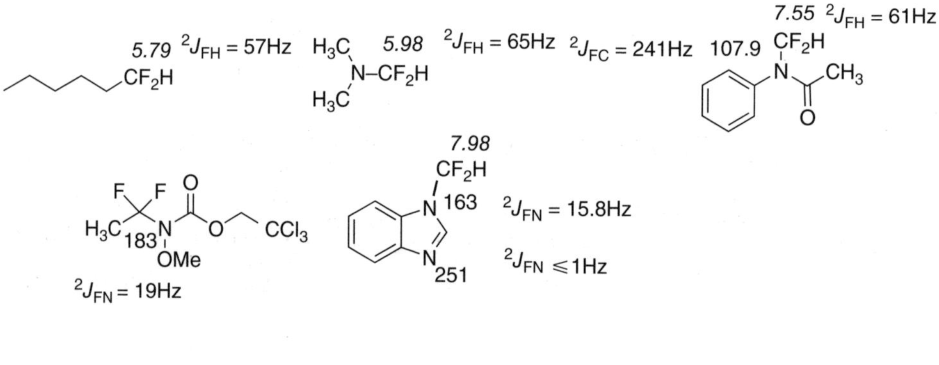

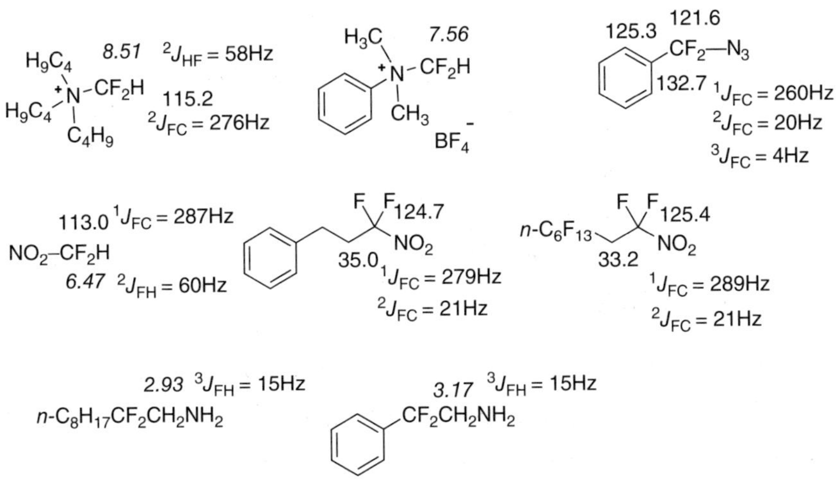

图 4.44 与氮相连的 CF_2H 基的氢只有轻微的去屏蔽

4.3.7.2 二氟甲基取代的亚胺、亚氨酰氯和硝酮

这些与 C=N 结合的 CF_2H 结构最近受到了广泛关注。图 4.45 中给出了一些例子,以及它们的核磁共振氟谱、氢谱和碳谱数据。

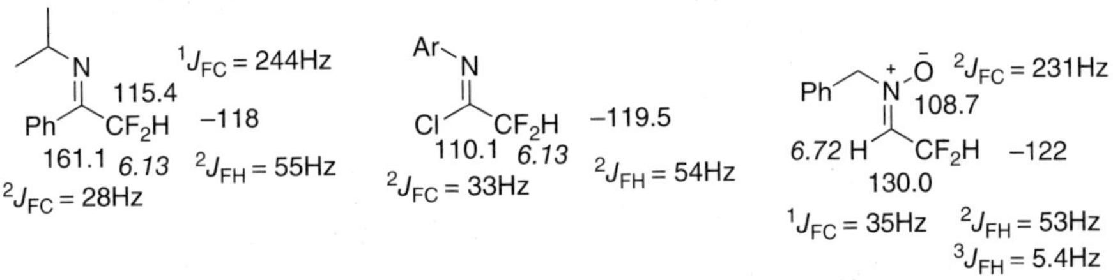

图 4.45 二氟甲基取代的亚胺、亚氨酰氯和硝酮的核磁共振氟谱、氢谱和碳谱数据

4.3.8 膦、膦酸酯和镁化合物

膦基几乎不引起 CF_2H 基团的去屏蔽,而膦酸酯基对 CF_2 基团则稍微有些去屏蔽作用。图 4.46 中提供了一些化合物的氟谱、氢谱、碳谱和磷谱数据。

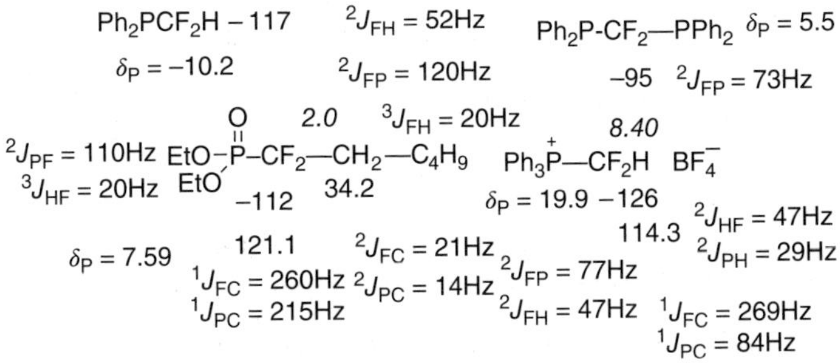

图 4.46

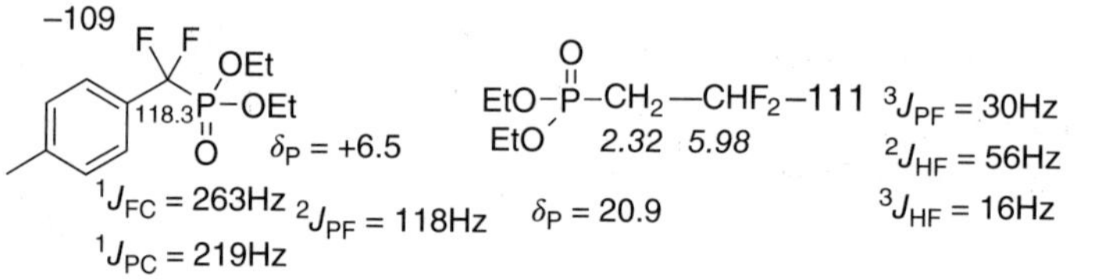

-109 F F OEt
118.3 P—OEt
O $\delta_P = +6.5$
$^1J_{FC} = 263Hz$ $^2J_{PF} = 118Hz$
$^1J_{PC} = 219Hz$

EtO—P—CH$_2$—CHF$_2$ -111 $^3J_{PF} = 30Hz$
EtO 2.32 5.98 $^2J_{HF} = 56Hz$
  $\delta_P = 20.9$ $^3J_{HF} = 16Hz$

图 4.46　膦、膦酸酯和磷化合物的核磁共振氢谱、氟谱、碳谱和磷谱数据

4.3.9　硅烷、锡烷和锗烷

与带有 CH_2F 基的硅烷类似，带有 CF_2H 基硅烷的氟原子也受到所连硅取代基的显著屏蔽；而且与相似的碳氢化合物相比，与两个 TMS（三甲基硅）基团相连的 CF_2 基也被显著屏蔽（图 4.47）。有趣的是，类似锗烷和锡烷的氟原子并没有类似地受到屏蔽。

图 4.48 中还给出了带有卤二氟甲基硅烷的氟化学位移数据。

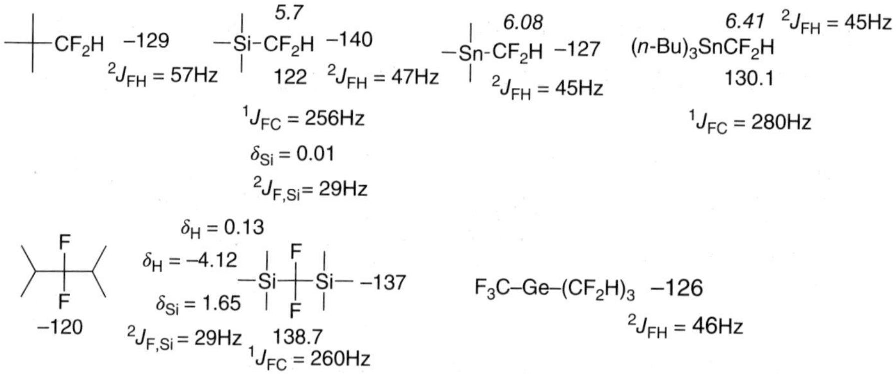

$\rightarrow$ CF$_2$H -129 5.7
                —Si—CF$_2$H -140
$^2J_{FH} = 57Hz$ 122 $^2J_{FH} = 47Hz$
                          $^1J_{FC} = 256Hz$
                          $\delta_{Si} = 0.01$
                          $^2J_{F,Si} = 29Hz$

6.08
—Sn—CF$_2$H -127 6.41 $^2J_{FH} = 45Hz$
$^2J_{FH} = 45Hz$ (n-Bu)$_3$SnCF$_2$H
                         130.1
                         $^1J_{FC} = 280Hz$

F F $\delta_H = 0.13$
       $\delta_H = -4.12$ F   F
       $\delta_{Si} = 1.65$ —Si—Si— -137
F F   138.7
-120 $^2J_{F,Si} = 29Hz$ $^1J_{FC} = 260Hz$

F$_3$C—Ge—(CF$_2$H)$_3$ -126
$^2J_{FH} = 46Hz$

图 4.47　硅烷、锡烷和锗烷中的氟化学位移

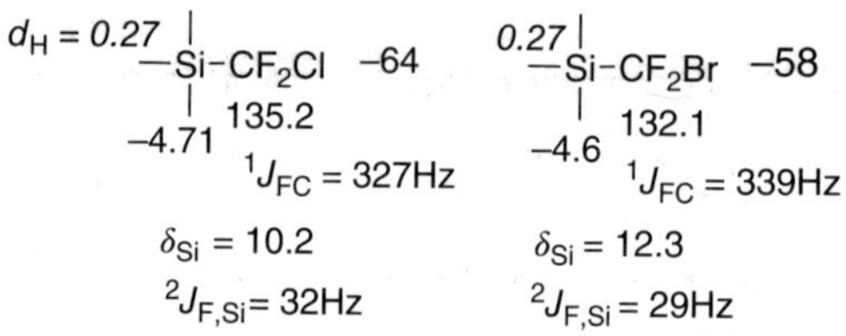

$d_H = 0.27$
—Si—CF$_2$Cl -64
-4.71 135.2
         $^1J_{FC} = 327Hz$
$\delta_{Si} = 10.2$
$^2J_{F,Si} = 32Hz$

0.27
—Si—CF$_2$Br -58
-4.6 132.1
        $^1J_{FC} = 339Hz$
$\delta_{Si} = 12.3$
$^2J_{F,Si} = 29Hz$

图 4.48　带有卤二氟甲基硅烷的氟化学位移和耦合常数数据

4.3.10　有机金属化合物

CHF_2 基或 RCF_2 基直接连接到金属上的有机金属化合物并不像 CF_3 基的那样稳定。尽管如此，已有关于有机镉、锌和铜衍生物的报道（图 4.49）[10]。

HCF$_2$CdI −118   HCF$_2$ZnI −126
  146 $^2J_{FH}$ = 43Hz $^2J_{FH}$ = 44Hz
$^1J_{FC}$ = 283Hz $^2J_{CdF}$ = 342Hz
    $^2J_{CdF}$ = 327Hz (HCF$_2$)$_2$Zn −126

6.2   (全部在 DMF 中)
(HCF$_2$)$_2$Cd −119 $^2J_{FH}$ = 44Hz
   $^2J_{FH}$ = 43Hz
   $^2J_{CdF}$ = 292Hz 6.1
   $^2J_{CdF}$ = 278Hz CHF$_2$Cu −115
           148.5 $^2J_{FH}$ = 44Hz
1.5 $^1J_{FC}$ = 265Hz
(CH$_3$CF$_2$)$_2$Cd −77 $^3J_{FH}$ = 29Hz
30.8 151
$^2J_{FC}$ = 17Hz $^1J_{FC}$ = 287Hz

图 4.49　有机镉、锌和铜衍生物的氟化学位移和耦合常数

4.4　羰基官能团

直接与一级 CF$_2$H 或二级 CF$_2$ 基团相连的羰基官能团会使相应的氟原子核产生约 10 的屏蔽。

4.4.1　醛和酮

图 4.50 提供了醛或酮羰基附近的一级（CF$_2$H）和二级（CF$_2$）基团的典型化学位移数据。可以看出，与 CF$_2$ 基团相邻的羰基对其化学位移具有显著的屏蔽作用，当相隔一个碳原子时，屏蔽作用会显著降低；而当距离更远时，屏蔽作用则会完全消失。

一级 CF$_2$H

CH$_3$CH$_2$CF$_2$H 对比 H$_3$C−C(=O)−CF$_2$H Ph−C(=O)−CF$_2$H
 −120.0   −127   −124
        $^2J_{FH}$ = 54Hz $^2J_{FH}$ = 54Hz

二级 CF$_2$

PhCF$_2$CH$_3$ 对比 PhCF$_2$CHO n-C$_8$H$_{17}$CF$_2$CHO
 −88   −112   −111
$^2J_{FH}$ = 54Hz $^3J_{FH}$ = 3.1Hz $^3J_{FH}$ = 12.3Hz

图 4.50

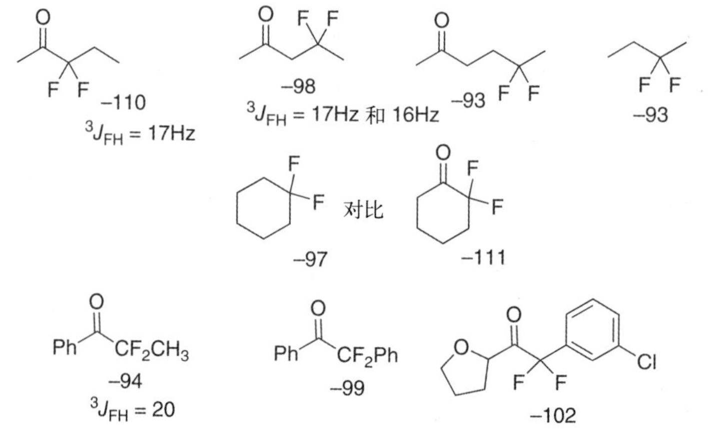

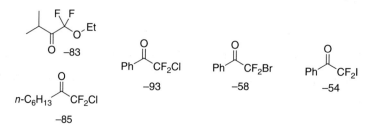

图 4.50 醛和酮羰基附近的一级（CF₂H）和二级（CF₂）基团的典型化学位移

图 4.51 给出了两个 2,2-二氟-1,3-二酮的实例。

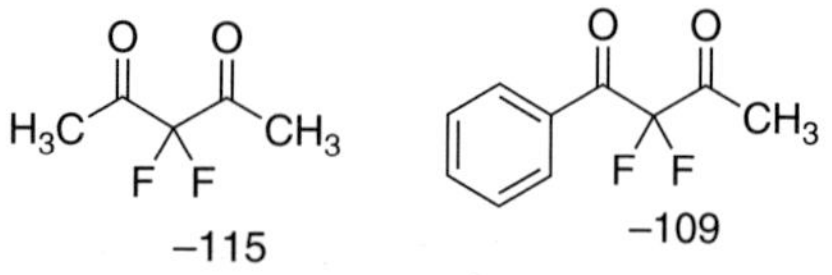

图 4.51 两个 2,2-二氟-1,3-二酮的实例

图 4.52 给出了几个卤二氟甲基酮的例子。

图 4.52 卤二氟甲基酮的实例

与 CF_2H 基相连的酮或醛羰基轻微地屏蔽 CF_2H 上的氢原子（0.1），更令人惊讶的是，这种羰基还会对 CF_2H 的碳产生屏蔽作用（移动约 8）（图 4.53）。

相比之下，如碳氢化合物 2-丁酮中的酮羰基，会使 C-3 位的 CH_2 碳原子去屏蔽约 12。当 CF_2H 基与酮羰基相连时，相较于丙酮中的羰基碳，CF_2H 基团也具有屏蔽羰基碳的作用。

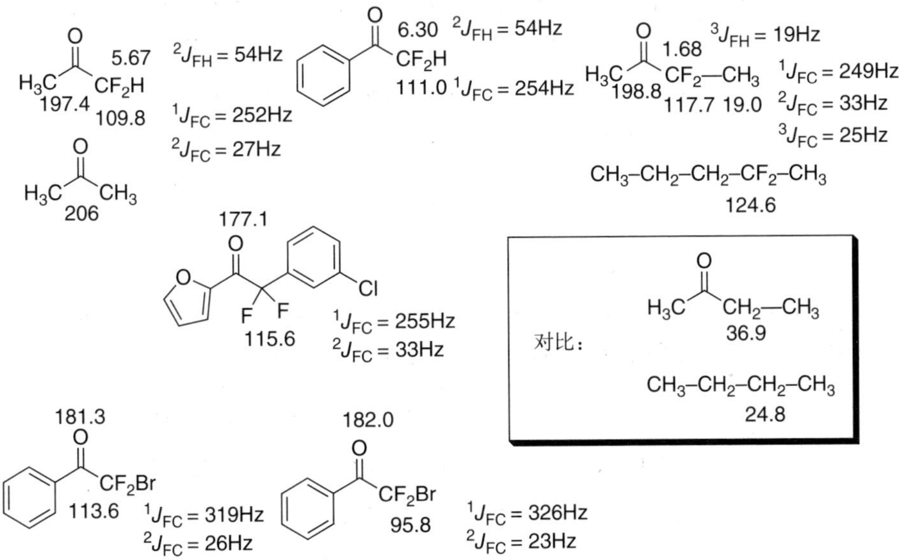

图中结构数据（图4.53 酮或醛羰基 H^1 和 ^{13}C NMR 数据）：

- $H_3C-C(O)-CF_2H$：H 5.67；C=O 197.4；CF_2H 109.8；$^2J_{FH}=54$ Hz；$^1J_{FC}=252$ Hz；$^2J_{FC}=27$ Hz
- $Ph-C(O)-CF_2H$：H 6.30；CF_2H 111.0；$^2J_{FH}=54$ Hz；$^1J_{FC}=254$ Hz
- $H_3C-C(O)-CF_2-CH_3$：H 1.68；C=O 198.8；CF_2 117.7；CH_3 19.0；$^3J_{FH}=19$ Hz；$^1J_{FC}=249$ Hz；$^2J_{FC}=33$ Hz；$^3J_{FC}=25$ Hz
- $H_3C-C(O)-CH_3$：206
- $CH_3-CH_2-CH_2-CF_2-CH_3$：124.6
- 2-呋喃基-C(O)-CF2-(3-氯苯基)：C=O 177.1；CF_2 115.6；$^1J_{FC}=255$ Hz；$^2J_{FC}=33$ Hz

对比：
- $H_3C-C(O)-CH_2-CH_3$：36.9
- $CH_3-CH_2-CH_2-CH_3$：24.8

- $Ph-C(O)-CF_2Br$：C=O 181.3；CF_2Br 113.6；$^1J_{FC}=319$ Hz；$^2J_{FC}=26$ Hz
- $Ph-CH_2-C(O)-CF_2Br$：C=O 182.0；CF_2Br 95.8；$^1J_{FC}=326$ Hz；$^2J_{FC}=23$ Hz

图 4.53 酮或醛羰基 H^1 和 ^{13}C NMR 数据

4.4.2 羧酸及其衍生物

与酮和醛的情况一样，羧酸官能团对一级 CF_2H 基团和二级 CF_2 基团的氟原子核具有屏蔽作用（图 4.54）。

一级 CF_2H

CF_2HCH_3 对比	CF_2HCO_2H	$CF_2HCO_2CH_3$	$CF_2HCONMe_2$
−110	−127.0	−127.3	−122.7

二级 CF_2

$CH_3CH_2CF_2CH_3$ 对比	$CH_3CF_2CO_2Et$	$CH_3CH_2CF_2CO_2CH_3$	$n\text{-}C_7H_{15}CF_2CO_2Et$
−93	−100	−108	−105
	$^3J_{FH}=19$ Hz	$^3J_{FH}=17$ Hz	

$PhCF_2CO_2CH_3$
−104.3

图 4.54 羧酸官能团对一级 CF_2H 基团和二级 CF_2 基团的氟原子核具有屏蔽作用

卤二氟乙酸酯通常被用作合成中间体，其氟化学位移从 Cl 到 I 表现出越来越被去屏蔽的趋势（图 4.55）。硝基二氟乙酸是已知的最强羧酸之一（pKa=0.0）。图中还给出了其甲酯的氟化学位移。

Cl–CF$_2$CH$_3$ Cl–CF$_2$CO$_2$Et   Br–CF$_2$CO$_2$Et   I–CF$_2$CO$_2$Et
−46   −64.5   −61.3   −57.9

NO$_2$CF$_2$CO$_2$Me   Br–CF$_2$CONMe$_2$ I–CF$_2$CONMe$_2$
−53   −54   −51

I–CF$_2$CN
−46.5

图 4.55 卤二氟乙酸酯的氟化学位移

有趣的是，尽管与 α,α-二氟酯连接的硫醚也会引起其氟原子的去屏蔽，但与 RCF$_2$CO$_2$Et 相比，亚砜基团却会屏蔽其氟原子（图 4.56）。

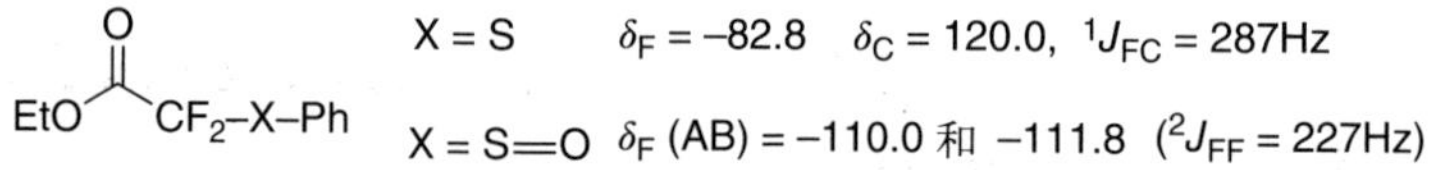

EtO–C(=O)–CF$_2$–X–Ph   X = S δ_F = −82.8 δ_C = 120.0, $^1J_{FC}$ = 287Hz
                          X = S=O δ_F (AB) = −110.0 和 −111.8 ($^2J_{FF}$ = 227Hz)

图 4.56 亚砜基团会屏蔽其氟原子

将双键连接到 α,α-二氟酯会导致 CF$_2$ 基团显著的去屏蔽（图 4.57）。

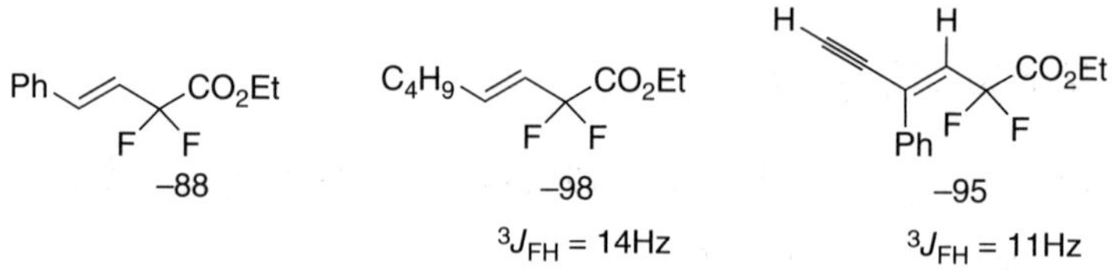

Ph–CH=CH–CF$_2$–CO$_2$Et   C$_4$H$_9$–CH=CH–CF$_2$–CO$_2$Et   (HC≡C)(Ph)C=CH–CF$_2$–CO$_2$Et
−88   −98   −95
                            $^3J_{FH}$ = 14Hz $^3J_{FH}$ = 11Hz

图 4.57 将双键连接到 α,α-二氟酯导致 CF$_2$ 基团显著去屏蔽

与 CF$_2$ 相隔一个碳的酯基官能团会使氟原子略微去屏蔽（图 4.58）。

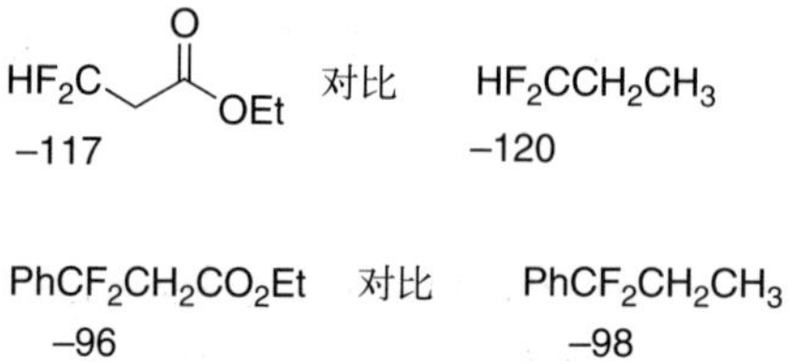

HF$_2$C–C(=O)–OEt   对比   HF$_2$CCH$_2$CH$_3$
−117   −120

PhCF$_2$CH$_2$CO$_2$Et   对比   PhCF$_2$CH$_2$CH$_3$
−96   −98

图 4.58 与 CF$_2$ 相隔一个碳的酯基官能团会使氟原子略微去屏蔽

二氟乙酸乙酯的酯基官能团对 CF$_2$H 的氢有轻微的去屏蔽作用（移动约 0.1），而与酮和醛的情况类似，它显著地屏蔽 CF$_2$H 或 CF$_2$—烷基的碳（移动约 10）（图 4.59）。

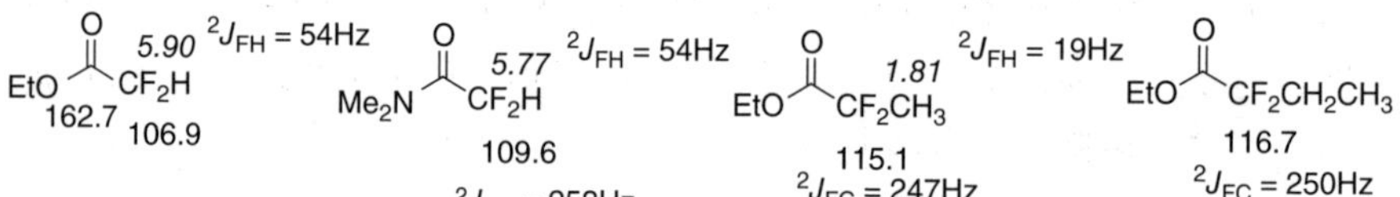

EtO–C(=O)–CF$_2$H   5.90 $^2J_{FH}$ = 54Hz
162.7 106.9

Me$_2$N–C(=O)–CF$_2$H   5.77 $^2J_{FH}$ = 54Hz
109.6
$^2J_{FC}$ = 253Hz

EtO–C(=O)–CF$_2$CH$_3$ 1.81 $^2J_{FH}$ = 19Hz
115.1
$^2J_{FC}$ = 247Hz

EtO–C(=O)–CF$_2$CH$_2$CH$_3$
116.7
$^2J_{FC}$ = 250Hz

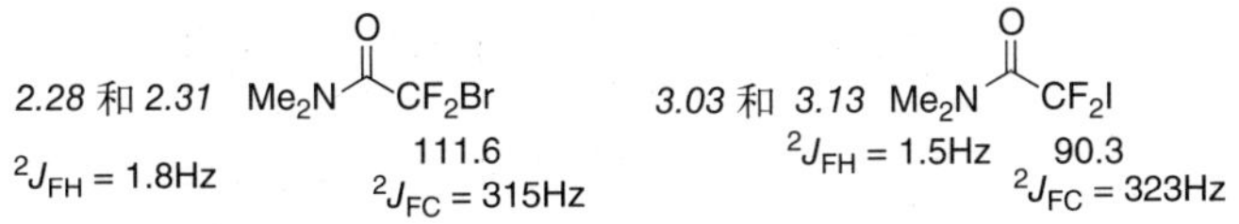

$$\text{2.28 和 2.31 } \text{Me}_2\text{N}-\underset{\underset{111.6}{\|}}{\overset{\text{O}}{\text{C}}}-\text{CF}_2\text{Br} \qquad \text{3.03 和 3.13 } \text{Me}_2\text{N}-\underset{\underset{90.3}{\|}}{\overset{\text{O}}{\text{C}}}-\text{CF}_2\text{I}$$

$^2J_{FH}$ = 1.8Hz $^2J_{FC}$ = 315Hz $^2J_{FH}$ = 1.5Hz $^2J_{FC}$ = 323Hz

图 4.59 二氟乙酸乙酯的酯基官能团对 CF_2H 和 CF_2 中的氢和碳的屏蔽

4.5 腈类化合物

与羰基官能团不同，与二级 CF_2 相连的腈基官能团通常不会屏蔽 CF_2 基团（图 4.60），唯一的例外是 HCF_2CN。

$$\begin{array}{ccc}
\text{CH}_3\text{CF}_2\text{CN} & \text{对比} & \text{CH}_3\text{CF}_2\text{CH}_3 \\
-85 & & -84.5 \\
^3J_{FH} = 18.1\text{Hz} & &
\end{array}$$

$$\begin{array}{ccc}
\text{PhCF}_2\text{CN} & \text{对比} & \text{PhCF}_2\text{CH}_3 \\
-83.5 & & -87.9
\end{array}$$

$$\begin{array}{ccc}
\text{HCF}_2\text{CN} & \text{对比} & \text{HCF}_2\text{CH}_3 \\
-120 & & -110 \\
^2J_{HF} = 52\text{Hz} & &
\end{array}$$

图 4.60 腈基官能团通常不会屏蔽 CF_2 基团

图 4.61 提供了这类化合物的少量数据。

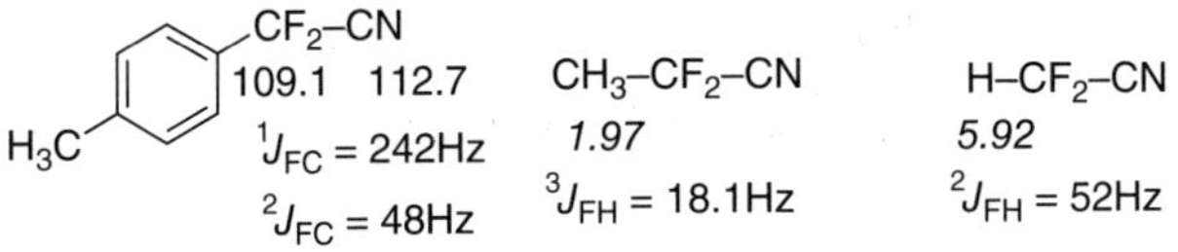

$$\text{H}_3\text{C}-\underset{}{\text{C}_6\text{H}_4}-\underset{\underset{^2J_{FC} = 48\text{Hz}}{^1J_{FC} = 242\text{Hz}}}{\overset{109.1\;\;112.7}{\text{CF}_2-\text{CN}}} \qquad \underset{^3J_{FH} = 18.1\text{Hz}}{\overset{1.97}{\text{CH}_3-\text{CF}_2-\text{CN}}} \qquad \underset{^2J_{FH} = 52\text{Hz}}{\overset{5.92}{\text{H}-\text{CF}_2-\text{CN}}}$$

图 4.61 腈类化合物的 ^1H 和 ^{13}C NMR 数据

4.6 氨基、羟基和酮基二氟羧酸衍生物

官能团组合对 CF_2 化学位移的影响取决于它们的排列方式。如果它们是连贯的，那么最靠近的那个官能团在很大程度上决定了化学位移（图 4.62）。

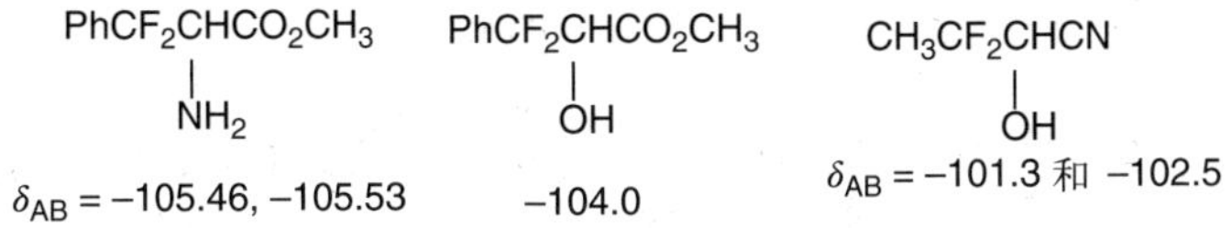

$$\underset{\delta_{AB} = -105.46,\,-105.53}{\text{PhCF}_2\text{CHCO}_2\text{CH}_3 \atop |\atop \text{NH}_2} \qquad \underset{-104.0}{\text{PhCF}_2\text{CHCO}_2\text{CH}_3 \atop |\atop \text{OH}} \qquad \underset{\delta_{AB} = -101.3 \text{ 和 } -102.5}{\text{CH}_3\text{CF}_2\text{CHCN} \atop |\atop \text{OH}}$$

图 4.62

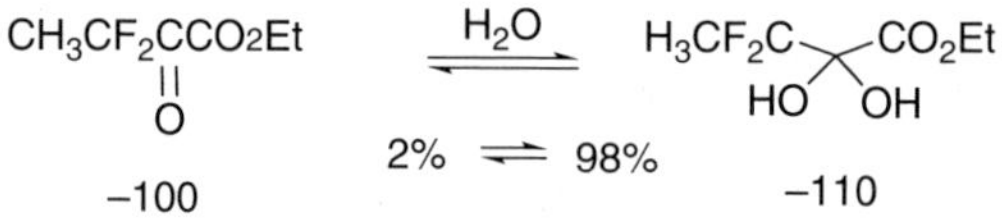

$$CH_3CF_2CCO_2Et \quad \xrightleftharpoons[2\%]{H_2O} \quad H_3CF_2C\underset{HO}{\overset{CO_2Et}{\underset{|}{\vert}}}OH$$
$$\quad\quad \overset{\Vert}{O} \quad\quad\quad\quad\quad\quad\quad\quad\quad\quad$$
$$\quad -100 \quad\quad\quad\quad\quad\quad 98\% \quad\quad -110$$

图 4.62　官能团组合对 CF_2 化学位移的影响

请注意图 4.62 中最后一种化合物，即 3,3-二氟 α-酮酸酯，在水溶液中有 98％的部分以水合物形式存在，其中水合物的 CF_2 比酮式的 CF_2 更受屏蔽，化学位移为 -110。

另一方面，如下面的例子所示，当两个官能团各自直接与 CF_2 基团相连时，可以感受到每个官能团的影响（图 4.63）。

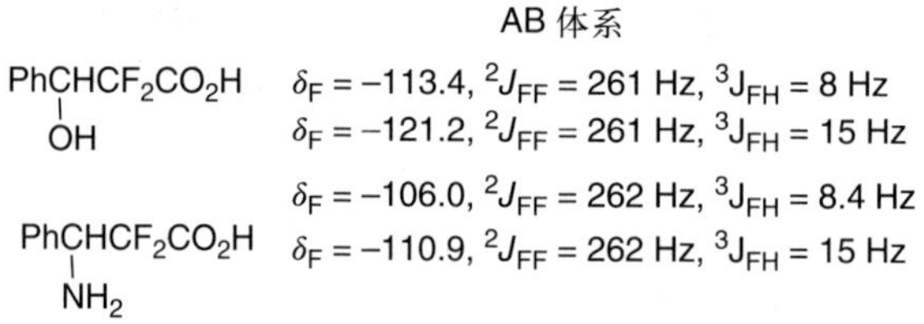

AB 体系

PhCHCF$_2$CO$_2$H　　$\delta_F = -113.4$, $^2J_{FF} = 261$ Hz, $^3J_{FH} = 8$ Hz
　|
　OH　　　　　　　　$\delta_F = -121.2$, $^2J_{FF} = 261$ Hz, $^3J_{FH} = 15$ Hz

　　　　　　　　　　$\delta_F = -106.0$, $^2J_{FF} = 262$ Hz, $^3J_{FH} = 8.4$ Hz
PhCHCF$_2$CO$_2$H　　$\delta_F = -110.9$, $^2J_{FF} = 262$ Hz, $^3J_{FH} = 15$ Hz
　|
　NH$_2$

图 4.63　两个官能团各自直接与 CF_2 基团相连

图 4.64 给出了 β-酮酸酯体系的实例。在每种情况下，第二个羰基都会产生额外的屏蔽。

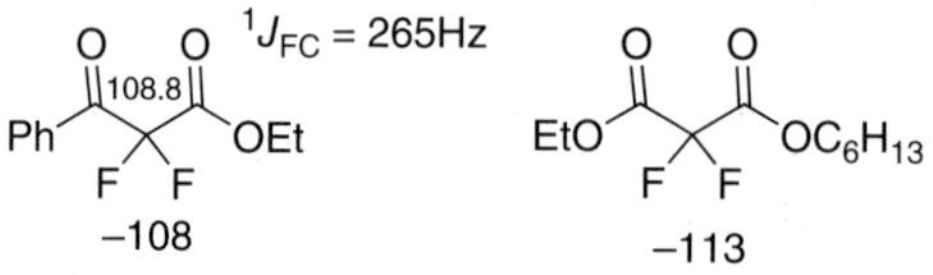

Ph–C(108.8)(F)(F)–C(O)–OEt　　$^1J_{FC} = 265$ Hz　　　EtO–C(O)–C(F)(F)–C(O)–OC$_6$H$_{13}$
　　　　-108　　　　　　　　　　　　　　　　　　　　　　-113

图 4.64　β-酮酸酯体系的实例

4.7　磺酸衍生物

图 4.65 中给出了一些含氟磺酸、磺酰氯和磺酰氟以及酯的氟、氢和碳核磁共振谱数据。

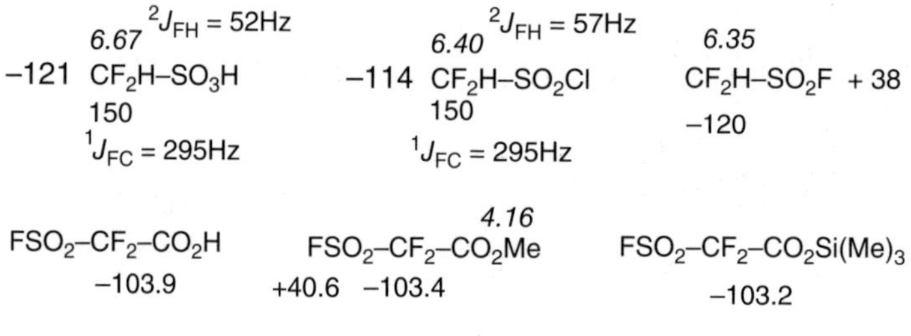

　　　6.67　$^2J_{FH} = 52$ Hz　　　　　6.40　$^2J_{FH} = 57$ Hz　　　　6.35
-121　CF$_2$H–SO$_3$H　　　-114　CF$_2$H–SO$_2$Cl　　　CF$_2$H–SO$_2$F　$+38$
　　　150　　　　　　　　　　　　150　　　　　　　　　　　　　-120
　　　$^1J_{FC} = 295$ Hz　　　　　　　$^1J_{FC} = 295$ Hz

FSO$_2$–CF$_2$–CO$_2$H　　　　　　　　4.16
　　　-103.9　　　　FSO$_2$–CF$_2$–CO$_2$Me　　　FSO$_2$–CF$_2$–CO$_2$Si(Me)$_3$
　　　　　　　　　　$+40.6$　-103.4　　　　　　　-103.2

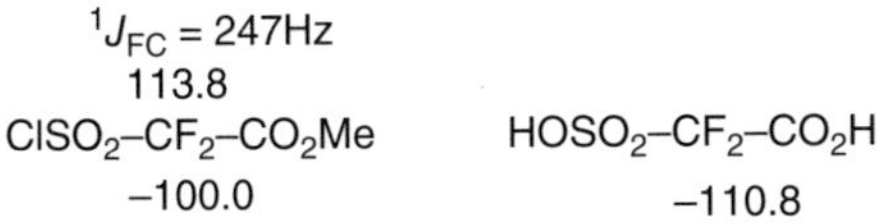

$^1J_{FC}$ = 247Hz
113.8
ClSO$_2$—CF$_2$—CO$_2$Me   HOSO$_2$—CF$_2$—CO$_2$H
−100.0   −110.8

图 4.65　含氟磺酸、磺酰氯和磺酰氟以及酯的核磁共振氟谱、氢谱和碳谱数据

4.8　烯烃和炔烃

4.8.1　含有端 CF$_2$ 乙烯基的简单烯烃

偏二氟乙烯（CF$_2$=CH$_2$）的 ^{19}F 化学位移为−82。如图 4.66 所示，2 位上的一个烷基取代会导致屏蔽（移动大约 10），两个烷基则再进一步产生屏蔽（移动约 6～7）。这种 AB 系统中的 F-F 两键耦合常数通常约为 50Hz。相对于 1,1-二氟烯烃的 E 式氟，通常观察到其 Z 式氟的适度屏蔽。

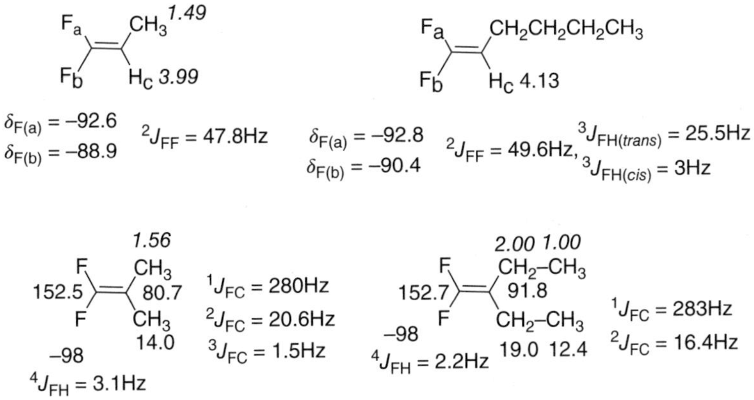

F$_a$ CH$_3$ *1.49*
F$_b$ H$_c$ *3.99*

$\delta_{F(a)}$ = −92.6
$\delta_{F(b)}$ = −88.9 $^2J_{FF}$ = 47.8Hz

F$_a$ CH$_2$CH$_2$CH$_3$
F$_b$ H$_c$ *4.13*

$\delta_{F(a)}$ = −92.8 $^3J_{FH(trans)}$ = 25.5Hz
$\delta_{F(b)}$ = −90.4 $^2J_{FF}$ = 49.6Hz, $^3J_{FH(cis)}$ = 3Hz

1.56
F   CH$_3$
152.5   80.7 $^1J_{FC}$ = 280Hz
F   CH$_3$ $^2J_{FC}$ = 20.6Hz
−98   14.0 $^3J_{FC}$ = 1.5Hz
$^4J_{FH}$ = 3.1Hz

2.00 1.00
F   CH$_2$—CH$_3$
152.7   91.8 $^1J_{FC}$ = 283Hz
F   CH$_2$—CH$_3$ $^2J_{FC}$ = 16.4Hz
−98   19.0 12.4 $^4J_{FH}$ = 2.2Hz

图 4.66　偏二氟乙烯及其类似物的 ^{19}F 化学位移和耦合常数数据

图 4.67 展示了 1,1-二氟丁烯的 ^{19}F NMR 谱。其 Z 式和 E 式氟的化学位移分别为−92.8 和−90.8，具有 50Hz 的同碳 $^2J_{FF}$ 耦合常数和 25.5Hz 的反式 $^3J_{HF}$ 耦合常数。顺式耦合太小以至于在氟谱中观察不到，但从图 4.68 所示的氢谱可确定其耦合常数为 2.7Hz。与单氟烯烃相比，这些 F-H 耦合常数值明显减小。

氢谱（图 4.68）显示出三个信号：甲基在 δ1.00 处的三重峰（$^3J_{HH}$ = 7.5Hz），CH$_2$ 基在 δ1.99 处的五重三重峰 [$^3J_{HH(CH_3)}$ = $^3J_{HH(CH)}$ = 7.5～8.0Hz] 和乙烯基氢的双重三重双重峰 [$^3J_{FH(trans)}$ = 25.7, $^3J_{HH}$ = 8.0, $^3J_{FH(cis)}$ = 2.7Hz]。

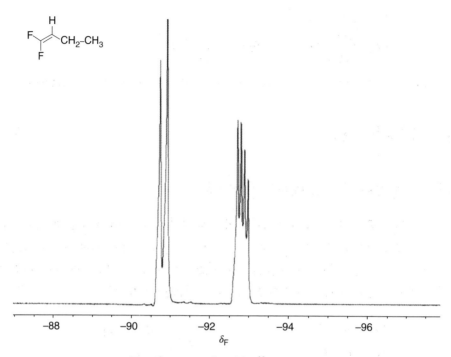

图 4.67　1,1-二氟丁烯的^{19}F NMR 谱

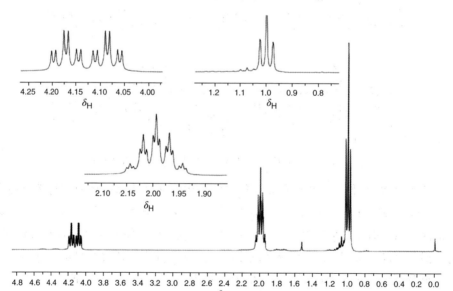

图 4.68　1,1-二氟丁烯的^{1}H NMR 谱（CF_2=$CHCH_2CH_3$）

1,1-二氟丁烯的^{13}C谱（图 4.69）显示出四个信号：含有非对映氟的CF_2基团在 156.2 处的双重双峰，具有几乎相同的 F-C 一键耦合常数 282～285Hz；

乙烯基 CH 在 δ79.8 处的三重峰，F-C 两键耦合常数为 21.8Hz；CH_2 基团在 δ15.9 处的双重峰（仅与乙烯基氟中的一个氟耦合），具有 4.2Hz 的三键耦合；以及甲基在 δ14.3 处一个宽的单峰。

82.0 81.5 81.0 80.5 80.0 79.5 79.0 78.5 78.0
δC
16.5 16.0 15.5 15.0 14.5 14.0 13.5 13.0
δC
160 150 140 130 120 110 100 90 80 70 60 50 40 30 20 10
δC

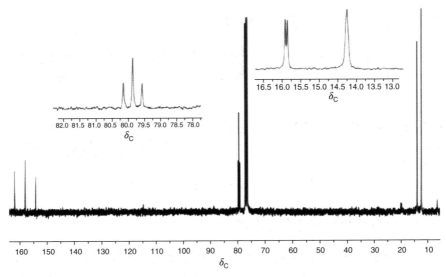

图 4.69　1,1-二氟丁烯的 ^{13}C NMR 谱（$CF_2=CHCH_2CH_3$）

4.8.2　含有端 CF_2 乙烯基的共轭烯烃

2 位苯基取代形式的共轭会导致末端乙烯基 CF_2 的氟原子去屏蔽（移动约 8～10），而 2 位乙烯基取代形式（如 1,1-二氟-1,3-丁二烯）的共轭产生的这种去屏蔽作用会稍微弱一些（图 4.70）。这种共轭体系中观察到的 F-F 两键耦合常数要远小于非共轭烯烃体系的。

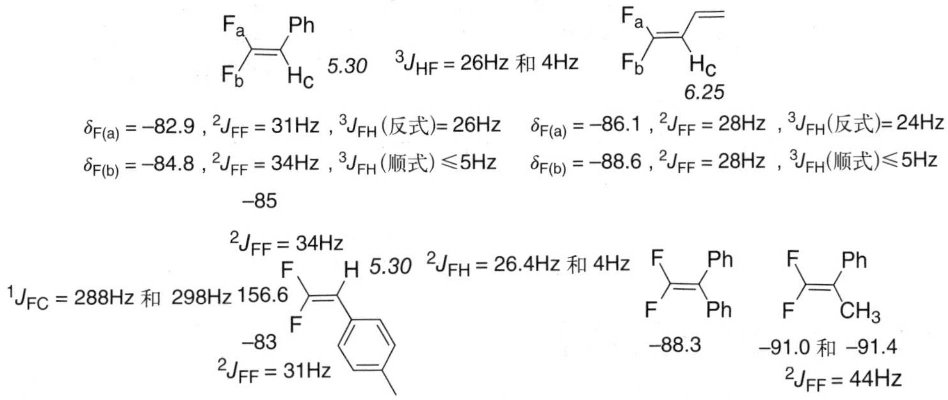

Fa Ph Fb Hc 5.30
3JHF = 26Hz 和 4Hz
Fa Fb Hc 6.25
δF(a) = −82.9 , 2JFF = 31Hz , 3JFH (反式)= 26Hz
δF(b) = −84.8 , 2JFF = 34Hz , 3JFH (顺式) ≤5Hz
δF(a) = −86.1 , 2JFF = 28Hz , 3JFH(反式)= 24Hz
δF(b) = −88.6 , 2JFF = 28Hz , 3JFH(顺式)≤5Hz
−85
2JFF = 34Hz
F H 5.30
2JFH = 26.4Hz 和 4Hz
1JFC = 288Hz 和 298Hz 156.6
F
−83
2JFF = 31Hz
F Ph F Ph
−88.3
F Ph F CH3
−91.0 和 −91.4
2JFF = 44Hz

图 4.70　含有端 CF_2 乙烯基的共轭烯烃

图 4.66 和图 4.70 中包含了相关的 ^{1}H 和 ^{13}C NMR 数据。正如预期的那样，反式 F-H 耦合明显大于类似的顺式耦合。共轭对 CF_2 碳的碳化学位移没有明显影响。

4.8.3 含有端 CF_2 基团的累积烯烃

1,1-二氟丙二烯比典型的 1,1-二氟烯烃具有明显更高场的氟化学位移，这一点可以从图 4.71 中的数据看出，其中还包括 ^{1}H 和 ^{13}C NMR 数据。

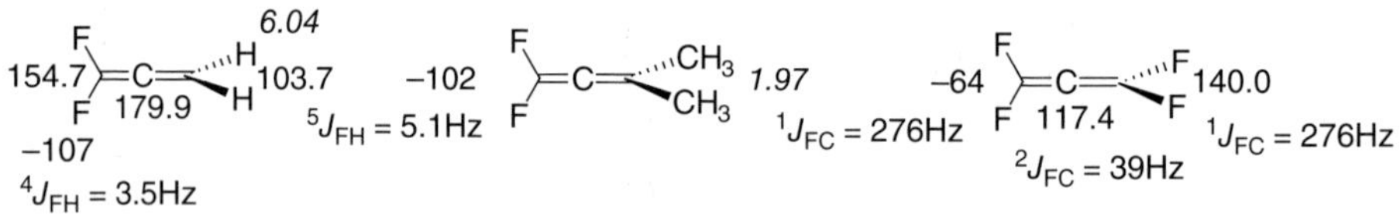

图 4.71 含有端 CF_2 基团的累积烯烃

4.8.4 邻位卤素或醚官能团的影响

1,1-二氟烯烃 2 位上的氯取代基会使氟原子稍微去屏蔽，但如图 4.72 所示，邻位烷氧基或硅氧基会屏蔽两个氟原子，尤其是对反式氟原子的屏蔽效应更为显著。随着电负性取代基的引入，这类化合物的 F-H 三键耦合常数变得更小。

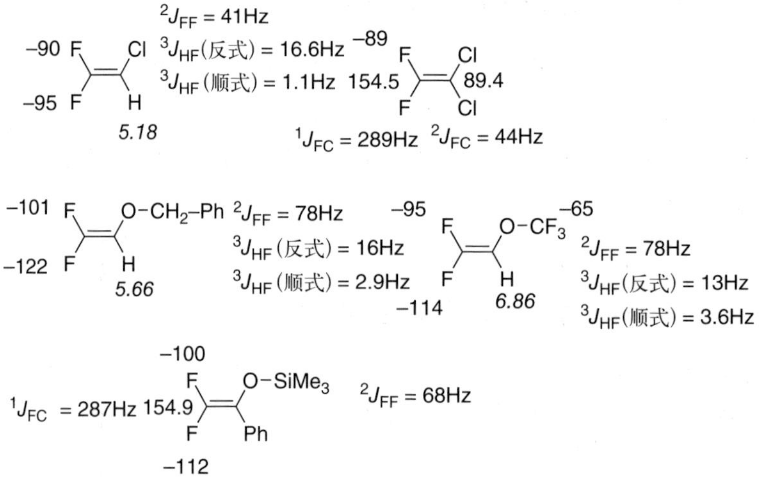

图 4.72 邻位卤素或醚官能团的影响

4.8.5 烯丙基取代基的影响

含有烯丙基取代基的 1,1-二氟烯烃的例子很少。图 4.73 提供了一些有谱图数据的例子。

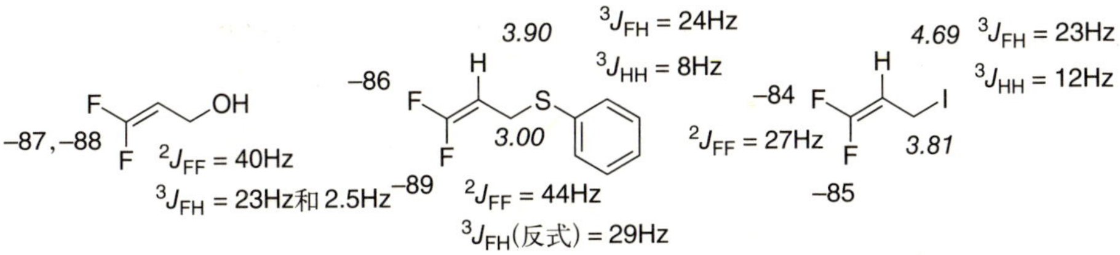

$-87, -88$ F$_2$C=CH–CH$_2$OH $^2J_{FF} = 40Hz$
$^3J_{FH} = 23Hz$ 和 $2.5Hz$

3.90 $^3J_{FH} = 24Hz$
-86 $^3J_{HH} = 8Hz$
F$_2$C=CH–CH$_2$–S–Ph 3.00
-89 $^2J_{FF} = 44Hz$
$^3J_{FH}$(反式) $= 29Hz$

4.69 $^3J_{FH} = 23Hz$
-84 $^3J_{HH} = 12Hz$
F$_2$C=CH–CH$_2$I 3.81
-85 $^2J_{FF} = 27Hz$

图 4.73 烯丙基取代基对氟化学位移的影响

4.8.6 多氟乙烯

图 4.74 提供了所有氢氟乙烯的氟化学位移和耦合常数数据。

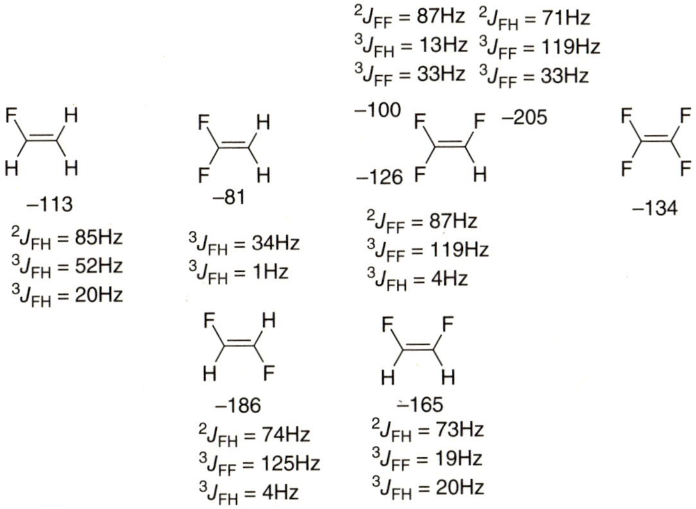

CH$_2$=CHF -113
$^2J_{FH} = 85Hz$
$^3J_{FH} = 52Hz$
$^3J_{FH} = 20Hz$

CH$_2$=CF$_2$ -81
$^3J_{FH} = 34Hz$
$^3J_{FH} = 1Hz$

$^2J_{FF} = 87Hz$ $^2J_{FH} = 71Hz$
$^3J_{FH} = 13Hz$ $^3J_{FF} = 119Hz$
$^3J_{FF} = 33Hz$ $^3J_{FF} = 33Hz$

-100 FHC=CF$_2$ -205
-126
$^2J_{FF} = 87Hz$
$^3J_{FF} = 119Hz$
$^3J_{FH} = 4Hz$

CF$_2$=CF$_2$ -134

顺-FHC=CHF -186
$^2J_{FH} = 74Hz$
$^3J_{FF} = 125Hz$
$^3J_{FH} = 4Hz$

反-FHC=CHF -165
$^2J_{FH} = 73Hz$
$^3J_{FF} = 19Hz$
$^3J_{FH} = 20Hz$

图 4.74 氢氟乙烯的氟化学位移和耦合常数

4.8.7 三氟乙烯基

尽管 1,1-二氟烯烃 2 位上的氯对氟原子核的化学位移几乎没有影响，但 2 位上的氟取代基会产生非常显著的屏蔽效应，并导致 1 位非对映氟原子更大的"分裂"以及更大的耦合常数（包括同碳耦合和邻碳耦合）（图 4.75）。有关三氟乙烯基化合物的更多数据，请参见第 6 章。

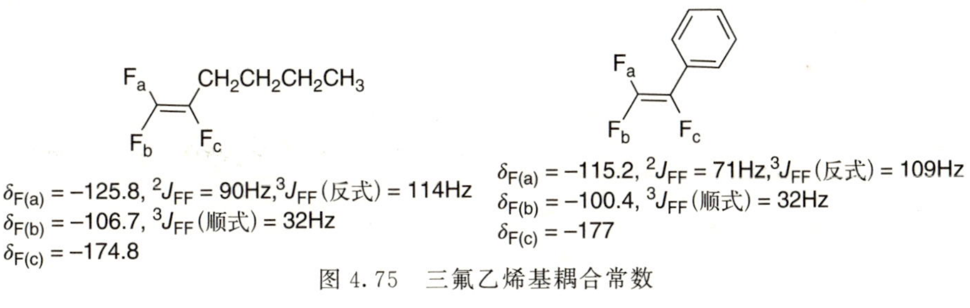

F$_a$(F$_b$)C=C(F$_c$)CH$_2$CH$_2$CH$_3$
$\delta_{F(a)} = -125.8$, $^2J_{FF} = 90Hz$, $^3J_{FF}$(反式) $= 114Hz$
$\delta_{F(b)} = -106.7$, $^3J_{FF}$(顺式) $= 32Hz$
$\delta_{F(c)} = -174.8$

F$_a$(F$_b$)C=C(F$_c$)Ph
$\delta_{F(a)} = -115.2$, $^2J_{FF} = 71Hz$, $^3J_{FF}$(反式) $= 109Hz$
$\delta_{F(b)} = -100.4$, $^3J_{FF}$(顺式) $= 32Hz$
$\delta_{F(c)} = -177$

图 4.75 三氟乙烯基耦合常数

4.8.8 带有端 CF_2 乙烯基的 α,β-不饱和羰基体系

从图 4.76 给出的例子可以看出,α,β-不饱和羰基体系中 CF_2=基团的氟原子受到显著的去屏蔽,同碳和邻碳耦合常数大大减小。

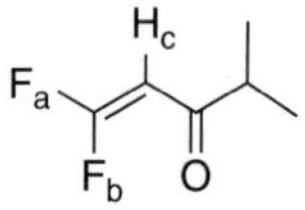

$\delta_{F(a)} = -64.2$, $^2J_{FF} = 14Hz$, $^3J_{FH}(顺式) = 3Hz$
$\delta_{F(b)} = -59.0$, $^2J_{FF} = 14Hz$, $^3J_{FH}(反式) = 22Hz$

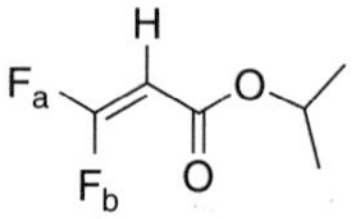

$\delta_{F(a)} = -63.5$, $^2J_{FF} = 14Hz$, $^3J_{FH}(顺式) = 3Hz$
$\delta_{F(b)} = -58.0$, $^2J_{FF} = 14Hz$, $^3J_{FH}(反式) = 22Hz$

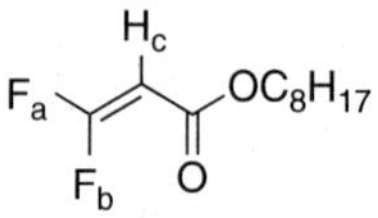

$\delta_{F(a)} = -70.7$, $^2J_{FF} = 16Hz$, $^3J_{FH}(顺式) = 2Hz$
$\delta_{F(b)} = -64.7$, $^2J_{FF} = 16Hz$, $^3J_{FH}(反式) = 22Hz$

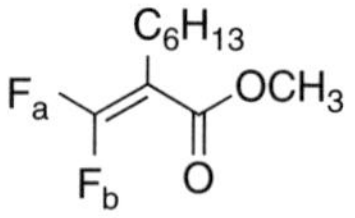

$\delta_{F(a)} = -75.0$ (s)
$\delta_{F(b)} = -70.2$ (s)

图 4.76 α,β-不饱和羰基体系中 CF_2 基团中氟化学位移

图 4.77 给出了带有末端乙烯基 CF_2 的 α,β-不饱和羰基化合物典型的氢和碳核磁共振数据。相关的 F-H 耦合常数已在图 4.76 给出。与羰基的共轭使 β-CF_2 的碳原子去屏蔽(移动 4~5)。

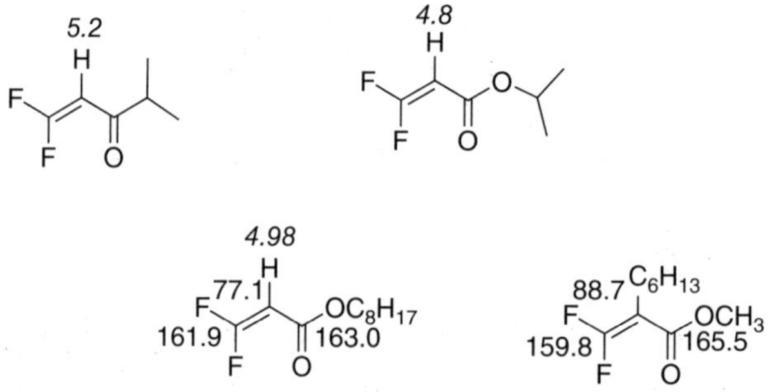

图 4.77 带有端 CF_2 乙烯基的 α,β-不饱和羰基化合物典型的氢和碳核磁共振数据

4.8.9 烯丙基和炔丙基 CF_2 基团

乙烯基取代基使一级(CF_2H)和二级(CF_2)基团去屏蔽(移动 6~10)。还有一个烯丙基 CF_2 化合物的例子。关于炔基对 CF_2H 基影响的数据很少,但它对 CF_2H 基的去屏蔽影响似乎比乙烯基或苯基稍大一些(图 4.78)。

请注意,4,4-二氟-2-丁烯的 Z-异构体的 CF_2 氟原子相对于 E-异构体的

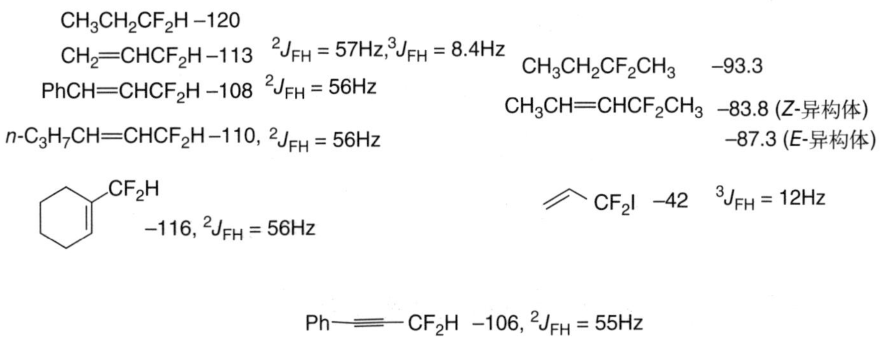

$CH_3CH_2CF_2H$ −120
$CH_2=CHCF_2H$ −113, $^2J_{FH} = 57Hz$, $^3J_{FH} = 8.4Hz$
$PhCH=CHCF_2H$ −108, $^2J_{FH} = 56Hz$
$n\text{-}C_3H_7CH=CHCF_2H$ −110, $^2J_{FH} = 56Hz$

$CH_3CH_2CF_2CH_3$ −93.3
$CH_3CH=CHCF_2CH_3$ −83.8 (Z-异构体)
−87.3 (E-异构体)

环己烯-CF_2H −116, $^2J_{FH} = 56Hz$

$CH_2=CH\text{-}CF_2I$ −42, $^3J_{FH} = 12Hz$

$Ph-\!\!\!\equiv\!\!\!-CF_2H$ −106, $^2J_{FH} = 55Hz$

图 4.78　烯丙基和炔丙基 CF_2 基团的耦合常数

CF_2 氟原子被显著去屏蔽。这可能是另一个"位阻去屏蔽"的例子，在这种情况下是邻近的顺式烷基引起的（见第 2.2.1 节）。

将羰基官能团置于烯丙基 CF_2 基团旁边会导致通常的屏蔽效应，但这种影响似乎因双键的存在而有所减弱。对于 α,β-不饱和酯的末端烯丙位 CF_2H 基团，其氟原子似乎被轻微屏蔽（图 4.79）。

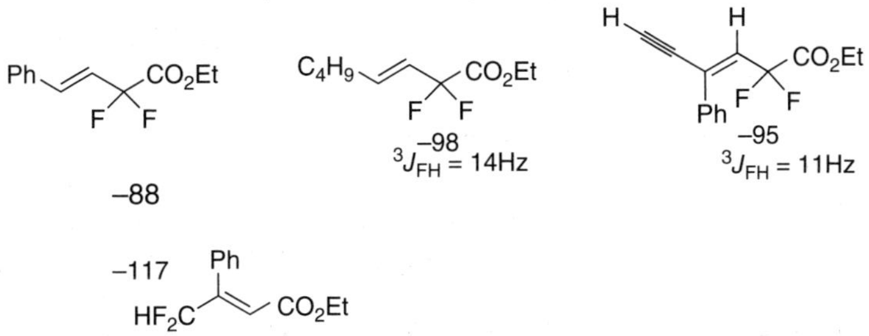

PhCH=CH-CF$_2$-CO$_2$Et −88

C$_4$H$_9$CH=CH-CF$_2$-CO$_2$Et −98, $^3J_{FH} = 14Hz$

HC≡C-CH=C(Ph)-CF$_2$-CO$_2$Et −95, $^3J_{FH} = 11Hz$

HF$_2$C-C(Ph)=CH-CO$_2$Et −117

图 4.79　α,β-不饱和酯的末端烯丙位 CF_2H 基团氟化学位移

烯丙位 CF_2H 基的氢原子由于乙烯基团的存在，化学位移向低场移动（去屏蔽）了约 0.2，而其碳原子向高场移动（被屏蔽）了约 2。烯丙基 CF_2（二级 CF_2）的碳原子向高场移动（被屏蔽）了约 4（图 4.80）。

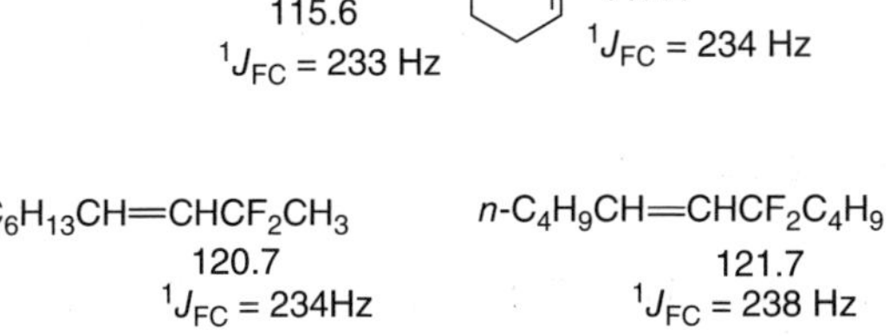

$n\text{-}C_3H_7CH=CHCF_2H$ 5.97 / 115.6, $^1J_{FC} = 233\ Hz$

环己烯-CF_2H 5.84 / 117.4, $^1J_{FC} = 234\ Hz$

$n\text{-}C_6H_{13}CH=CHCF_2CH_3$ 120.7, $^1J_{FC} = 234Hz$

$n\text{-}C_4H_9CH=CHCF_2C_4H_9$ 121.7, $^1J_{FC} = 238\ Hz$

图 4.80

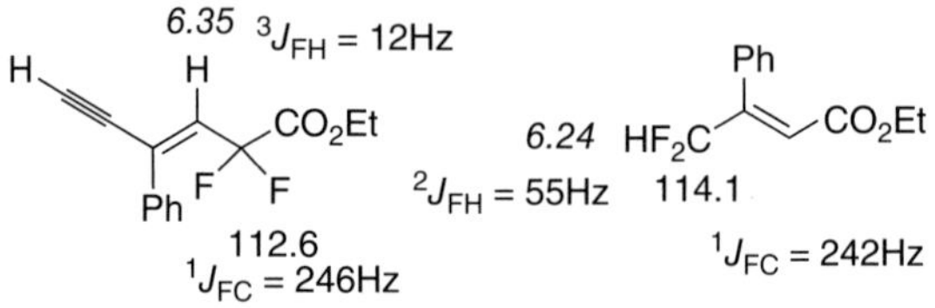

图 4.80 烯丙位 CF_2H 基和烯丙基 CF_2 的 ^1H 和 ^{13}C NMR 数据

4.9 含有 CF_2H 或 CF_2R 基团的苯系芳烃

虽然 CF_2H 基团上的直接苯基取代会导致移动 10 以上的去屏蔽作用（相对于 $CH_3CH_2CF_2H$，化学位移向低场移动），但这种"苄基"体系也受到较小但类似于苯基取代 CH_2F 基团所观察到的超共轭 π-σ_{CF}^* 效应（见第 3.10 节），其中给电子基团和吸电子基团分别引起去屏蔽和屏蔽效应。二级 CF_2 基团上的直接苯基取代具有类似的去屏蔽效应，当苯基远离一个碳原子时，其影响小于 5。图 4.81 中给出了这些类型化合物的例子。

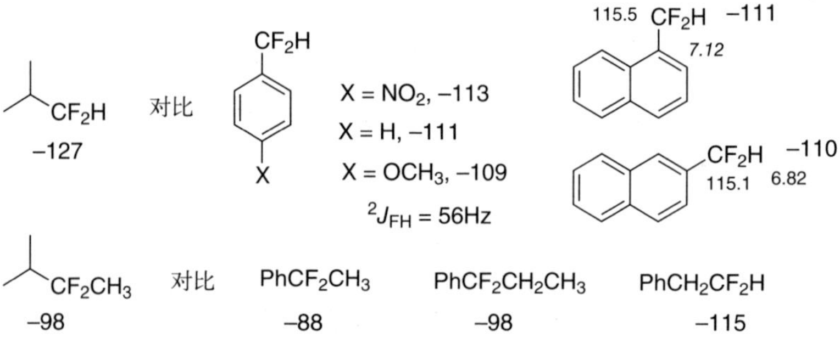

图 4.81 含有 CF_2H 或 CF_2R 基团的苯系芳烃的氟化学位移

连接到酯基上的 $PhCF_2$ 基团的氟原子表现出通常由邻近酯基引起的屏蔽效应（图 4.82）。

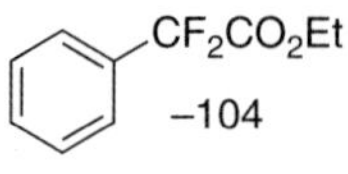

图 4.82 连接到酯基上的 $PhCF_2$ 基团

4.9.1 ^1H 和 ^{13}C NMR 数据

$ArCF_2H$ 中氢的特征 ^1H 化学位移位于 6.6～7.0 之间，而此类化合物中 CF_2H 碳的特征 ^{13}C 化学位移在 −113～−115 范围内（表 4.8）。

表 4.8 芳基 CF_2H 基团的氢谱和碳谱数据

结构	δ_H	δ_C
X=OCH_3	6.65	114.9
X=H	6.55	114.8
X=NO_2	6.80	113.2

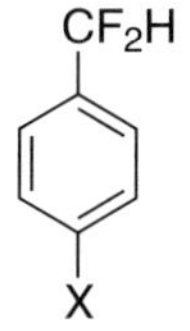

图 4.83 中给出了一些关于 $PhCF_2R$ 化合物的数据。似乎没有这类化合物的任何碳谱数据。

$PhCF_2CH_3$
1.9
$^3J_{FH}$ = 18Hz

$PhCF_2CH_2CH_3$
2.1 0.98
$^3J_{FH}$ = 15Hz
$^4J_{FH}$ = 7Hz

图 4.83 $PhCF_2R$ 的核磁共振数据

4.9.2 具有更远芳基取代基的 CF_2 基团

2,2-二氟乙基具有作为生物活性化合物取代基的潜力。图 4.84 给出了 $PhCH_2CHF_2$ 的氟、氢和碳核磁共振数据。苯环上的取代基对氟化学位移没有显著影响。这些化合物中苯基的存在对氟化学位移的影响不大，2,2-二氟乙苯中 CF_2H 的氢原子只是被略微去屏蔽。

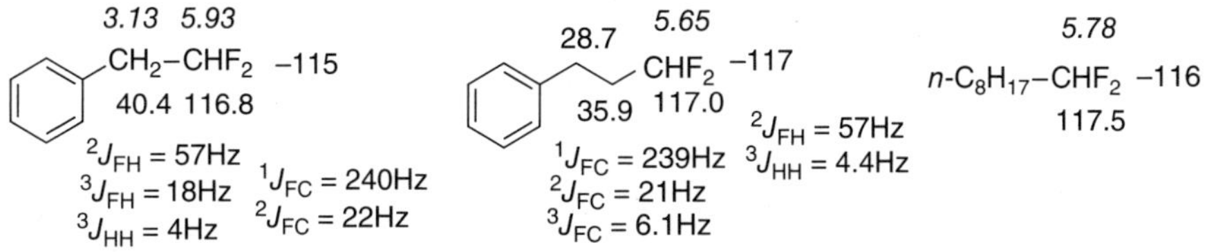

Ph-CH_2-CHF_2 −115
3.13 5.93
40.4 116.8
$^2J_{FH}$ = 57Hz
$^3J_{FH}$ = 18Hz
$^3J_{HH}$ = 4Hz
$^1J_{FC}$ = 240Hz
$^2J_{FC}$ = 22Hz

Ph-CH_2-CHF_2 −117
28.7 5.65
35.9 117.0
$^1J_{FC}$ = 239Hz
$^2J_{FC}$ = 21Hz
$^3J_{FC}$ = 6.1Hz
$^2J_{FH}$ = 57Hz
$^3J_{HH}$ = 4.4Hz

n-C_8H_{17}-CHF_2 −116
5.78
117.5

图 4.84 $PhCH_2CHF_2$ 的核磁共振氟谱、氢谱和碳谱数据

4.10 杂芳基 CF_2 基团

相比于苯环上的 CF_2H 基团，杂环上 CF_2H 基团的 ^{19}F 化学位移可能因取代基位置的不同而更加多变。

4.10.1 吡啶、喹诺酮、菲啶和吖啶

吡啶环上 2 位或 4 位 CF_2H 基的氟原子化学位移出现在大约 −116，而 3

位的 CF_2H 取代基出现在 -113。二级 CF_2 取代基在化学位移上表现出类似的趋势（图 4.85）。

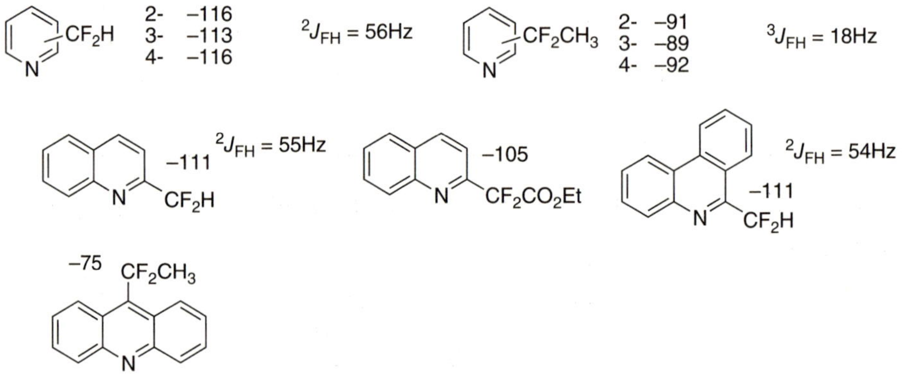

图 4.85　2-、3-、4-位的 CF_2H 取代基以及二级 CF_2 取代基的氟原子化学位移

图 4.86 中给出了吡啶、喹诺酮、菲啶和吖啶的核磁共振氢谱和碳谱数据。

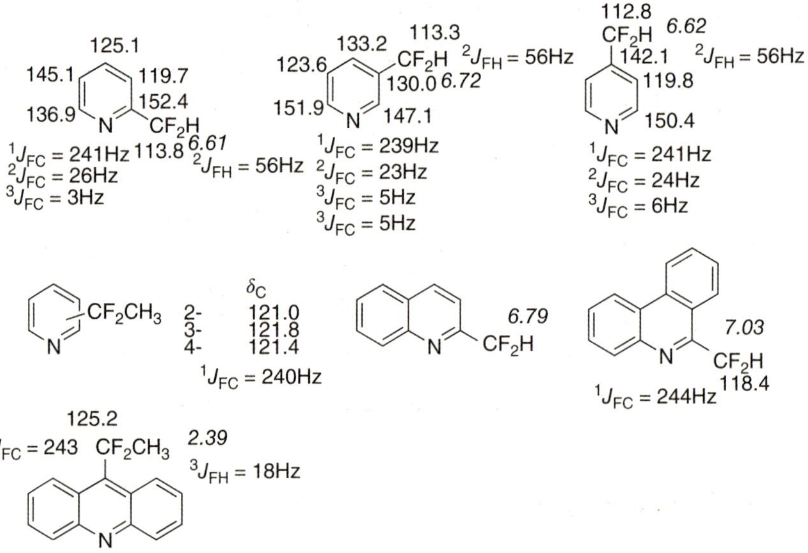

图 4.86　吡啶、喹诺酮、菲啶和吖啶的核磁共振氢谱和碳谱数据

4.10.2　呋喃、苯并呋喃、噻吩、吡咯和吲哚

根据现有的一些数据，噻吩 CF_2H 基团出现在呋喃 CF_2H 基团的低场，而吲哚出现在苯并呋喃的低场（图 4.87）。这与 CF_3 基团的趋势一致。根据观察

到的 CF_3 化学位移的变化趋势，人们还可以推测，呋喃、噻吩和吡咯的 2 位 CF_2H 基应该出现在其 3 位 CF_2H 基的低场（较小的负值），尽管目前这只能在噻吩的情况下得到证实。

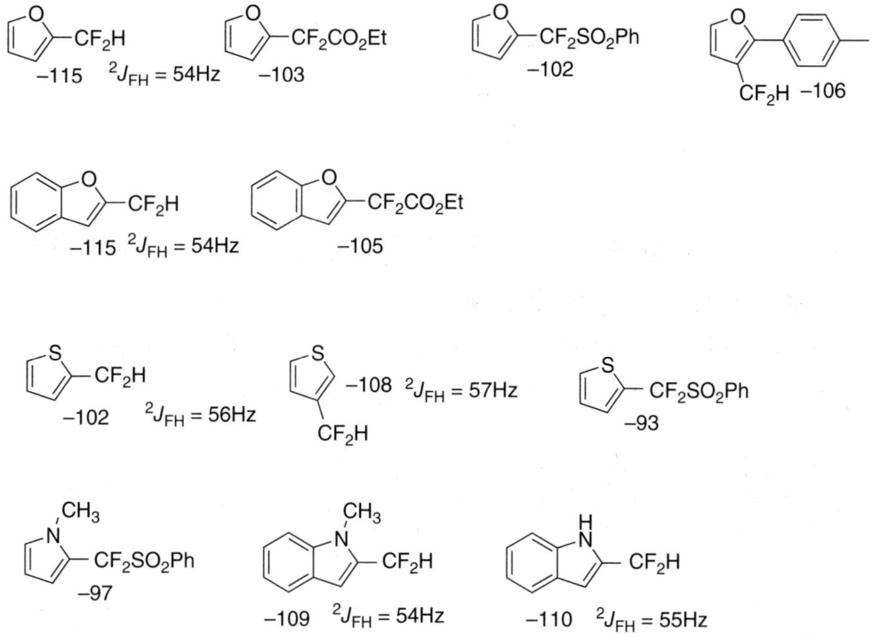

图 4.87　呋喃、苯并呋喃、噻吩、吡咯和吲哚中 CF_2H 的氟化学位移

CF_2H 取代呋喃、噻吩、苯并呋喃、吲哚的氢和碳核磁共振数据虽然有限，但仍然可以找到（图 4.88）。

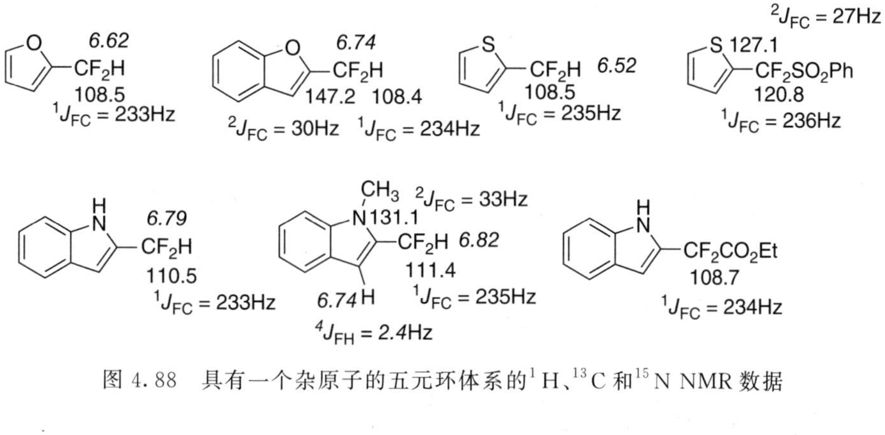

图 4.88　具有一个杂原子的五元环体系的 ^1H、^{13}C 和 ^{15}N NMR 数据

4.10.3 嘧啶

可以找到二氟甲基嘧啶的一个例子（图 4.89），但遗憾的是没有吡嗪或哒嗪的。

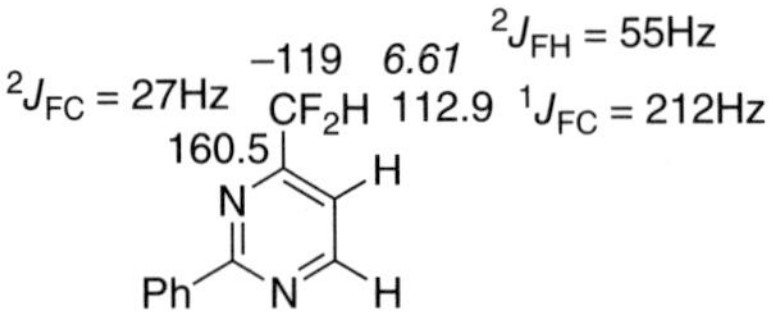

图 4.89　二氟甲基嘧啶的 NMR 数据

4.10.4　含两个杂原子的五元杂环：咪唑、苯并咪唑、 1H -吡唑、噁唑、异噁唑、噻唑和吲唑

咪唑或苯并咪唑 2 位 CF_2H 基的氟原子比吲哚 2 位的受到更强的屏蔽作用（图 4.90）。其中还包括 CF_2H 基与氮原子相连的化合物。

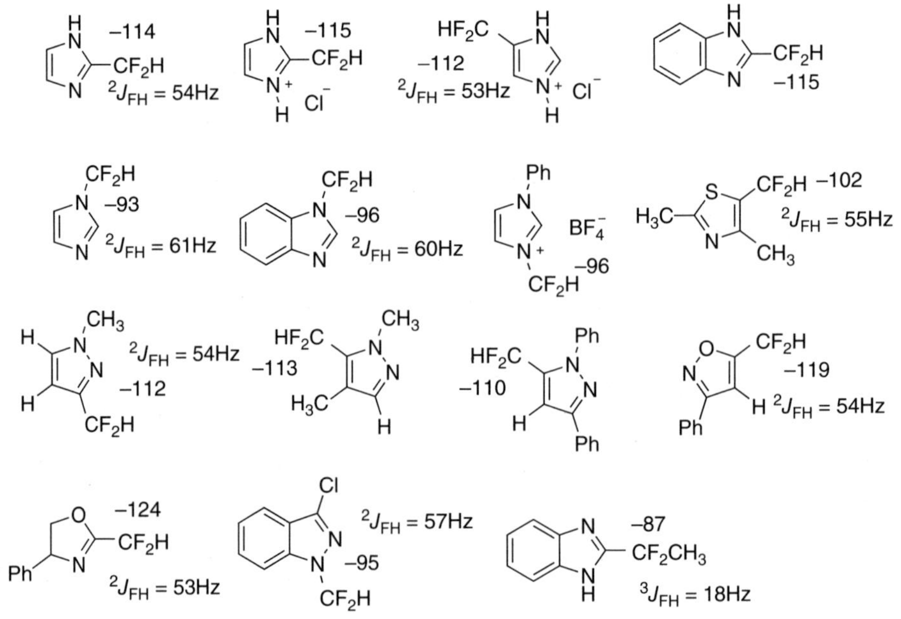

图 4.90　含两个杂原子的五元杂环的 CF_2H 基的氟原子化学位移

图 4.91 中给出了此类体系的核磁共振氢谱、碳谱和氮谱数据。

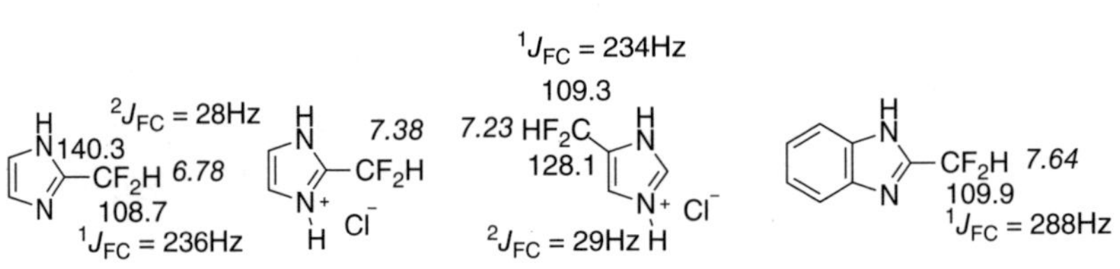

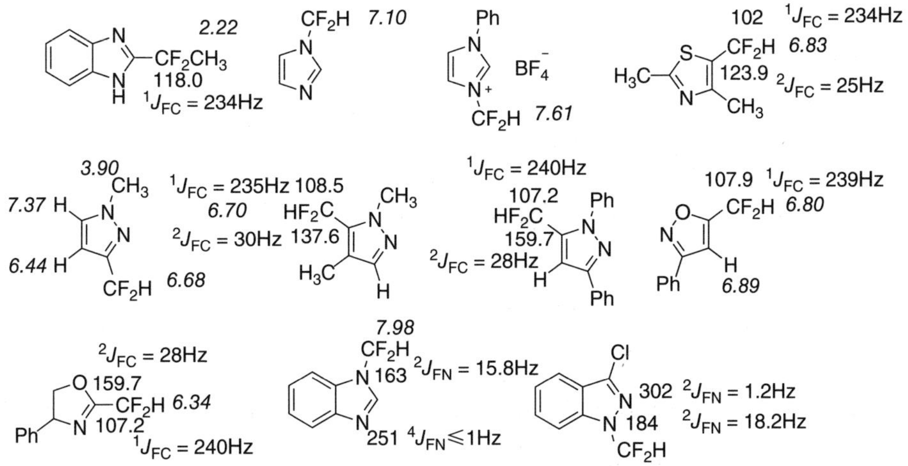

图 4.91 含两个杂原子的五元杂环的核磁共振氢谱、碳谱和氮谱数据

4.10.5 含三个或更多杂原子的五元杂环：悉尼酮、三唑和苯并三唑

图 4.92 中给出了这些类型化合物的核磁共振氟谱、氢谱和碳谱数据。

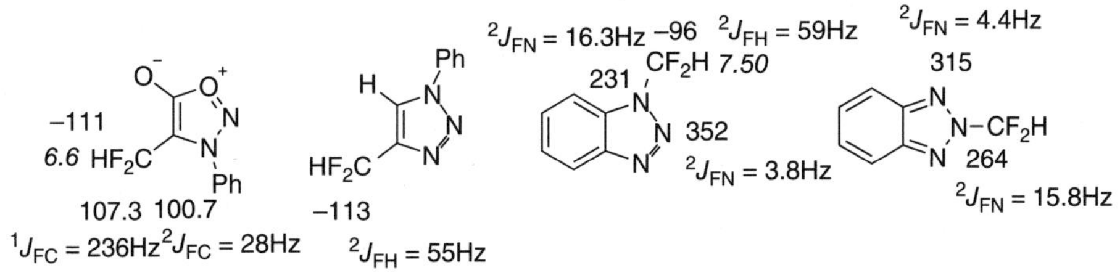

图 4.92 含三个或更多杂原子的五元杂环化合物的核磁共振氟谱、氢谱和碳谱数据

4.10.6 其它二氟甲基取代的杂环体系

图 4.93 中提供了含 NCF_2H、OCF_2H 或 SCF_2H 基团的多种杂环化合物的核磁共振数据。

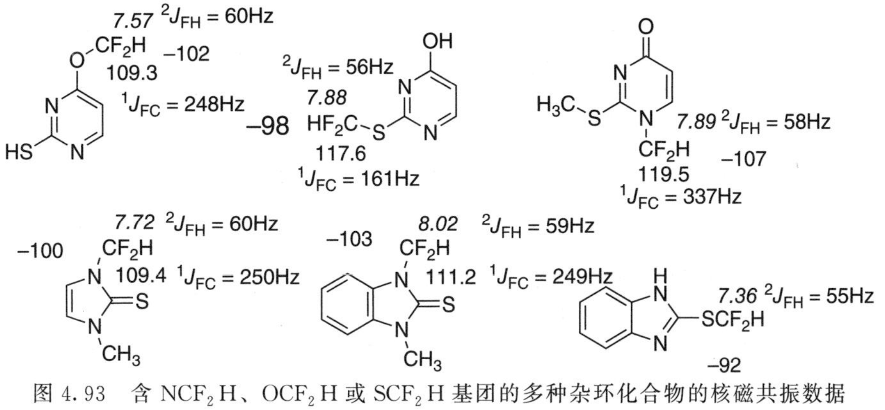

图 4.93 含 NCF_2H、OCF_2H 或 SCF_2H 基团的多种杂环化合物的核磁共振数据

参考文献

[1] Percy, J. M. *Chimica Oggi* **2004**, *22*, 18.

[2] Wiberg, K. B.; Zilm, K. W. *J. Org. Chem.* **2001**, *66*, 2809.

[3] Smith, W. H.; Irig, A. M. *J. Phys. Chem.* **1969**, *75*, 497.

[4] Cox, R. H.; Smith, S. L. *J. Magn. Res.* **1969**, *1*, 432.

[5] Brey, W. S. *Magn. Res. Chem.* **2008**, *46*, 480.

[6] Weigert, F. J. *J. Fluorine Chem.* **1990**, *46*, 375.

[7] Tanuma, T.; Irisawa, J. *J. Fluorine Chem.* **1999**, *99*, 157.

[8] Weigert, F. J. *J. Fluorine Chem.* **1993**, *60*, 103.

[9] Cavalli, L. *Org. Magn. Reson.* **1970**, *2*, 233.

[10] Burton, D. J.; Hartgraves, G. A. *J. Fluorine Chem.* **2007**, *128*, 1198.

第5章

三氟甲基

5.1 引言

三氟甲基已经成为许多生物活性化合物的重要结构组成部分,这主要是因为其对化合物极性和亲脂性的影响。

下面给出了一些含 CF_3 基的重要农药和药物的例子,其中包括杀虫剂杀铃脲(图 5.1 **5-1**),用于治疗精神分裂症的神经安定药氟奋乃静(图 5.1 **5-2**),以及著名的抗抑郁药氟西汀(百忧解®)(图 5.1 **5-3**)。

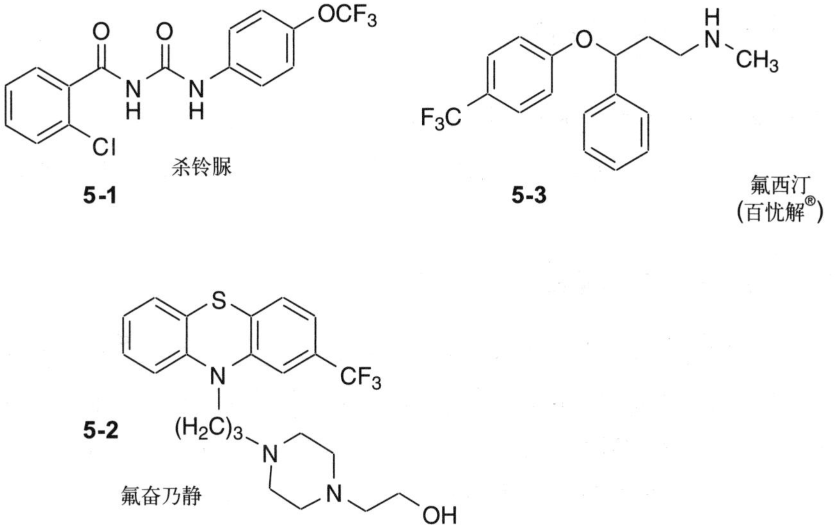

图 5.1 含 CF_3 基的生物活性化合物的例子

与碳相连的三氟甲基的氟谱通常具有明显的特征,大多数 CF_3 基的化学位移在 $-60 \sim -80$ 范围内。例外情况是:炔基 CF_3 基,其吸收在最低场,以 3,3,3-三氟丙炔($\delta_F = -52.1$)为代表;以及全氟碳化合物中的 CF_3 基,可以在高于 -80 的高场吸收;或者连接到环丙烷环上的 CF_3 基,其吸收也高于 -80。

与碳相连的三氟甲基的 ^{13}C NMR 谱也是特征性的,但由于信号较弱且存在多重耦合,由 CF_3 基产生的碳信号往往难以辨认,因此有时甚至没有报告。对于含三氟甲基的化合物,即使其相对易溶,其 ^{13}C NMR 谱往往也需要过夜扫描,即使化合物的溶解度相对较高。除少数例外,CF_3 基的 ^{13}C 化学位移通常位于相对较窄的 107~130 范围内。三氟甲基将其自身碳及其邻近的所有碳分裂为特征性的四重峰,对于与碳相连的 CF_3,F-C 一键耦合通常在 275~285Hz 范围内。这种一键耦合远大于—CF_2—或 CF_2H 基团的一键耦合(234~250Hz),而—CF_2—或 CF_2H 基团的一键耦合又大于—CHF—和 CH_2F 基团的一键耦合(162~170Hz)。两键耦合通常在 25~35Hz 范围内,三键耦合也可以观察到,其值在 2~3Hz 范围内。

关于 ^1H NMR 谱,三氟甲基对邻近氢的化学位移影响较小,远小于单氟取代基的影响。位于 CF_3 基相邻碳原子上氢受到的去屏蔽作用导致的移动通常小于 1,而更远处的氢则几乎不受影响。在三氟甲基碳氢化合物中,三氟甲基和邻位氢之间的 F-H 三键耦合(7~11Hz)比在 CF_2(15~22Hz)和单氟化合物(21~27Hz)中所观察到的要小得多。

5.2 含 CF_3 基的饱和烃

与单氟和 CF_2 基团的情况一样,CF_3 基团附近的支化会导致 CF_3 氟原子受到的屏蔽作用增强,从而产生更负的化学位移。现有的少数例子似乎证实了这一点。

5.2.1 含 CF_3 基的烷烃

1,1,1-三氟正烷烃的 CF_3 基通常在约 −68 处吸收,以 1,1,1-三氟己烷和 1,1,1-三氟辛烷为例,据报道,它们分别在 −67.8 和 −67.7 处吸收,且都显示为三重峰,其 $^3J_{FH}=11Hz$。从图 5.2 中可以看出,支化进一步屏蔽了 CF_3 氟原子。

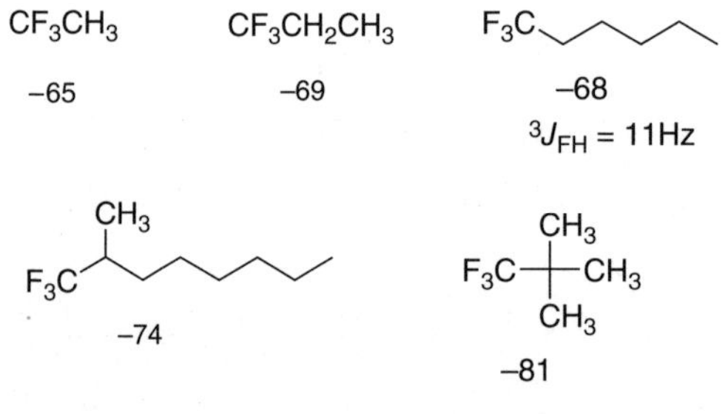

CF_3CH_3 　　$CF_3CH_2CH_3$ 　　$F_3C\diagup\!\!\!\diagdown\!\!\!\diagup\!\!\!\diagdown$

−65 　　　　　−69 　　　　　　−68

　　　　　　　　　　　　　　$^3J_{FH} = 11Hz$

　　　　　　CH$_3$ 　　　　　　CH$_3$
　　　　　　| 　　　　　　　　|
　　　F_3C—CH—　　　　　F_3C—C—CH_3
　　　　　　　　　　　　　　　|
　　　　　　−74 　　　　　　CH$_3$
　　　　　　　　　　　　　　−81

图 5.2 支化的影响

图 5.3 提供了典型的直链三氟甲基烷烃——1,1,1-三氟丁烷的氟核磁共振谱。其三氟甲基在 −66.94 处呈现为三重峰，H-F 三键耦合常数为 11Hz。

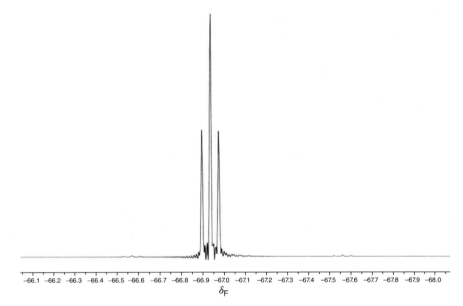

图 5.3　1,1,1-三氟丁烷的 ^{19}F NMR 谱

5.2.2　含 CF_3 基的环烷烃

连接在环己烷环上的三氟甲基的化学位移并无特别之处，在 −75 处吸收，$^3J_{FH}=8Hz$（图 5.4）。目前尚无三氟甲基环戊烷或环丁烷的氟化学位移数据可供参考。三氟甲基环丙烷的氟原子被额外屏蔽，这种 CF_3 基出现在所有 CF_3 取代烃的最高场。

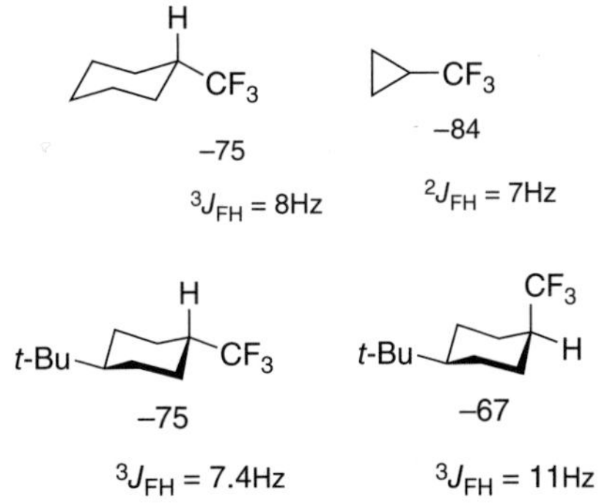

图 5.4　连接在环己烷上的三氟甲基的化学位移

如图 5.4 中的两个 4-叔丁基-1-三氟甲基环己烷所示，平伏位置的 CF_3 基比

轴向位置的受到更大的屏蔽。这可能是被称为空间位阻去屏蔽的又一个例子。

然而，三氟甲基环烷烃体系确实提供了一些 CF_3 与叔碳中心相连的例子，如 1-甲基-1-三氟甲基环己烷、环戊烷和环丁烷，它们的吸收峰都位于前面提到的二级体系的更高场处（分别为 −81、−78 和 −80），这符合支化原理的预期。

5.2.3 ^1H 和 ^{13}C NMR 数据——概论

从图 5.5 中可以看出，在三卤甲烷系列中，与其它卤素相比，氟对与同一碳原子相连的氢的化学位移的影响存在异常。还可以看出，CCl_3 基对 β-氢的化学位移也有更大的诱导效应。

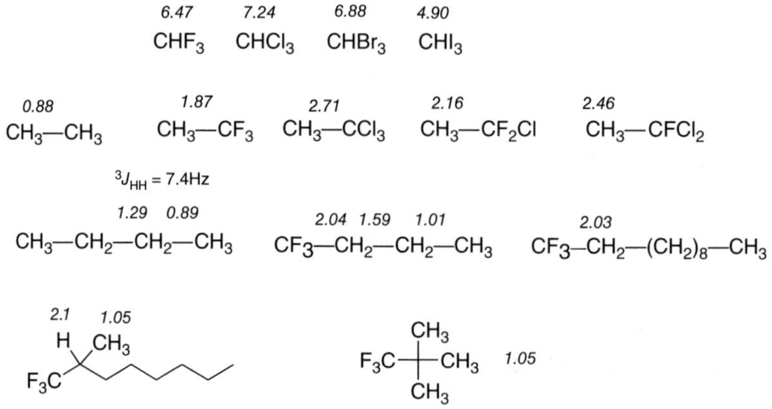

6.47   7.24   6.88   4.90
CHF_3 $CHCl_3$ $CHBr_3$ CHI_3

0.88   1.87   2.71   2.16   2.46
$CH_3—CH_3$ $CH_3—CF_3$ $CH_3—CCl_3$ $CH_3—CF_2Cl$ $CH_3—CFCl_2$

$^3J_{HH} = 7.4 Hz$

1.29 0.89   2.04 1.59 1.01   2.03
$CH_3—CH_2—CH_2—CH_3$ $CF_3—CH_2—CH_2—CH_3$ $CF_3—CH_2—(CH_2)_8—CH_3$

2.1 1.05   1.05

图 5.5 三卤甲烷 ^1H NMR 数据

一般而言，CF_3 基的存在会引起邻位氢原子相对温和的去屏蔽（移动＜1）（图 5.5）。如前所述，这种影响小于 CCl_3 基的。

图 5.6 提供了 1,1,1-三氟丁烷的核磁共振氢谱作为示例。从该谱图得出的氢化学位移数据如下：$\delta 1.01$（t，$^3J_{HH}=7$，3H），1.59（六重峰，$^3J_{HH}=8$，2H），2.04（m，2H）。

如图 5.7 所示，与烷基链相连的 CF_3 基碳通常出现在约 127～128 处，它使相邻的碳原子去屏蔽（移动 10～11），而实际上它似乎将下一个碳原子屏蔽了（移动约 9）。

与它们的氟谱一样，三氟甲基环己烷的碳谱也显示出一些细微的差异，这取决于 CF_3 基是处于平伏位置还是轴向位置，轴向 CF_3 出现在略微高场（约 1）处。

图 5.8 的 1,1,1-三氟丁烷的谱图提供了三氟甲基烷烃核磁共振碳谱的典型示例。

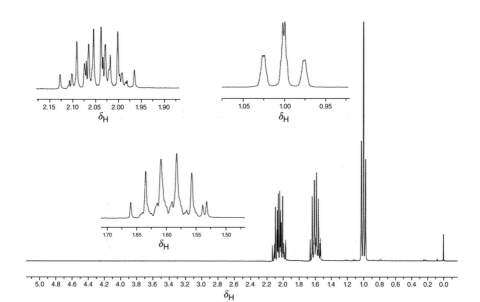

图 5.6　1,1,1-三氟丁烷的 ^{1}H NMR 谱

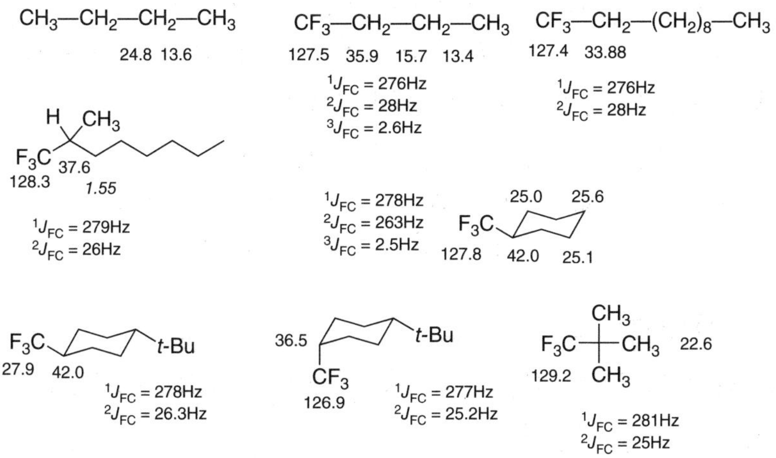

图 5.7　与烷基链相连的 CF_3 基碳

上述 1,1,1-三氟丁烷谱图的 ^{13}C 化学位移数据如下：δ127.5（q，$^1J_{FC}=$ 276Hz），35.9（q，$^2J_{FC}=28$Hz），15.7（q，$^3J_{FC}=2.6$Hz），13.4（s）。

5.3　取代基和官能团的影响

由第ⅤA～ⅦA族原子（即卤素、O、S、N 或 P）与 CF_3 基直接相连的几乎所有基团，都会导致 CF_3 氟原子相对于 CF_3CH_3 的去屏蔽。相反地，电正性

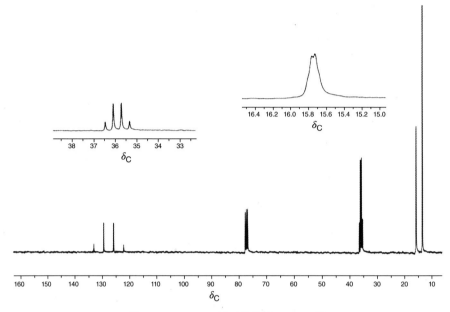

图 5.8　1,1,1-三氟丁烷的 ^{13}C NMR 谱

的 $SiMe_3$ 基相对于 CF_3CH_3 而言略微屏蔽了 CF_3 基。请注意，单个氢原子对 CF_3H 中氟原子有相对较强的屏蔽效应（图 5.9）。位于 CF_3 基 β 碳上的电负性取代基以及羰基或其它官能团，都会屏蔽其氟原子。

$$n\text{-}C_nH_{2n+1}\text{—O—}CF_3 \quad CH_3\text{—}CF_3 \quad Me_3Si\text{—}CF_3 \quad H\text{—}CF_3$$
$$-60 \qquad\qquad -65.0 \qquad\qquad -67 \qquad\qquad -78$$

图 5.9　取代基或官能团对氟原子的屏蔽效应

5.3.1　卤素的影响

与单氟和 CF_2 基团的情况一样，直接与 CF_3 相结合的卤素对 CF_3 的去屏蔽作用依次减弱：I＞Br＞Cl＞F（表 5.1）。

表 5.1　三氟甲基卤化物的化学位移

CF_3X	F	Cl	Br	I
δ_F	−61.7	−28.0	−18.0	−5.1

两种含有 CF_3-I 键的亲电三氟甲基化试剂（Togni 试剂）（高价碘试剂）也值得在本节中提及（见下式）。

此外，β取代的卤素屏蔽 CF_3 基，就像它们屏蔽单氟和 CF_2 基一样（表5.2）。

表 5.2 2,2,2-三氟乙烷卤化物的氟化学位移

三氟乙烷卤化物	F	Cl	Br	I	H
CF_3CH_2X	−77.6	−72.1	−69.3	−65.6	−68.0
CF_3CHX_2	−86.2	−78.5			
CF_3CX_3	−88.2	−82.2			

与它们在 β-位的影响相反，γ-位的卤素会对 CF_3 基产生去屏蔽作用（图 5.10）。

$CF_3CH_2CH_3$ −69
$CF_3CH_2CH_2Cl$ −66
$CF_3CH_2CF_2CH_3$ −63
$CF_3CH_2CCl_3$ −62
$CF_3CH_2CF_3$ −61

图 5.10 γ-位的卤素对 CF_3 基的影响

直接与 CF_3 基相连的卤素会显著影响相应 ^{13}C 的化学位移，其范围在 78~125 之间（表 5.3）[1]。F-C 一键耦合常数从 F 到 I 逐渐增加，范围从 CF_4 的 260Hz 低值到 CF_3I 的 344Hz 高值。

β 位的氯取代导致 CF_3 碳的化学位移逐渐移向高场（图 5.11），而 CF_3CH_2Cl 中 CH_2 基的氢和碳化学位移受氯取代基的影响比受 CF_3 基的影响更大。

表 5.3 CF_3 卤化物的 ^{13}C NMR 数据

CF_3 卤化物	CHF_3	CF_4	CF_3Cl	CF_3Br	CF_3I
δ_C	119.1	119.8	125.4	112.6	78.1
$^1J_{FC}/Hz$	274	260	299	324	344

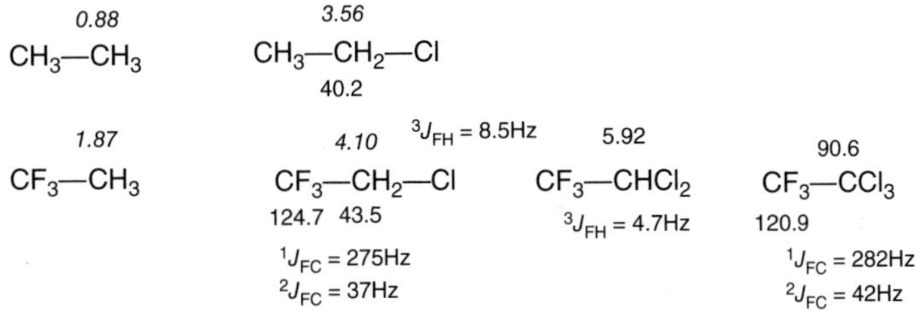

CH_3—CH_3 0.88

CH_3—CH_2—Cl 3.56, 40.2

CF_3—CH_3 1.87, 124.7, 43.5, $^1J_{FC}=275Hz$, $^2J_{FC}=37Hz$

CF_3—CH_2—Cl 4.10, $^3J_{FH}=8.5Hz$

CF_3—$CHCl_2$ 5.92, $^3J_{FH}=4.7Hz$

CF_3—CCl_3 90.6, 120.9, $^1J_{FC}=282Hz$, $^2J_{FC}=42Hz$

图 5.11 氯取代对 CF_3 碳的化学位移的影响

5.3.2 醚、醇、酯、硫醚和硒醚

如第3章所述，氟原子直接与羟基碳相连的化合物通常非常不稳定。然而，三氟甲醇已经被制备出来，但在高于 −30℃ 的温度下会自发地失去 HF。图 5.12 和图 5.17 分别给出了其氟和碳的核磁共振数据，它们与三氟甲基醚的

相应数据类似。

与三氟甲基相连的氧对其化学位移的影响远小于氯取代基。因此,三氟甲基醚中的氟原子(约 -58)不如 CF_3Cl 中的氟原子(约 -28)的去屏蔽程度强。三氟甲基硫醚和硒醚中氟原子的去屏蔽程度则更高(分别约为 -42 和 -37)。另外,芳基和烷基三氟甲基醚具有相似的氟化学位移,芳基和烷基三氟甲基硫醚也是如此。

羧酸三氟甲基酯很少见,因为此类化合物中的酰基取代基具有较高的反应活性。

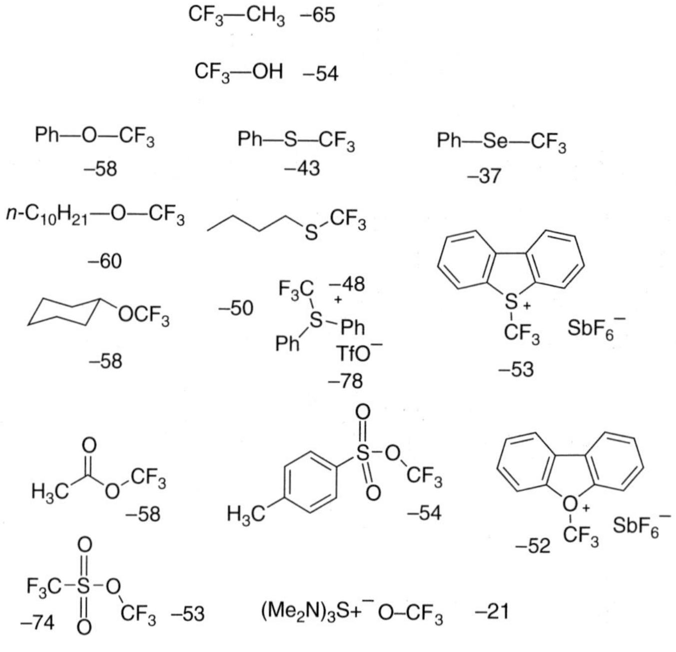

$CF_3\text{—}CH_3$ -65

$CF_3\text{—}OH$ -54

Ph—O—CF_3 -58 Ph—S—CF_3 -43 Ph—Se—CF_3 -37

$n\text{-}C_{10}H_{21}$—O—CF_3 -60

环己基—OCF_3 -58

F_3C—$\overset{+}{S}(Ph)(Ph)$ TfO^- -48 / -78 -50

二苯并噻吩鎓-CF_3 SbF_6^- -53

$H_3C\text{—}C(=O)\text{—}O\text{—}CF_3$ -58

$H_3C\text{—}C_6H_4\text{—}SO_2\text{—}O\text{—}CF_3$ -54

二苯并呋喃鎓-CF_3 SbF_6^- -52

$F_3C\text{—}SO_2\text{—}O\text{—}CF_3$ -74 / -53 $(Me_2N)_3S^+\text{—}O\text{—}CF_3$ -21

图 5.12 三氟甲酯的氟化学位移

尽管如此,图 5.12 还是给出了羧酸三氟甲基酯和磺酸三氟甲基酯的实例。此外,还包括了亲电性三氟甲基化试剂的例子,其中 CF_3 基与带正电的硫或氧原子相连。

尽管影响相对较小,但与氧相连的 CF_3 基的化学位移似乎呈现出一致的趋势:随着氧原子给电子能力的增加,对 CF_3 氟原子的屏蔽作用也增强。因此,三氟甲基氧鎓离子的化学位移表现出最大的去屏蔽效应,而烷基—OCF_3 基的化学位移则显示出最大的屏蔽效应。

有趣的是,CF_3 基锌化合物相对于类似的醚来说是受到去屏蔽的,而 CF_3 基锍盐化合物与简单的硫醚相比实际上是被屏蔽的。

与三氟甲基烷烃中的氟原子相比，与醇（图 5.13）、醚或硫醚官能团（图 5.14）相邻的 CF_3 基中的氟原子被显著屏蔽。

CF3—CH3
−65
对比
CF3—CH2OH
−78
OH
CF3
−79
3JFH = 6.9Hz
OH
CF3
−80
3JFH = 7.5Hz

图 5.13 醇官能团对氟化学位移的影响

CF3—CH2—O—C4H9
−75
CF3—CH2—O—Ph
−75
O
O—CH2—CF3
−73
n-C7H15—CO2—CH2—CF3
−74
CF3—CH2—S—C4H9
−69
CF3—CH2—S—Ph
−69

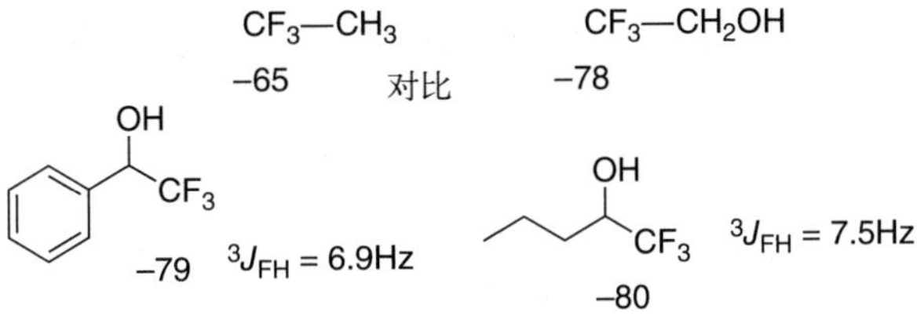

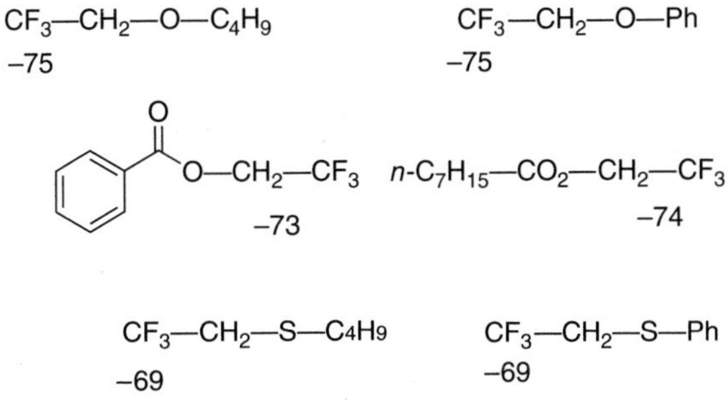

图 5.14 醚或硫醚官能团对氟化学位移的影响

1,1,1-三氟-2-丙醇的氟谱（图 5.15）是一个在 CF_3 邻位连有羟基的化合物的例子。

−81.40
−81.45
−81.50
−81.55
−81.60
−81.65
−81.70
−81.75
−81.80
−81.85
−81.90
δF

图 5.15 1,1,1-三氟-2-丙醇的 ^{19}F NMR 谱

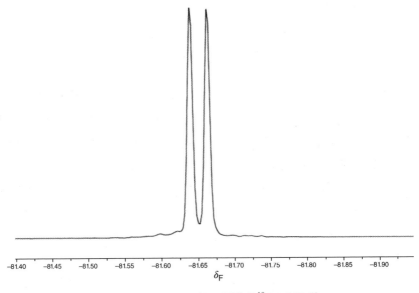

将醇官能团移动到离 CF_3 基更远的一个碳上，就会失去大部分的屏蔽作用（图 5.16）。

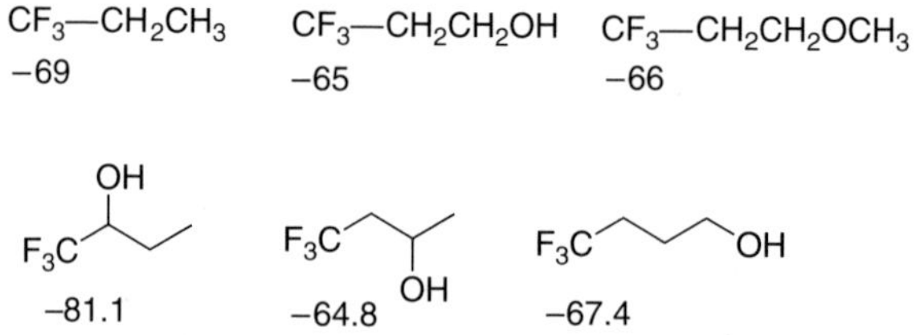

$CF_3-CH_2CH_3$ $CF_3-CH_2CH_2OH$ $CF_3-CH_2CH_2OCH_3$
−69   −65   −66

$F_3C-CH(OH)-CH_2CH_3$ $F_3C-CH(CH_3)-OH$ $F_3C-CH_2CH_2CH_2OH$
−81.1   −64.8   −67.4

图 5.16   不同位置的氧官能团对 CF_3 位移的影响

值得注意的是，在图 5.16 中给出的一系列 1,1,1-三氟丁醇中，并未显示出一致的规律，这一点颇为有趣。

图 5.17 中给出了三氟甲基醚、硫醚和酯的一些典型核磁共振氢谱和碳谱数据。

CF_3-OH
118.0 $^1J_{FC} = 256 Hz$

n-$C_8H_{17}-O-CF_3$ $CF_3-CH_2-CH_2-(CH_2)_7-CH_3$ n-$C_4H_9-S-CF_3$
122   2.03   127.4   33.9   131.5
$^1J_{FC} = 251 Hz$ $^1J_{FC} = 306 Hz$

$Ph-O-CF_3$ $H_3C-C(=O)-O-CF_3$ $H_3C-C_6H_4-SO_2-O-CF_3$ $F_3C-S(=O)_2-O-CF_3$
120.6   2.18   162   119.2   118.4   118.4   118.8
$^1J_{FC} = 257 Hz$ 20.7 $^1J_{FC} = 266 Hz$ $^1J_{FC} = 266 Hz$ $^1J_{FC} = 320 Hz$ $^1J_{FC} = 273 Hz$

$Ph-S-CF_3$ $Ph-Se-CF_3$
129.7   122.8
$^1J_{FC} = 308 Hz$ $^1J_{FC} = 333 Hz$

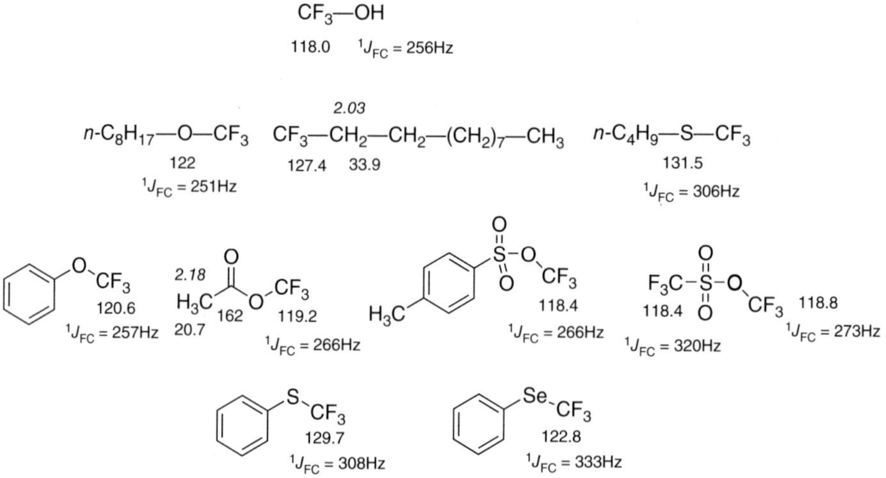

图 5.17   三氟甲基醚、硫醚和酯的一些典型核磁共振氢谱和碳谱数据

尽管这些影响相对较小，但与氧相连的 CF_3 基的碳化学位移及其 C-F 一键耦合常数均呈现出一致的趋势，即氧的给电子能力增强会导致 CF_3 碳受到的去屏蔽作用增大和耦合常数减小。因此，正辛基三氟甲基醚的化学位移为 122、耦合常数为 251Hz，而三氟甲磺酸三氟甲酯的化学位移为 118.8、耦合常数为 273Hz。

继续观察从 CH_2F 到 CF_2H 再到 CF_3 碳的趋势，三氟甲基醚的 ^{13}C 化学位移实际上比三氟甲基烃的 ^{13}C 化学位移更受屏蔽作用（移动约 5）。图 5.18 总结了醚取代基对各种氟、碳化学位移的相对影响。

关于氢谱，与 2,2,2-三氟乙基氯化物的情况（图 5.11）一样，2,2,2-三氟乙醇和 2,2,2-三氟乙醚中 CH_2 氢的化学位移受 OH 或醚取代基的影响比受

烃类	醚	Δδ
$CH_3CH_2CH_2CH_2CH_3$	$CH_3CH_2CH_2—O—CH_3$	
13.9	57.6	+43.7
$CH_3CH_2CH_2CH_2CH_2F$	$CH_3—O—CH_2F$	
83.6	104.8	+21.2
$n\text{-}C_7H_{15}CF_2H$	$CH_3CH_2—O—CF_2H$	
117.5	115.8	−1.7
$CH_3CH_2CH_2CF_3$	$n\text{-}C_8H_{17}—O—CF_3$	
127.5	122.0	−5.5

图 5.18 醚取代基对氟、碳化学位移的影响

CF_3 基的影响更大。

在图 5.19 的 1,1,1-三氟戊-2-醇和-3-醇以及 4,4,4-三氟丁-1-醇化合物系列中，可以看到随着醇官能团逐渐远离 CF_3 官能团而引起的氢化学位移的变化趋势。1,1,1-三氟-2-丙醇的核磁共振氢谱提供了一个带有邻位 OH 基的醇的示例（图 5.20）。

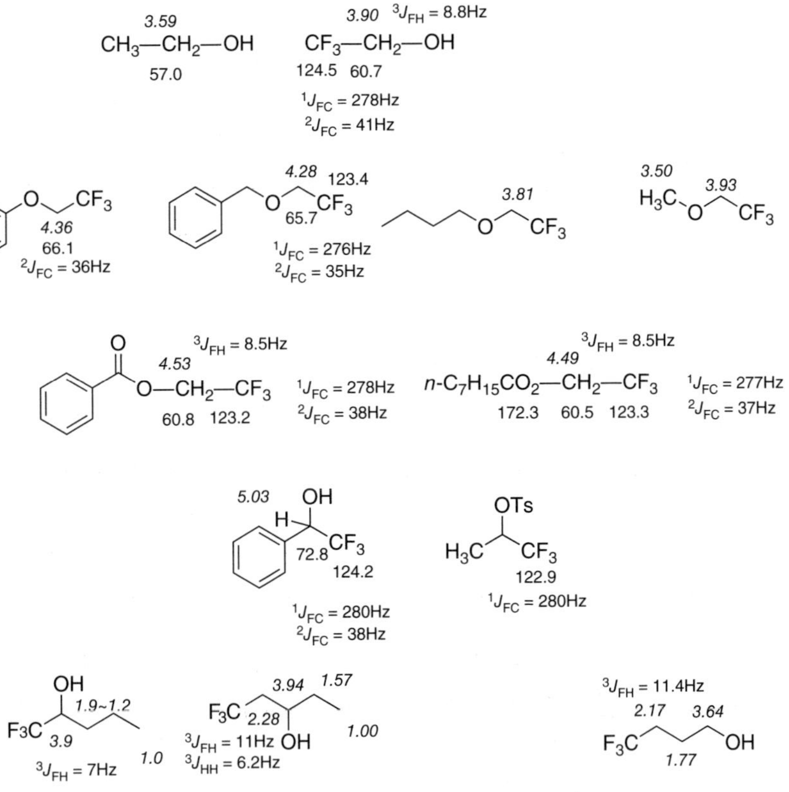

图 5.19 官能团位置对氢化学位移的影响

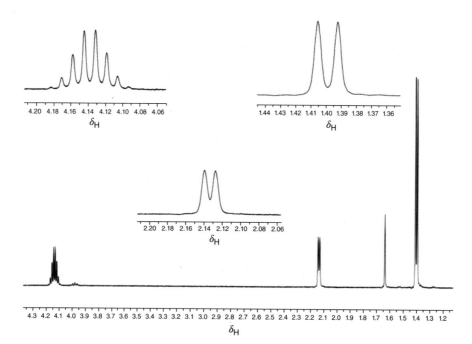

图 5.20 1,1,1-三氟-2-丙醇的 ^{1}H NMR 谱

位于碳 2 上的氢在 4.14 处呈现为八重峰，这表明所有的三键耦合都必须基本相同（约 6Hz）。这包括观察到的 OH 氢的耦合，它在 2.13 处表现为双重峰。CH_3 氢在 1.40 处也表现为双重峰。

在碳谱中，相邻碳上的醇、醚或酯官能团会屏蔽 CF_3 基的碳原子（图 5.19）。同样，以 1,1,1-三氟-2-丙醇作为核磁共振碳谱的示例（图 5.21），可以

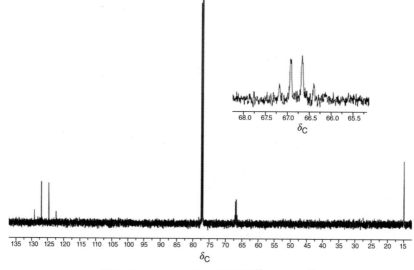

图 5.21 1,1,1-三氟-2-丙醇的 ^{13}C NMR 谱

看到三个信号，CF_3 碳以四重峰出现在 125 处，其 C-F 一键耦合常数为 280Hz。其它两个碳信号出现在 67.0（q，$^2J_{FC}=32Hz$）和 15.5（br s）处。

图 5.22 中提供了几个 3,3,3-三氟丙醇和醚的例子，它们对 CF_3 氟原子具有轻微的屏蔽影响。

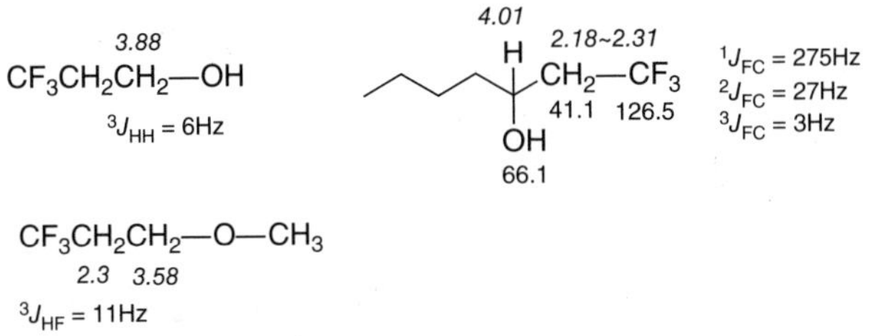

图 5.22　3,3,3-三氟丙醇和醚的例子

5.3.3　砜、亚砜和亚砜亚胺

与硫相连的 CF_3 基的其它类型包括砜、亚砜和亚砜亚胺，其实例在图 5.23 中给出。

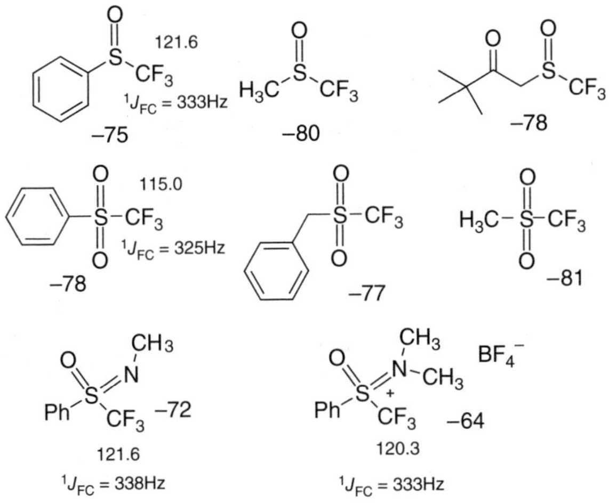

图 5.23　CF_3-砜、亚砜和亚砜亚胺

5.3.4　胺和硝基化合物

与氟甲基胺和二氟甲基胺不同，当氮原子上不带有氢原子时，三氟甲基胺具有相对较好的动力学稳定性。与其它电负性较高的取代基一样，直接与氮相连的三氟甲基中的氟原子相对于烃体系来说是去屏蔽的，如图 5.24 中的例子所示。

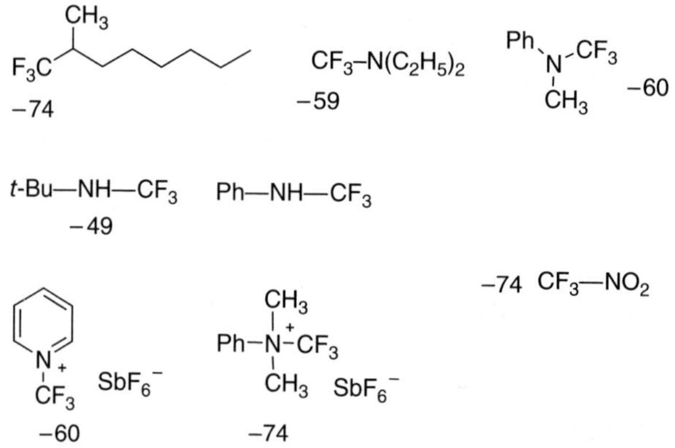

CH₃
F₃C⎯⎯⎯⎯⎯⎯⎯⎯⎯⎯   CF₃-N(C₂H₅)₂   Ph\N/CF₃
         -74   -59 |
                                       CH₃ -60

t-Bu—NH—CF₃   Ph—NH—CF₃
     -49

               CH₃
               |
     ⊕   Ph-N⁺-CF₃   -74 CF₃—NO₂
  N-CF₃ SbF₆⁻ | SbF₆⁻
     -60   CH₃
                 -74

图 5.24 直接与氮相连的三氟甲基中的氟原子相对于烃体系来说是去屏蔽的

三氟甲基 F 原子 β 位的氨基会产生相当大的屏蔽效应，这从图 5.25 给出的例子中可以看出。盐酸盐相对于游离碱来说具有去屏蔽效应。

2,2,2-三氟乙胺的氮原子对 CF_3 仅产生轻微（移动约 3）的屏蔽影响（图 5.26）。

通过查看图 5.26 中 4,4,4-三氟丁基铵的氟化学位移，可以发现这与类似醇中观察到的情况一样，缺乏一致的趋势。

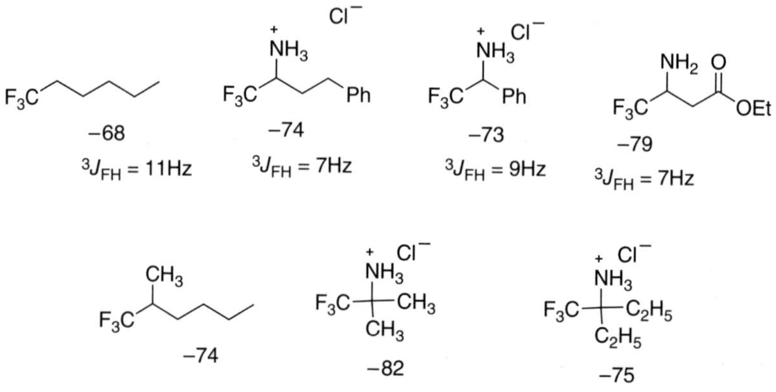

F_3C~~~~ F_3C-CH(NH₃⁺Cl⁻)CH₂Ph F_3C-CH(NH₃⁺Cl⁻)Ph F_3C-CH(NH₂)CH₂C(O)OEt
  -68   -74   -73   -79
              $^3J_{FH}$ = 11Hz $^3J_{FH}$ = 7Hz $^3J_{FH}$ = 9Hz $^3J_{FH}$ = 7Hz

     CH₃
F₃C-CH~~~   F₃C-C(CH₃)₂(NH₃⁺Cl⁻)   F₃C-C(C₂H₅)₂(NH₃⁺Cl⁻)
   -74   -82   -75

图 5.25 三氟甲基 F 原子 β 位的氨基会产生相当大的屏蔽

CF₃CH₂CH₃   CF₃CH₂NH₂   PhC(O)NH-CH₂-CF₃   CF₃CH₂CH₂NH₂
  -69   -72   -71   -66

F₃C-CH(NH₃⁺Cl⁻)C₂H₅   F₃C-CH₂-CH(NH₃⁺Cl⁻)CH₃   F₃C-CH₂-CH₂-NH₃⁺
     -75.5   -61.8   -67.1

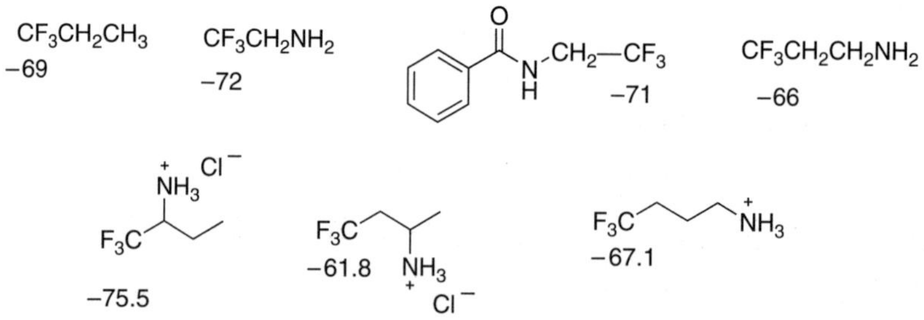

图 5.26 不同位置的氨基对 CF_3 的屏蔽

与氧类似、但程度较轻，直接与 CF₃ 基相连的氨基氮对 CF₃ 碳产生轻微的屏蔽（相对于 CF₃-烃类化合物中的 CF₃ 碳），CF₃-烃类化合物中的 CF₃ 碳在约 127 处吸收（图 5.27）。

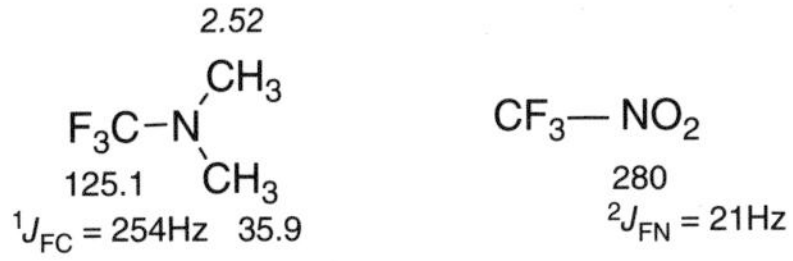

图 5.27　CF₃-烃类化合物中的 CF₃ 碳的化学位移

β-氨基官能团也会屏蔽 CF₃ 碳（图 5.28）。

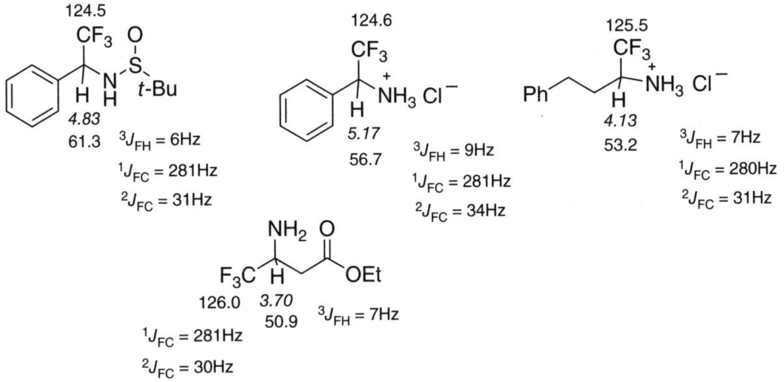

图 5.28　β-氨基官能团对 CF₃ 碳化学位移的影响

图 5.29 给出了含三氟乙胺类化合物的特征的核磁共振氢谱和碳谱数据。一系列 2-、3-和 4-丁胺有助于理解氢化学位移的变化趋势。

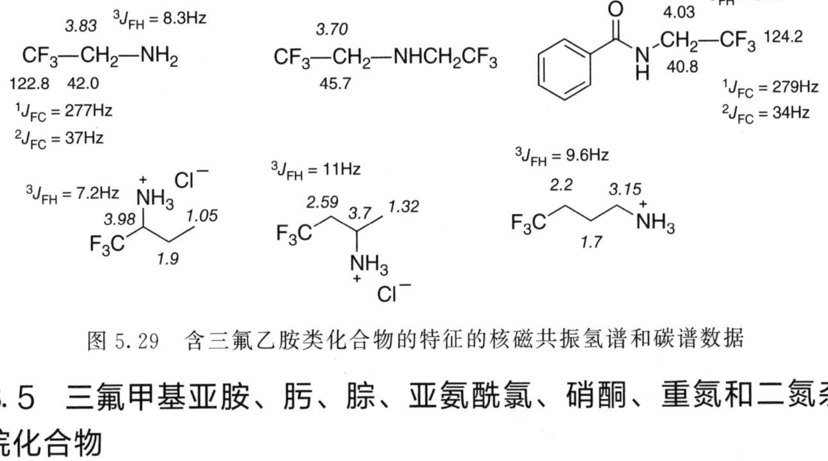

图 5.29　含三氟乙胺类化合物的特征的核磁共振氢谱和碳谱数据

5.3.5　三氟甲基亚胺、肟、腙、亚氨酰氯、硝酮、重氮和二氮杂环丙烷化合物

尽管前三种亚胺的取代基有很大不同，但具有非常相似的氟谱和碳谱（图

5.30)。为了进行比较，还展示了二氮杂环丙烷（重氮环丙烷，两根 N—C 单键代替一根 N═C 双键），它比亚胺屏蔽作用更强。请注意，随着更多的负电荷分布到带 CF_3 基的碳原子上，其氟原子就越被去屏蔽。

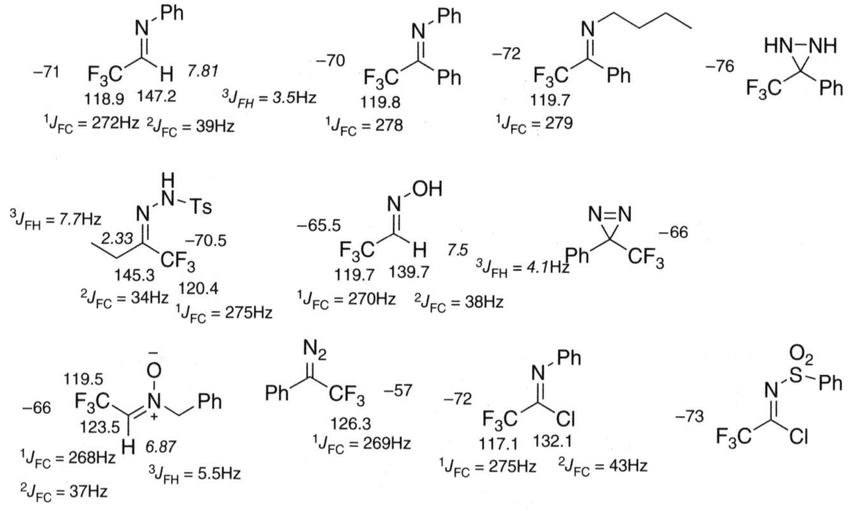

图 5.30　三氟甲基亚胺、肟、腙、亚氨酰氯、硝酮、重氮和二氮杂环丙烷化合物的核磁共振氟谱和碳谱数据

5.3.6　膦和鏻化合物

直接与磷相连的三氟甲基比相应的氮化合物受到的去屏蔽作用更强一些（图 5.31）。三氟甲基鏻盐受到的去屏蔽程度更大一点。

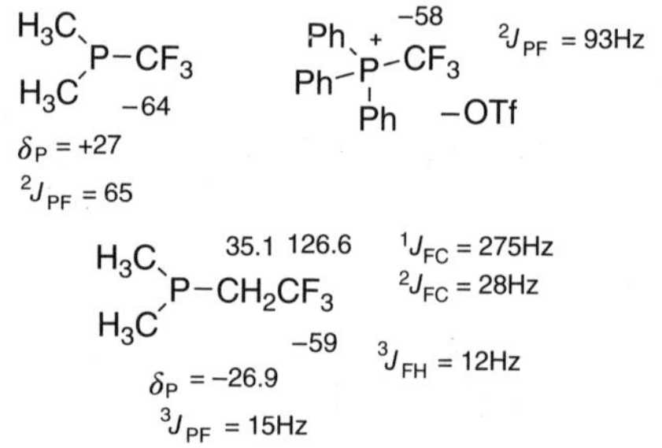

图 5.31　膦和鏻化合物的去屏蔽作用

5.3.7　有机金属化合物[2]

虽然人们通常认为甲基金属化合物（如甲基锂或甲基格氏试剂）具有碳负离子特性，但这类化合物在本质上通常是共价的，尽管它们在化学行为上类似于碳负离子。

类似的氟甲基有机金属化合物则不那么稳定，因为这些基团具有更强的电负性，因此共价特性较弱，同时也因为它们有失去氟离子生成卡宾物种的趋势。因此，碳负离子型的氟甲基金属化合物通常不够稳定，难以通过核磁共振波谱法进行表征。相比之下，三氟甲基（以及一定程度上的二氟甲基）中的强C—F键提供了足够的动力学稳定性，使得许多这样的有机金属化合物能够被表征。这些化合物都具有低场氟化学位移，通常位于与饱和碳相连的三氟甲基化合物的更低场。图 5.32 中提供了许多示例。

CF_3—$C(CH_3)_3$ −81
0.27

CF_3—$Si(CH_3)_3$ −67
132.2   −5.2
$^1J_{FC}$ = 322Hz

CF_3—$Ge(CH_3)_3$ −61
132.6   −5.2
$^1J_{FC}$ = 338Hz

CF_3—$Sn(CH_3)_3$ −48
133.8   −10.8
$^1J_{FC}$ = 356Hz

CF_3—$Pb(CH_3)_3$ −43

$(CF_3)_4$—Sn −42
$(CF_3)_4$—Ge −46
$(CF_3)_2$—Zn −43 CF_3—Zn—Cl −44.5
$(CF_3)_2$—Cd −36
$(CF_3)_2$—Hg −34 CF_3—Hg—Cl −30
CF_3—Cu −29
$(CF_3)_2Cu^-K^+$ −32
CF_3—Ag −23

[(18-冠-6)K$^+$] CF_3^- −18.7

图 5.32　三氟甲基金属化合物的氟化学位移

包括 TMSCF$_3$（Ruppert-Prakash 试剂）在内的第 IV A 族 CF$_3$-X（CH$_3$）$_3$ 系列的数据表明，CF$_3$ 基去屏蔽的趋势沿该族往下逐渐增强。

三氟甲基阴离子本身没有共价特征，是该图示所有基团中氟原子最被去屏蔽的基团。

5.4　硼酸酯

图 5.33 提供了一个 CF$_3$ 与硼酸酯中的硼相连的示例，以及 CF$_3$ 基与硼酸酯相隔一个碳原子的例子。这个三氟乙基的氟原子可能是与饱和碳相连的所有 CF$_3$ 基中最去屏蔽的。

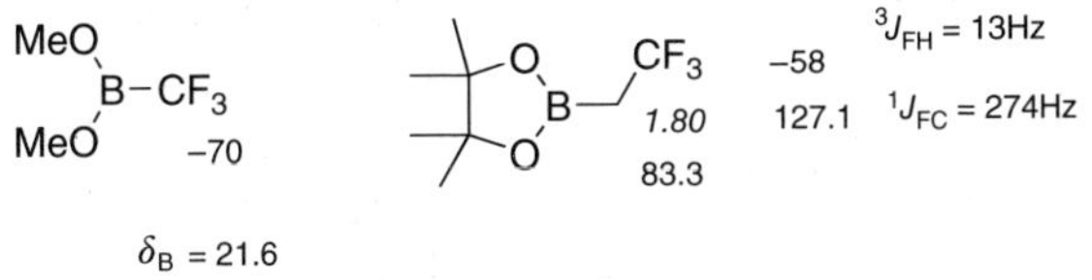

MeO
　　B—CF$_3$
MeO　　−70

δ_B = 21.6

　　　　　CF$_3$　−58　$^3J_{FH}$ = 13Hz
O—B—　　1.80　127.1　$^1J_{FC}$ = 274Hz
O　　　　83.3

图 5.33　CF$_3$ 与硼酸酯相连的示例

5.5 羰基化合物

羰基对 CF_3 基化学位移的影响在某种程度上类似于其它电负性取代基的影响。如图 5.34 中醛和酮的例子所示,当羰基碳直接与 CF_3 基相连时,会导致对 CF_3 氟原子的屏蔽。请注意,芳基三氟甲基酮比烷基三氟甲基酮受到的屏蔽要小得多。当然,三氟甲基酮的氟信号总是表现为尖锐的单峰。图 5.35 中所示的 1,1,1-三氟-2-丁酮的谱图是这类化合物的一个很好的例子,其氟信号为单峰,位于 -80.8。

$$CF_3\text{—}CH_2CH_3 \quad CF_3CHO$$
$$-69 \quad\quad\quad -82$$

$$\underset{-81}{CH_3\text{—}\underset{\parallel}{\overset{O}{C}}\text{—}CF_3} \quad\quad \underset{-72}{Ph\text{—}\underset{\parallel}{\overset{O}{C}}\text{—}CF_3}$$

图 5.34 醛和酮的示例

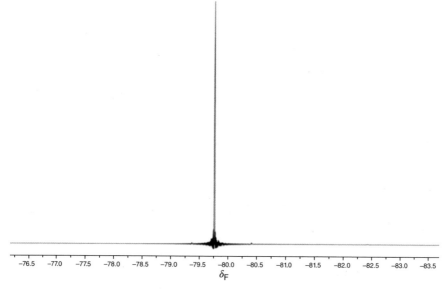

图 5.35 1,1,1-三氟-2-丁酮的 ^{19}F NMR 谱

当氟原子位于羰基的 β 位时,如在三氟丙醛中,羰基会导致氟原子的去屏蔽,并观察到在 10 Hz 左右的 H-F 三键耦合(图 5.36)。当氟原子处于羰基的 γ-位(或可能离羰基更远)时,几乎观察不到与 $CF_3CH_2CH_3$ 之间的差异。

4,4,4-三氟-2-丁酮的氟谱（图 5.37）是一个很好的例子，在 −63.8 处显示了一个三重峰，具有 10.4Hz 的 H-F 三键耦合。

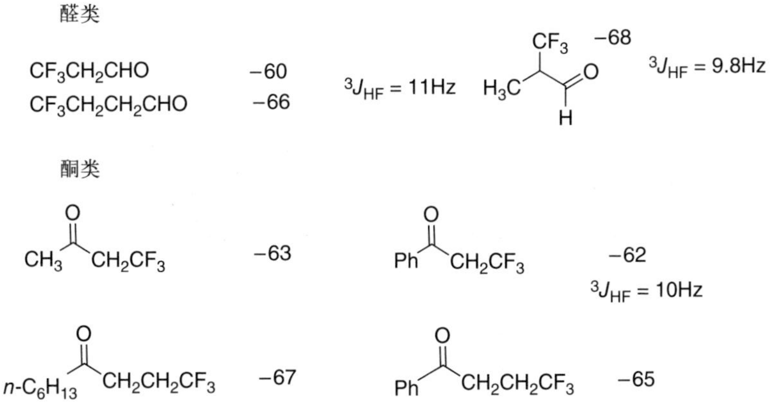

醛类
CF3CH2CHO −60
CF3CH2CH2CHO −66
3JHF = 11Hz
CF3 −68
H3C
O
H
3JHF = 9.8Hz
酮类
CH3 CH2CF3 −63
Ph CH2CF3 −62
3JHF = 10Hz
n-C6H13 CH2CH2CF3 −67
Ph CH2CH2CF3 −65

图 5.36　三氟甲基位置不同时的影响

−62.9 −63.0 −63.1 −63.2 −63.3 −63.4 −63.5 −63.6
δF
0 −5 −10 −15 −20 −25 −30 −35 −40 −45 −50 −55 −60 −65 −70 −75 −80
δF

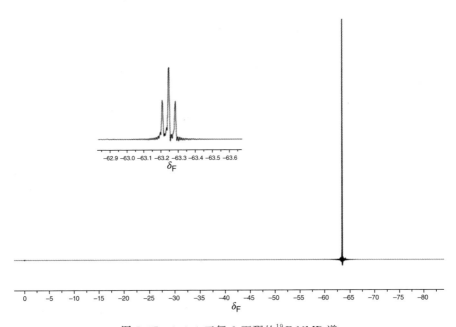

图 5.37　4,4,4-三氟-2-丁酮的 ^{19}F NMR 谱

对于羧酸衍生物，不同三氟乙酸衍生物之间的化学位移通常差别不大，如图 5.38 中的例子所示。此外，将 CF_3 远离羧酸官能团的效果与醛和酮中的情况类似。三氟甲基酮通常会与其水合物形式处于平衡状态，在这种情况下，可以观察到来自水合物和无水酮的信号，如图 5.38 中丙酮酸酯的例子所示。

羧酸衍生物

CF_3CO_2H −76 CF_3CO_2Et −76
CF_3COCl −76 $CF_3CONHCH_3$ −74
CF_3COF −75
$(CF_3CO)_2O$ −76

$CF_3CH_2CO_2H$ $CF_3CH_2CO_2Et$ $CF_3CH_2CON(CH_3)_2$
−64   −65   −63

$CF_3CH_2CH_2CO_2H$ −68

丙酮酸盐

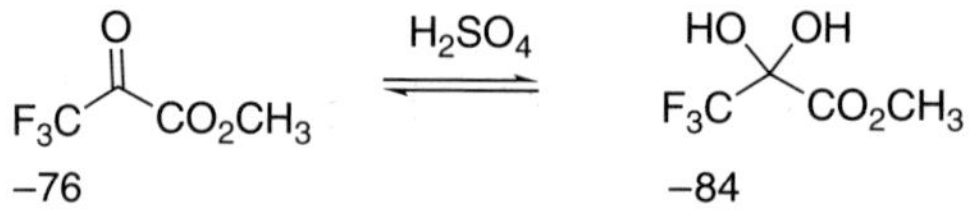

$F_3C-C(=O)-CO_2CH_3$ $\underset{}{\overset{H_2SO_4}{\rightleftharpoons}}$ $F_3C-C(OH)(OH)-CO_2CH_3$
−76   −84

图 5.38 不同羧酸及羧酸衍生物的化学位移

图 5.39 提供了三氟甲基化合物一些典型的核磁共振碳谱数据。

$F_3C-C(=O)-CH_2-CH_3$
115.0 154.4 30.7 5.9
     2.72 1.13
$^1J_{FC}$ = 285Hz
$^2J_{FC}$ = 46Hz

Ph−C(=O)−CF_3 116.7
180.3
$^1J_{FC}$ = 291Hz
$^2J_{FC}$ = 34Hz

$CF_3-CO_2CH_3$
116.2 159.6
$^1J_{FC}$ = 285Hz
$^2J_{FC}$ = 42Hz

$F_3C-C(=O)-CO_2CH_3$
116.7 175.2 155.4
$^1J_{FC}$ = 290Hz
$^2J_{FC}$ = 39Hz
$^3J_{FC}$ = 约0Hz

$F_3C-C(OH)(OH)-CO_2CH_3$
121.7 90.3 166.6
$^1J_{FC}$ = 289Hz
$^2J_{FC}$ = 32Hz
$^3J_{FC}$ = 约0Hz

$CF_3CH_2CH_2CHO$
126.4 26.4
$^1J_{FC}$ = 276Hz
$^2J_{FC}$ = 30Hz

Ph−C(=O)−CH_2−CF_3
42.0 3.80 124.0
$^1J_{FC}$ = 275Hz
$^2J_{FC}$ = 28Hz

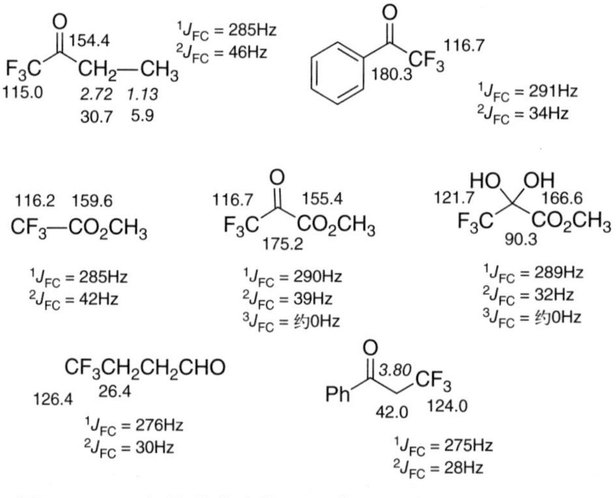

图 5.39 三氟甲基化合物一些典型的核磁共振碳谱数据

如图 5.40 给出的 1,1,1-三氟-2-丁酮的 ^1H 谱所示，CF_3 氟和 CH_2 氢之间没有明显的四键耦合。该化合物的碳谱（图 5.41）是此类谱图的典型代表，其中 CF_3 基和羰基的化学位移 δ 分别为 115.7 和 192.1，F-C 耦合常数分别为 292Hz 和 34Hz。在这种情况下，在 CH_2 碳上无法分辨出 F-C 三键耦合，该碳在 30.1 处显示为一个宽的单峰。

图 5.42 给出了一些三氟乙基化合物的氢谱和碳谱数据，图 5.43 和图 5.44 分别提供了 4,4,4-三氟-2-丁酮的氢谱和碳谱作为典型示例。

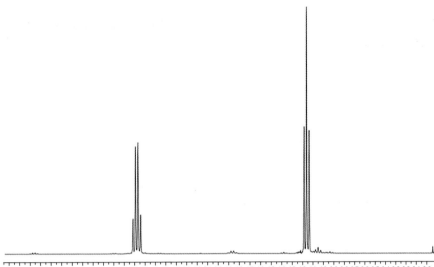

图 5.40　1,1,1-三氟-2-丁酮的 ^{1}H NMR 谱

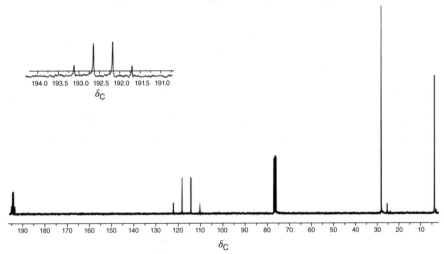

图 5.41　1,1,1-三氟-2-丁酮的 ^{13}C NMR 谱

图 5.42　三氟乙基化合物的核磁共振氢谱和碳谱数据

图 5.43 所示氢谱显示，在 δ3.18 处有一个四重峰，对应于 CH_2 基团的 H-F 三键耦合常数为 10.5Hz。

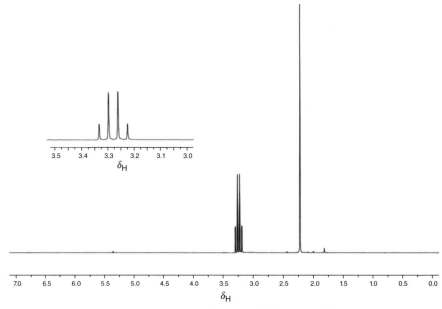

图 5.43　4,4,4-三氟-2-丁酮的 ^{1}H NMR 谱

图 5.44 所示 ^{13}C NMR 谱显示出一个在 123.8 处的四重峰，F-C 一键耦合常数为 278Hz；另一个在 46.9 处的四重峰，F-C 两键耦合常数为 28Hz；以及一个在 198.2 处的小四重峰（对应于羰基），其三键耦合仍然可以观察到，耦合常数为 2.5Hz。

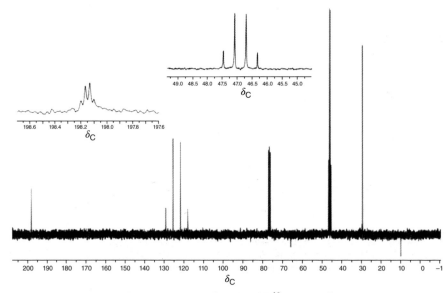

图 5.44　4,4,4-三氟-2-丁酮的 ^{13}C NMR 谱

5.6 腈类化合物

与羰基官能团的作用不同，与 CF_3 基相连的氰基会使 CF_3 氟原子去屏蔽，随着 CN 远离 CF_3 基，这种去屏蔽作用会减弱（图 5.45）。

CF_3CN　　CF_3CH_2CN　　$CF_3CHBrCN$
−60　　　　−65　　　　　　−69

图 5.45　氰基对 CF_3 化学位移的影响

腈类化合物的 ^{13}C NMR 数据很少（图 5.46）。

CF_3CN　　　　　CF_3CH_2CN　　　$CF_3CHBrCN$
130.8　128.9　　　　　1.4　　　　　　　　4.9
$^1J_{FC}$ = 266Hz　　$^3J_{FH}$ = 9.2Hz
$^2J_{FC}$ = 56Hz

图 5.46　腈类化合物的 ^{13}C 和 ^1H NMR 数据

5.7 双官能团化合物

从下面的例子（图 5.47）可以看出，CF_3 基的化学位移主要受到其最邻近官能团的影响。

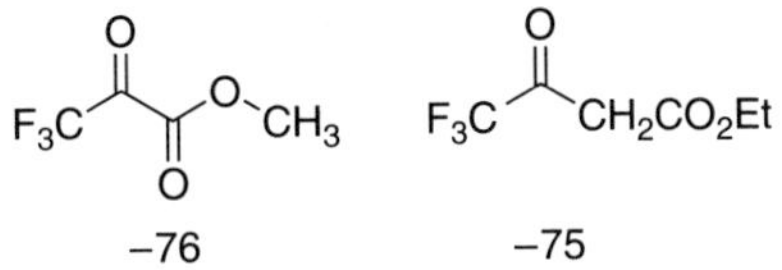

F₃C−C(=O)−O−CH₃　　　　F₃C−C(=O)−CH₂CO₂Et
　　　−76　　　　　　　　　　　　−75

图 5.47　双官能团对 CF_3 基化学位移的影响

5.8 磺酸衍生物

SO_3H 基团的影响与 CO_2H 基团的影响相差不大。三氟甲磺酸的所有衍生物都具有非常相似的化学位移（图 5.48）。

CF_3SO_3H　−80

$CF_3SO_3CH_3$　−75　　　$(CF_3SO_2)_2O$　−72

CF_3SO_2Cl　−76　　　　CF_3SO_3TMS　−78

图 5.48　三氟甲磺酸的衍生物对化学位移的影响

5.9 三氟甲基直接与 sp²、sp 杂化态碳相连

与饱和烷烃相比，三氟甲基与烯烃、芳烃或杂环化合物中 sp² 碳相连时表现出轻微的去屏蔽作用，但这种作用相对较小（图 5.49）。

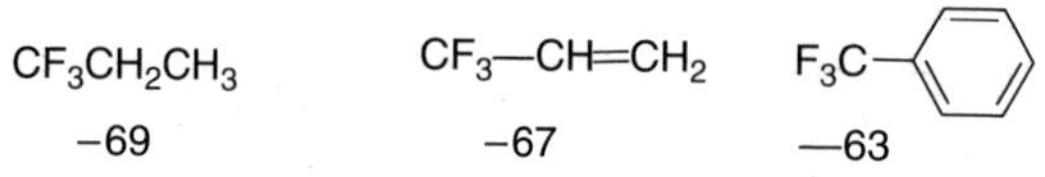

CF₃CH₂CH₃   CF₃—CH=CH₂   F₃C—C₆H₅
   −69   −67   −63

图 5.49 三氟甲基与 sp² 碳相连时 CF₃ 基的化学位移

5.9.1 三氟甲基与烯基相连

直接与简单烯类碳-碳双键相连的三氟甲基的化学位移与类似饱和体系的相比没有显著差异（图 5.50）。CF₃CH=CHR 化合物的确切化学位移略有变化，取决于有多少烷基或芳基与邻近碳相连。相对于二取代的反式烯烃，二取代顺式烯烃中的烷基或芳基会去屏蔽 CF₃ 基的氟原子。同样，这与"位阻去屏蔽"的概念相一致，即由邻近基团（在这种情况下是顺式的烷基或芳基）的空间位阻导致 CF₃ 基的去屏蔽。

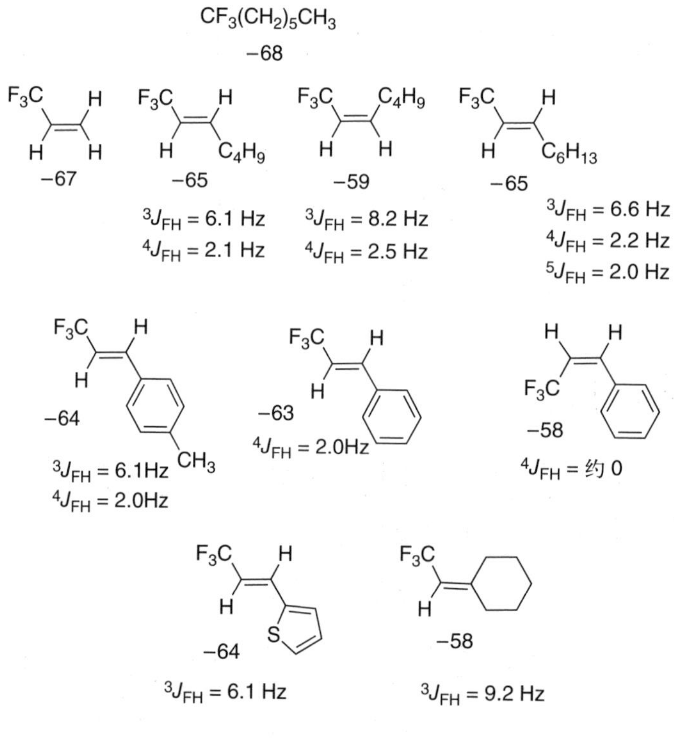

CF₃(CH₂)₅CH₃
    −68

(顺式 CF₃CH=CH₂) −67
(顺式 CF₃CH=CHC₄H₉) −65 ³J_FH = 6.1 Hz ⁴J_FH = 2.1 Hz
(反式 CF₃CH=CHC₄H₉) −59 ³J_FH = 8.2 Hz ⁴J_FH = 2.5 Hz
(顺式 CF₃CH=CHC₆H₁₃) −65 ³J_FH = 6.6 Hz ⁴J_FH = 2.2 Hz ⁵J_FH = 2.0 Hz

(顺式 CF₃CH=CH-C₆H₄CH₃) −64 ³J_FH = 6.1 Hz ⁴J_FH = 2.0 Hz
(顺式 CF₃CH=CH-C₆H₅) −63 ⁴J_FH = 2.0 Hz
(反式 CF₃CH=CH-C₆H₅) −58 ⁴J_FH = 约 0

(顺式 CF₃CH=CH-噻吩) −64 ³J_FH = 6.1 Hz
(CF₃CH=环己基) −58 ³J_FH = 9.2 Hz

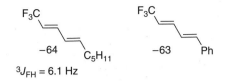

图 5.50 直接与简单烃类碳-碳双键相连的三氟甲基的化学位移

CF$_3$ 的 β-位的苯基或额外的共轭双键对化学位移的影响与烷基对化学位移的影响没有显著不同。

3,3,3-三氟丙烯的核磁共振氟谱（图 5.51）为观察此类化合物中三氟甲基的双重峰提供了一个很好的例子，该峰位于 −66.9 处，其三键耦合常数仅为 4Hz。

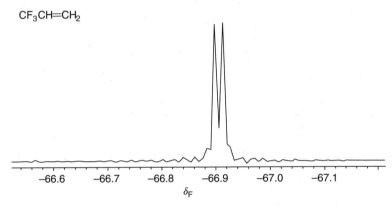

图 5.51 3,3,3-三氟丙烯的 ^{19}F NMR 谱

CF$_3$CR =CH$_2$ 型的三氟甲基烯比 CF$_3$CH =CHR 型的出现在更高场，这与我们关于支化对化学位移影响的认识是一致的（图 5.52）。

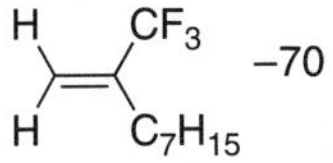

图 5.52 CF$_3$CR =CH$_2$ 型三氟甲基烯化学位移

当三氟甲基与碳-碳双键相隔一个碳原子时，双键对化学位移几乎没有影响，顺式和反式异构体的化学位移也没有任何明显差异（图 5.53）。

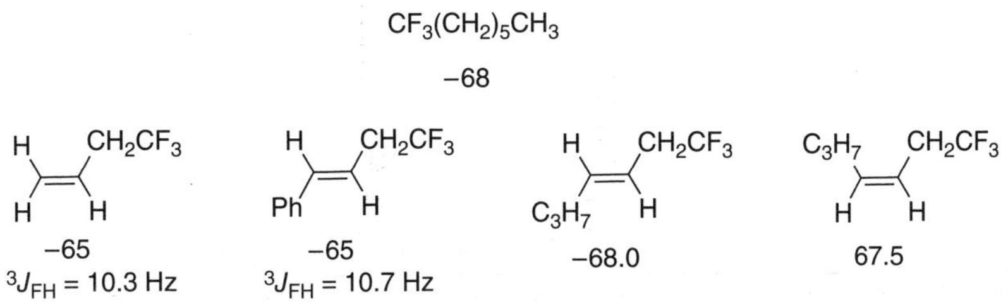

图 5.53 三氟甲基与碳-碳双键相隔一个碳原子

5.9.1.1　¹H 和 ¹³C NMR 数据

值得注意的是，CF₃CH=CHR 型化合物中的 H-2 和 C-2（如图 5.54 中给出的那些）相对于 H-3 和 C-3 来说都是被屏蔽的。从最后两个例子还可以看出，E-异构体中的两个乙烯基氢比 Z-异构体中的受到更强的去屏蔽作用。

[结构式：

结构 1：(E)-CF₃CH=CH-C₆H₁₃
- F₃C: 123.5；H: 6.38；$^3J_{H,H}$ = 16 Hz
- 141.0；5.60 H；118.8
- $^1J_{FC}$ = 269 Hz
- $^2J_{FC}$ = 33 Hz
- $^3J_{FC}$ = 6.7 Hz

结构 2：(E)-CF₃CH=CH-C₆H₄CH₃
- F₃C: 123.7；H: 7.11；$^3J_{H,H}$ = 16 Hz
- 137.4；6.14；114.5
- $^1J_{FC}$ = 269 Hz
- $^2J_{FC}$ = 34 Hz
- $^3J_{FC}$ = 6.7 Hz

结构 3：CF₃CH=环己亚基
- F₃C: 124.2
- 5.42 H；157.8；114.9
- $^1J_{FC}$ = 271 Hz
- $^2J_{FC}$ = 34 Hz
- $^3J_{FC}$ = 6.0 Hz

结构 4：CH₂=CH-CF₃
- 126.6；123.1；CF₃ 123.2
- $^1J_{FC}$ = 269 Hz
- $^2J_{FC}$ = 35 Hz
- $^3J_{FC}$ = 7 Hz

结构 5：(E)-2-萘基-CH=CH-CF₃
- 7.31 H；137.7；CF₃ 123.7；116.0；6.32
- J_{HH} = 16.1 Hz
- $^3J_{FH}$ = 6.4 Hz
- $^4J_{FH}$ = 2.4 Hz

结构 6：(Z)-2-萘基-CH=CH-CF₃
- 7.08 H；5.85 H
- J_{HH} = 12.6 Hz
- $^3J_{FH}$ = 9.2 Hz
- $^4J_{FH}$ = 约 0 Hz
]

图 5.54　CF₃CH=CHR 型化合物中的 H-2 和 C-2 化学位移

我们再次看到，只有 E-异构体中才观察到了 F-H 四键耦合，该耦合的氢原子和 CF₃ 基处于顺式位置。

图 5.55 和图 5.56 提供了 3,3,3-三氟丙烯的氢谱和碳谱作为此类谱图的具体示例。氢谱比基于一阶分析所预期的更复杂。然而，氟去耦后的谱表现为一阶谱，正如第 2.8 节的图 2.43 和图 2.45 中所描述和讨论的。

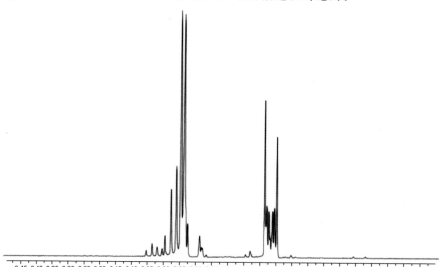

图 5.55　3,3,3-三氟丙烯的 ¹H NMR 谱

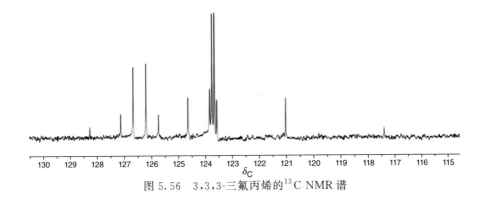

图 5.56　3,3,3-三氟丙烯的 ^{13}C NMR 谱

碳谱非常清晰可辨，所有三个碳都以四重峰的形式出现，高度分裂（270Hz）的三氟甲基碳位于 122.8 处，C-2 碳位于 126.4 处（34Hz 的耦合），C-1 碳位于 123.6 处（6.9Hz 的耦合）。

5.9.1.2　多个三氟甲基取代的烯烃

图 5.57 中给出了顺式和反式-1,1,1,4,4,4-六氟-2-丁烯和 2-(三氟甲基)-3,3,3-三氟丙烯的谱图数据，作为带有两个 CF_3 基团的烯烃的代表性例子。请注意，顺式化合物的氟原子相对于反式的明显去屏蔽，反式化合物的化学位移类似于 3,3,3-三氟丙烯（−67）。

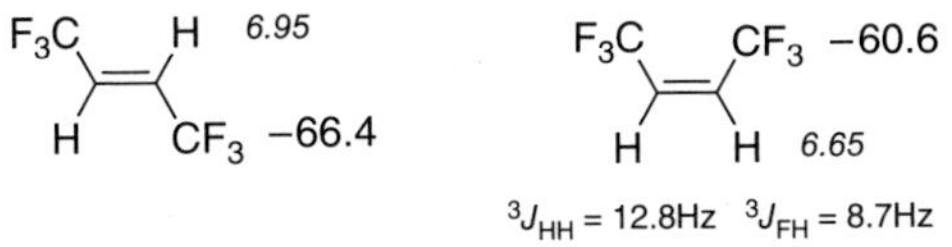

图 5.57　顺式和反式-1,1,1,4,4,4-六氟-2-丁烯和 2-(三氟甲基)-3,3,3-三氟丙烯的核磁共振数据

5.9.2　α,β-不饱和羰基化合物

α,β-不饱和羰基化合物末端三氟甲基的化学位移不受羰基存在的影响，这一点可以从图 5.58 中的示例以及图 5.59 中给出的 4,4,4-三氟巴豆酸的氟核磁共振谱得到证实。

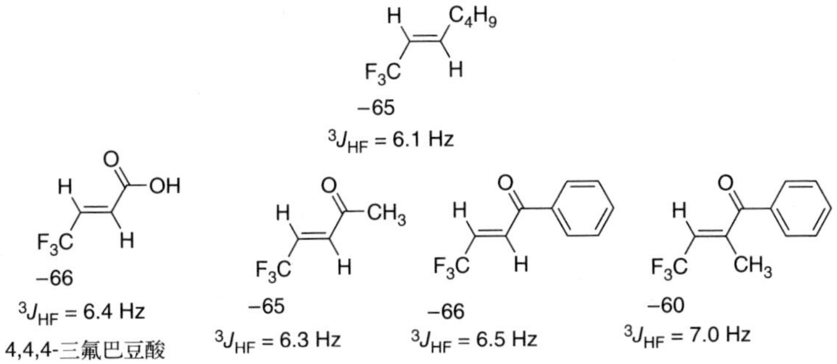

图 5.58

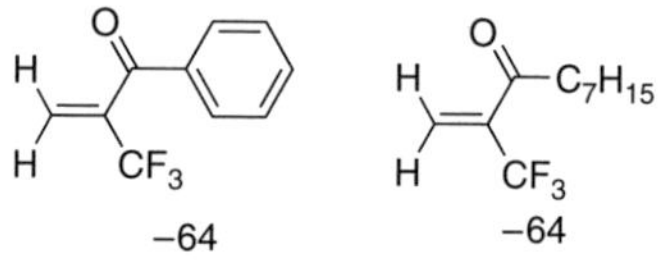

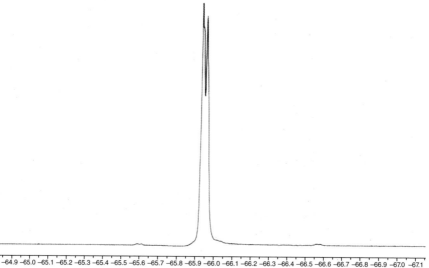

图 5.58　α,β-不饱和羰基化合物末端三氟甲基的化学位移

图 5.59　4,4,4-三氟巴豆酸的 ^{19}F NMR 谱

图 5.60 提供了 α,β-不饱和羰基化合物特征的核磁共振氢谱和碳谱数据。图 5.61 和图 5.62 分别以 4,4,4-三氟巴豆酸的氢谱和碳谱为例进行了说明。

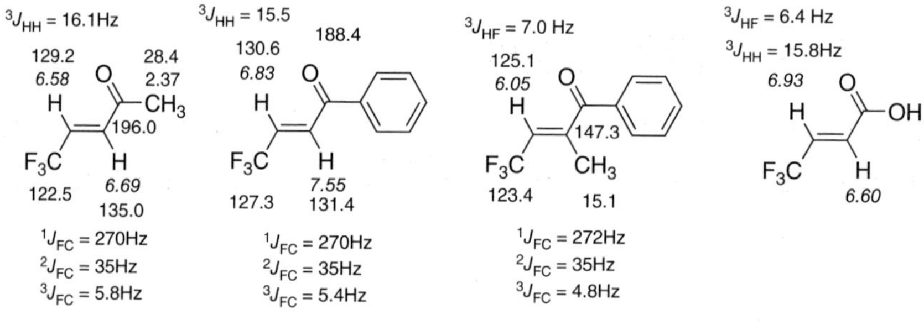

图 5.60　α,β-不饱和羰基化合物特征的核磁共振氢谱和碳谱数据

氢谱包含两个乙烯基氢的信号，每个信号都是双重四重峰（即两个四重峰）。C-2 上氢的信号以 6.53 为中心，具有 15.8Hz 的反式 H-H 三键耦合常数和 2.0Hz 的 F-H 三键耦合。C-3 上氢的信号以 6.91 为中心，相应的耦合常数分别为 15.8Hz 和 6.5Hz。

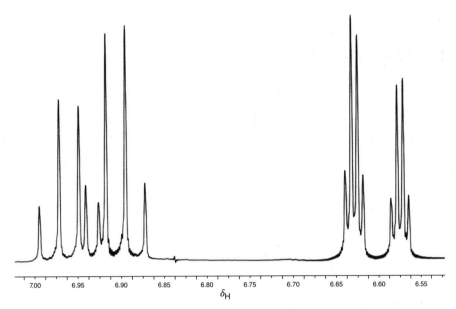

图 5.61　4,4,4-三氟巴豆酸的 ^{1}H NMR 谱（乙烯基区域）

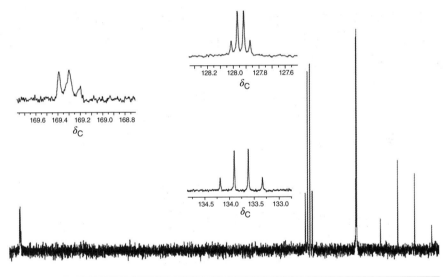

图 5.62　4,4,4-三氟巴豆酸的 ^{13}C NMR 谱

4,4,4-三氟巴豆酸的碳谱是氟对碳谱影响的经典例子，可以清楚地看到由于与碳 2～碳 4 之间的一键、两键和三键耦合而产生的四重峰。CF$_3$（C-4）碳出现在 121.2 处，耦合常数为 271Hz；乙烯基碳 C-3 出现在 133.8 处，耦合常数为 36Hz；另一个乙烯基碳（C-2）出现在 127.9 处，耦合常数为 6.0Hz；甚

至还可以看到一些与羰基碳的四键耦合,出现在 169.3 处。

5.9.3 多氟取代的烯丙基

相对于 $CF_3CH=CHR$ 而言,$CF_3CF=CXY$(X、$Y=F$ 或 R_F,R_F 表示氟取代烷基)型化合物中三氟甲基的化学位移通常是被屏蔽的,而更远处位点的氟取代则会导致去屏蔽(图 5.63)。在全氟烯烃中可以观察到通常由于支化引起的去屏蔽效应。

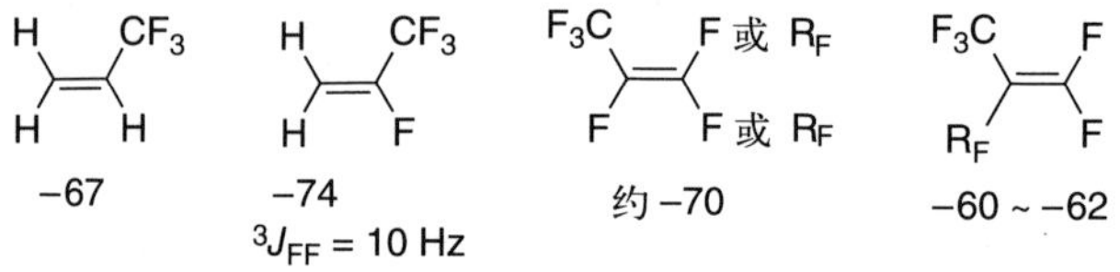

图 5.63 多氟取代的三氟甲基烯烃化学位移

5.9.4 三氟甲基与炔基相连

在所有与碳相连的三氟甲基中,与碳-碳三键相连的三氟甲基在最低场处吸收,其中 3,3,3-三氟丙炔的 δ_F 为 -52(图 5.64)。当 CF_3 基远离三键一个碳原子时,它就几乎不受三键的影响。

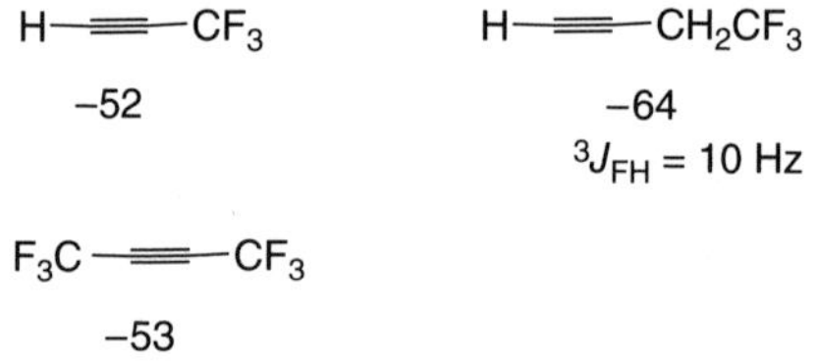

图 5.64 三氟甲基炔化学位移

图 5.65 中给出了几个炔基 CF_3 体系的核磁共振碳谱和氢谱数据。

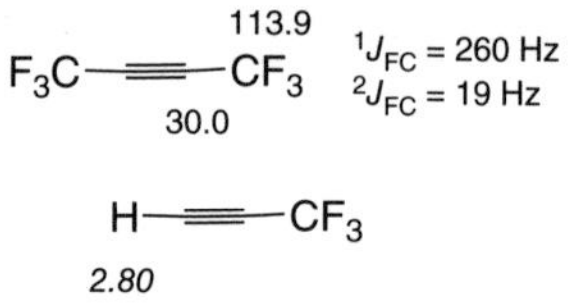

图 5.65 炔基 CF_3 体系的核磁共振碳谱和氢谱数据

5.10 三氟甲基与芳环相连

三氟甲基苯通常在其饱和类似物三氟甲基环己烷的低场约 δ 处以一个尖锐

的单峰出现，通常位于－63区域（图5.66），如图5.67中三氟甲苯的氟谱所示。

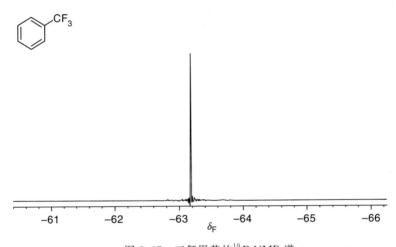

图5.66　苯基三氟甲基氧化学位移

图5.67　三氟甲苯的^{19}F NMR谱

取代三氟甲苯的氟核磁共振化学位移数据表明，间位取代对化学位移几乎没有影响，CF$_3$基的化学位移范围为－63.2～－63.4（表5.4）。邻位取代的影响最大，这些化合物的化学位移范围为－58.8～－63.2；而对位取代则表现出中等程度的影响，化学位移范围为－61.7～－63.8。

表5.4　取代三氟甲苯中CF$_3$基的^{19}F化学位移

取代基	化学位移(δ_F)(CDCl$_3$)		
	对位	间位	邻位
H	－63.2		
NH$_2$	－61.7	－63.4	－63.2
OH	－62.0	－63.3	－61.4
CH$_3$	－62.5	－63.3	－63.6
Cl	－63.1	－63.4	－63.1
Br	－63.3	－63.4	－63.2
COCH$_3$	－63.6	－63.3	－58.8
CO$_2$H	－63.8	－63.4	－59.9
NO$_2$	－63.6	－63.4	－

当芳基与 CF_3 基相隔一个碳原子时，如在（2,2,2-三氟乙基）苯中，芳基对 CF_3 基的化学位移几乎没有影响（图 5.68）。

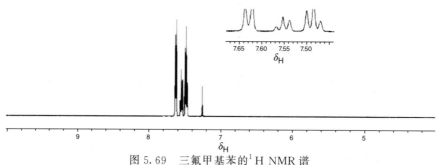

图 5.68 芳基与 CF_3 基相隔一个碳原子的情况

5.10.1 氢和碳核磁共振数据

三氟甲苯的核磁共振氢谱和碳谱如图 5.69 和图 5.70 所示，化学位移和耦合常数在图 5.71 中列出。在 500MHz 氢谱中，邻位、间位和对位的氢都能够分辨出来，分别表现为 7.63（$^3J_{HH}=7.7Hz$）处的双峰、7.49（$^3J_{HH}=7.6Hz$）处的三重峰、7.55（$^3J_{HH}=7.4Hz$）处的三重峰。

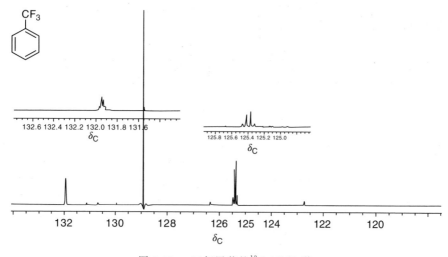

图 5.69 三氟甲基苯的 ^1H NMR 谱

图 5.70 三氟甲苯的 ^{13}C NMR 谱

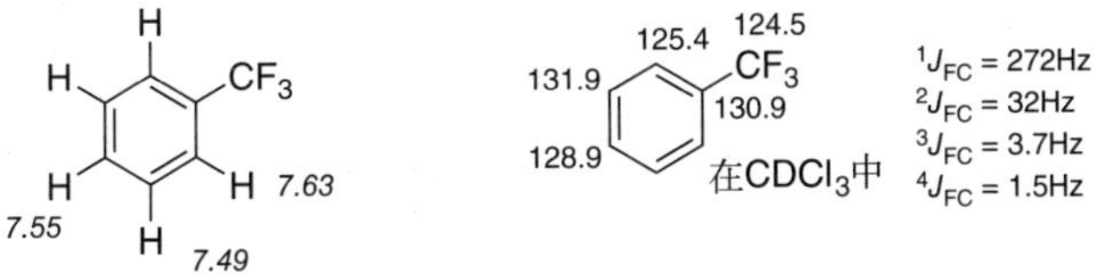

图 5.71 三氟甲苯的化学位移和耦合常数

在碳谱中，可以清晰地看到邻位、间位和对位碳（均和氢相连）与 CF_3 氟的耦合作用逐渐减弱，而 CF_3 碳和苯环的 C-1 都能被检测到，但信号较弱。如果不特意寻找，就不会注意到 CF_3 四重峰（耦合常数为 272Hz）的四个峰，它们分别位于大约 119.1、122.7、126.4 和 129.9 处，以及 C-1 四重峰的中间两个峰，这两个峰几乎看不到，位于大约 130.7 和 131.1 处。

5.10.2　多三氟甲基苯

图 5.72 给出了三种二（三氟甲基）苯的氟化学位移，而图 5.73 给出了三（三氟甲基）、四（三氟甲基）、五（三氟甲基）和六（三氟甲基）苯的氟化学位移[3]。在二（三氟甲基）苯系列中，在第 1 个三氟甲基的间位或对位引入第 2 个三氟甲基对氟化学位移没有太大影响；但当在邻位引入第 2 个三氟甲基时，会观察到明显的去屏蔽作用。

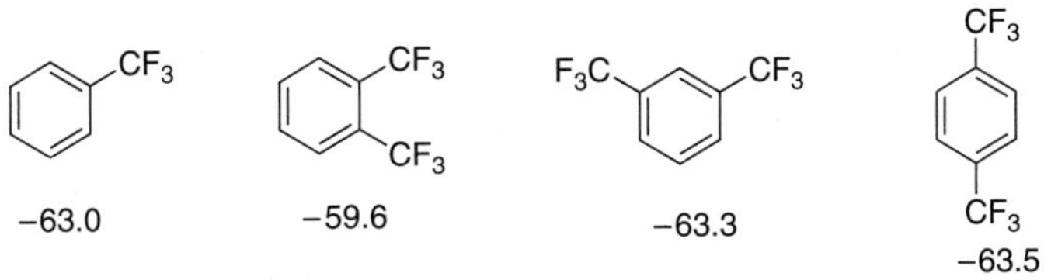

图 5.72　二（三氟甲基）苯的氟化学位移

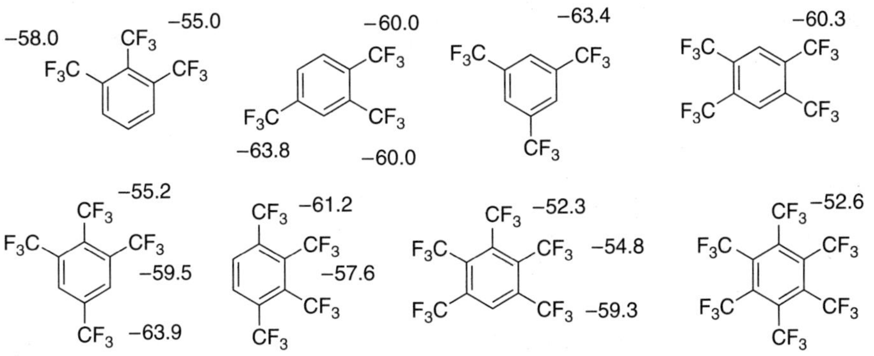

图 5.73

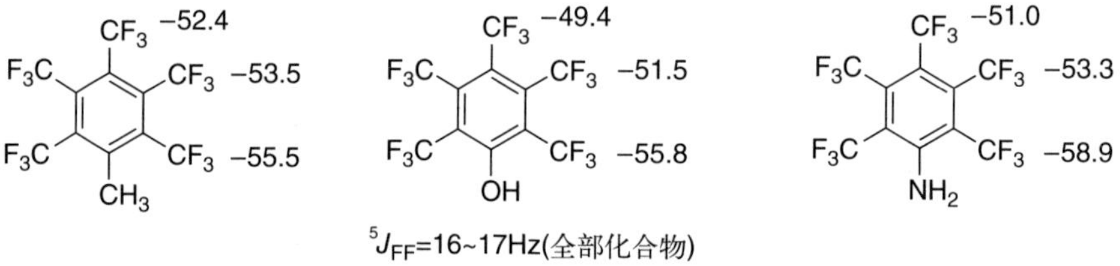

图 5.73 三(三氟甲基)、四(三氟甲基)、五(三氟甲基)和
六(三氟甲基)苯的氟化学位移

$^5J_{FF}$=16~17Hz(全部化合物)

从苯环被三个、四个、五个和六个 CF_3 基取代的数据（图 5.73）可以看出，随着苯环上彼此相邻三氟甲基数量的增加，去屏蔽效应变得越来越显著。

图 5.73 中也包含了五(三氟甲基)甲苯、五(三氟甲基)苯酚和五(三氟甲基)苯胺的核磁数据[4]。可以看出，这些"给电子"基团能够使所有三氟甲基去屏蔽，但对其对位 CF_3 基的去屏蔽效果最为显著。

图 5.74 和图 5.75 提供了这些含有多个三氟甲基取代苯的氢和碳核磁共振数据。没有提供各个 F-C 一键耦合常数数据，因为这些耦合常数几乎都在 272~276Hz 之间。类似地，与相应芳基碳的 F-C 两键耦合常数都在 32~38Hz 之间。图 5.75 中还提供了五(三氟甲基)甲苯、五(三氟甲基)苯酚和五(三氟甲基)苯胺的 pK_a 数据。

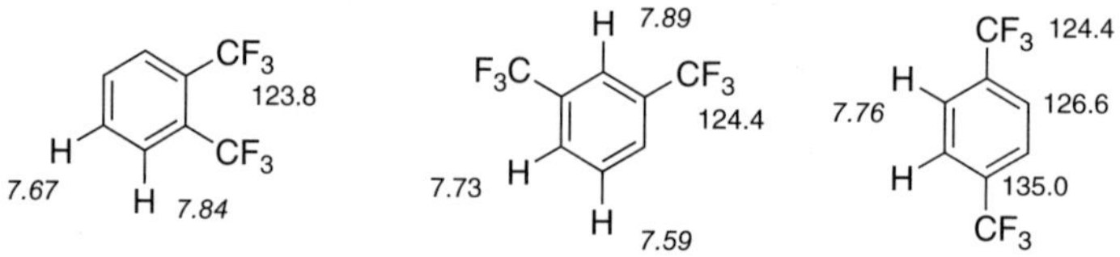

图 5.74 含有两个三氟甲基取代苯的氢和碳化学位移

pK_a = 13.9 (DMSO) pK_a = 1.32 (H_2O) pK_a = 12.5 (DMSO)
                        3.1 (DMSO)

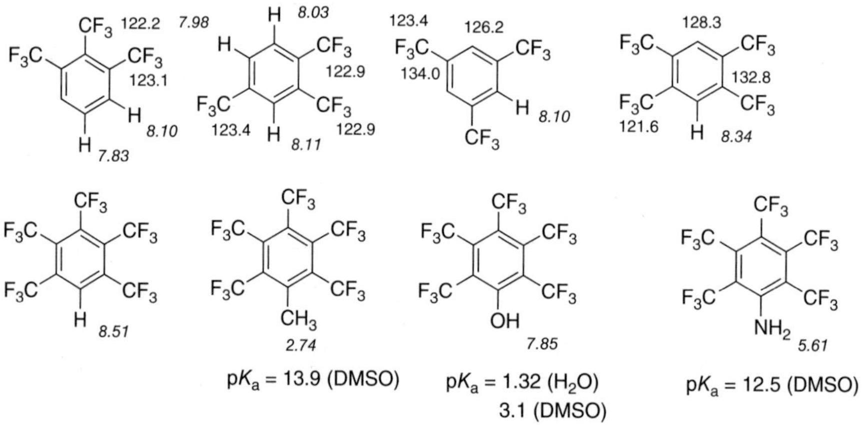

图 5.75 含有多个三氟甲基取代苯的氢和碳化学位移

图 5.76 提供了几个具有代表性的二（三氟甲基）和三（三氟甲基）苯基三价磷氯化物的核磁共振数据。

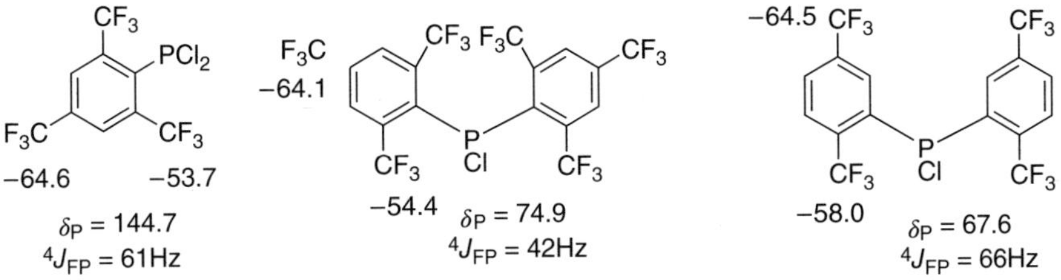

图 5.76 代表性的三氟甲基苯基三价磷氯化物核磁共振数据

5.11 三氟甲基与杂芳环相连

对于常见的杂环化合物，三氟甲基的化学位移在一定程度上取决于它们在杂环中的位置。以下给出了许多常见杂环的三氟甲基衍生物的例子，包括吡啶、喹啉、吡咯、吲哚、噻吩、苯并噻吩、呋喃、苯并呋喃、咪唑和尿嘧啶。

5.11.1 吡啶、喹啉、异喹啉、苯并喹啉

对于吡啶和喹啉来说，由于 2 位上的三氟甲基比 4 位上的在更高场吸收（图 5.77），因此很容易区分 2-取代和 4-取代的异构体。而 3 位的 CF_3 则出现在更低场。

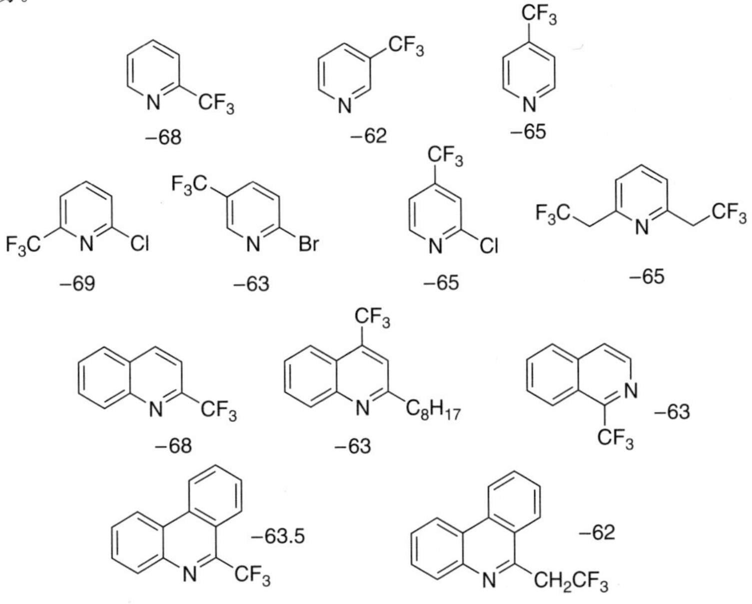

图 5.77 三氟甲基吡啶、喹啉、异喹啉、苯并喹啉的化学位移

图 5.78 给出了一些例子。邻位 CF_3 取代基的碳原子位于最高场，而间位 CF_3 的碳原子则位于最低场，尽管这些差异相对较小。

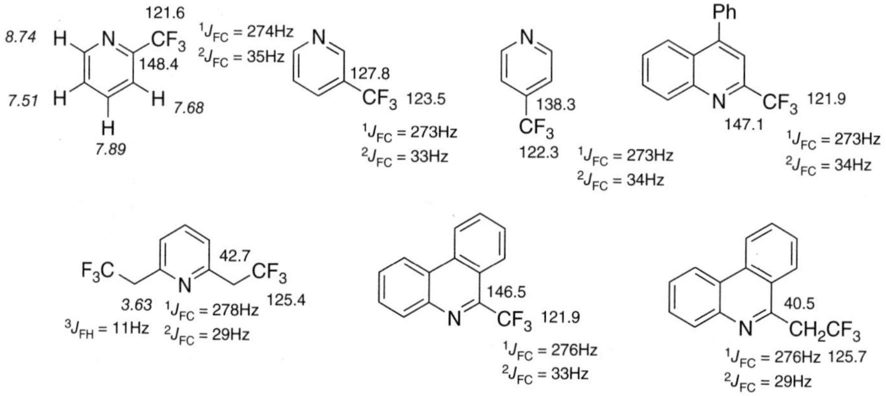

图 5.78 三氟甲基吡啶的核共振氢谱和碳谱数据

5.11.2 嘧啶、喹喔啉、吡嗪

图 5.79 给出了 2-、4-和 5-三氟甲基嘧啶和三氟甲基喹喔啉、吡嗪的核磁共振数据。

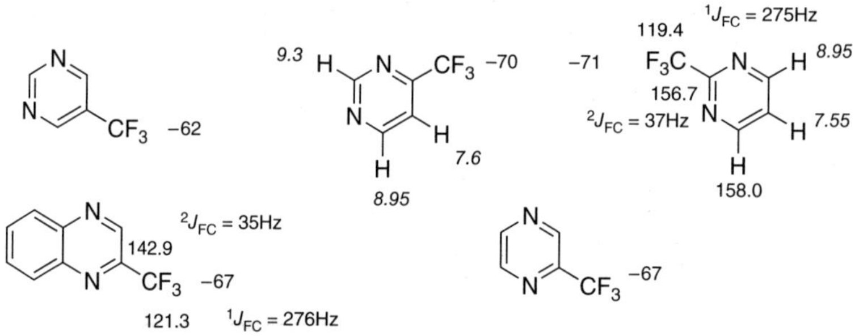

图 5.79 2-、4-和 5-三氟甲基嘧啶和三氟甲基喹喔啉、吡嗪的核磁共振数据

5.11.3 吡咯和吲哚

一般来说，2 位和 3 位三氟甲基取代的吡咯和吲哚很容易区分，3 位异构体的 CF_3 基比 2 位异构体的在更高场处吸收（图 5.80）。与 CF_3 基相邻的苯基或烷基会引起相当大的去屏蔽效应。

图 5.81 给出了一些例子，这些例子提供了带有三氟甲基的吡咯和吲哚的核磁共振氢谱和碳谱数据。

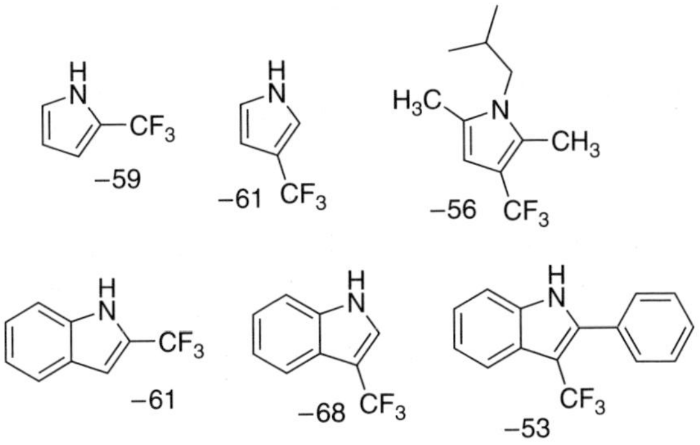

图 5.80 三氟甲基吡咯和吲哚的氟化学位移

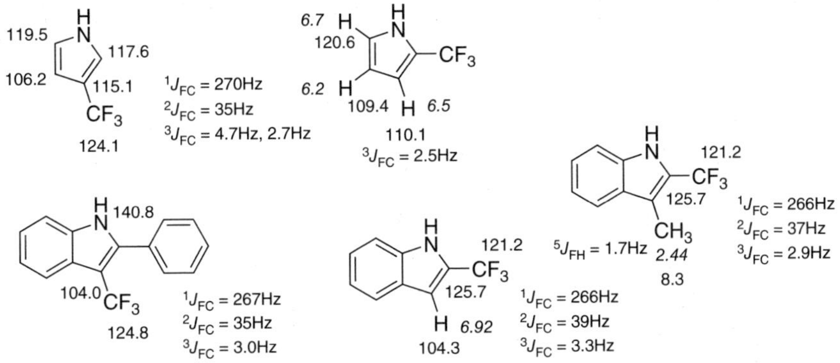

图 5.81 带有三氟甲基的吡咯和吲哚的核磁共振氢谱和碳谱数据

5.11.4 噻吩和苯并噻吩

同样地，噻吩 3 位上三氟甲基的氟原子比 2 位上的在更高场处吸收（图 5.82）。

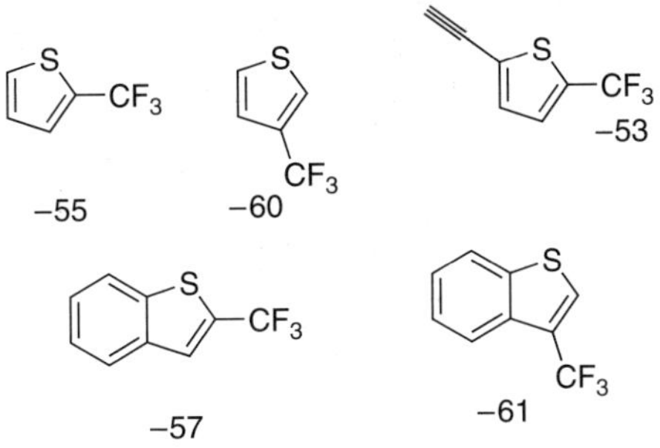

图 5.82 三氟甲基噻吩的氟原子化学位移

图 5.83 给出了一些例子，这些例子提供了带有三氟甲基的噻吩和苯并噻吩的核磁共振氢谱以及碳谱数据。

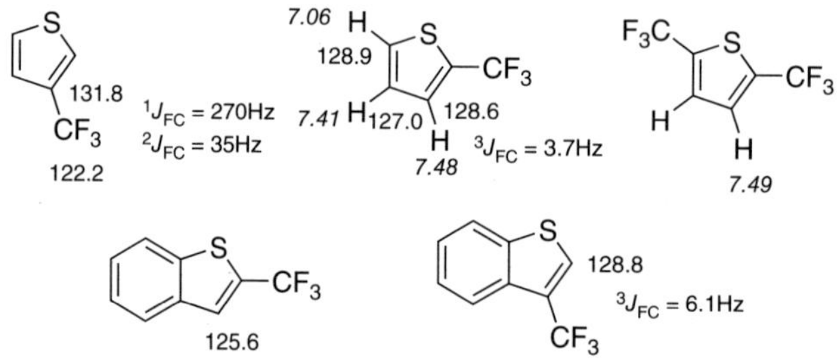

图5.83 带有三氟甲基的噻吩和苯并噻吩的核磁共振氢谱以及碳谱数据

5.11.5 呋喃

三氟甲基呋喃和苯并呋喃的^{19}F化学位移明显位于相应噻吩或吡咯的更高场（图5.84）。

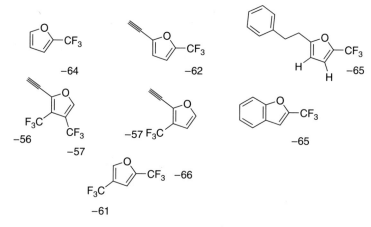

图5.84 三氟甲基呋喃的^{19}F化学位移

与不含CF$_3$基的呋喃化合物一样，2位和5位的氢位于3位和4位氢的更低场处（图5.85）。CF$_3$基旁边的氢被进一步去屏蔽。

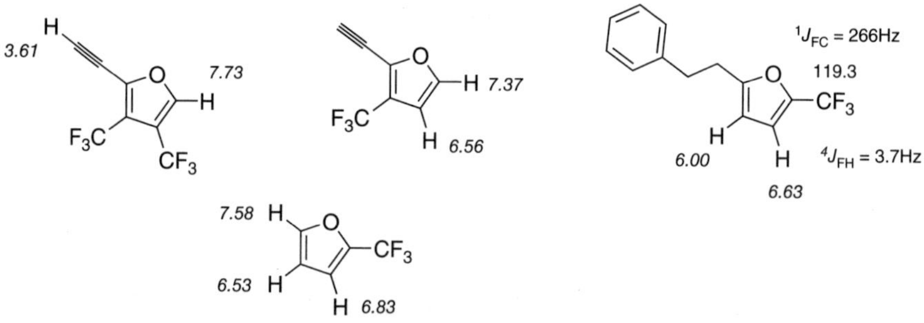

图5.85 呋喃的核磁共振氢谱和碳谱数据

5.11.6 咪唑和苯并咪唑

图 5.86 给出了三氟甲基咪唑和含三氟甲基苯并咪唑的氟化学位移数据示例。

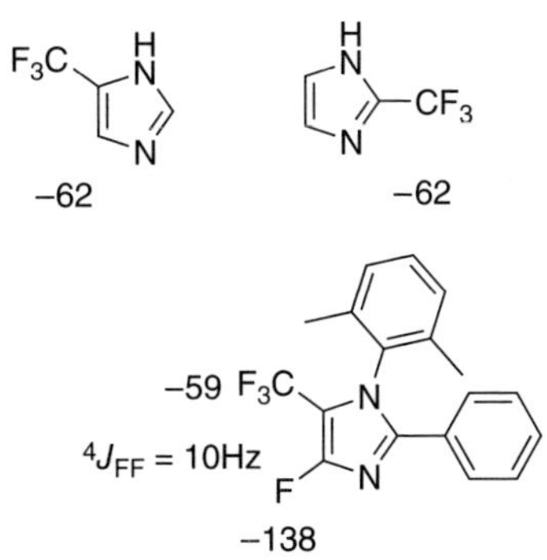

图 5.86 三氟甲基咪唑和含三氟甲基苯并咪唑的氟化学位移

当 CF$_3$ 基与咪唑的氮原子相连时,其化学位移并没有太大差异(图 5.87)。

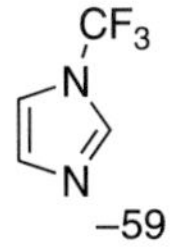

图 5.87 CF$_3$ 基与咪唑的氮原子相连的情况

图 5.88 给出了 CF$_3$ 基取代的咪唑和苯并咪唑的氢谱、碳谱和氮谱数据。可以看到,三氟甲基稍微屏蔽了苯并咪唑的氮原子。

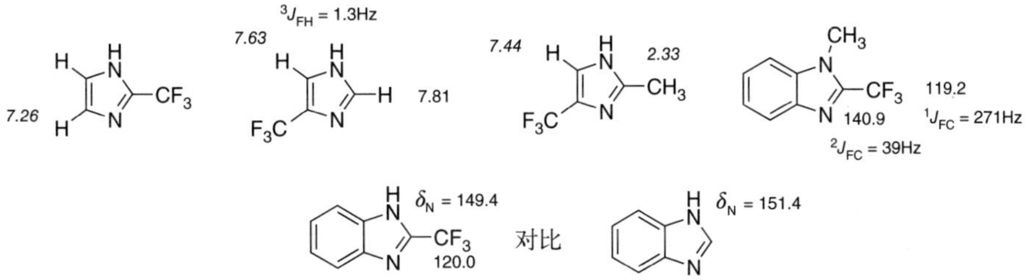

图 5.88 CF$_3$ 基取代的咪唑和苯并咪唑的核磁共振氢谱、碳谱和氮谱数据

5.11.7 噁唑、异噁唑、噁唑烷、噻唑、1H-吡唑、1H-吲唑、苯并噁唑和苯并噻唑

图 5.89 给出了氟化学位移和耦合常数数据的示例。请注意一些化合物中存在显著的 F-F 和 F-H 四键及五键耦合,毫无疑问,这部分是由于空间耦合所致。

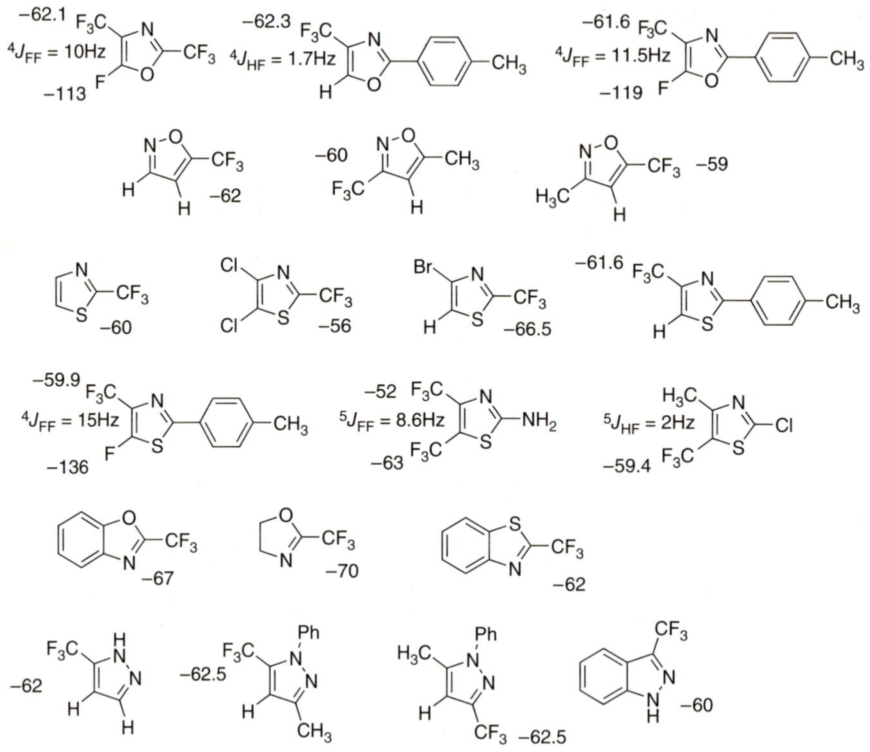

图 5.89 噁唑、噻唑类化合物中氟化学位移和耦合常数数据

图 5.90 中提供了一些碳、氢和氮核磁共振数据的例子。

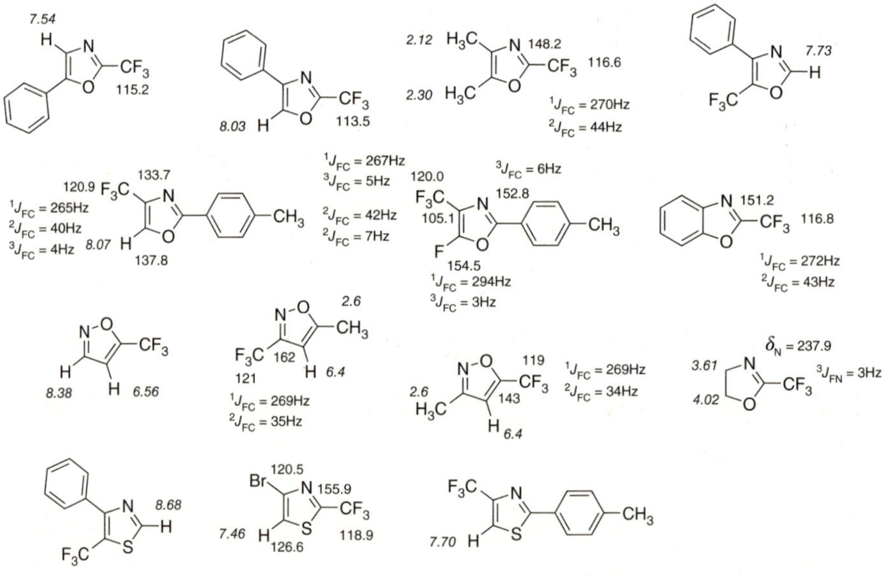

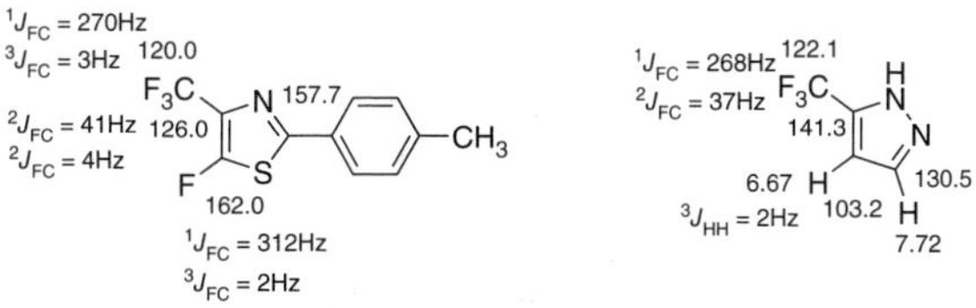

图 5.90 噁唑、噻唑类化合物的核磁共振碳谱、氢谱和氮谱数据

5.11.8 三唑和四唑

图 5.91 中提供了这些三氟甲基杂环化合物的示例。

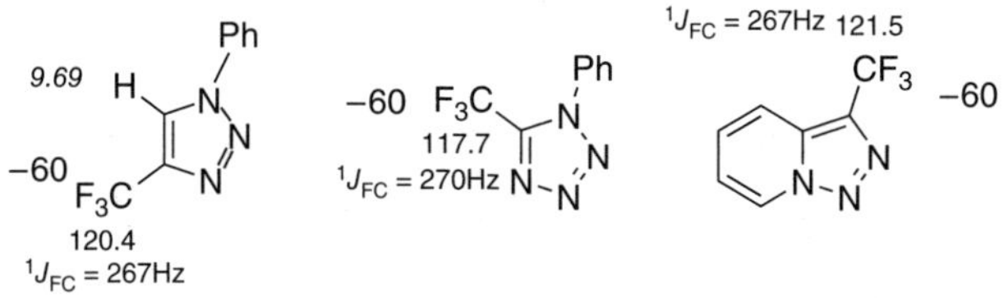

图 5.91 三氟甲基三唑和四唑的氟化学位移

参考文献

[1] DeMarco, R. A.; Fox, W. B.; Moniz, W. B.; Sojka, S. A. *J. Magn. Res.* **1975**, *18*, 522.

[2] Burton, D. J.; Yang, Z.-Y. *Tetrahedron* **1992**, *48*, 189.

[3] Takahashi, K.; Yoshino, A.; Hosokawa, K.; Muramatsu, H. *Bull. Chem. Soc. Jpn.* **1985**, *58*, 755.

[4] Kutt, A.; Movchun, V.; Rodima, T.; Dansauer, T.; Rusanov, E. B.; Leito, I.; Kaljurand, I.; Koppel, J.; Pihl, V.; Koppel, I.; Ovajannikov, G.; Toom, L.; Mishima, M.; Medebielle, M.; Lork, E.; Roschenthaler, G. V.; Koppel, I. A.; Kolomeitsev, A. A. *J. Org. Chem.* **2008**, *73*, 2607.

第6章

多氟基团

6.1 引言

虽然大多数含氟生物活性药物和农用化学品都使用了前三章中讨论过的取代基，但也还有大量多氟取代的生物活性化合物的实例，其有效性会激励人们去寻找更多这类例子。

例如，1,2,2 三氟乙基可用于杀真菌剂氟醚唑［图 6.1（**6-1**）］，而 1,1,2,2-四氟乙基可用于苯甲酰苯基脲类杀虫剂氟铃脲［图 6.1（**6-2**）］，后者用于控制撒哈拉草原的蝗虫和蚱蜢。

同样，五氟乙基在超强抗孕激素特性化合物［图 6.2（**6-3**）］以及杀虫剂候选物［图 6.2（**6-4**）］中起着重要作用。

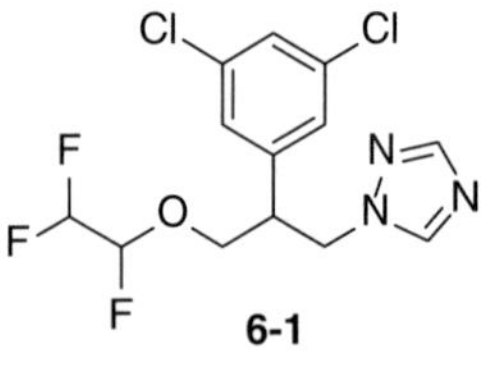

6-1

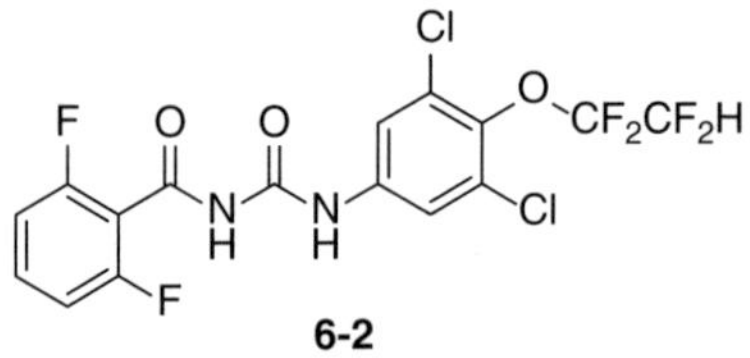

6-2

图 6.1　含三氟乙基和四氟乙基的生物活性化合物示例

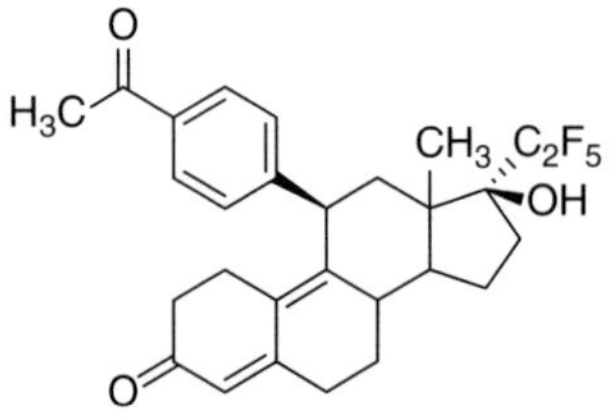

6-3

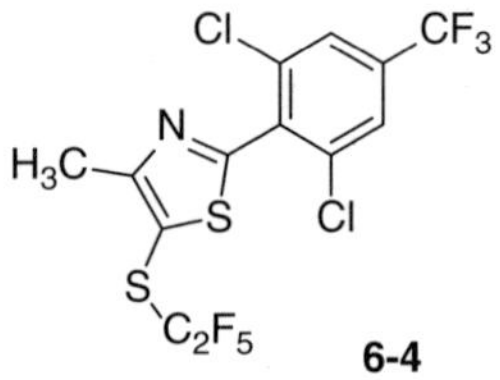

6-4

图 6.2　含五氟乙基的生物活性化合物示例

已经发现多种含氟 C_3 取代基在促进生物活性方面是有用的，包括含 2,2,

3,3,3-五氟丙基的除草剂氟胺草唑［图 6.3（**6-5**）］，和含 1,1,2,3,3,3-六氟丙基的杀虫剂虱螨脲［图 6.3（**6-6**）］。六氟异丙基也存在于拟除虫菊酯杀虫剂氟丙菊酯［图 6.4（**6-7**）］和含氟氨基酸六氟亮氨酸［图 6.4（**6-8**）］中。

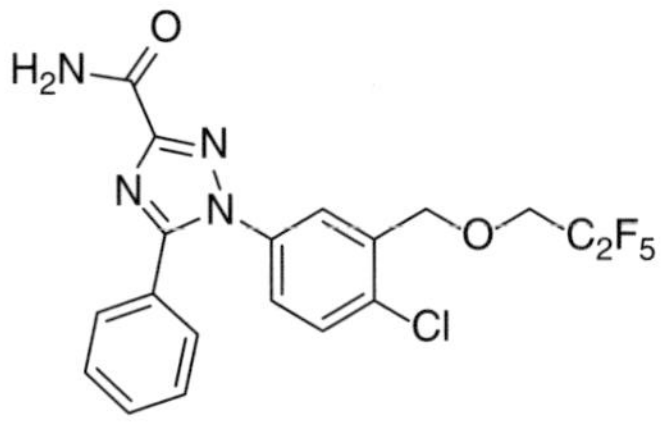

6-5

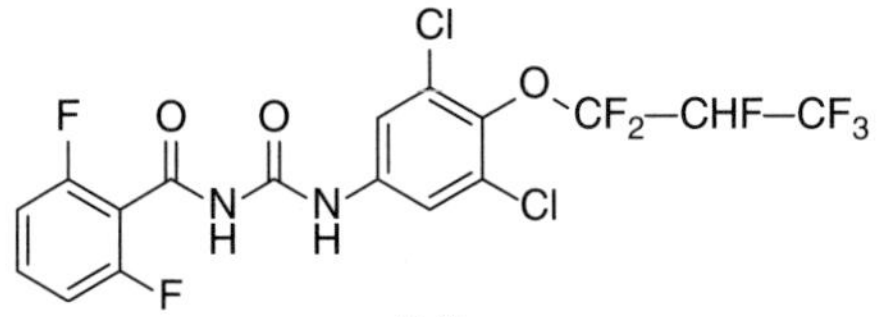

6-6

图 6.3　含五氟和六氟正丙基的生物活性化合物示例

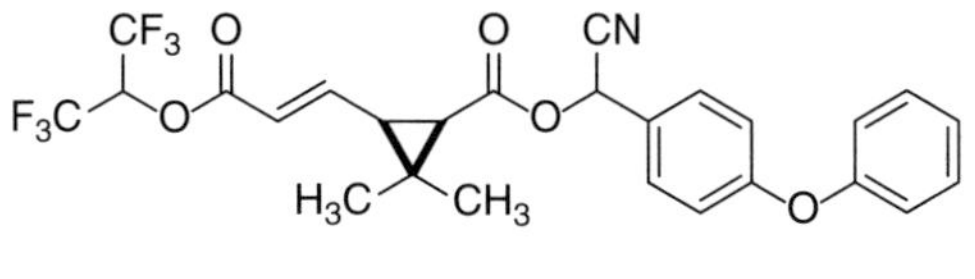

6-7

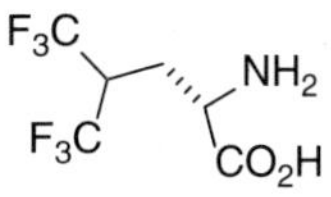

6-8

图 6.4　含六氟异丙基的生物活性化合物示例

多氟芳烃在生物活性化合物中也具有重要作用。二氟芳烃已在第 3 章中讨论过。具有生物活性的四氟苯衍生物的典型例子有拟除虫菊酯杀虫剂四氟苯菊酯［图 6.5（**6-9**）］和七氟菊酯［图 6.5（**6-10**）］，而有许多五氟苯化合物已被证明是潜在的杀虫剂、抗癌或抗青光眼药物［图 6.5（**6-11**、**6-12** 和 **6-13**）］。

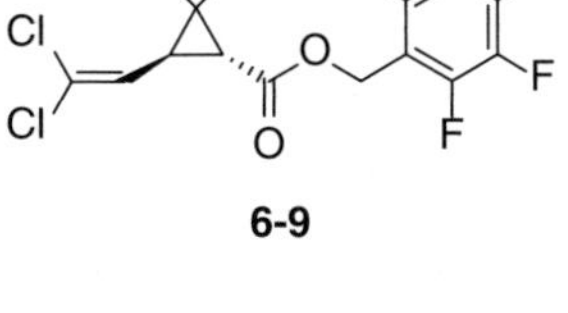

6-9

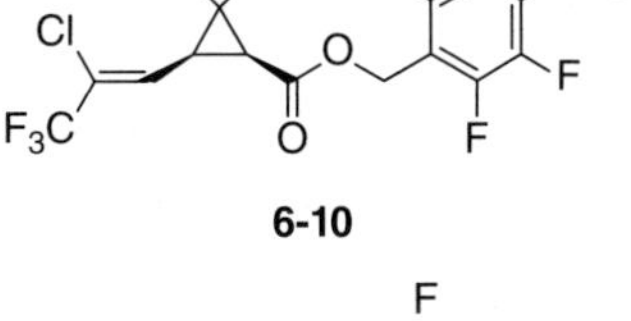

6-10

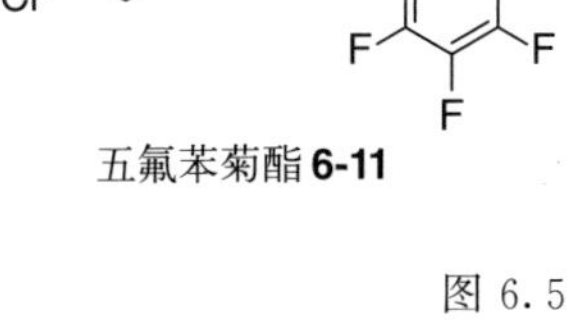

五氟苯菊酯 **6-11**

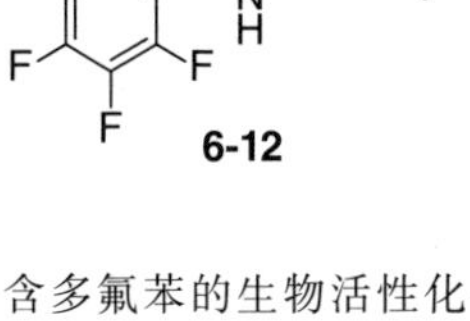

6-12

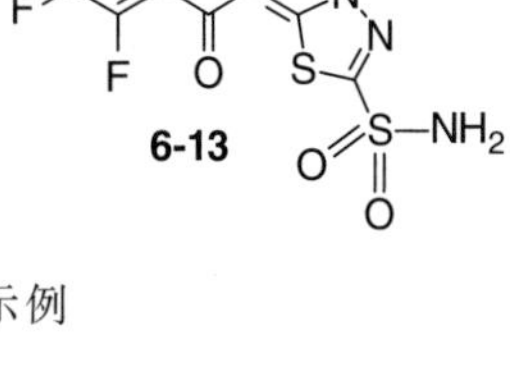

6-13

图 6.5　含多氟苯的生物活性化合物示例

6.2　1,1,2-和1,2,2-三氟乙基

第5章中讨论了常见的2,2,2-三氟乙基。较少遇到的是1,1,2-三氟乙基，其醚和硫醚可以通过与三氟乙烯的亲核加成来制备。更难制备的1,2,2-三氟乙基则更为罕见，这些基团出现时，通常是醚或硫醚。

图6.6提供了一些1,1,2-三氟乙基醚和硫醚的具体示例。

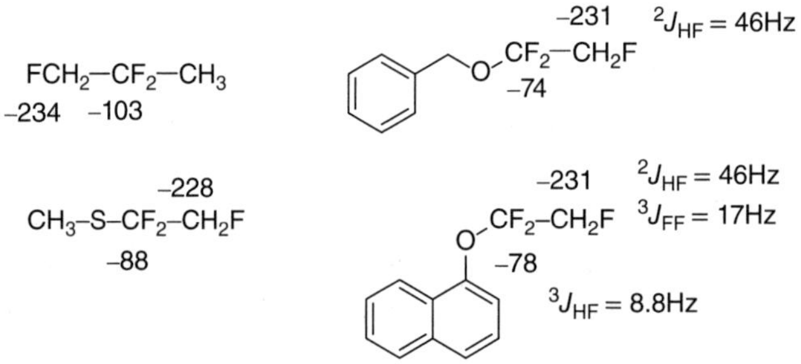

$$FCH_2-CF_2-CH_3$$
$$-234\quad -103$$

$$\text{PhCH}_2\text{O}-CF_2-CH_2F \quad -231\quad {}^2J_{HF}=46Hz$$
$$-74$$

$$CH_3-S-CF_2-CH_2F$$
$$-228\quad -88$$

$$\text{1-Naphthyl-O}-CF_2-CH_2F \quad -231\quad {}^2J_{HF}=46Hz,\ {}^3J_{FF}=17Hz$$
$$-78\quad {}^3J_{HF}=8.8Hz$$

图6.6　1,1,2-三氟乙基醚和硫醚氟化学位移

在1,2,2-三氟乙基化合物中，CHF碳是手性的。因此，CF_2H基的氟原子是非对映的，表现为AB系统，每个氟原子都可能以不同的耦合常数与相邻的H和F发生耦合。在经常观察到的现象中，硫醚中的邻位F-F三键耦合总是比醚中的大得多。图6.7的示例提供了这类化合物的典型数据。

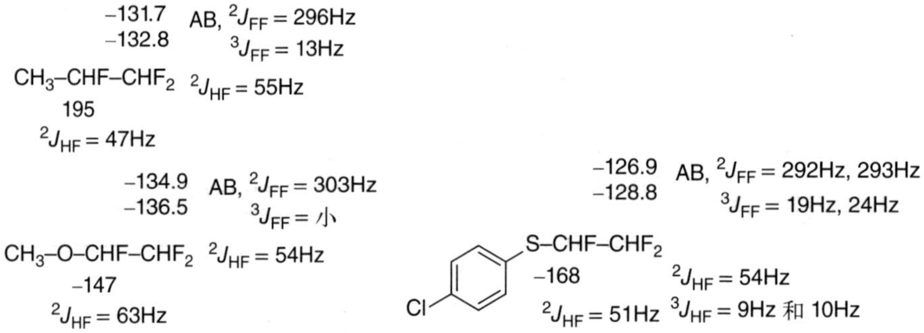

$$CH_3-CHF-CHF_2$$
$$195\quad -147$$
$$-131.7,\ -132.8\quad AB,\ {}^2J_{FF}=296Hz,\ {}^3J_{FF}=13Hz$$
$$^2J_{HF}=55Hz,\ {}^2J_{HF}=47Hz$$

$$CH_3-O-CHF-CHF_2$$
$$-147$$
$$-134.9,\ -136.5\quad AB,\ {}^2J_{FF}=303Hz,\ {}^3J_{FF}=小$$
$$^2J_{HF}=54Hz,\ {}^2J_{HF}=63Hz$$

$$\text{4-Cl-C}_6H_4-S-CHF-CHF_2$$
$$-168$$
$$-126.9,\ -128.8\quad AB,\ {}^2J_{FF}=292Hz,\ 293Hz,\ {}^3J_{FF}=19Hz,\ 24Hz$$
$$^2J_{HF}=54Hz,\ {}^2J_{HF}=51Hz,\ {}^3J_{HF}=9Hz\ 和\ 10Hz$$

图6.7　三氟乙基体系的典型数据

这两种三氟乙基体系的核磁共振氢谱和碳谱均以通常较大的F-H两键耦合常数为特征，其中1,2,2-三氟体系显示出A氟原子和B氟原子与CHF_2碳原子之间各自单独的耦合常数。图6.8提供了这两种三氟乙基化合物的氢谱和碳谱数据。

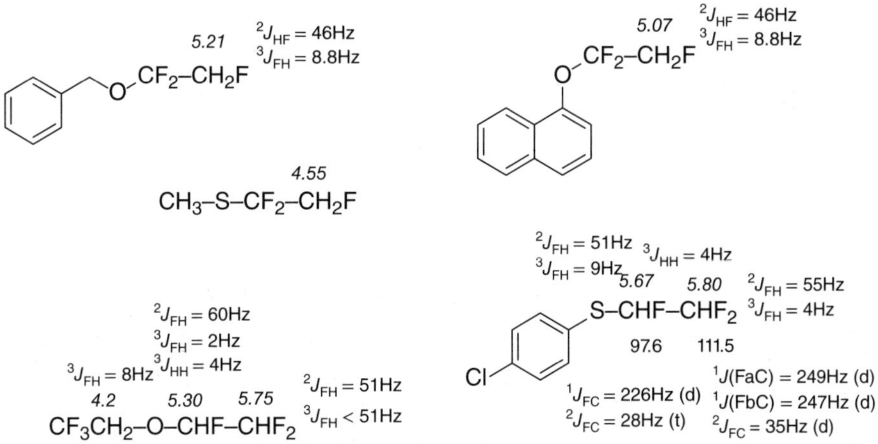

$$\underset{5.21}{\text{PhCH}_2\text{O}-\text{CF}_2-\text{CH}_2\text{F}} \quad {}^2J_{HF} = 46\text{Hz},\ {}^3J_{FH} = 8.8\text{Hz}$$

(benzyl ether structure) 5.21 O–CF$_2$–CH$_2$F, $^2J_{HF}$ = 46Hz, $^3J_{FH}$ = 8.8Hz

(1-naphthyl ether structure) 5.07 O–CF$_2$–CH$_2$F, $^2J_{HF}$ = 46Hz, $^3J_{FH}$ = 8.8Hz

$$\underset{4.55}{\text{CH}_3-\text{S}-\text{CF}_2-\text{CH}_2\text{F}}$$

$$\underset{4.2\ \ 5.30\ \ 5.75}{\text{CF}_3\text{CH}_2-\text{O}-\text{CHF}-\text{CHF}_2}$$
$^2J_{FH}$ = 60Hz, $^3J_{FH}$ = 2Hz, $^3J_{FH}$ = 8Hz, $^3J_{HH}$ = 4Hz, $^2J_{FH}$ = 51Hz, $^3J_{FH}$ < 51Hz

(4-chlorophenyl)–S–CHF–CHF$_2$ 5.67 5.80
$^2J_{FH}$ = 51Hz, $^3J_{HH}$ = 4Hz, $^3J_{FH}$ = 9Hz, $^2J_{FH}$ = 55Hz, $^3J_{FH}$ = 4Hz
97.6 111.5
$^1J_{FC}$ = 226Hz (d), $^2J_{FC}$ = 28Hz (t), ^1J(FaC) = 249Hz (d), ^1J(FbC) = 247Hz (d), $^2J_{FC}$ = 35Hz (d)

图 6.8 三氟乙基化合物的核磁共振氢谱和碳谱数据

6.3 1,1,2,2-四氟乙基和四氟亚乙基

在纯碳氢体系中，很少会遇到 RCF_2CF_2H 或 RCF_2CF_2R 这种片段。但是，图 6.9 提供了两个例子。

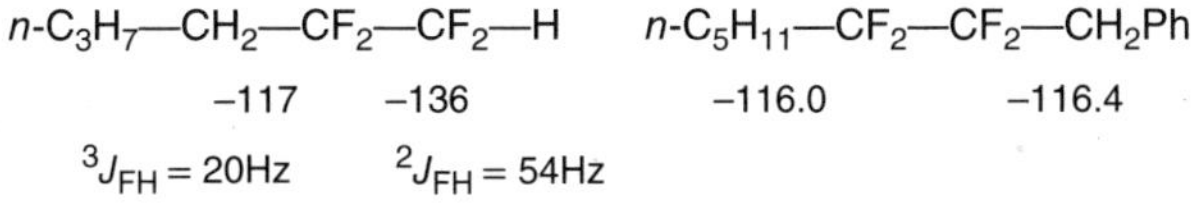

$$n\text{-C}_3\text{H}_7-\text{CH}_2-\text{CF}_2-\text{CF}_2-\text{H} \quad n\text{-C}_5\text{H}_{11}-\text{CF}_2-\text{CF}_2-\text{CH}_2\text{Ph}$$
$\qquad\qquad\qquad -117\quad -136 \qquad\quad -116.0\quad -116.4$
$^3J_{FH}$ = 20Hz $^2J_{FH}$ = 54Hz

图 6.9 CF$_2$CF$_2$ 化合物氟化学位移

1,1,2,2-四氟乙基通常以醚或硫醚的形式出现，这可能是因为它比较容易通过与四氟乙烯的亲核加成来合成。这种孤立四氟乙基的核磁共振氟谱通常以较大的 H-F 两键耦合常数（54Hz）为特征（图 6.10）。

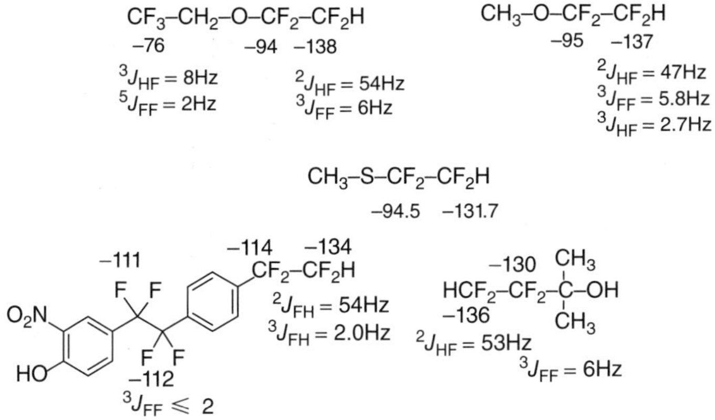

$$\underset{-76\ \ -94\ -138}{\text{CF}_3-\text{CH}_2-\text{O}-\text{CF}_2-\text{CF}_2\text{H}} \qquad \underset{-95\ -137}{\text{CH}_3-\text{O}-\text{CF}_2-\text{CF}_2\text{H}}$$
$^3J_{HF}$ = 8Hz, $^5J_{FF}$ = 2Hz, $^2J_{HF}$ = 54Hz, $^3J_{FF}$ = 6Hz
$^2J_{HF}$ = 47Hz, $^3J_{FF}$ = 5.8Hz, $^3J_{HF}$ = 2.7Hz

$$\underset{-94.5\ \ -131.7}{\text{CH}_3-\text{S}-\text{CF}_2-\text{CF}_2\text{H}}$$

(2-nitro-4-substituted phenol with –CF$_2$–CF$_2$– linker to 4-substituted phenyl)
−111, −114, −134, $^2J_{FH}$ = 54Hz, $^3J_{FH}$ = 2.0Hz, −112, $^3J_{FF}$ ≤ 2

$$\text{HCF}_2-\underset{\text{CH}_3}{\underset{|}{\overset{\text{CH}_3}{\overset{|}{\text{C}}}}}-\text{OH}$$
−130, −136, $^2J_{HF}$ = 53Hz, $^3J_{FF}$ = 6Hz

图 6.10

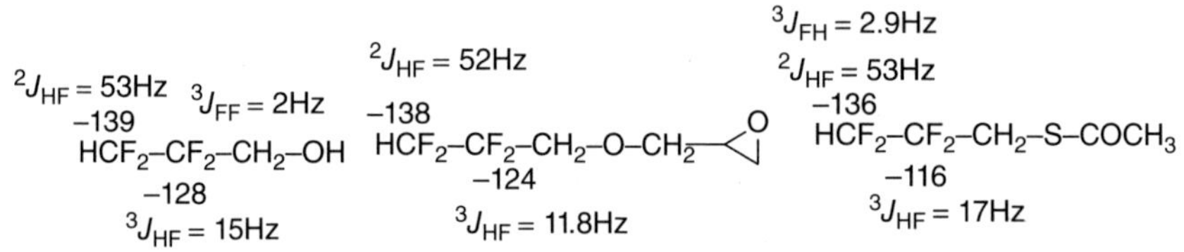

$^2J_{HF} = 53Hz$　　　　　$^2J_{HF} = 52Hz$　　　　　$^3J_{FH} = 2.9Hz$
　　　　　　　$^3J_{FF} = 2Hz$　　　　　　　　　　　　　$^2J_{HF} = 53Hz$
　　－139　　　　　　　　　－138　　　　　　　　　　　－136
　HCF$_2$—CF$_2$—CH$_2$—OH　　HCF$_2$—CF$_2$—CH$_2$—O—CH$_2$（环氧）　HCF$_2$—CF$_2$—CH$_2$—S—COCH$_3$
　　　－128　　　　　　　　　－124　　　　　　　　　　　－116
$^3J_{HF} = 15Hz$　　　　　$^3J_{HF} = 11.8Hz$　　　　　$^3J_{HF} = 17Hz$

图 6.10　1,1,2,2-四氟乙基的 ^{19}F NMR 谱

当四氟乙基与带有氢原子的碳相连时，H-F 三键耦合常数通常大于 10Hz。2,2,3,3-四氟丙醇的价格非常便宜，从它衍生的结构相当常见。图 6.11 给出了它的核磁共振氟谱，以此作为该类体系一个很好的例子。在这种情况下，13.2Hz 的 F-H 三键耦合常数最好到氢谱中去观察。氟核磁共振显示两个信号，其中 CF$_2$H 出现在 δ －139.3（d, $^2J_{HF}$＝53Hz），CF$_2$ 基以多重峰的形式出现在－127.5。

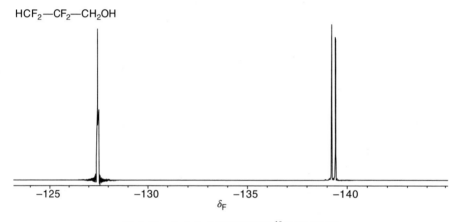

图 6.11　2,2,3,3-四氟丙醇的 ^{19}F NMR 谱

图 6.12 中提供了含有 1,1,2,2-四氟乙基和四氟亚乙基化合物的核磁共振氢谱和碳谱数据，而图 6.13 和图 6.14 则具体展示了 2,2,3,3-四氟丙醇的氢谱和碳谱。

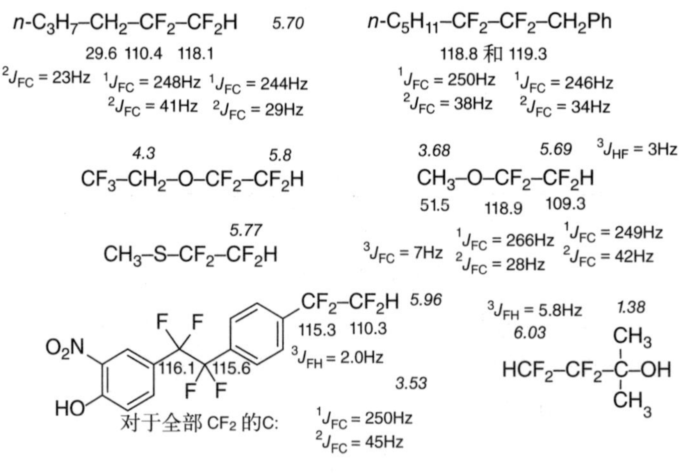

$^3J_{FH}$ = 4Hz $^3J_{FH}$ = 15Hz
  5.85   3.92
$^1J_{FC}$ = 249Hz 109.6 115.4 60.2
$^2J_{FC}$ = 36Hz
HCF$_2$–CF$_2$–CH$_2$–OH
             $^1J_{FC}$ = 249Hz $^2J_{FC}$ = 28Hz
             $^2J_{FC}$ = 28Hz

             6.00   3.86
HCF$_2$–CF$_2$–CH$_2$–O–CH$_2$–⟨epoxide⟩
$^1J_{FC}$ = 248Hz 109.0 114.8 67.5
$^2J_{FC}$ = 33.8Hz
             $^1J_{FC}$ = 249Hz $^2J_{FC}$ = 28.2Hz
             $^2J_{FC}$ = 26.4Hz

                3.78
HCF$_2$–CF$_2$–CH$_2$–O–C$_4$H$_9$
$^1J_{FC}$ = 250Hz 109.3 115.3
$^2J_{FC}$ = 34Hz
             $^1J_{FC}$ = 249Hz
             $^2J_{FC}$ = 26Hz

$^2J_{FH}$ = 53Hz $^3J_{FH}$ = 17Hz
$^3J_{FH}$ = 2.9Hz   3.53
5.82 HCF$_2$–CF$_2$–CH$_2$–S–COCH$_3$
      109.8 115.4
      $^1J_{FC}$ = 251Hz $^1J_{FC}$ = 248Hz
      $^2J_{FC}$ = 39Hz $^2J_{FC}$ = 29Hz

图 6.12　含有 1,1,2,2-四氟乙基和 2,2,3,3-四氟丙基化合物的核磁共振氢谱和碳谱数据

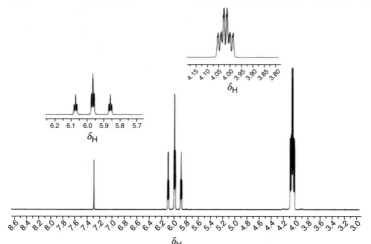

图 6.13　2,2,3,3-四氟丙醇的 ^{1}H NMR 谱

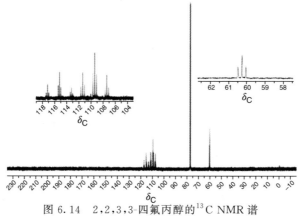

图 6.14　2,2,3,3-四氟丙醇的 ^{13}C NMR 谱

δ 3.91 处的 CH$_2$ 氢表现为三重三重峰，其 F-H 三键和四键耦合常数分别为 13.2Hz 和 1.6Hz。δ5.88 处的 CF$_2$H 氢也表现为三重三重峰，其 F-H 两键和三键耦合常数分别为 53Hz 和 4.2Hz。

碳谱显示 CH_2 碳在 $\delta 60.19$（t，$^2J_{FC}=28Hz$）处，CF_2H 碳在 $\delta 109.63$（tt，$^1J_{FC}=249Hz$，$^2J_{FC}=36.0Hz$）处，CF_2 碳在 115.42（tt，$^1J_{FC}=249Hz$，$^2J_{FC}=27.6Hz$）处。

6.4　1,2,2,2-四氟乙基

商业麻醉剂地氟烷（desflurane）是含有 1,2,2,2-四氟乙基的生物活性化合物的典型例子。一般来说，这种基团并不常见，而当出现时，它通常以醚或硫醚的形式出现（图 6.15）。

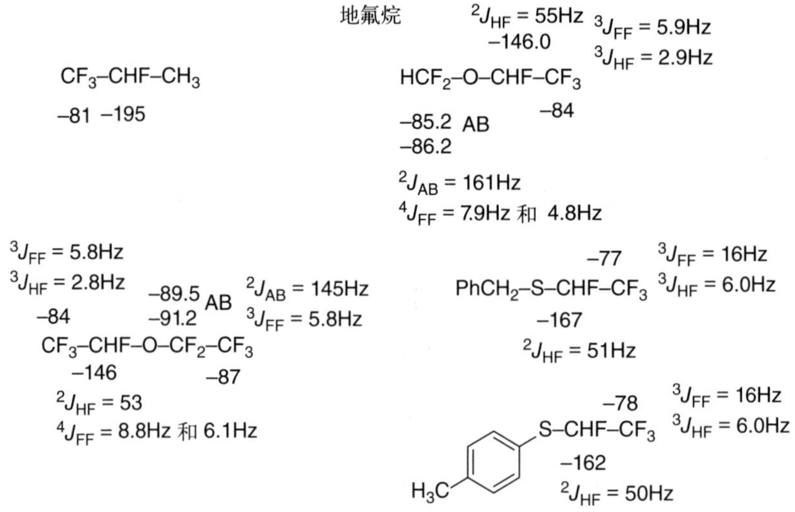

地氟烷

CF_3–CHF–CH$_3$
−81　−195

$^2J_{HF}=55Hz$　$^3J_{FF}=5.9Hz$
−146.0
HCF$_2$–O–CHF–CF$_3$　$^3J_{HF}=2.9Hz$
−85.2 AB　−84
−86.2
$^2J_{AB}=161Hz$
$^4J_{FF}=7.9Hz$ 和 4.8Hz

$^3J_{FF}=5.8Hz$
$^3J_{HF}=2.8Hz$　−89.5 AB　$^2J_{AB}=145Hz$
−84　−91.2　$^3J_{FF}=5.8Hz$
CF$_3$–CHF–O–CF$_2$–CF$_3$
−146　　−87
$^2J_{HF}=53$
$^4J_{FF}=8.8Hz$ 和 6.1Hz

−77　$^3J_{FF}=16Hz$
PhCH$_2$–S–CHF–CF$_3$　$^3J_{HF}=6.0Hz$
−167
$^2J_{HF}=51Hz$

−78　$^3J_{FF}=16Hz$
S–CHF–CF$_3$　$^3J_{HF}=6.0Hz$
−162
$^2J_{HF}=50Hz$
（H$_3$C–苯环）

图 6.15　含 1,2,2,2-四氟乙基的化合物核磁共振数据

图 6.16 给出了含 1,2,2,2-四氟乙基化合物的核磁共振氢谱和碳谱数据。请注意，硫醚的邻位 F-H 耦合常数远大于类似醚的耦合常数。

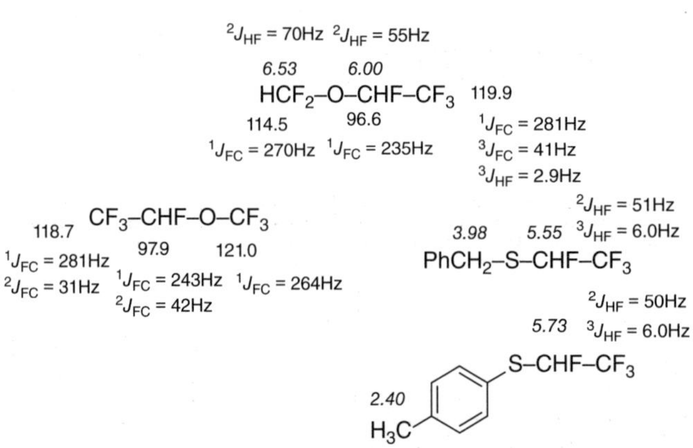

$^2J_{HF}=70Hz$　$^2J_{HF}=55Hz$
6.53　6.00
HCF$_2$–O–CHF–CF$_3$　119.9
114.5　96.6
$^1J_{FC}=270Hz$　$^1J_{FC}=235Hz$　$^1J_{FC}=281Hz$
$^3J_{FC}=41Hz$
$^3J_{HF}=2.9Hz$

118.7　CF$_3$–CHF–O–CF$_3$
97.9　121.0
$^1J_{FC}=281Hz$
$^2J_{FC}=31Hz$　$^1J_{FC}=243Hz$　$^1J_{FC}=264Hz$
$^2J_{FC}=42Hz$

3.98　5.55　$^2J_{HF}=51Hz$
PhCH$_2$–S–CHF–CF$_3$　$^3J_{HF}=6.0Hz$
$^2J_{HF}=50Hz$

5.73　$^3J_{HF}=6.0Hz$
S–CHF–CF$_3$
2.40
（H$_3$C–苯环）

图 6.16　1,2,2,2-四氟乙基化合物的核磁共振氢谱和碳谱数据

6.5 五氟乙基

乙基的两个信号——甲基的三重峰和 CH_2 基的四重峰,积分比为 3∶2,可能是核磁共振氢谱中最容易识别的信号。相比之下,来自孤立五氟乙基的氟信号几乎没有邻位耦合,它们实际上表现为两个单峰。因此,五氟乙基酮将显示为两个单峰信号,如图 6.17 中 3,3,4,4,4-五氟-2-丁酮的核磁共振氟谱所示。可以看出,来自 CF_3 基和 CF_2 基的信号分别出现在 −82.6 和 −123.9 处,在 282 mHz 下为单峰。

对于酯类,例如五氟丙酸乙酯(图 6.18),也观察到了类似的未耦合信号,其在 −123 和 −84 处显示为单峰。

相比之下,对于末端为 CF_3CF_2 基的烷烃,CF_3 基没有表现出明显的耦合,但其 CF_2 基与相邻碳上的氢原子之间存在强烈的 H-F 三键耦合,如图 6.18 中的典型化合物所示。CF_2 基的化学位移在 −120 左右,通常可以看到支化导致的屏蔽效应。CF_3 基的化学位移约为 −85。从上面和下面的例子可以看出,相邻的羰基对五氟乙基的化学位移影响不大。苯环或吡啶环上的取代对这些化学位移也没有太大影响。

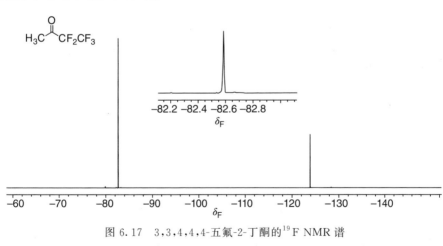

图 6.17 3,3,4,4,4-五氟-2-丁酮的 ^{19}F NMR 谱

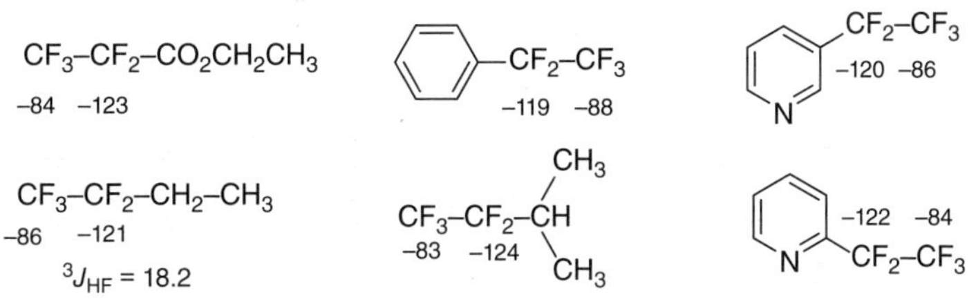

图 6.18 五氟乙基类化合物氟化学位移

图 6.19 展示了 3，3，4，4，4-五氟丁烯的氟谱，这是 C_2F_5 基与含一个或多个氢的碳原子相连的例子。该谱图显示出 CF_3 基在 -86.0 处的单峰，而在 -118.2 处显示了一个双重峰，其 H-F 三键耦合常数为 7.9 Hz。

这种五氟烯烃的氢谱，与第 2 章中描述的三氟烯烃的相似，本质上是二阶的（图 6.20）。

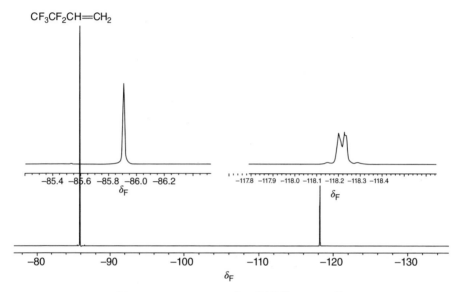

图 6.19　3,3,4,4,4-五氟丁烯的 ^{19}F NMR 谱

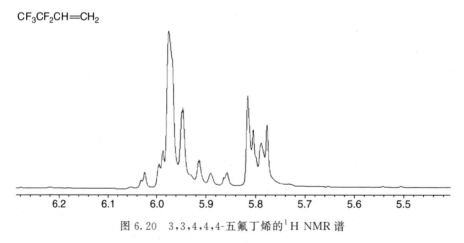

图 6.20　3,3,4,4,4-五氟丁烯的 ^1H NMR 谱

图 6.21 提供了带 C_2F_5 基化合物的氢和碳化学位移和耦合常数数据。

3，3，4，4，4-五氟-2-丁酮的碳谱提供了一个很好的例子，展示了一个孤立 C_2F_5 基的碳信号（图 6.22）。

该化合物观察到的化学位移和耦合常数数据为 δ191.8（$^2J_{FC}=27.5\text{Hz}$，C=O），118.1（$^1J_{FC}=286\text{Hz}$，$^2J_{FC}=34.2\text{Hz}$，CF_3），107.1（$^1J_{FC}=266\text{Hz}$，$^2J_{FC}=38.1\text{Hz}$，CF_2），24.6（CH_3）。

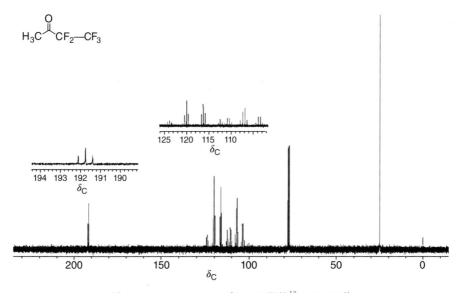

图 6.21　带 C_2F_5 基化合物的氢和碳化学位移和耦合常数

图 6.22　3,3,4,4,4-五氟-2-丁酮的 ^{13}C NMR 谱

6.5.1　五氟乙基的 α-位连有氧原子

五氟乙基醇的 α-位连有氧原子的化合物通过 C_2F_5 金属化合物与酮和醛反应制备的。α-位氧原子对 CF_2 氟原子的化学位移影响不大，但在大多数这类体系中，α-C 是手性的。因此，CF_2 的两个氟原子将是非对映的，在氟谱中显示为 AB 体系。图 6.23 提供了这类体系的两个例子以及一个相关的内酯，图 6.24 给出了碳核磁共振数据。还给出了一个五氟乙基炔烃的例子。对于与碳相连的 CF_2 基来说，与炔基碳相连的 CF_2 基位于异常低场。

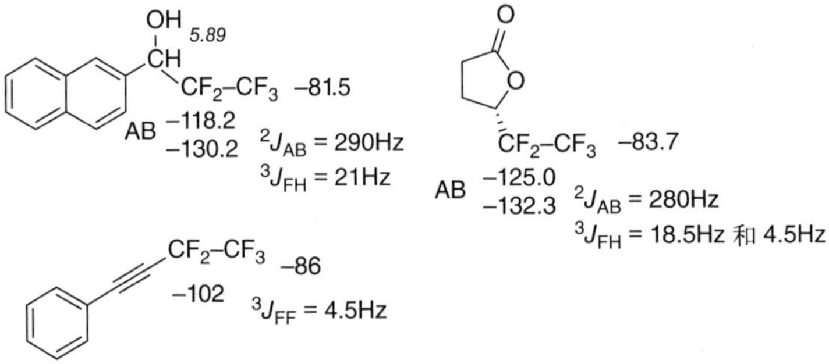

图 6.23　五氟乙基的 α-位连有氧原子的化合物的核磁共振氟谱数据

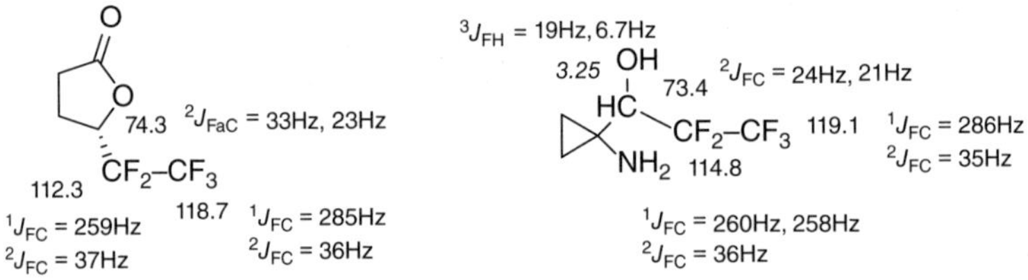

图 6.24　五氟乙基的 α-位连有氧原子的化合物的核磁共振碳谱数据

6.5.2　五氟乙基醚、硫醚和膦

五氟乙基醚和硫醚的核磁共振氟谱没什么特别之处，其 CF_2 基的氟信号被明显去屏蔽，而 CF_3 基团基本上不受影响，两者均呈现为单峰（醚的 $^3J_{FF}$ < 2Hz，硫醚的约为 3Hz）。有趣的是，与氧、硫和硒结合的 CF_3CF_2 基的 CF_2 信号都具有大致相同的化学位移，约为 −92。相比之下，类似膦的 CF_2 基团则受到更多的屏蔽，几乎与碳相连的 CF_2CF_3 基相同。图 6.25 中给出了醚、硫醚、硒醚和膦的示例，并在图 6.26 中给出了一些相关的 ^{13}C 数据。

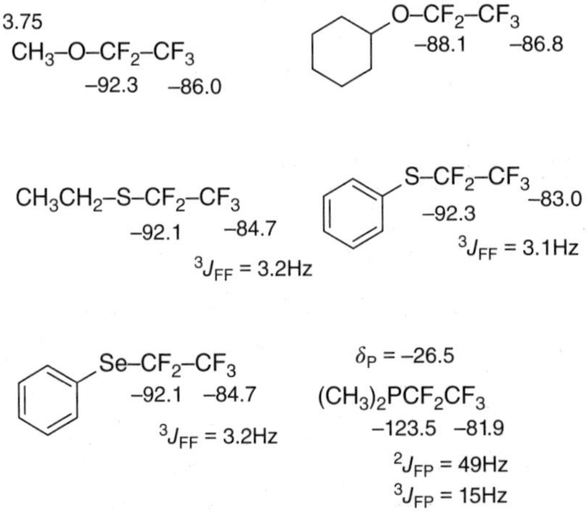

图 6.25　五氟乙基醚、硫醚和膦的核磁共振氟谱数据

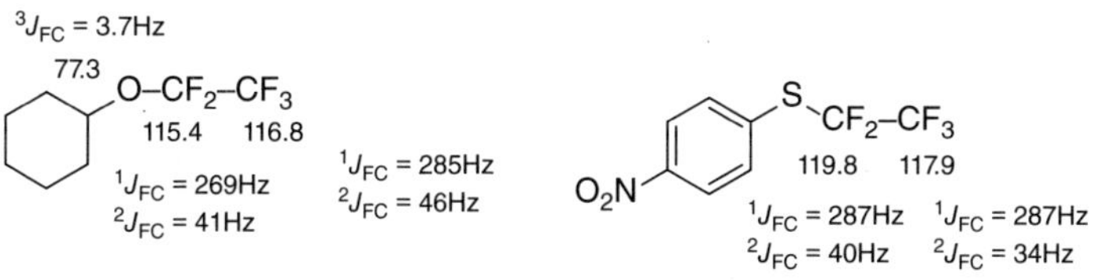

$^3J_{FC}$ = 3.7Hz

77.3
O—CF$_2$—CF$_3$
115.4 116.8
$^1J_{FC}$ = 269Hz $^1J_{FC}$ = 285Hz
$^2J_{FC}$ = 41Hz $^2J_{FC}$ = 46Hz

S—CF$_2$—CF$_3$
119.8 117.9
$^1J_{FC}$ = 287Hz $^1J_{FC}$ = 287Hz
$^2J_{FC}$ = 40Hz $^2J_{FC}$ = 34Hz

图 6.26 醚类化合物的核磁共振碳谱数据

6.5.3 五氟乙基金属

还有许多 C_2F_5 金属化合物，其 ^{19}F 谱已被报道（图 6.27）。奇怪的是，与金属相连的 CF_2 基并未发生去屏蔽，而与这些金属相连的 CF_3 基团则发生了明显的去屏蔽（第 5.3.4 节）。

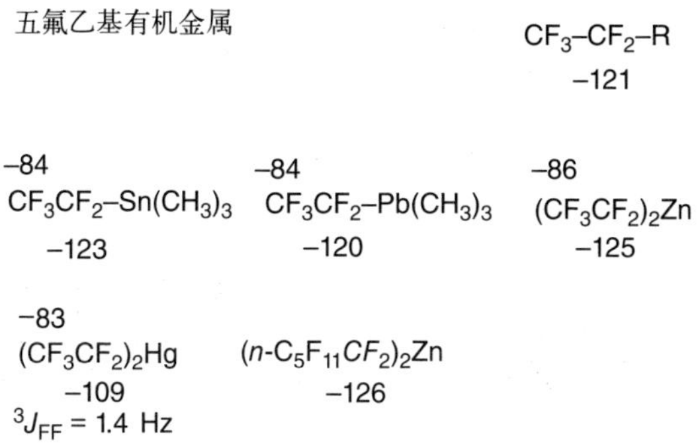

五氟乙基有机金属

CF$_3$—CF$_2$—R
−121

−84
CF$_3$CF$_2$—Sn(CH$_3$)$_3$
−123

−84
CF$_3$CF$_2$—Pb(CH$_3$)$_3$
−120

−86
(CF$_3$CF$_2$)$_2$Zn
−125

−83
(CF$_3$CF$_2$)$_2$Hg
−109
$^3J_{FF}$ = 1.4 Hz

(n-C$_5$F$_{11}$CF$_2$)$_2$Zn
−126

图 6.27 五氟乙基金属化合物核磁共振氟谱数据

6.6 2,2,3,3,3-五氟丙基

2,2,3,3,3-五氟丙基化合物的氟谱与 C_2F_5-烷烃的非常相似，C_2F_5-烷烃的氟谱已在上一节中简要讨论过，其中 CF_2 基呈现为三重峰，与相邻的 CH_2 基团强烈耦合。一个此类化合物的例子是 2，2，3，3，3-五氟丙胺，其氟谱如图 6.28 所示，CF_2 的三重峰（J = 16Hz）出现在 −127.4 处，CF_3 以单峰形式出现在 −86.5 处。

图 6.29 中给出了更多示例，包括典型的核磁共振氢谱和碳谱数据。

图 6.30 和图 6.31 给出了 2,2,3,3,3-五氟丙胺的氢和碳核磁共振谱。在其氢谱中，可以观察到 CH_2 基在 3.22 处的三重峰，其 F-H 三键耦合常数为 15.5Hz。

在碳谱中，可以观察到 CH_2 基在 δ42.6 处的三重峰（$^2J_{FC}$ = 24.8Hz），

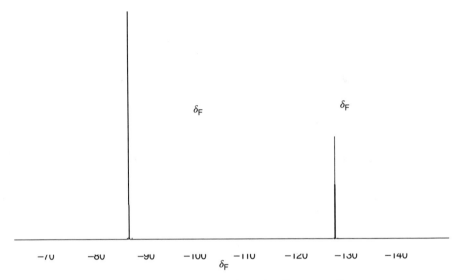

图 6.28　2,2,3,3,3-五氟丙胺的 ^{19}F NMR 谱

图 6.29　五氟丙基化合物的核磁共振氢谱和碳谱数据

CF_2 基在 114.2 处的三重四重峰（$^1J_{FC}=252Hz$，$^2J_{FC}=36.4Hz$），CF_3 基团在 119.3 处的四重三重峰（$^1J_{FC}=286Hz$，$^2J_{FC}=37.3Hz$）。

$CF_3CF_2CH_2NH_2$

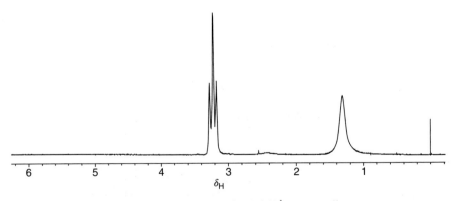

图 6.30　2,2,3,3,3-五氟丙胺的 ^{1}H NMR 谱

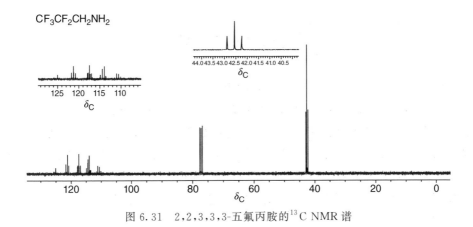

图 6.31 2,2,3,3,3-五氟丙胺的 ^{13}C NMR 谱

6.7 1,1,2,3,3,3-六氟丙基

含有 CF_3CHFCF_2 基的醚或硫醚可以很容易地通过醇或硫醇与六氟丙烯的加成来制备。图 6.32 给出了它们的一些氟谱数据以及氢谱数据。由于 CHF 碳是手性的，CF_2 基应显示为 AB 四重峰。

$$CH_3-O-CF_2-CHF-CF_3 \quad -76$$
$$AB \quad -83.7 \quad -212 \quad ^3J_{CF3F} = 11Hz$$
$$-86.3 \quad ^2J_{HF} = 44Hz \quad ^4J_{HF} = 8.4Hz$$
$$^2J_{AB} = 147Hz$$
$$^3J_{FF} = 12.5Hz, 9.3Hz$$
$$^3J_{HF} = 7.3Hz, 4.4Hz$$

$$F_3C-\overset{O}{C}-S-CF_2-CHF-CF_3$$
$$-77 \quad -83 \quad -207 \quad -79$$

$$\underset{CH_3}{\overset{CH_3}{HO-C-CF_2-CHF-CF_3}} \quad -206$$
$$-121.1 \quad -73 \quad ^3J_{FF} = 3.2Hz$$
$$-125.2$$
$$^2J_{AB} = 266Hz \quad AB$$
$$^2J_{HF} = 43.3Hz$$

图 6.32 1,1,2,3,3,3-六氟丙基化合物的核磁共振氟谱和氢谱数据

各种取代六氟丙基化合物典型的核磁共振氢谱和碳谱数据如图 6.33 所示。

$$F_3C-\overset{O}{\underset{4.08}{C}}-S-CF_2-CHF-CF_3$$
$$^2J_{HF} = 41Hz$$
$$4.98 \quad ^3J_{HF} = 4.3Hz$$

$$\underset{CH_3}{\overset{CH_3}{HO-C-CF_2-CHF-CF_3}}$$
$$73.4 \quad CH_3 \quad 115.8 \quad 83.3 \quad 121.5$$
$$5.22 \quad ^3J_{FH} = 6.4Hz$$
$$^2J_{HF} = 43.6Hz$$
$$^1J_{FC} = 282Hz$$
$$^2J_{FC} = 25.6Hz \quad ^1J_{FC} = 250Hz \quad ^1J_{FC} = 195Hz \quad ^2J_{FC} = 26.1Hz$$
$$^2J_{FC} = 21.8Hz \quad ^2J_{FC} = 24.5Hz$$

$$R_FCH_2-O-CF_2-CHF-CF_3$$
$$4.75 \quad ^3J_{FH} = 6.2Hz$$
$$^2J_{HF} = 44Hz$$
$$114.6 \quad 85.2 \quad 120.5$$
$$^1J_{FC} = 177Hz \quad ^1J_{FC} = 200Hz \quad ^1J_{FC} = 281Hz$$
$$^2J_{FC} = 25.1Hz \quad ^2J_{FC} = 35.9Hz \quad ^2J_{FC} = 27.1Hz$$

图 6.33 1,1,2,3,3,3-六氟丙基化合物的核磁共振氢谱和碳谱数据

6.8 1,1,2,2,3,3-六氟丙基和六氟亚丙基

图 6.34 给出了含 $CF_2CF_2CF_2H$ 基的链烃和含有六氟亚丙基的环烷烃基的氟化学位移。RCF_2 基总是出现在最低场，而 CF_2H 基则出现在最高场。含有连续四个 CF_2 基团的环己烷与六氟化合物具有类似的化学位移。相比之下，这种无张力化合物中间氟的化学位移为 -135，而六氟环丙烷的化学位移为 -159，这是环丙烷环对任何氟取代基具有独特屏蔽效应的又一例证。事实上，六氟环丙烷的 CF_2 展现出了 CF_2 基团所报道的最大（最受屏蔽）化学位移。

图 6.34　六氟丙基和六氟亚丙基的氟化学位移

6.9　六氟异丙基

六氟异丙醇已成为一种常用溶剂。图 6.35～图 6.37 给出了它的氟谱、氢谱和碳谱。氟谱中以 -77.1 为中心的双峰表现出 7.1Hz 的 H-F 三键耦合常数。氢谱中 4.37 处的七重峰表现出 6.0Hz 的 $^3J_{FH}$ 耦合常数。碳谱的特征为位于 121.6 处的四重峰（$^1J_{FC}=283$Hz）和位于 69.9 处的七重峰（$^2J_{FC}=33.8$Hz）。

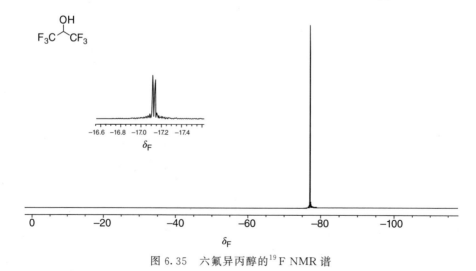

图 6.35　六氟异丙醇的 ^{19}F NMR 谱

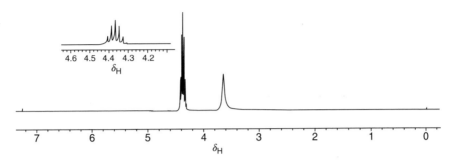

图 6.36 六氟异丙醇的 ^{1}H NMR 谱

图 6.37 六氟异丙醇的 ^{13}C NMR 谱

图 6.38 给出了含六氟异丙基化合物的核磁共振氢谱与氟谱数据。除了图 6.39 中的数据外，似乎没有其它碳谱数据。

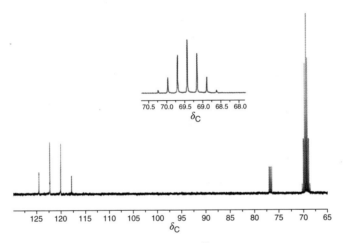

图 6.38 含六氟异丙基化合物的核磁共振氢谱和氟谱数据

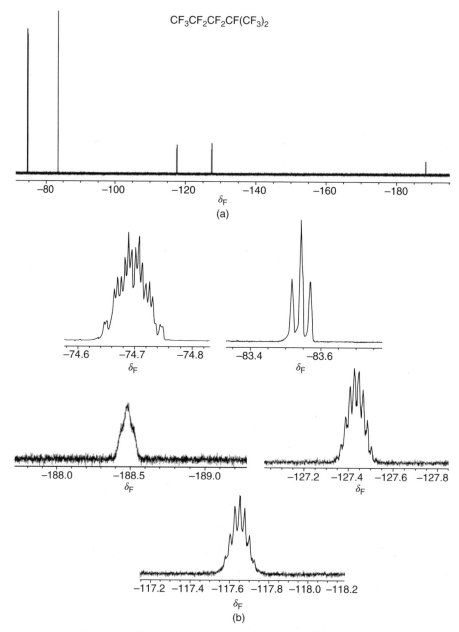

图 6.39 全氟-2-甲基戊烷的 ^{19}F NMR 谱（a）和全氟-2-甲基戊烷 ^{19}F NMR 谱中各峰的扩展（b）

6.10 七氟正丙基

图 6.40 给出了一些七氟正丙基化合物的核磁共振氟谱数据。对于大多数

七氟正丙基化合物，几乎没有观察到邻位 F-F 三键耦合（下面的炔烃除外）；而更显著的是四键耦合（可能主要通过空间作用）。

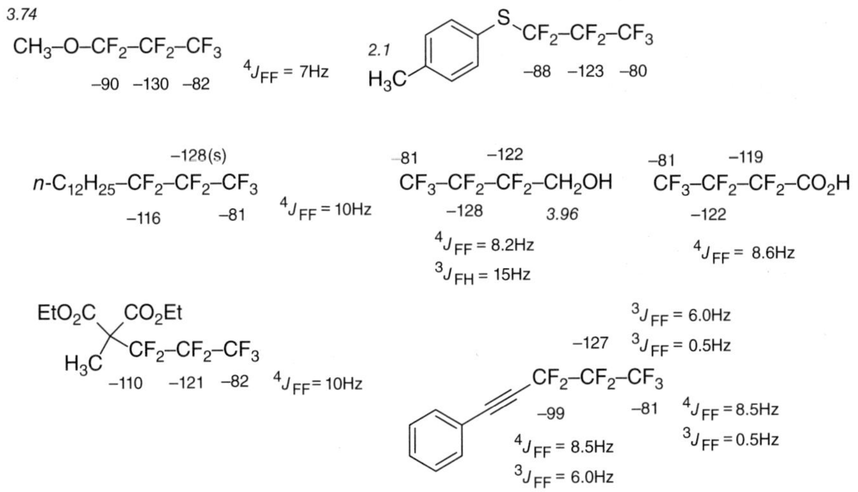

图 6.40 七氟正丙基化合物的核磁共振氟谱数据

6.11 七氟异丙基

七氟异丙基醚和硫醚之间一个反复出现的差异是：硫醚（或硫化物）中可观察到显著的约 9Hz 的邻位 F-F 耦合，而醚中没有（图 6.41）。

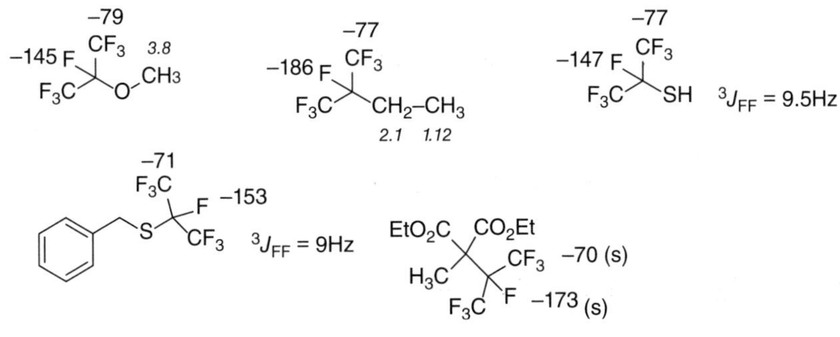

图 6.41 七氟异丙基化合物的氟化学位移和耦合常数数据

6.12 九氟正丁基

与 n-C_3F_7 基的情况一样，n-C_4F_9 基中最突出的 F-F 耦合通常是四键耦合（图 6.42）。

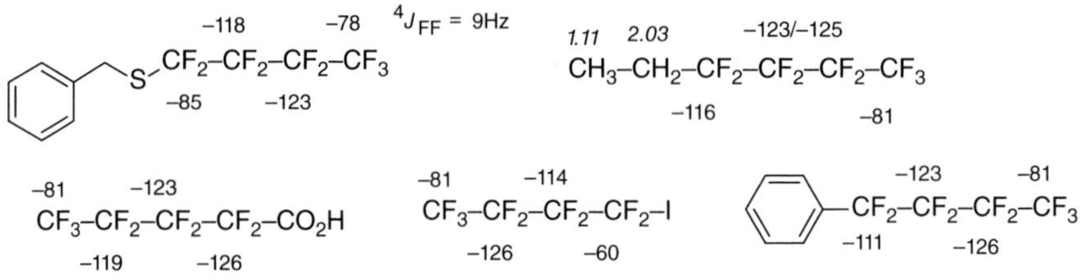

```
         –118    –78   ⁴J_FF = 9Hz              1.11  2.03     –123/–125
    S—CF₂–CF₂–CF₂–CF₃              CH₃–CH₂–CF₂–CF₂–CF₂–CF₃
       –85    –123                              –116        –81
```

```
   –81   –123                      –81   –114                  –123      –81
  CF₃–CF₂–CF₂–CF₂–CO₂H        CF₃–CF₂–CF₂–CF₂–I          —CF₂–CF₂–CF₂–CF₃
      –119    –126                 –126     –60              –111    –126
```

图 6.42　九氟正丁基化合物的氟化学位移

6.13　九氟异丁基

CF_3 基的化学位移表明，支化会导致去屏蔽（图 6.43）。

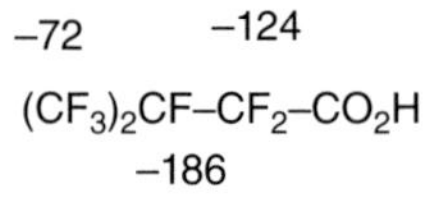

```
           –72      –124
      (CF₃)₂CF–CF₂–CO₂H
              –186
```

图 6.43　九氟异丁基化合物的氟化学位移

6.14　九氟叔丁基

全氟新戊酸（全氟-2,2-二甲基丙酸）的氟化学位移表明，更多的支化会导致更强的去屏蔽作用（图 6.44）。

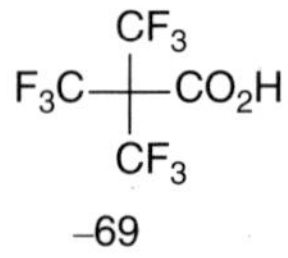

```
              CF₃
       F₃C—C—CO₂H
              CF₃
              –69
```

图 6.44　全氟新戊酸的氟化学位移

6.15　氟相基团（全氟长链基团）

通过引入高度氟化的侧链基团，并使其与反应中心隔离，以利用其对分子溶解性能的独特影响，同时又不影响功能基团的化学性质，这一策略催生了氟化学的一个新分支，称为"氟碳相化学"。在大多数情况下，这类化合物分子中含氟部分的氟谱和碳谱对其表征并不是特别有用，主要是因为大多数 CF_2 的氟和碳化学位移相似，导致了氟谱中的重叠；再加上多个较大的 F-C 耦合常数，使得核磁共振碳谱中的这个区域几乎无法解析。

因此，大多数有机化学家在合成含 $n\text{-}C_6F_{13}CH_2CH_2$— 或 $n\text{-}C_8F_{17}CH_2CH_2$— 基团的氟碳相试剂时，通常只使用连接氟化段与非氟化段的亚乙基 CH_2CH_2 的氢和碳核磁共振信号来表征他们的化合物。图 6.45 提供了这种典型的核磁共振氟谱数据，以及难以获取的十三氟正辛醇前体的氟和碳核磁共振数据，该前体常用于氟碳相化合物的合成。为了进行比较，还提供了带有羧酸官能团以及仅含单个 CH_2 链接的类似体系的一些数据。

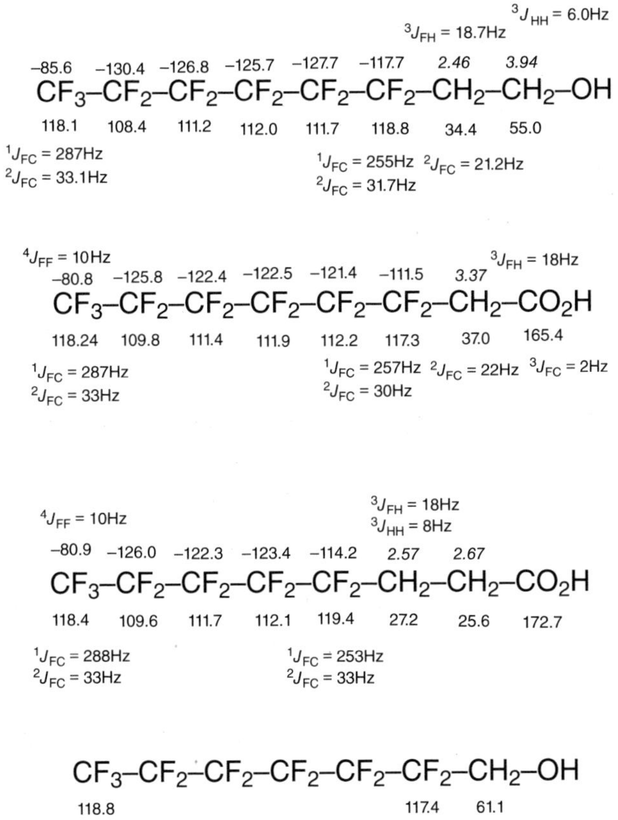

$$^3J_{HH} = 6.0\,\text{Hz}$$
$$^3J_{FH} = 18.7\,\text{Hz}$$

$\underset{118.1}{\overset{-85.6}{CF_3}}-\underset{108.4}{\overset{-130.4}{CF_2}}-\underset{111.2}{\overset{-126.8}{CF_2}}-\underset{112.0}{\overset{-125.7}{CF_2}}-\underset{111.7}{\overset{-127.7}{CF_2}}-\underset{118.8}{\overset{-117.7}{CF_2}}-\underset{34.4}{\overset{2.46}{CH_2}}-\underset{55.0}{\overset{3.94}{CH_2}}-OH$

$^1J_{FC} = 287\,\text{Hz}$ $^1J_{FC} = 255\,\text{Hz}$ $^2J_{FC} = 21.2\,\text{Hz}$
$^2J_{FC} = 33.1\,\text{Hz}$ $^2J_{FC} = 31.7\,\text{Hz}$

$^4J_{FF} = 10\,\text{Hz}$ $^3J_{FH} = 18\,\text{Hz}$

$\underset{118.24}{\overset{-80.8}{CF_3}}-\underset{109.8}{\overset{-125.8}{CF_2}}-\underset{111.4}{\overset{-122.4}{CF_2}}-\underset{111.9}{\overset{-122.5}{CF_2}}-\underset{112.2}{\overset{-121.4}{CF_2}}-\underset{117.3}{\overset{-111.5}{CF_2}}-\underset{37.0}{\overset{3.37}{CH_2}}-\underset{165.4}{CO_2H}$

$^1J_{FC} = 287\,\text{Hz}$ $^1J_{FC} = 257\,\text{Hz}$ $^2J_{FC} = 22\,\text{Hz}$ $^3J_{FC} = 2\,\text{Hz}$
$^2J_{FC} = 33\,\text{Hz}$ $^2J_{FC} = 30\,\text{Hz}$

$^4J_{FF} = 10\,\text{Hz}$ $^3J_{FH} = 18\,\text{Hz}$
                           $^3J_{HH} = 8\,\text{Hz}$

$\underset{118.4}{\overset{-80.9}{CF_3}}-\underset{109.6}{\overset{-126.0}{CF_2}}-\underset{111.7}{\overset{-122.3}{CF_2}}-\underset{112.1}{\overset{-123.4}{CF_2}}-\underset{119.4}{\overset{-114.2}{CF_2}}-\underset{27.2}{\overset{2.57}{CH_2}}-\underset{25.6}{\overset{2.67}{CH_2}}-\underset{172.7}{CO_2H}$

$^1J_{FC} = 288\,\text{Hz}$ $^1J_{FC} = 253\,\text{Hz}$
$^2J_{FC} = 33\,\text{Hz}$ $^2J_{FC} = 33\,\text{Hz}$

$\underset{118.8}{CF_3}-CF_2-CF_2-CF_2-CF_2-\underset{117.4}{CF_2}-\underset{61.1}{CH_2}-OH$

图 6.45　氟碳相试剂的核磁共振氢谱数据

6.16　1-氢-全氟烷烃

当一级 CF_2H 基连接到任何全氟烷基时，全氟基团的长度对 CF_2H 的氟、氢和碳化学位移不会产生很大的影响；因此，对于 R_FCF_2H，当 $R_F = CF_3$、C_2F_5 和 $n\text{-}C_3F_7$ 时，CF_2H 基的化学位移分别为 -142.0、-139.0 和 -137.6。在这种体系中，邻位 F-F 和 F-H 耦合常数都可能非常小。最大的耦合似乎是

F-F 四键耦合，其中锯齿形交错构象使每三个碳（即：每隔一个碳）上的氟原子紧密靠近（参见图 6.46）。这些较大的耦合很可能是空间耦合的结果（参见第 2 章）[1]。

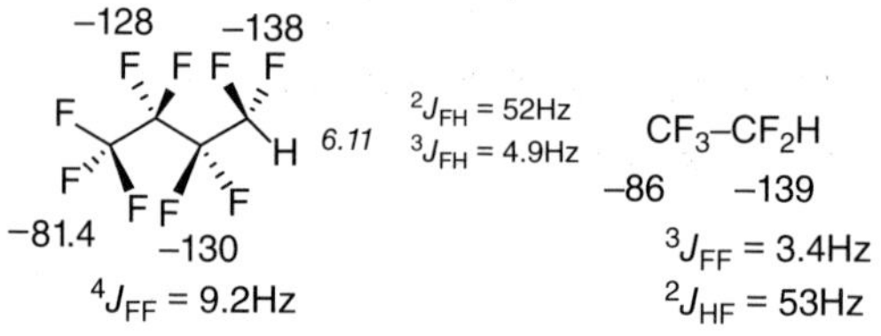

$$CF_3-CF_2H$$
–128, –138, –81.4, –130
$^2J_{FH}$ = 52Hz
$^3J_{FH}$ = 4.9Hz
$^4J_{FF}$ = 9.2Hz
6.11

CF₃–CF₂H
–86 –139
$^3J_{FF}$ = 3.4Hz
$^2J_{HF}$ = 53Hz

图 6.46 1-氢-全氟烷烃化学位移和耦合常数数据

6.17 全氟烷烃

如图 6.47 中的例子所示，随着邻近的氟碳基团变得更加支化，即从 CF_3 到 CF_2R_F 再到 $CF(R_F)_2$，全氟烃中二级 CF_2 基团的化学位移略有减小（屏蔽作用减少）。

CF₃**CF₂**CF₃   CF₃CF₂**CF₂**CF₃   CF₃CF₂**CF₂**CF₂CF₃   (CF₃)₂CF**CF₂**CF₃
–132   –127   –123   –119
$^3J_{FF}$ = 7.3Hz $^4J_{FF}$ = 10.2Hz

图 6.47 全氟烃中二级 CF_2 基团的化学位移

如前所述，全氟烷烃中的邻位 F-F 耦合常数通常非常小，与更远程的耦合相比几乎可以忽略不计，就像上面的全氟正戊烷那样，其中 F-F 四键耦合常数为 10.2Hz。

在直链全氟烷烃中，三氟甲基是最被屏蔽的，化学位移约为 –81，而靠近 CF_3 的支化会使信号向低场移动，如图 6.48 所示。

CF₃–CF₃   CF₃–CF₂R_F   CF₃–CF(R_f)₂   CF₃–C(R_F)₃
–89   约 –81   约 –73   约 –63

图 6.48 直链全氟烷烃中 CF_3 化学位移

图 6.49 提供了一组代表性全氟碳化合物中所有氟原子的化学位移。所展示的各种环境应该能够让人估算出全氟碳化合物体系中几乎任何氟原子的化学位移。

四元、五元和六元环全氟脂环化合物的氟化学位移相当一致，通常在 –133～–134 范围内，但与通常的情况一样，环丙烷环上的氟原子出现在其它含氟脂环化合物的更高场，全氟环丙烷的化学位移为 –159。

CF₃CF₂CF₂CF₂CF₂CF₂CF₂CF₃
  a   b   c   d

δ_F (a) –81.1, (b) –126.1, (c) –122.5, (d) –121.7　　在环己烷中

CF₃CF₂CF₂CF₂CF₂CF₃
 a   b   c

δ_F (a) –81.2, (b) –125.9, (c) –122.4　　in CFCl₃

(CF₃)₂CFCF₂CF₂CF₃
  a   b   c d   e

δ_F (a) –72.0, (b) –185.8, (c) –115.0, (d) –124.8, (e) –80.8　　全部在 CFCl₃ 中

(CF₃CF₂)₂CFCF₃　　　　　　　　(CF₃)₂CFCF(CF₃)₂
  a   b   c d　　　　　　　　　 a   b

δ_F (a) –80.3, (b) –116.7, (c) –184.4, (d) –71.0　　δ_F (a) –70.4, (b) –178.8

(CF₃)₃CCF₂CF₃
  a   b c

δ_F (a) –62.0, (b) –108.7, (c) –78.6

图 6.49　全氟碳化合物中所有氟原子化学位移

仔细观察全氟-2-甲基戊烷，可以在图 6.50 中找到各个碳上氟的化学位移，实际谱图见图 6.39（a）和（b）。可以观察到与 CF₃ 基之间存在显著的长程（四键）耦合，而三键耦合则不太明显。

全氟-2-甲基己烷的 ^{13}C NMR 谱图（图 6.51）既说明了由于重叠的多重峰导致分析此类谱图的困难，但同时也表明，对于具有一定对称性的相对较小的分子，通过仔细分析，其谱图可以被完全表征。

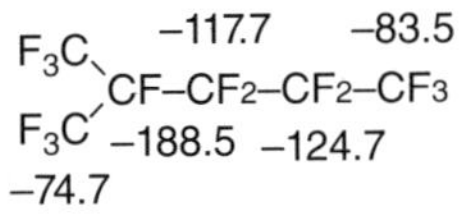

```
F₃C        –117.7    –83.5
    CF–CF₂–CF₂–CF₃
F₃C  –188.5   –124.7
–74.7
```

图 6.50　全氟 2-甲基戊烷各碳上氟的化学位移

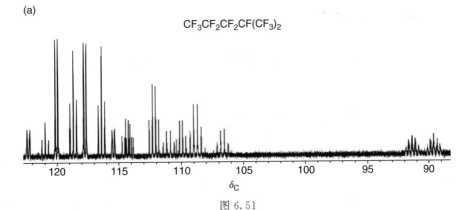

图 6.51

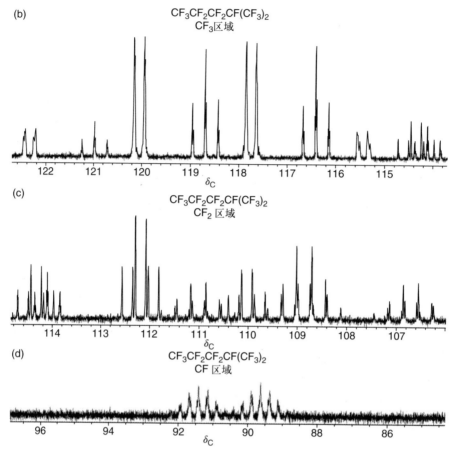

图 6.51 全氟-2-甲基戊烷的 ^{13}C NMR 谱（a）；谱图的 CF_3 区域（b）；
谱图的 CF_2 区域（c）；谱图的 CF 区域（d）

6.18 全氟正烷基卤化物

表 6.1 中的示例说明了典型的全氟正烷基卤化物中 CF_2 的化学位移是如何变化的。

表 6.1 全氟正烷基卤化物 $CF_3(CF_2)_5CF_2CF_2X$ 的 δ_F 值

X	$\delta_F(CF_2X)$	$\delta_F(2\text{-}CF_2)$
F	−81.8	−126.7
Cl	−68.6	−120.6
Br	−63.8	−117.7
I	−58.8	−113.5

6.19 全氟烷基胺、醚和羧酸衍生物

图 6.52 中的例子提供了对与氧、氮和羰基相连的全氟烷基中 CF_2 化学位移的理解[2]，而全氟辛酸的化学位移数据是一个经典例子：它展示了如何使用 F-F COSY 和 NOESY 实验[1]、以及全氟烷基链中氟原子之间观察到的最大耦合常数是四键耦合这一知识，来完成一组具有相似化学位移的 CF_2 基团信号的归属。

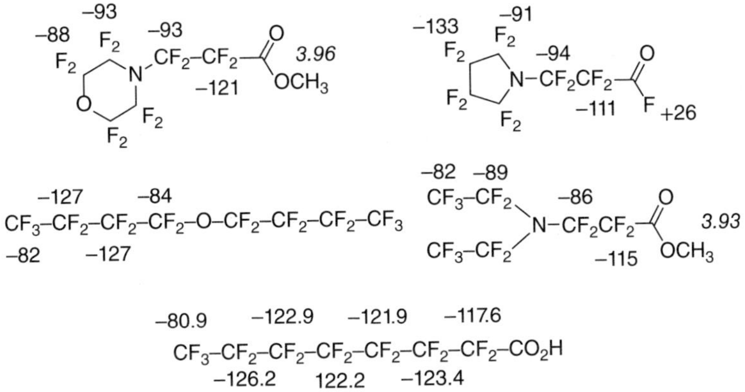

图 6.52 与氧、氮和羰基相连的全氟烷基中 CF_2 化学位移

6.20 多氟烯烃

6.20.1 三氟乙烯基

三氟乙烯基 2 位上的氟原子比其它两个氟原子受到更大的屏蔽，它的存在导致 1 位非对映氟原子的"分裂"增强以及孪位（即同碳）和邻位（即邻碳）耦合常数的增加。

三氟乙烯基具有特征的化学位移和耦合常数，如图 6.53 所示。

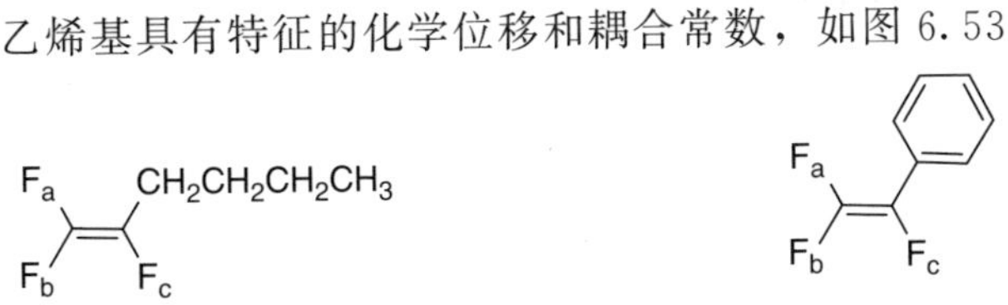

$\delta_{F(a)} = -126$, $^2J_{FF} = 90\,Hz$ $^3J_{FF}$(反式) $= 114\,Hz$
$\delta_{F(b)} = -107$, $^3J_{FF}$(顺式) $= 32\,Hz$
$\delta_{F(c)} = -175$

$\delta_{F(a)} = -115.2$, $^2J_{FF} = 71\,Hz$, $^3J_{FF}$(反式) $= 109\,Hz$
$\delta_{F(b)} = -100.4$, $^3J_{FF}$(顺式) $= 32\,Hz$
$\delta_{F(c)} = -177$

图 6.53

图 6.53 中给出的三氟乙烯基的化学位移和耦合常数（图上方结构与数据）：

F_a 端 CH_2CH_2OH 取代物：$\delta_{F(a)} = -126$, $^2J_{FF} = 90\,Hz$, $^3J_{FF}$（反式）$= 113\,Hz$；$\delta_{F(b)} = -108$, $^3J_{FF}$（顺式）$= 32\,Hz$；$\delta_{F(c)} = -176$, $^3J_{HF} = 23.5\,Hz$。

CH_2OH 取代物：-121, $^2J_{FF} = 84\,Hz$, $^3J_{FF}$（反式）$= 120\,Hz$；-104, $^2J_{FF} = 84\,Hz$, $^3J_{FF}$（顺式）$= 32\,Hz$；-179, $^3J_{F,CH_2} = 22\,Hz$。

图 6.53　三氟乙烯基的化学位移和耦合常数

图 6.54 给出了含三氟乙烯基化合物的典型 ^{19}F NMR 谱。这种化合物是用于正电子发射断层扫描（PET）成像中检测缺氧组织的药物 EF5 的前体。

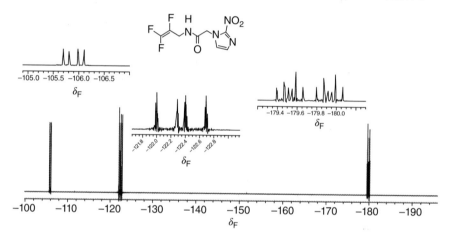

图 6.54　2,3,3-三氟烯丙基酰胺的 ^{19}F NMR 谱

EF5 前体的氟核磁共振数据为 $\delta - 105.9$ [dd, $^2J_{FF} = 82\,Hz$, $^3J_{FF}$（顺式）$= 33\,Hz$]，-122.3 [ddt, $^2J_{FF} = 81\,Hz$, $^3J_{FF}$（反式）$= 114\,Hz$, $^4J_{HF} = 3.7\,Hz$]，-179.7 [ddt, $^3J_{FF}$（反式）$= 114\,Hz$, $^3J_{FF}$（顺式）$= 32\,Hz$, $^3J_{HF} = 21.7\,Hz$]。

6.20.1.1　三氟乙烯基卤化物和醚

三氟乙烯基卤化物是很常见的试剂，而三氟乙烯基醚作为新型单体引起了越来越多的关注[3]。最近有一篇很好的文章讨论了一些三氟乙烯基醚的核磁共振谱[4]。图 6.55 中给出了几个卤代物、醚和硫醚的氟谱数据。

氯代物：-101, -143, -119；$^2J_{FF} = 78\,Hz$, $^3J_{FF}$（顺式）$= 58\,Hz$, $^3J_{FF}$（反式）$= 115\,Hz$

溴代物：-97, -145, -117；$^2J_{FF} = 72\,Hz$, $^3J_{FF}$（顺式）$= 56\,Hz$, $^3J_{FF}$（反式）$= 123\,Hz$

碘代物：-88, -150, -113；$^2J_{FF} = 64\,Hz$, $^3J_{FF}$（顺式）$= 51\,Hz$, $^3J_{FF}$（反式）$= 128\,Hz$

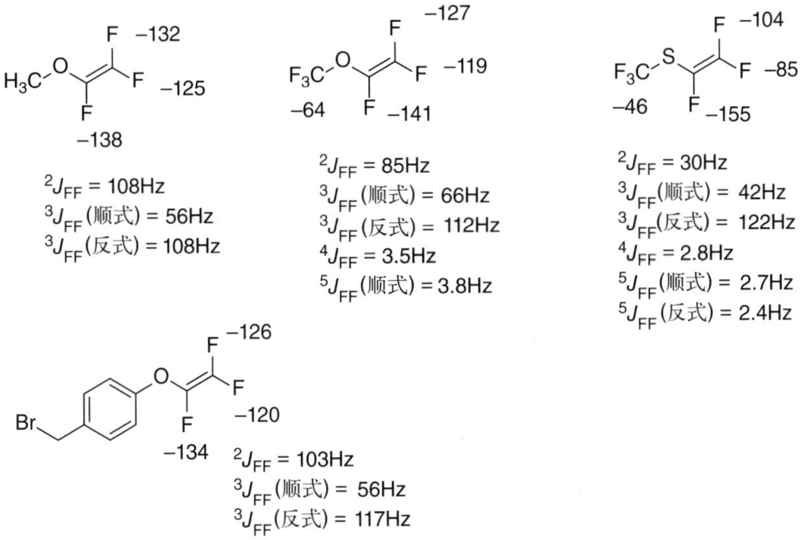

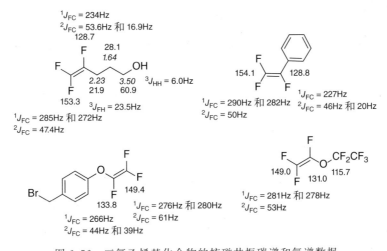

图 6.55 卤代物、醚和硫醚的核磁共振氟谱数据

图 6.56 提供了几种三氟乙烯基化合物的核磁共振碳谱和氢谱数据。

图 6.56 三氟乙烯基化合物的核磁共振碳谱和氢谱数据

图 6.57（a）和（b）提供了一个三氟乙烯化合物（即 EF5 前体）碳谱中 C—F 区域的具体例子。请注意，在 127.56 处含一个氟原子的碳呈现为双重的双重双峰（三重双峰，即 8 个峰），具有较大的 F-C 一键耦合常数（236Hz），然后是两个较小的双峰，其 F-C 两键耦合常数分别为 52Hz 和 15.7Hz。（八个峰中的一个峰被咪唑 C—H 碳的强烈信号所掩盖。）

尽管 Z-和 E-氟的耦合常数略有不同，但位于 154.16 的 CF_2 碳基本上分裂为三重双峰，具有更大的 F-C 一键耦合常数（约 281Hz），同时还存在一个由较小的 F-C 两键耦合（45.6Hz）产生的双峰。这种"三重峰"的中心部分有四个峰，这是该类体系的典型特征，其中两个非对映氟原子与同一碳原子的耦合略有不同。

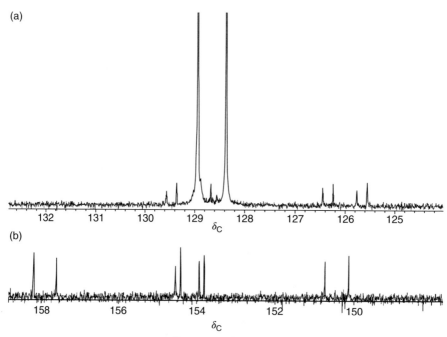

图 6.57　EF5 前体的 ^{13}C NMR 谱中 CF$_2$═CF 的 CF 部分（a）；
EF5 前体的 ^{13}C NMR 谱中 CF$_2$═CF 的 CF$_2$ 部分（b）

6.20.2　全氟烯烃

图 6.58 给出了两个代表性全氟-1-烯烃中所有氟原子的化学位移。全氟-1-己烯中烯烃片段的 F-F 耦合常数也已给出，它们具有"正常"大小。特别令人感兴趣的是，烯丙基氟（d）和顺式烯基氟（a）之间相对较大的 28Hz 耦合，这在很大程度上可以归因于通过空间的"接触"耦合。

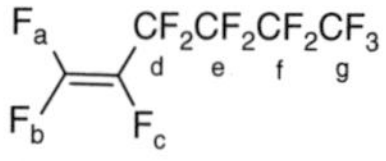

δ_F = (a) −108.1, (b) −91.7, (c) −193.4, (d) −120.5,
(e) −127.0, (f) −129.0, (g) −83.7
$^2J_{ab}$ = 52Hz; $^3J_{ac}$ = 117Hz; $^3J_{bc}$ = 40Hz
$^3J_{cd}$ = 14Hz, $^4J_{ad}$ = 28Hz, $^4J_{bd}$ = 6Hz

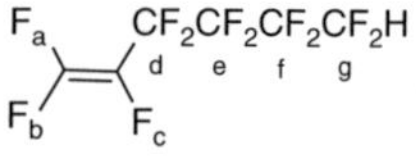

δ_F = (a) −105.1, (b) −87.8, (c) −188.7, (d) −118.5,
(e) −125.5, (f) −129.8, (g) −137.0 ($^2J_{FH}$ = 50 Hz)

图 6.58　全氟-1-烯烃中所有氟原子的化学位移和耦合常数数据

6.21 多氟芳烃

6.21.1 2,3,5,6-四氟苯化合物

由于长程 F-F 耦合对该体系二阶性质的贡献，2,3,5,6-四氟芳基的氟信号通常由复杂的多重峰组成。图 6.59 给出了几个此类体系的化学位移示例。

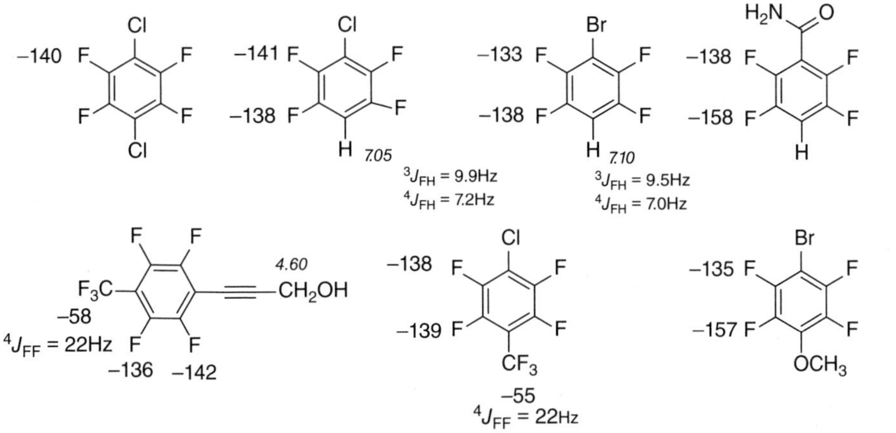

图 6.59 2,3,5,6-四氟苯化合物的化学位移

6.21.2 五氟苯基

几个代表性的五氟苯基化合物的氟核磁共振数据以及典型的 F-F 耦合常数如下所示（表 6.2）[5]。

可以看出，给电子基团通常对所有氟原子产生屏蔽作用，而吸电子取代基通常对所有氟原子产生去屏蔽作用，但邻位和对位的氟原子受到的影响最大，屏蔽取代基的影响也最大。

表 6.2 五氟苯的典型化学位移

X	δ_F 值		
	邻位	间位	对位
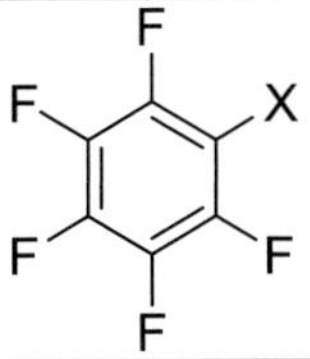 OH	−164.4	−165.8	−171.2
CH_3	−143.9	−164.4	−159.1
H	−138.7	−162.6	−154.3
CN	−132.0	−158.9	−143.2

X=CH_3, $^3J_{2,3}$=20.4, $^3J_{3,4}$=18.9Hz, $^3J_{2,5}$=8.6Hz

6.22 多氟杂环

6.22.1 多氟吡啶

大多数多氟取代吡啶是 30 多年前由伯明翰的一个氟化学研究小组采用 CoF_3 方法制备的。图 6.60 提供了当时积累的大量氟和氢化学位移数据。可以看出，在其它条件相同的情况下，位于 2-位的氟原子最被去屏蔽，而 3-位上的氟原子最受屏蔽。图 6.61 提供了几个取代四氟吡啶的例子。

二氟吡啶:

三氟吡啶:

四氟吡啶:

五氟吡啶:

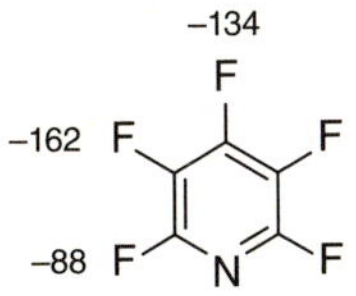

图 6.60　多氟吡啶的氟和氢化学位移

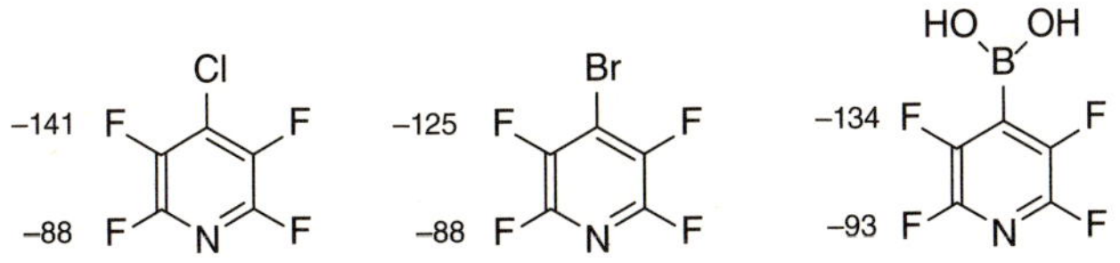

图 6.61　取代四氟吡啶的化学位移

6.22.2　多氟呋喃

同样地，二氟、三氟和四氟呋喃家族也是通过 CoF_3 方法制备的，并报道了它们的氟谱和氢谱，如图 6.62 所示。在其它条件相同的情况下，2 位的氟原子比 3 位的氟原子更被去屏蔽。

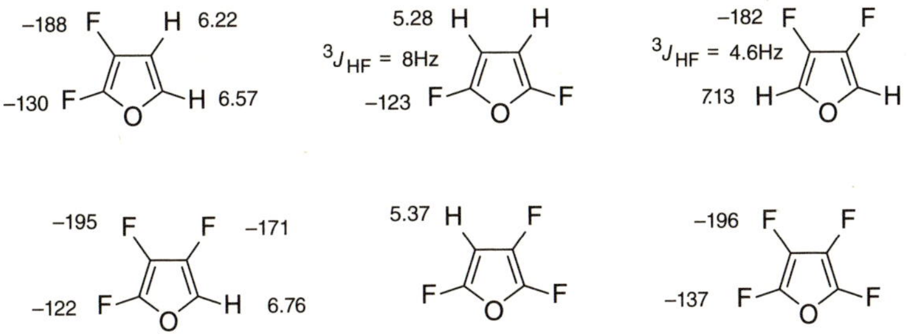

图 6.62　多氟呋喃化学位移

6.22.3　多氟噻吩

似乎只有四氟噻吩的核磁共振氟谱被报道过（图 6.63）。有趣的是，对于这种杂环，3 位的氟原子似乎比 2 位的氟原子受到略微去屏蔽。正如第 3 章所述，单氟噻吩的情况也是如此。

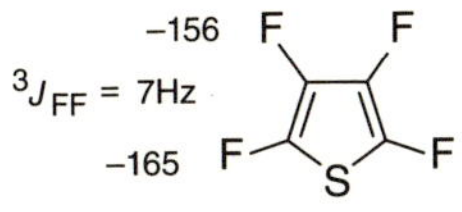

图 6.63　四氟噻吩的核磁共振氟谱数据

6.22.4 多氟嘧啶

图 6.64 给出了 2,5-二氟、2,4,5-三氟和 2,4,5,6-四氟嘧啶的氟化学位移。

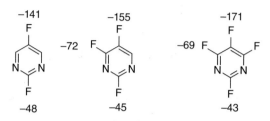

图 6.64 多氟嘧啶的氟化学位移

参考文献

[1] Buchanan, G. W.; Munteanu, E.; Dawson, B. A.; Hodgson, D. *Magn. Res. Chem.* **2005**, *43*, 528-534.

[2] Santini, G.; Le Blanc, M.; Riess, J. G. *J. Fluorine Chem.* **1977**, *10*, 363-373.

[3] Iacono, S. T.; Budy, S. M.; Jin, J.; Smith J. D. W. *J. Polym. Sci. Part A: Polym. Chem.* **2007**, *45*, 5705-5721.

[4] Brey, W. S. *J. Fluorine Chem.* **2005**, *126*, 389-399.

[5] Hogben, M. G.; Graham, W. A. G. *J. Am. Chem. Soc.* **1969**, *91*, 283-291.

第7章

氟直接与杂原子相连的化合物和取代基

7.1 引言

本章讨论的是含有一个或多个氟原子直接与杂原子（如硼、硅、氮、磷、氧和硫）相连的化合物。许多这样的化合物，特别是那些具有 N—F、O—F 或 S—F 键的化合物，会被有机化学家认为是高度反应性的氟化试剂，因此在表征过程中很少会遇到这些化合物。然而，这些化合物之所以被纳入氟核磁共振研究，原因有二：首先是为了能在混合物中识别它们的存在；其次，因为对这些化学位移的了解可以揭示影响氟化学位移趋势的因素。

本章还讨论了带有 SF_5 基的化合物，SF_5 基是一种对热和水解都稳定的取代基，在过去十年中，由于其对药理学和农药化合物生物活性的潜在影响而受到了广泛关注。

首先，让我们来观察一些趋势。第二周期元素的二元氟化物表现出持续增加的屏蔽效应，这反映在它们 ^{19}F 化学位移的显著减小（更负）上，这是由于随着结合原子与氟原子之间电负性差异的增大，相应氟原子上的负电荷也随之增加（表 7.1）。

也许会基于这种电负性观点进行预测：因为第三周期元素的电负性比第二周期的小，所以第三周期元素的二元氟化物也应该存在类似的趋势，即氟原子应该更加被屏蔽。然而，对于这个系列来说，并不存在类似的吸收往高场移动的一致趋势（表 7.2）。预期的趋势对于 SiF_4 和 PF_3 是成立的，它们的氟原子比 CF_4 和 NF_3 的氟原子分别往高场移动了 95 和 175。然而，SF_2 和 ClF 的氟原子受到了比预期更强的屏蔽，其吸收位于比 SiF_4 还要远的高场。

表 7.1 第二周期氟化物的氟化学位移

项目	F_2	FOF	NF_3	CF_4	BF_3	BeF_2
δ_F	+423	+250	+143	−65	−126	−171

表 7.2　第三周期氟化物的氟化学位移

项目	ClF	SF_2	PF_3	SiF_4
δ_F	−437	−167	−32	−160

电负性观点显然无法解释第三周期元素二元氟化物化学位移缺乏趋势的原因。SF_2 和 ClF 出乎意料之大的屏蔽效应可归因于外部磁场引起的 $\pi^* \to \sigma^*$ 激发[1]。

这种影响的最终结果是 F_2（+423）和 ClF（−437）之间的化学位移有超过 850 的惊人差异，然而，这些差异对于有机化学家来说并没有太大的影响，因为他们很少甚至几乎不会遇到需要了解表 7.1 和表 7.2 中化合物化学位移的情况。

然而，有机化学家可能会对硼、硅、氮、磷、硫和氧的化合物感兴趣，本章的大部分内容将主要讨论这些化合物。

7.2　硼氟化物

由于硼比碳更具电正性，BF_3 中的氟原子（−126）比 CF_4 中的氟原子（−65）受到更大的屏蔽。当这种强路易斯酸与路易斯碱相互作用时，例如在 $BF_3 \cdot OEt_2$（−154）中，氟原子将受到高度屏蔽。BF_4^- 中的氟原子也是高度屏蔽的，出现在约 −150 处。该氟硼酸盐和其它氟硼酸盐的数据见图 7.1。

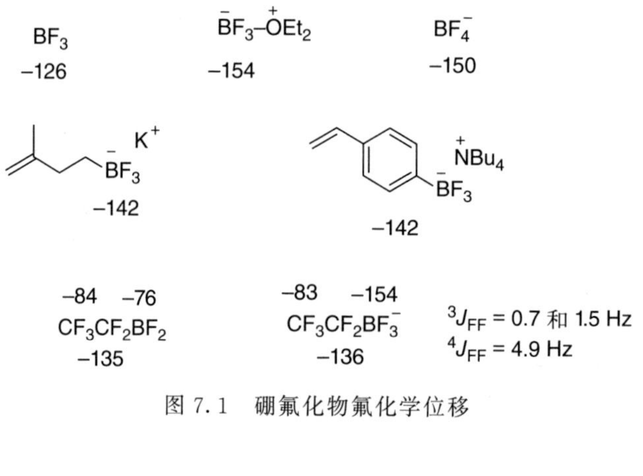

BF_3　　　　$\bar{B}F_3 - \overset{+}{O}Et_2$　　　　BF_4^-
−126　　　　　　−154　　　　　　　−150

（结构式）$-BF_3^- K^+$
　　　−142

（结构式）$-BF_3^-\ ^+NBu_4$
　　　−142

−84　−76　　　−83　−154
$CF_3CF_2BF_2$　　$CF_3CF_2BF_3^-$　　$^3J_{FF} = 0.7$ 和 1.5 Hz
　−135　　　　　−136　　　　　　$^4J_{FF} = 4.9$ Hz

图 7.1　硼氟化物氟化学位移

7.3　氟硅烷

氟硅烷都比其对应的碳化合物受到更高的屏蔽作用（图 7.2）。

第 7 章 氟直接与杂原子相连的化合物和取代基 | 231

SiF$_4$	CH$_3$SiF$_3$	(CH$_3$)$_2$SiF$_2$	(CH$_3$)$_3$SiF
−160	−131	−128	−154

CF$_4$	CH$_3$CF$_3$	(CH$_3$)$_2$CF$_2$	(CH$_3$)$_3$CF
−65	−65	−85	−131

图 7.2　氟硅烷氟化学位移

7.4　氮氟化物

所有的氮氟化物都非常活泼，通常是危险的物质，一般都是强氧化剂。例如 NF$_3$（$\delta_F = +143$）和 N$_2$F$_4$ 这类化合物在有机合成实验室中几乎不会遇到，而且后一种化合物的核磁共振数据甚至从未被报道过。NF$_3$ 具有金字塔型结构，F-N-F 键角约为 102°。NF$_4^+$ 盐类化合物确实存在一些数据，图 7.3 给出了一个例子。

NF$_4^+$ PF$_6^-$
−217　　$^1J_{FN} = 230$ Hz

图 7.3　氮氟化物氟化学位移和耦合常数

与有机氟化学家兴趣更相关的是，许多含单个 N-F 键的化合物已成为有用的"亲电氟化试剂"，即作为 F$^+$ 的有效来源。这里给出了一些这类化合物的结构，以及 N-F 氟取代基的化学位移。

与 R$_2$NF 化合物（图 7.4）相比，R$_3$N$^+$F 化合物（图 7.5）受到显著去屏蔽，这可能是预料之中的。

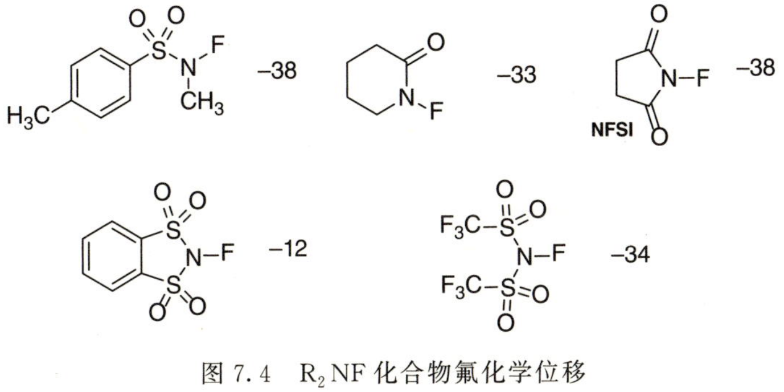

图 7.4　R$_2$NF 化合物氟化学位移

最近报道了一些烷基二氟化氮的核磁共振谱。图 7.6 中给出了它们的特征谱图数据。值得注意的是，AB 体系中通过氮原子的 F-F 两键耦合非常大（560 Hz）。相比之下（参见第 2.3.2 节），本书中提到的与碳相连的两个氟原子

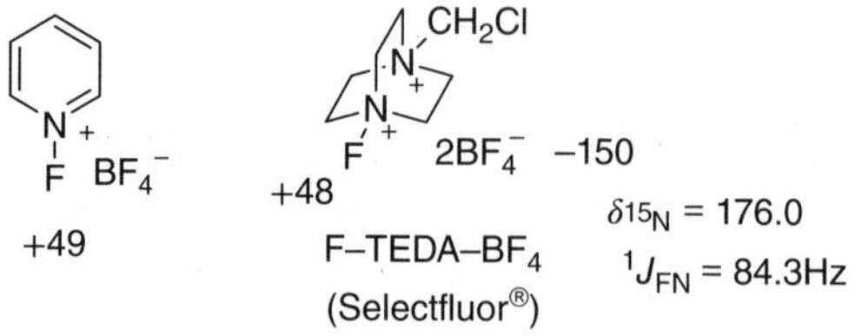

图 7.5　R_3N^+F 化合物氟化学位移

之间的最大同碳耦合（即两键耦合，孪位耦合）常数为 290Hz。这种差异可能来源于 NF_2 基团的金字塔型结构，该结构相对于 F-C-F 角，其 F-N-F 角可能更小。

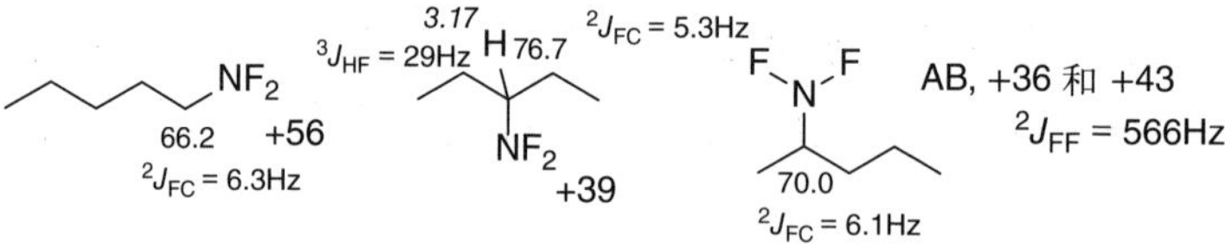

图 7.6　烷基二氟化氮的核磁共振数据

7.5　磷氟化物

含磷氟键的化合物种类繁多，其中包括一些人类已知的极具毒性的化合物（例如神经毒气沙林）。

7.5.1　磷(Ⅲ)氟化物

PF_3 和其它磷（Ⅲ）氟化物具有金字塔型结构，PF_3 的 F-P-F 键角约为 98°。因此，这类化合物中所有 P-F 键上的氟原子在磁性上应该是等价的（图 7.7）。请注意，耦合常数的变化跟与氟原子相连的磷轨道中 s 成分的相对含量是一致的。

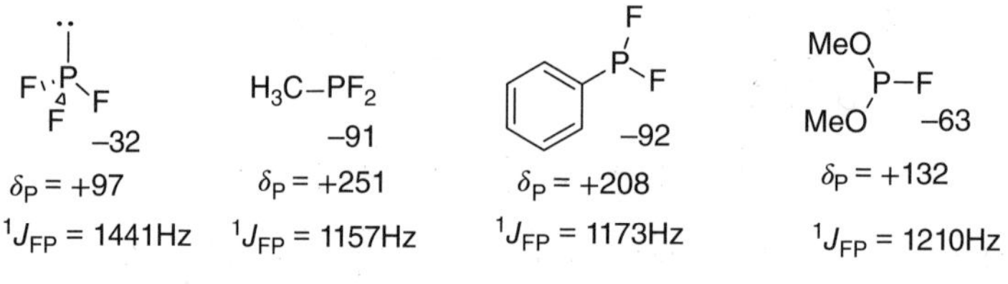

图 7.7　磷（Ⅲ）氟化物核磁共振数据

7.5.2 磷(Ⅴ)氟化物

磷（Ⅴ）氟化物具有一些有趣的结构和动力学特征，这些特征会影响其 ^{19}F NMR 谱。所有这些化合物似乎都具有三角双锥结构，其中包括两个轴向位点和三个平伏位点。六氟磷酸盐 PF_6^-，是八面体结构，所有位点都是等价的（图 7.8）。

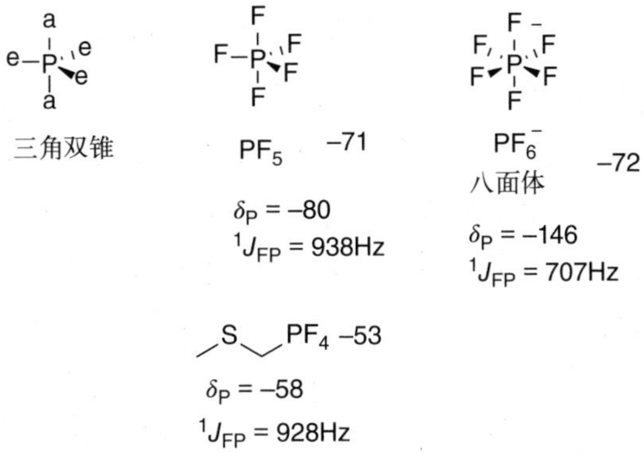

三角双锥

PF_5 −71
$\delta_P = -80$
$^1J_{FP} = 938Hz$

PF_6^- −72
八面体
$\delta_P = -146$
$^1J_{FP} = 707Hz$

S—PF_4 −53
$\delta_P = -58$
$^1J_{FP} = 928Hz$

图 7.8 磷（Ⅴ）氟化物核磁共振数据

尽管 PF_5 与 R-PF_4 型化合物所含有的氟取代基不等价，但它们在氟核磁共振谱中都仅显示一个信号。这类化合物中观察到的氟原子的磁等价性被认为来源于一种快速的分子内假旋转交换过程，即使在 −80℃下，这种交换过程也极为迅速，以至无法区分轴向和平伏位置的氟原子（图 7.9）。

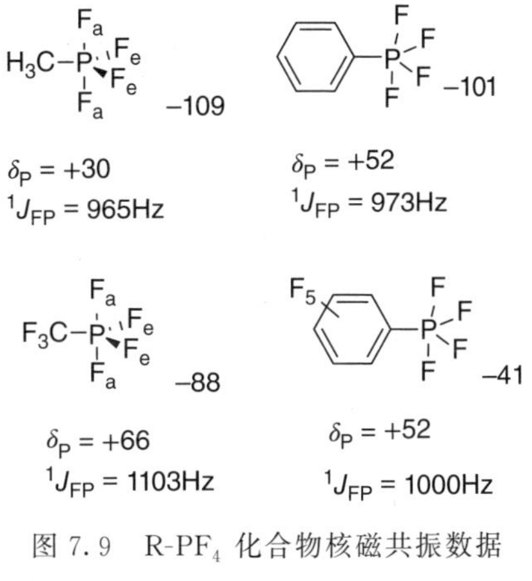

$H_3C-P(F_a)(F_e)(F_e)(F_a)$ −109
$\delta_P = +30$
$^1J_{FP} = 965Hz$

Ph-PF_4 −101
$\delta_P = +52$
$^1J_{FP} = 973Hz$

$F_3C-P(F_a)(F_e)(F_e)(F_a)$ −88
$\delta_P = +66$
$^1J_{FP} = 1103Hz$

F_5-Ph-PF_4 −41
$\delta_P = +52$
$^1J_{FP} = 1000Hz$

图 7.9 R-PF_4 化合物核磁共振数据

相反，具有通式结构 R_2PF_3 的许多化合物在其核磁共振氟谱上都有两个特征信号，一个低场三重峰（相对强度为 1）和一个高场双峰（相对强度为 2）（图 7.10）。

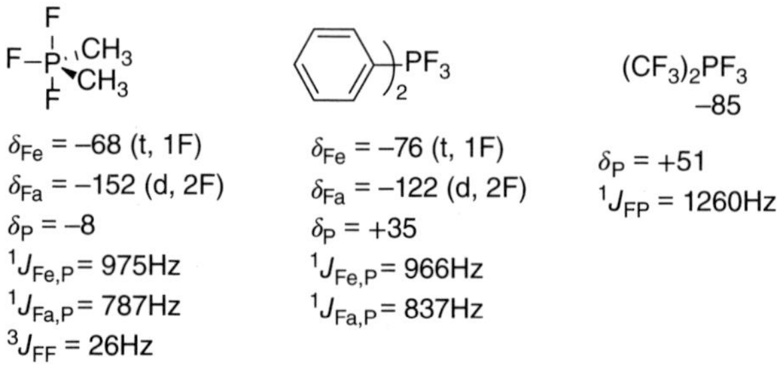

$\begin{array}{l}\delta_{Fe} = -68\ (t,\ 1F)\\ \delta_{Fa} = -152\ (d,\ 2F)\\ \delta_P = -8\\ ^1J_{Fe,P} = 975Hz\\ ^1J_{Fa,P} = 787Hz\\ ^3J_{FF} = 26Hz\end{array}\qquad \begin{array}{l}\delta_{Fe} = -76\ (t,\ 1F)\\ \delta_{Fa} = -122\ (d,\ 2F)\\ \delta_P = +35\\ ^1J_{Fe,P} = 966Hz\\ ^1J_{Fa,P} = 837Hz\end{array}\qquad \begin{array}{l}(CF_3)_2PF_3\quad -85\\ \delta_P = +51\\ ^1J_{FP} = 1260Hz\end{array}$

图 7.10 R_2PF_3 化合物核磁共振数据

为了正确预测这类化合物中哪些配体占据哪些位置，必须认识到一个一般规律：在三角双锥体系中，氟原子总是倾向于占据轴向位置，这可能是因为氟原子的半径较小，但也可能是因为它倾向于与尽可能少 s 轨道特征的轨道结合。磷原子用于形成轴向键的轨道比用于形成平伏键的轨道具有较少的 s 轨道特征。这一点体现在平伏位置的氟取代基具有较大的 F-P 耦合常数上。

必须假设：在核磁共振氟谱中只显示一个信号的含有电负性 CF_3 基的化合物，其轴向与平伏氟原子之间一定正经历着快速的分子内交换。

所有 R_3PF_2 类型的化合物中，两个氟原子都占据轴向位点，因此它们的核磁共振氟谱仅由一个双峰组成（图 7.11）。图 7.12 提供了 Ph_3PF_2 的氟谱作为示例。

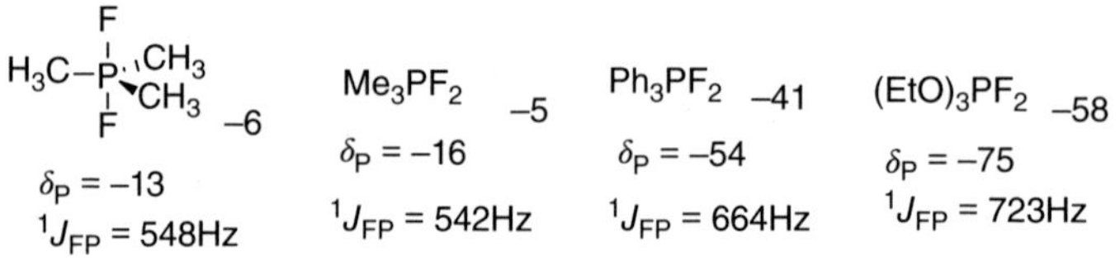

$\begin{array}{l}\qquad\qquad -6\\ \delta_P = -13\\ ^1J_{FP} = 548Hz\end{array}\qquad \begin{array}{l}Me_3PF_2\quad -5\\ \delta_P = -16\\ ^1J_{FP} = 542Hz\end{array}\qquad \begin{array}{l}Ph_3PF_2\quad -41\\ \delta_P = -54\\ ^1J_{FP} = 664Hz\end{array}\qquad \begin{array}{l}(EtO)_3PF_2\quad -58\\ \delta_P = -75\\ ^1J_{FP} = 723Hz\end{array}$

图 7.11 R_3PF_2 化合物核磁共振数据

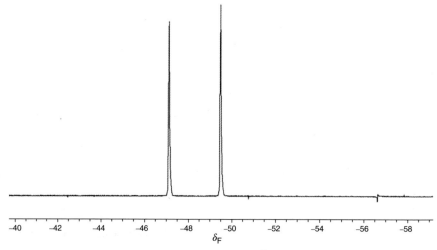

图 7.12 三苯基二氟化膦的 ^{19}F NMR 谱

类似三苯基二氟化砷及三苯基二氟化锑的图谱和数据也有报道（图7.13），这些化合物的氟原子逐渐受到更多的屏蔽。

$$Ph_3AsF_2 \quad Ph_3SbF_2$$
$$-92 \quad\quad -151$$

图7.13　三苯基二氟化砷及三苯基二氟化锑的氟化学位移

7.5.3　磷(Ⅴ)氧氟化物

图7.14给出了许多磷氧氟化物的核磁共振氟谱和磷谱数据，包括致命神经毒剂沙林的磷谱数据（至今还没有人敢于去获取其氟谱图）。

关于磷的化学位移，可以看出，用甲氧基取代烷基会导致磷原子的屏蔽；而在相似系列中，从1个氟原子取代基到2个氟原子取代基也会导致屏蔽作用增强，并且通常会增加F-P耦合常数。

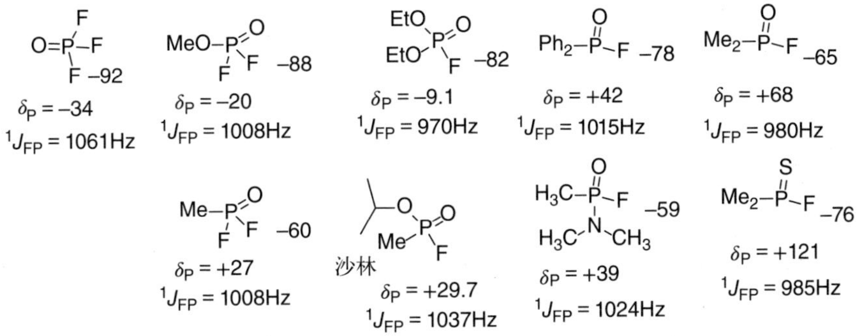

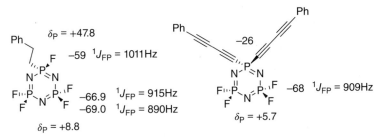

图7.14　磷氧氟化物的核磁共振氟谱和磷谱数据

7.5.4　环磷腈

图7.15中给出了两种环磷腈的核磁共振氟谱和磷谱数据。

图7.15　环磷腈的核磁共振氟谱和磷谱数据

7.6 氧氟化物（次氟酸酯）

与氮氟化合物类似，含有 O—F 键的化合物也是非常强的氧化剂，当作为氧化剂使用时，它们是亲电性氟的有效来源。由于 O—F 键非常弱，所以这类化合物的化学性质接近于 F_2 本身，其化学反应性质可以是自由基或者亲电的，具体取决于条件和反应物。

已经制备了两种类型的次氟酸酯（确切地说，宜称"氟氧酸"）化合物，即全氟烷基次氟酸酯（如 CF_3OF）和酰基次氟酸酯（如 CH_3CO_2F）。这些化合物的氟原子非常去屏蔽，因此具有显著的正化学位移（图 7.16）。图中同时还列出了高效的亲电氟化试剂高氯酰氟。

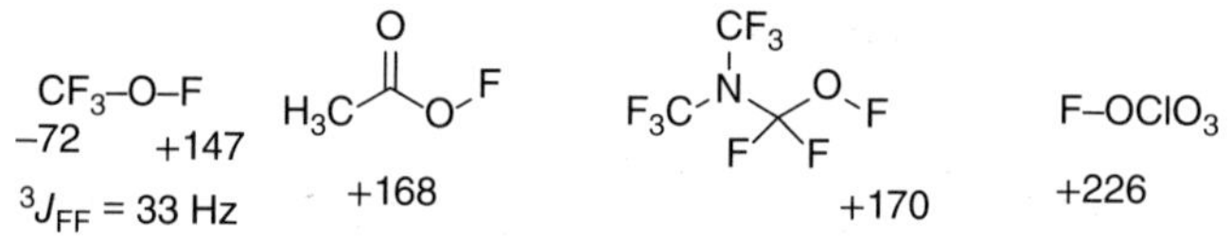

$$CF_3\text{—}O\text{—}F \quad\quad H_3C\text{—}C(=O)\text{—}O\text{—}F \quad\quad F_3C\text{—}N(CF_3)(F)\text{—}O\text{—}F \quad\quad F\text{—}OClO_3$$

$-72 \quad +147 \quad\quad\quad +168 \quad\quad\quad\quad\quad\quad +170 \quad\quad\quad\quad +226$

$^3J_{FF} = 33\ Hz$

图 7.16 氧氟化物的核磁共振数据

7.7 硫氟化物

一方面，存在大量含 S—F 键的化合物，如 SF_2、SOF_2、SO_2F_2 等，有机化学家对这些化合物兴趣不大。另一方面，还有许多其它化合物成为了众所周知的氟化试剂，例如 SF_4、二乙氨基三氟化硫（DAST）、Deoxyfluor® 和 Fluolead®。最后，还有高价的 SF_5 基和相关取代基，由于其对化合物生物活性和物理性质的潜在影响而引起了人们极大的兴趣。

本节将讨论各种不同类型的硫氟化物。SF_5 基将在下一节中详细讨论。

为了理解 ^{19}F NMR 谱，需要讨论一些硫氟化物的独特结构特征。根据 Gillespie 的电子对排斥理论[2]，预测ⅥA 族四配位化合物的几何结构为三角双锥型，其中一对电子占据一个平伏位置[3]。因此，SF_3 基以及 SF_4 分子的结构如图 7.17 所示，具有不等价的（轴向和平伏）氟原子，所以它们的 ^{19}F NMR 谱由两个 ^{19}F 信号组成，如果体系严格干燥，则这些氟原子间会发生相互耦合。

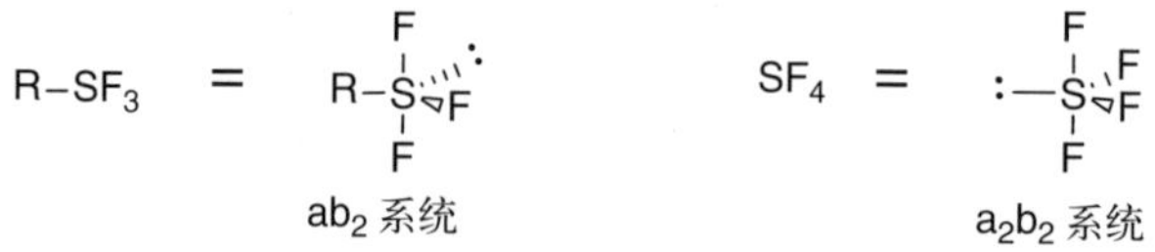

$$R\text{-}SF_3 \quad = \quad R\text{-}\overset{..}{S}F_3 \quad\quad\quad SF_4 \quad = \quad :\text{-}SF_4$$

ab_2 系统 $\quad\quad\quad\quad\quad\quad\quad a_2b_2$ 系统

图 7.17 SF_3 基以及 SF_4 分子结构

7.7.1 无机硫、硒和碲的氟化物

图 7.18 提供了无机硫氟化物的氟化学位移数据。

四氟化硫在室温下表现为两个宽的单峰，而在 85℃时表现为一个宽的单峰，在 −30℃下（处于干燥状态时）则表现为两个尖锐的三重峰。SF_6 由于其对称的八面体几何结构，在所有温度下都表现为一个尖锐的单峰。SF_4 的假旋转活化能（即轴向氟原子与平伏氟原子相互转化的活化能）约为 12kcal/mol[4]。

```
    F–S–F            SF₄              SF₆
    −167          +97 (轴向)           +56
                  +37 (赤道)

              ²J_FF = 76 Hz (在 −30°C)


              SOF₂             SO₂F₂
              +77               +34
```

图 7.18　无机硫氟化物的氟化学位移

7.7.2 二芳基硫、二芳基硒和二芳基碲的二氟化物

二芳基硫醚、硒醚和碲醚的氟化会生成二芳基硫、二芳基硒和二芳基碲的二氟化物，所有这些化合物在其 ^{19}F NMR 谱中只显示一个氟信号（单峰）（图 7.19），并且沿该族元素往下，氟原子会逐渐被屏蔽。可以推测，这两个氟原子都占据了三角双锥结构的轴向位置。

```
        Ph₂SF₂    Ph₂SeF₂   Ph₂TeF₂
         +6.8      −67       −127
```

图 7.19　二芳基硫、二芳基硒和二芳基碲的二氟化物的氟化学位移

7.7.3 芳基和烷基 SF_3 化合物

图 7.20 提供了一些有机 SF_3 化合物的氟核磁共振数据，每种化合物中轴向位置和平伏位置氟原子的化学位移值差异很大。近年来，芳基-SF_3 化合物作为脱氧氟化试剂备受关注，特别是 4-叔丁基-2,6-二甲苯基三氟化硫，该化合物被称为 Fluolead。图 7.21 给出了对溴苯基-SF_3 的核磁共振氟谱，作为此类化合物的一个例子。

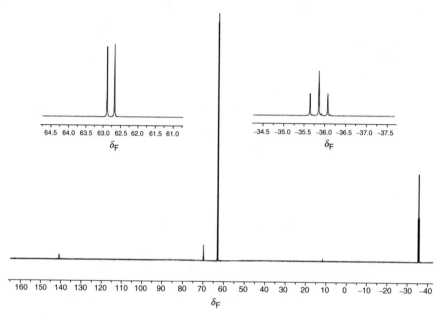

Ph—SF$_3$	p-Br—Ph—SF$_3$	t-Bu—SF$_3$	CH$_3$—SF$_3$	CF$_3$—SF$_3$
δ_{Fa} = +58 (d, 2F)	δ_{Fa} = +63 (d, 2F)	δ_{Fa} = +33 (d, 2F)	δ_{Fa} = +61 (d, 2F)	δ_{Fa} = +49 (d, 2F)
δ_{Fe} = −40 (t, 1F)	δ_{Fe} = −36 (t, 1F)	δ_{Fe} = −64 (t, 1F)	δ_{Fe} = −53 (t, 1F)	δ_{Fe} = −48 (t, 1F)
$^2J_{FF}$ = 59 Hz	$^2J_{FF}$ = 59 Hz	$^2J_{FF}$ = 53 Hz	$^2J_{FF}$ = 75 Hz	$^2J_{FF}$ = 63 Hz

图 7.20　有机 SF$_3$ 化合物的核磁共振氟谱数据

图 7.21　p-BrPh SF$_3$ 的 ab$_2$ 体系的 ^{19}F NMR 谱

7.7.4　二烷基氨基三氟化硫

二烷基氨基三氟化硫被广泛用作 SF$_4$ 的安全替代品，用于许多类型有机化合物中以氟取代氧的反应，例如将醇转化成氟化物或将醛和酮转化为偕二氟化物。其中最为人们熟知的试剂是 DAST，而另一种日益受欢迎的试剂（被认为比 DAST 使用起来更安全）是双（2-甲氧基乙基）氨基三氟化硫（Deoxo-Fluor Reagent®）（图 7.22）。

与图 7.20 中那些与碳相连的 SF$_3$ 基团相比，这些与氮相连的 SF$_3$ 基团中平伏位置的氟原子被大大去屏蔽。同时值得注意的是，这些化合物中可以观察到轴向位置和平伏位置的氟原子与氢原子之间的四键耦合。很有可能，这种耦合是"通过空间"进行的。

图 7.23 给出了另一种脱氧氟化试剂的例子，即 N,N-二取代氨基二氟化锍的四氟硼酸盐，以及一种双（二烷基氨基）二氟化硫，后者可以通过 SF$_4$ 与二

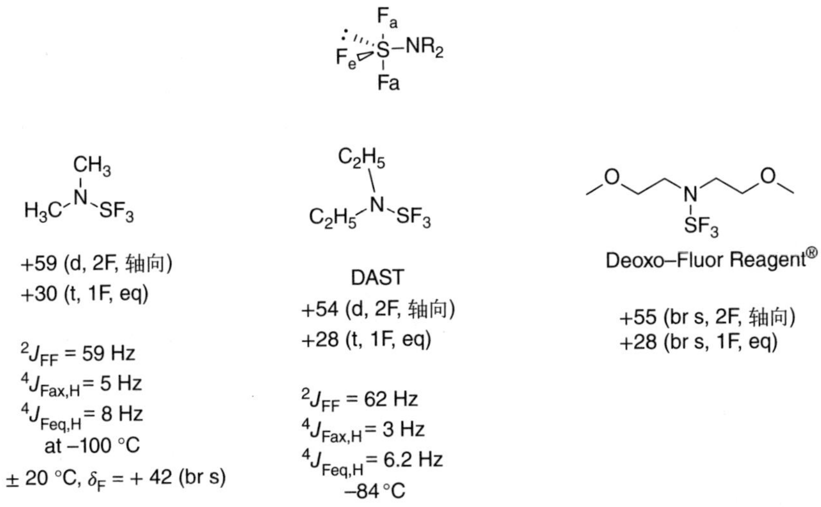

$F_e\underset{F_a}{\overset{F_a}{\ddot{S}}}-NR_2$

H$_3$C-N(CH$_3$)-SF$_3$
+59 (d, 2F, 轴向)
+30 (t, 1F, eq)

$^2J_{FF}$ = 59 Hz
$^4J_{Fax,H}$ = 5 Hz
$^4J_{Feq,H}$ = 8 Hz
at −100 °C
± 20 °C, δ_F = + 42 (br s)

C$_2$H$_5$-N(C$_2$H$_5$)-SF$_3$
DAST
+54 (d, 2F, 轴向)
+28 (t, 1F, eq)

$^2J_{FF}$ = 62 Hz
$^4J_{Fax,H}$ = 3 Hz
$^4J_{Feq,H}$ = 6.2 Hz
−84 °C

MeOCH$_2$CH$_2$-N(CH$_2$CH$_2$OMe)-SF$_3$
Deoxo–Fluor Reagent®
+55 (br s, 2F, 轴向)
+28 (br s, 1F, eq)

图 7.22　双（2-甲氧基乙基）氨基三氟化硫

级胺的反应生成。

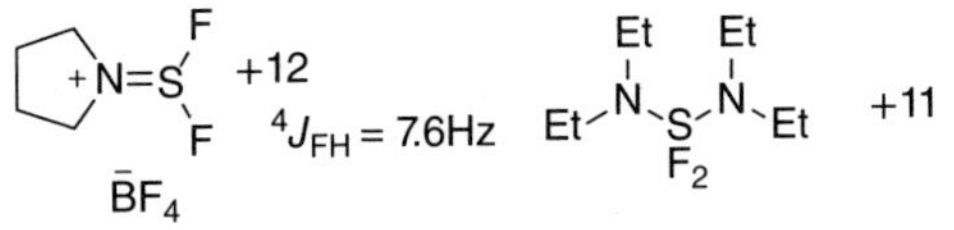

pyrrolidine-N=SF$_2$ BF$_4^-$　+12
$^4J_{FH}$ = 7.6 Hz

Et$_2$N-S(F$_2$)-NEt$_2$　+11

图 7.23　N,N-二取代氨基二氟化锍的四氟硼酸盐以及双（二烷基氨基）二氟化硫

7.7.5　高价硫氟化物

六配位的高价硫氟化物具有八面体几何结构，对于 SF$_6$ 而言是对称的，其氟原子在 +50 处显示为一个尖锐的单峰，SeF$_6$（+54）和 TeF$_6$（−56）也是如此（图 7.24）。最近的一篇综述中也提供了其它六氟化物分子的核磁共振数据[5]。

+50　SF$_6$
δ_S = 177
$^2J_{FS}$ = 252 Hz

SeF$_6$
+54

TeF$_6$
−56

图 7.24　六氟化物的核磁共振数据

另一方面，结构为 R-SF$_5$ 的化合物中的氟原子是不等价的（轴向位置和平伏位置，AB$_4$ 体系）。SF$_5$Cl 的核磁共振氟谱是这种 AB$_4$ 体系的一个例子（图 7.25），其中 +62.3 处的五重峰代表轴向氟原子，125.8 处的双峰（$^2J_{FF}$ = 151 Hz）代表四个平伏位置的氟原子。

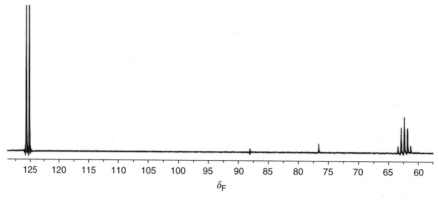

图 7.25 SF$_5$Cl 的 ^{19}F NMR 谱

具有通式结构 R-SF$_4$-X 的化合物存在一个额外的复杂性，即它们能够以顺式或反式异构体的形式存在，其中顺式异构体具有三种类型的氟原子，而反式异构体只有一种（图 7.26）。反式-对甲苯基-SF$_4$Cl 的核磁共振氟谱如图 7.27 所示。

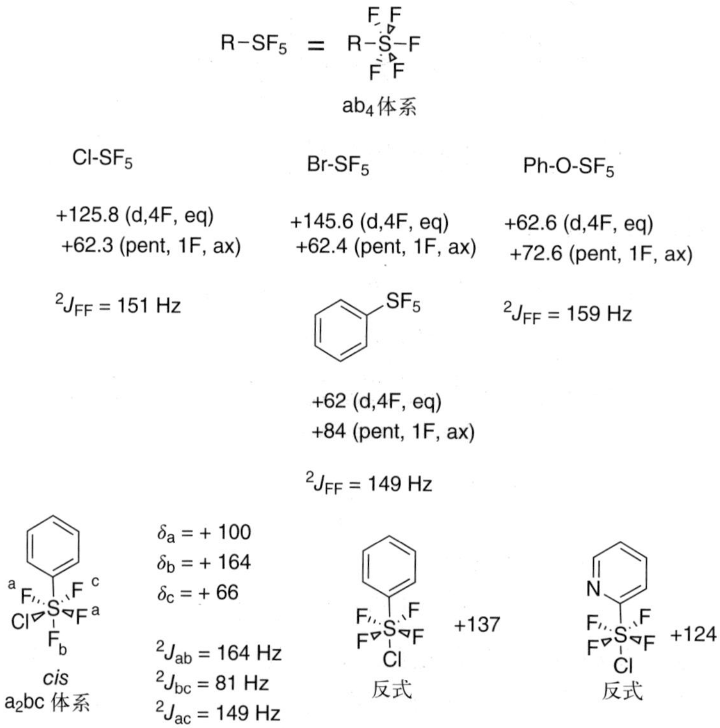

R-SF$_5$ = R-S-F (ab$_4$ 体系)

Cl-SF$_5$
+125.8 (d, 4F, eq)
+62.3 (pent, 1F, ax)

$^2J_{FF}$ = 151 Hz

Br-SF$_5$
+145.6 (d, 4F, eq)
+62.4 (pent, 1F, ax)

Ph-SF$_5$
+62 (d, 4F, eq)
+84 (pent, 1F, ax)

$^2J_{FF}$ = 149 Hz

Ph-O-SF$_5$
+62.6 (d, 4F, eq)
+72.6 (pent, 1F, ax)

$^2J_{FF}$ = 159 Hz

cis a$_2$bc 体系
δ_a = +100
δ_b = +164
δ_c = +66

$^2J_{ab}$ = 164 Hz
$^2J_{bc}$ = 81 Hz
$^2J_{ac}$ = 149 Hz

反式 +137

反式 +124

图 7.26 R-SF$_4$-X 化合物核磁共振数据

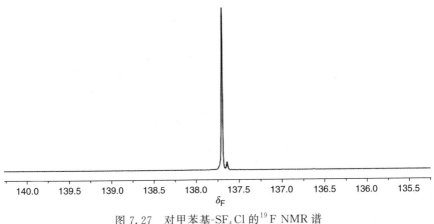

图 7.27 对甲苯基-SF_4Cl 的 ^{19}F NMR 谱

在对甲苯基-SF_4Cl 分子中,其平伏位置的四个氟原子在 +137.7 处呈现为一个单峰。由于硫有一个重要的同位素 ^{34}S(4.3%),因此在高场出现了一个小信号,这是由于 ^{34}S 同位素对氟化学位移产生的同位素效应。

当 SF_4Cl 基团连接在吡啶的 2-位时,与相应芳基-SF_4Cl 的氟原子(图 7.26)相比,其氟被显著屏蔽(+124.2)。

从图 7.28 中给出的数据可以看出,芳基-SF_4Cl 化合物与炔烃的自由基加成生成 SF_4 基团为反式构型的加成产物。

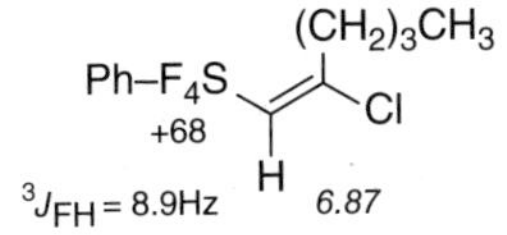

图 7.28 SF_4 基团化学位移

当三氟甲基取代上述 SF_4Cl 体系中的氯原子时,就产生了一个新的"取代基"——SF_4CF_3:当该取代基以反式构型存在时,它保持着目前最疏水基团的记录,其 π 值为 +2.13(图 7.29)。同一图中也给出了更对称体系 $CF_3SF_4CF_3$ 的顺式和反式构型的数据。

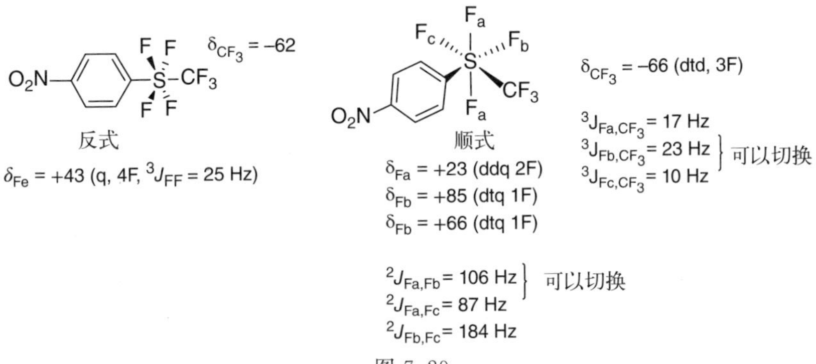

图 7.29

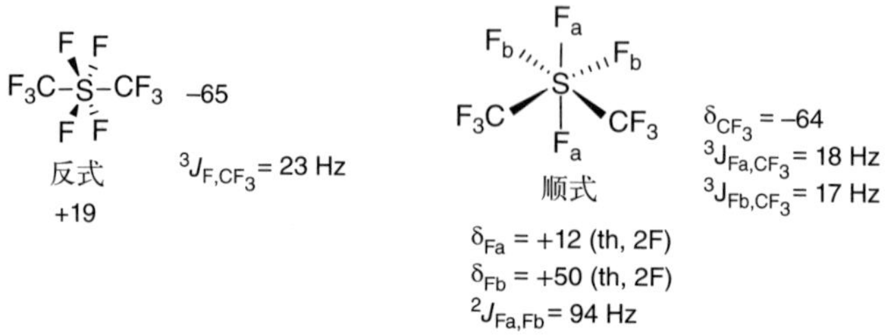

F₃C-S(F)(F)(F)(F)-CF₃ −65
反式
+19
³J_{F,CF₃} = 23 Hz

顺式
δ_{CF_3} = −64
$^3J_{Fa,CF_3}$ = 18 Hz
$^3J_{Fb,CF_3}$ = 17 Hz
δ_{Fa} = +12 (th, 2F)
δ_{Fb} = +50 (th, 2F)
$^2J_{Fa,Fb}$ = 94 Hz

图 7.29　CF_3SF_4—取代化合物的核磁共振数据

7.7.6　相关的高价硒和碲氟化物

为了比较并加深我们对化学位移趋势的理解，在图 7.30 中给出了高价硒和碲氟化物的典型例子。遗憾的是，SeF_5 和 TeF_5 基似乎都不具备 SF_5 基所表现出的化学稳定性。

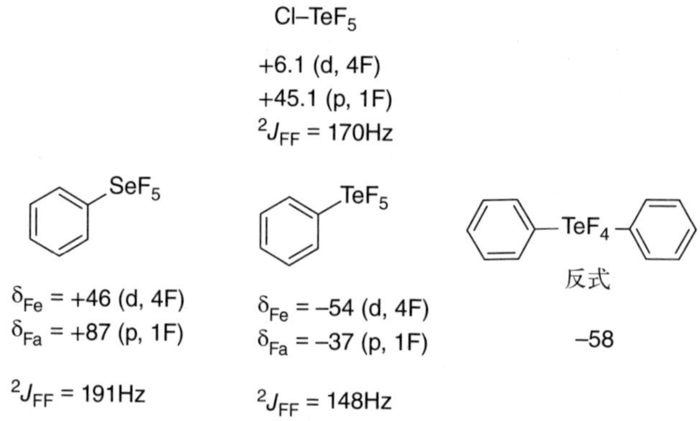

Cl—TeF₅
+6.1 (d, 4F)
+45.1 (p, 1F)
$^2J_{FF}$ = 170 Hz

Ph—SeF₅
δ_{Fe} = +46 (d, 4F)
δ_{Fa} = +87 (p, 1F)
$^2J_{FF}$ = 191 Hz

Ph—TeF₅
δ_{Fe} = −54 (d, 4F)
δ_{Fa} = −37 (p, 1F)
$^2J_{FF}$ = 148 Hz

Ph—TeF₄—Ph
反式
−58

图 7.30　高价硒和碲氟化物核磁共振数据

7.7.7　有机亚磺酰氟和磺酰氟

图 7.31 中给出了亚磺酰氟和磺酰氟的氟化学位移的典型例子。

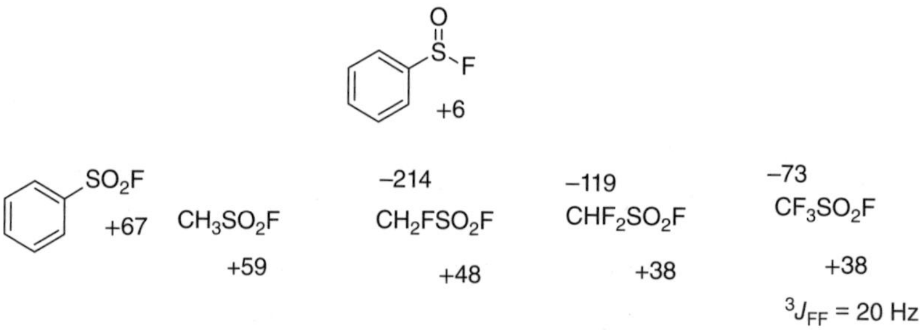

PhS(O)F
+6

PhSO₂F
+67

CH₃SO₂F
+59

−214
CH₂FSO₂F
+48

−119
CHF₂SO₂F
+38

−73
CF₃SO₂F
+38
$^3J_{FF}$ = 20 Hz

图 7.31　亚磺酰氟和磺酰氟的氟化学位移

三氟亚磺酰基苯（图 7.32）呈三角双锥结构，其中含有一个轴向氟原子和两个平伏氟原子。

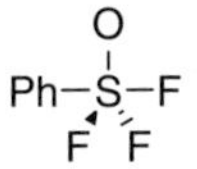

$$\text{Ph-S(O)F(F)(F)} \qquad \delta_{轴向} +102, 双重峰, \quad {}^2J_{FF} = 162$$
$$\delta_{平伏} +66, 三重峰$$

图 7.32 三氟亚磺酰基苯核磁共振数据

7.8 有机化学中的五氟硫基（SF_5）

在过去的 10～15 年里，SF_5 基团作为一种新的、潜在有趣的取代基，因其对生物活性可能产生的影响而备受关注[6]。再加上现在很多有机化合物都带有 SF_5 基，在本章中对其给予特别关注是有道理的。

研究表明，SF_5 基对化合物的亲脂性以及源自其强极性影响而产生的物理或化学性质，均具有与三氟甲基类似但往往更加显著的效果。它还具有比三氟甲基更高水解稳定性的优点。

在很大程度上，对含有 SF_5 基化合物的兴趣直接源于含 SF_5 砌块变得更加易得，以及文献中出现的将 SF_5 引入脂肪族和芳香族化合物的新颖便捷方法。

SF_5 基在核磁共振氟谱中产生高度特征性的信号。第一，这些信号总是出现在内标 $CFCl_3$ 的显著低场。因此，它们通常具有正的化学位移，一般在 55～90 的范围内。第二，由于 SF_5 基具有存在于两种不同磁性环境中的氟原子，1 个轴向氟原子和 4 个平伏氟原子，所以它总是由一对 AB_4 信号来表示，一个积分为 4 个氟原子的双峰和一个积分为 1 个氟原子的五重峰。对于有机 SF_5 化合物，五重峰通常出现在双峰的低场位置，但情况并非总是如此。SF_5 基两种类型氟原子之间的 F-F 两键耦合常数一般在 140～160 Hz 之间。图 7.33 给出了 SF_5 基的典型 AB_4 谱图，即（五氟硫基亚甲基）环己烷的谱图。在该谱图上，4 个平伏位置的氟原子以双峰的形式出现在 +66.0 处，1 个轴向位置的氟原子以五重峰的形式出现在 +86.5 处。它们之间的 F-F 两键耦合常数为 147 Hz。如果更仔细地观察，并扩展双峰后，还可以看到与烯基氢之间 9 Hz 的三键耦合。这种耦合在氢谱中更为明显（图 7.34）。

SF_5 基对 1H 和 ^{13}C NMR 谱的影响也很有特点，有关氢和碳化学位移以及相应耦合常数的信息将会连同 ^{19}F 谱数据一起提供（在数据可得的情况下）。图 7.34 和图 7.35 分别提供了（五氟硫基亚甲基）环己烷的氢谱和碳谱作为典型示例。

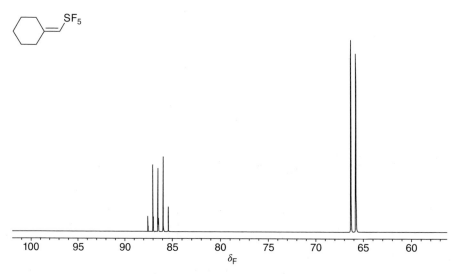

图 7.33　SF_5 基的典型 ^{19}F NMR 信号，本例中为（五氟硫基亚甲基）环己烷

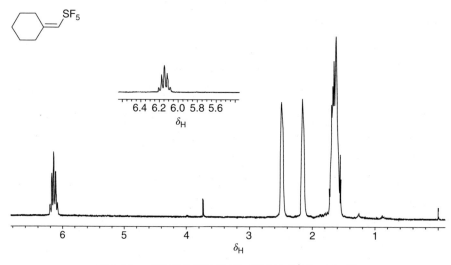

图 7.34　（五氟硫基亚甲基）环己烷的 ^1H NMR 谱

在氢谱中，烯基氢以五重峰的形式出现在 δ6.14 处，具有 9Hz 的 F-H 三键耦合常数，这意味着只有平伏氟原子与氢原子发生了耦合。目前尚未发现 SF_5 基的轴向氟原子与 C-H 氢原子发生三键耦合的例子。除了平伏氟原子的耦合可能是通过空间进行的以外，目前还没有对此提出任何解释。烯丙基氢在 2.49 和 2.15 处表现为宽的单峰，而其它六个亚甲基氢以 1.65 为中心表现为宽的多重峰。

在上述 ^{13}C NMR 谱中，带 SF_5 基的烯基碳在 δ132.34 处以五重峰

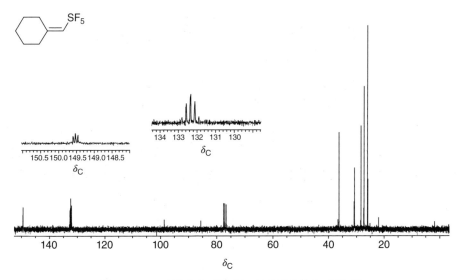

图 7.35　（五氟硫基亚甲基）环己烷的 ^{13}C NMR 谱

($^2J_{FC}=17.0$ Hz）的形式出现，而另一个烯基碳也表现出耦合（$^3J_{FC}=5.0$ Hz），出现在 149.52 处。其它环己基碳的化学位移分别为 36.21、30.73、28.47、27.33 和 25.78。跟与氢耦合的情况一样，似乎还没有 SF_5 基的轴向氟与碳耦合的任何实例。这也同样可以用通过空间相互作用而不是通过键的相互作用来解释。

由于 SF_5Cl 是制备本文讨论的许多含 SF_5 化合物的最终起始原料，因此了解其核磁共振氟谱非常重要。如图 7.25 所示，它是典型的 AB_4 谱图。然而，对于 SF_5 基来说有点不寻常的是，SF_5Cl 的轴向氟原子以五重峰的形式出现在平伏氟原子双峰信号的高场位置，分别位于＋62.3 和＋125.8（$^2J_{FF}=151$ Hz）。

无论 SF_5 基是与烷基、烯基还是芳基相连，似乎对观察到的氟化学位移没有太大影响。然而，靠近官能团的 SF_5 基，尤其是平伏位置那些氟原子的化学位移，多少会受到该官能团的一些影响。

7.8.1　饱和脂肪族体系

关于 SF_5 取代的饱和烃的报道很少。基于图 7.36 中的甲烷和乙烷衍生物，AB_4 体系中处于平伏位置的 B-氟原子似乎受从甲基到伯烷基环境变化的影响更大。此外，平伏氟原子表现出比轴向氟原子更大的 F-H 三键耦合，将邻位氢分裂成五重峰。如前几章所示，与仅通过碳的耦合常数相比，通过硫的这种 F-H 三键耦合常数明显减小。

```
            3.40                              1.6   3.8
        CH₃–SF₅   +84 (1F, pent)          CH₃–CH₂–SF₅   +82 (1F, pent)
                  +71 (4F, d)                           +59 (4F, d)
                  ²J_FF = 150 Hz                        ²J_FF = 143 Hz
        ³J_FH = 10.2 Hz (pent)            ³J_FH = 7.7 Hz (pent)
```

图 7.36　甲烷和乙烷衍生物核磁共振数据

关于 SF_5 基对氢化学位移的影响，其去屏蔽效应明显大于 CF_3 基团，但不如直接单氟取代的那么大（图 7.37）。与邻位氢的三键耦合通常会产生五重峰信号，这意味着如前所述，与 SF_5 基的平伏氟原子的耦合远大于与其轴向氟原子的耦合。

```
        F–CH₂–R      SF₅–CH₂–R      CF₃–CH₂–R
          4.4           3.8            2.0
```
(a) 对邻位质子的影响

```
       22.9              Cl                  Cl                    Cl
    H₃C~~~            H₃C~~~            F₅S~~~               F₃C~~~
   14.2                25.5               77.5                42.6
                                      58.5  56.5               54.2
                                   ²J_FC = 13 Hz (五重峰)   ²J_FC = 28 Hz (四重峰)
```
(b) 对邻近碳的影响

图 7.37　SF_5 基对氢化学位移的影响

对于碳核磁共振，SF_5 取代基对其所连接碳原子产生的去屏蔽影响也比 CF_3 取代基的大得多，如图 7.37 所示。SF_5 取代基去屏蔽约为 50，而 CF_3 基去屏蔽不到 20。跟与邻位氢原子的耦合情况一样，SF_5 的平伏氟原子也更有效地与碳原子发生耦合，导致碳信号显示为五重峰，如图 7.34 所示。

7.8.1.1　卤素取代基的影响

同样，根据少数已发表的例子，α-卤素取代基似乎可以显著地屏蔽 AB_4 体系中两种类型的氟原子，并且屏蔽程度大致相等（图 7.38）。

```
               5.4
        Br–CH₂–SF₅   +76 (1F, p)
                     +60 (4F, d)
        ³J_F(B)C = 7.5 Hz   ²J_FF = 150 Hz
```

图 7.38　卤素取代的化合物的核磁共振数据

另一方面，β-卤素取代基似乎对轴向氟原子没有太大影响，但对四个平伏氟原子有明显的去屏蔽效应（图 7.39）。

许多全氟烷基取代 SF_5 化合物都是已知的，其中 CF_3SF_5 的数据如图 7.40 所示。请注意，在这种情况下，观察到了与 SF_5 轴向氟原子之间较小但可观测到的 $^3J_{FF}$ 耦合。

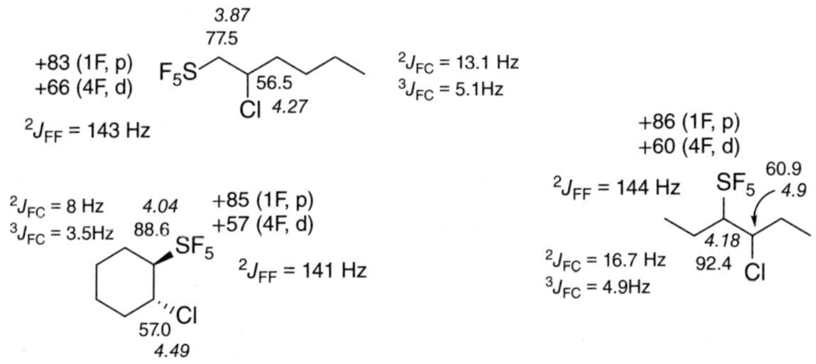

图 7.39 β-卤素取代基对氟原子的影响

+83 (1F, p)
+66 (4F, d)
$^2J_{FF}$ = 143 Hz
F_5S—CH$_2$—CHCl—... (3.87 / 77.5 / 56.5 / 4.27)
$^2J_{FC}$ = 13.1 Hz
$^3J_{FC}$ = 5.1 Hz

+85 (1F, p)
+57 (4F, d)
$^2J_{FF}$ = 141 Hz
环己基-SF$_5$/Cl (4.04 / 88.6 / 57.0 / 4.49)
$^2J_{FC}$ = 8 Hz
$^3J_{FC}$ = 3.5 Hz

+86 (1F, p)
+60 (4F, d)
$^2J_{FF}$ = 144 Hz
$^2J_{FC}$ = 16.7 Hz
$^3J_{FC}$ = 4.9 Hz
(60.9 / 4.9 / 4.18 / 92.4)

−66 CF$_3$—SF$_5$
δ_{Fa} = +61
δ_{Fe} = +37
$^2J_{Fa,Fe}$ = 146 Hz
$^3J_{Fa,CF_3}$ = 6.2 Hz
$^3J_{Fe,CF_3}$ = 22 Hz

图 7.40 CF$_3$SF$_5$ 的核磁共振数据

7.8.1.2 羰基的影响

直接与羰基相连的 SF$_5$ 基在化学上是不稳定的（因为 SF$_5$ 是一个很好的离去基团）。因此，这类化合物现有的少数例子是一些 SF$_5$ 与带有羰基（酸、酯或酮的羰基）的 CH$_2$ 相连的物质（图 7.41）。这种羰基官能团会屏蔽轴向氟原子，但对平伏氟原子几乎没有影响。此外，还提供了 SF$_5$-全氟乙酸化合物的核磁共振数据。

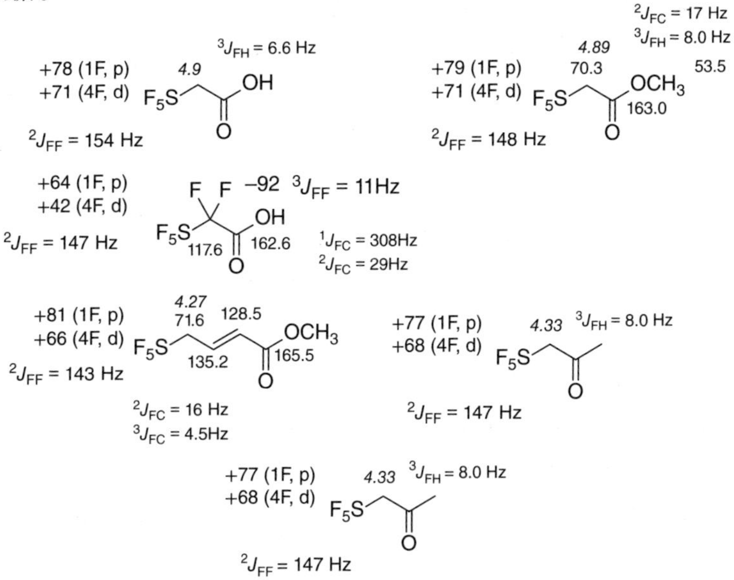

+78 (1F, p)
+71 (4F, d)
$^2J_{FF}$ = 154 Hz
F$_5$S—CH$_2$—C(O)OH (4.9)
$^3J_{FH}$ = 6.6 Hz

+79 (1F, p)
+71 (4F, d)
$^2J_{FF}$ = 148 Hz
F$_5$S—CH$_2$—C(O)OCH$_3$ (4.89 / 70.3 / 163.0 / 53.5)
$^2J_{FC}$ = 17 Hz
$^3J_{FH}$ = 8.0 Hz

+64 (1F, p)
+42 (4F, d)
$^2J_{FF}$ = 147 Hz
F$_5$S—CF$_2$—C(O)OH (117.6 / 162.6), −92
$^3J_{FF}$ = 11 Hz
$^1J_{FC}$ = 308 Hz
$^2J_{FC}$ = 29 Hz

+81 (1F, p)
+66 (4F, d)
$^2J_{FF}$ = 143 Hz
F$_5$S—CH$_2$—CH=CH—C(O)OCH$_3$ (4.27 / 71.6 / 135.2 / 128.5 / 165.5)
$^2J_{FC}$ = 16 Hz
$^3J_{FC}$ = 4.5 Hz

+77 (1F, p)
+68 (4F, d)
$^2J_{FF}$ = 147 Hz
F$_5$S—CH$_2$—C(O)CH$_3$ (4.33)
$^3J_{FH}$ = 8.0 Hz

+77 (1F, p)
+68 (4F, d)
$^2J_{FF}$ = 147 Hz
F$_5$S—CH$_2$—C(O)— (4.33)
$^3J_{FH}$ = 8.0 Hz

图 7.41 羰基的影响

7.8.2 烯基 SF₅ 取代基

SF_5-乙烷与 SF_5-乙烯中 SF_5 的氟原子几乎无法区分，但各自的 ^{13}C NMR 谱肯定可以实现它们的区分（图 7.42）。作为此类谱图的示例，已提供了（五氟硫基亚甲基）-环己烷的氟谱、氢谱和碳谱（分别见图 7.33～图 7.35）。

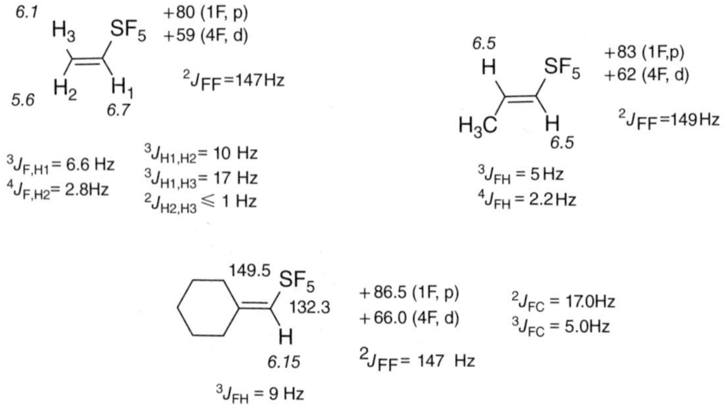

图 7.42 SF₅-烯烃核磁共振数据

烯烃上的 β-氯对 SF₅ 基团中轴向氟的化学位移影响不大，但对平伏氟有轻微的去屏蔽作用（图 7.43）。

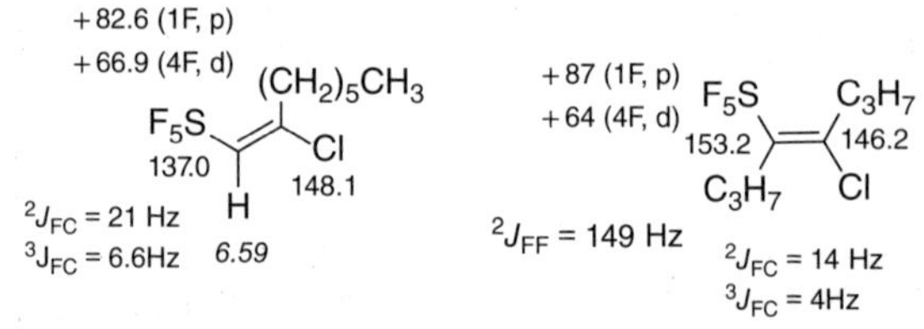

图 7.43 β-氯对 SF₅ 基团中氟化学位移的影响

当将 SF₅ 基置于 α, β-不饱和羰基或腈体系的 β-位时，轴向氟的化学位移似乎不受影响，而平伏氟被去屏蔽约为 5（图 7.44）。

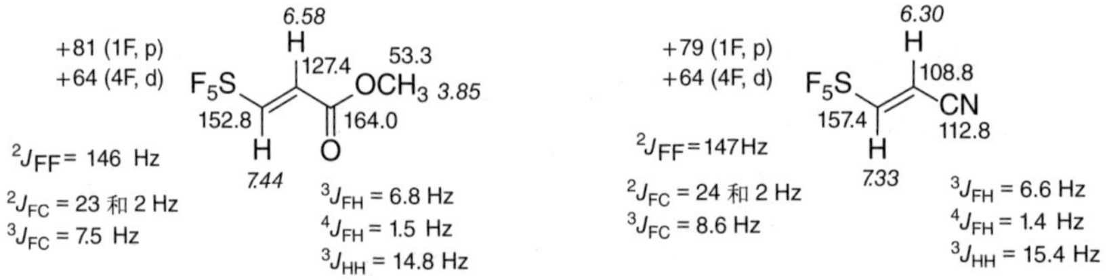

图 7.44 α, β-不饱和羰基/腈体系核磁共振数据

7.8.3 炔基 SF_5 取代基

SF_5-乙炔的 AB_4 体系与相应 SF_5-烯烃或 SF_5-烷烃的相比存在显著差异。最引人注目的是，SF_5-炔烃中 AB_4 信号的出峰顺序发生了变化，由 4 个平伏氟原子产生的氟信号出现在由 1 个轴向氟原子产生的氟信号的低场（图 7.45）。与 SF_5-乙烷相比，SF_5-乙炔的平伏氟原子向低场移动了约 20，而其轴向氟原子则向高场移动了约 10。

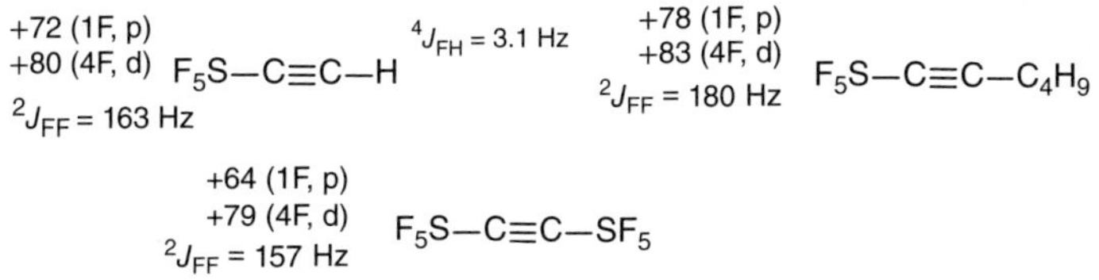

+72 (1F, p)
+80 (4F, d)
F5S—C≡C—H
2JFF = 163 Hz
4JFH = 3.1 Hz
+78 (1F, p)
+83 (4F, d)
2JFF = 180 Hz
F5S—C≡C—C4H9
+64 (1F, p)
+79 (4F, d)
2JFF = 157 Hz
F5S—C≡C—SF5

图 7.45　SF_5-炔烃的核磁共振数据

这种峰值的转换可以在对甲苯基-SF_5-乙炔的氟谱中观察到（图 7.46）。

98 96 94 92 90 88 86 84 82 80 78 76 74 72 70 68 66 64 62
δF

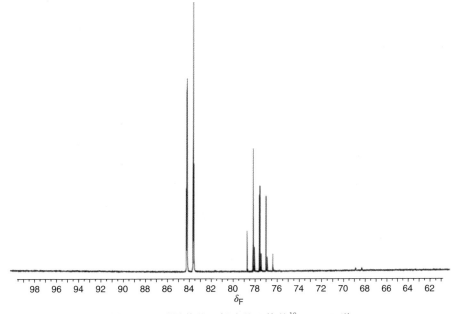

图 7.46　对甲苯基五氟硫基乙炔的 ^{19}F NMR 谱

4 个平伏氟原子的双峰出现在 +83.8 处，而 1 个轴向氟原子的五重峰出现在 +77.6 处，两键耦合常数为 161Hz。

7.8.4 芳香族 SF_5 取代基

SF_5 苯的 AB_4 体系产生的 ^{19}F NMR 信号与 SF_5 烯烃产生的 ^{19}F NMR 信号

出现在大致相同的区域（图 7.47）。1-（五氟硫基）萘的核磁共振氟谱如图 7.48 所示。其 69.4 和 87.0 处的氟信号是芳基-SF_5 化合物的典型信号。隐藏在双峰中的是一个与 9-位氢原子之间小的 $^5J_{FH}$ 空间耦合，该耦合只能在氢谱（图 7.49）中看到，其信号位于 8.47 处，如果不是由于与 SF_5 基团平伏氟之间微小的五重耦合，它（即氢谱上 8.47 处的信号）将是一个简单的双峰。请注意，该化合物的所有七个氢都清晰可辨。

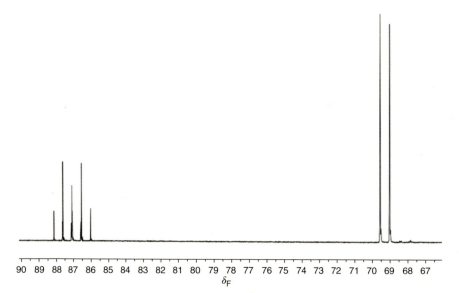

图 7.47 SF_5 苯的 AB_4 体系的核磁共振氟谱数据

图 7.48 1-（五氟硫基）萘的 ^{19}F NMR 谱

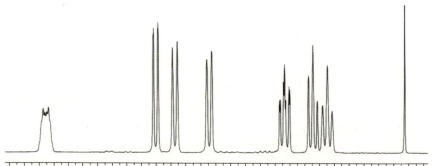

图 7.49 1-（五氟硫基）萘的 ^1H NMR 谱

1-(五氟硫基)萘的^{13}C NMR 谱(图 7.50)也很典型,除了一个季碳(位于 127.74)被 127.76 处的五重峰所掩盖,其余所有的碳都清晰可辨。带有 SF_5 基的碳原子出现在 151.8 处,其两键耦合常数仅为 17Hz。

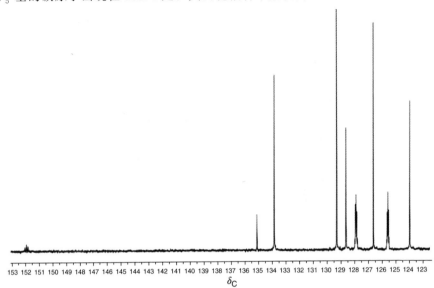

图 7.50 1-(五氟硫基)萘的^{13}C NMR 谱

通过比较 SF_5 基与 CF_3 基对芳香族^{13}C 化学位移的影响,从图 7.51 中的数据可以看出,这两个基团具有细微但有趣的不同影响。两个基团都对邻位碳有一定的屏蔽作用,而对其它碳则有去屏蔽作用,但 SF_5 基对本位碳的影响更强,于对位碳的影响也更大,而对间位碳的影响则较弱。如前所述,通过硫的两键耦合效率远低于通过碳的两键耦合。

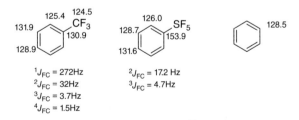

图 7.51 SF_5 基与 CF_3 基对芳香族^{13}C 化学位移的影响

图 7.52 和图 7.53 分别给出了 4-氟-和 2-氟-(五氟硫基)苯的氟谱。

4-氟化合物的氟谱没有什么特别之处。4 位的氟信号表现为典型的七重峰,当三重三重峰中的较小耦合约为较大耦合的一半时,便会出现这种情况。

2-氟化合物的谱图给出了通过空间耦合($^4J_{FF}=20$Hz)的证据,该耦合发生在 2 位的氟取代基和 SF_5 基的平伏氟之间。

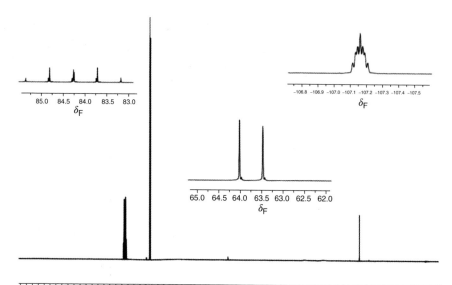

图 7.52　4-氟-(五氟硫基)苯的 ^{19}F NMR 谱

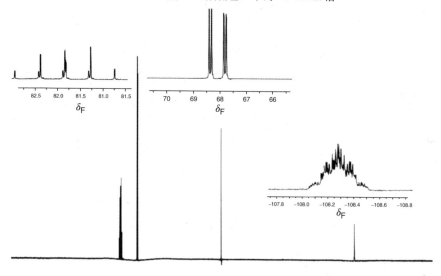

图 7.53　2-氟-(五氟硫基)苯的 ^{19}F NMR 谱

表 7.3 给出了各种取代 SF_5-苯中两种氟信号的化学位移值。

请注意,当环上的其它取代基位于间位或对位时,4 个平伏氟原子的化学位移不受这些取代基的影响(±2.4)。异常情况是 2 位的 OH 和 F 取代基,它们对平伏氟原子产生了明显的去屏蔽作用。轴向氟原子受环取代的影响更大(±7.8)。

表 7.3　Ar-SF$_5$ 化合物平伏氟和轴向氟的 ^{19}F 化学位移[1]

Ar-SF$_5$	δ,双重峰	δ,五重峰	试剂(CFCl$_3$)
Ph-SF$_5$	62.3	84.1	CDCl$_3$
3-Br-PhSF$_5$	62.3	82.4	CDCl$_3$
4-Br-PhSF$_5$	62.5	83.0	CDCl$_3$
3-NO$_2$-PhSF$_5$	62.3	80.6	CDCl$_3$
4-NO$_2$-PhSF$_5$	62.2	80.6	CDCl$_3$
4-Me-PhSF$_5$	62.7	84.8	CDCl$_3$
2-NH$_2$-PhSF$_5$	64.4	87.8	CDCl$_3$
3-NH$_2$-PhSF$_5$	61.9	84.7	CDCl$_3$
4-NH$_2$-PhSF$_5$	64.1	87.4	CDCl$_3$
2-OH-PhSF$_5$	67.0	85.9	CDCl$_3$
3-OH-PhSF$_5$	62.1	83.8	CDCl$_3$
4-OH-PhSF$_5$	63.8	85.7	CDCl$_3$
2-F-PhSF$_5$	68.1	81.8	CDCl$_3$
3-F-PhSF$_5$	62.6	82.8	CDCl$_3$
4-F-PhSF$_5$	63.7	84.2	CDCl$_3$
3-B(OH)$_2$-PhSF$_5$	64.3	88.4	DMSO-d$_6$
4-B(OH)$_2$-PhSF$_5$	64.1	87.9	DMSO-d$_6$

[1] 所有 Ar-SF$_5$ 化合物的 $^2J_{FF}$ 耦合常数为 148～151Hz。

2-氟-(五氟硫基)苯的碳谱(图 7.54)也说明:氟取代基的长程耦合影响比 SF$_5$ 基的要大得多。与单氟取代基耦合的相对大小使得归属每个芳香碳成为可能: δ 118.1 (d, $^2J_{FC}$=24Hz, C3), 124.2 (d, $^4J_{FC}$=3.8Hz, C5), 128.7 (d, $^3J_{FC}$=4.9Hz, C6), 133.9 (d, $^3J_{FC}$=9.1Hz, C4), 140.2 (d, pent, $^2J_{FC}$=18.5Hz, 11.2Hz, C1), 156.2 (d, $^1J_{FC}$=260Hz, C2)。

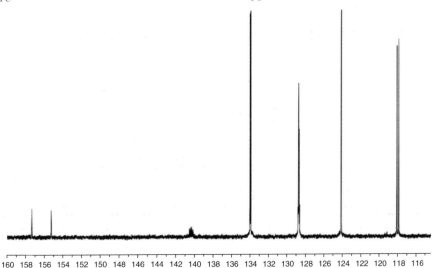

图 7.54　2-氟-(五氟硫基)苯的 ^{13}C NMR 谱

7.8.5 杂环 SF₅ 化合物

图 7.55～图 7.57 给出了 2-(五氟硫基)吡啶的核磁共振氟谱、氢谱和碳谱。

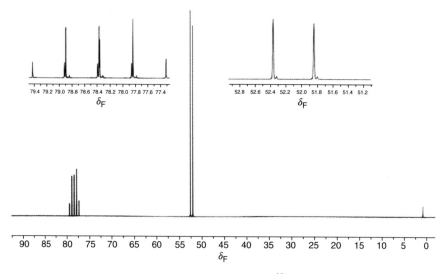

图 7.55　2-(五氟硫基)吡啶的 ^{19}F NMR 谱

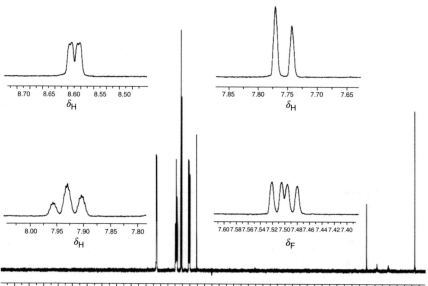

图 7.56　2-(五氟硫基)吡啶的 ^{1}H NMR 谱

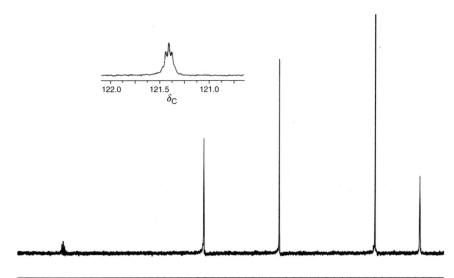

图 7.57　2-（五氟硫基）吡啶的 ^{13}C NMR 谱

源自 2-（五氟硫基）吡啶中 4 个平伏氟原子的双峰出现在 +51.6，源自其 1 个轴向氟原子的五重峰出现在 +77.9；与 SF$_5$-苯类芳烃的信号（分别出现在 +62.3 和 +84.1）相比，2-（五氟硫基）吡啶的两个信号都表现出明显的屏蔽效应。这一趋势与 2-（三氟甲基）吡啶（$\delta_F = -68$）和三氟甲基苯（$\delta_F = -63$）的氟化学位移比较中所展示的趋势相同，但 SF$_5$ 的差异更为显著。

氢均可分辨和归属：δ 7.50（H5）、7.76（H3）、7.93（H4），8.60（H6），具有以下耦合常数：^3J = 8.3Hz（H3～H4）、7.4Hz（H4～H5）、4.6（H5～H6）Hz。

碳谱在 δ 121.5（p，$^3J_{FC}$ = 4Hz，C3），127.0（C5），138.9（C4），148.2（C6），121.4（p，$^2J_{FC}$ = 23Hz，C2）处有信号。

7.9　三氟化溴、三氟化碘和五氟化碘

BrF$_3$、IF$_3$ 和 IF$_5$ 是高度反应性的化合物，近年来由于其作为专用和高效氟化试剂的独特能力而重新受到关注[7]。IF$_5$ 本身是一种非常危险的物质，作为一种 AB$_4$ 体系，它表现出如图 7.58 所示的氟核磁共振化学位移。然而，当与 Et$_3$N·3HF 结合时，它就成为了一种较安全且有用的试剂，其核磁共振谱由一个位于约 −50 处宽的单峰组成[8]。

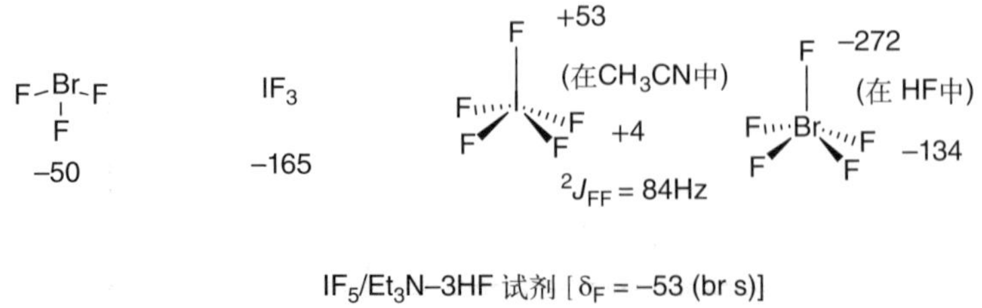

图 7.58 IF_5、BrF_3、IF_3 的核磁共振数据

7.10 芳基及烷基卤二氟化物和四氟化物

各种芳基氯、溴和碘二氟化物与四氟化物的氟原子在核磁共振氟谱中表现为单峰（除非邻位存在氟或三氟甲基），这些单峰对芳基取代基和溶剂都很敏感（图 7.59）。化学位移的变化各不相同，均如报道所述。还提供了两种烷基碘二氟化物和一个氟碘亲电氟化试剂的数据。

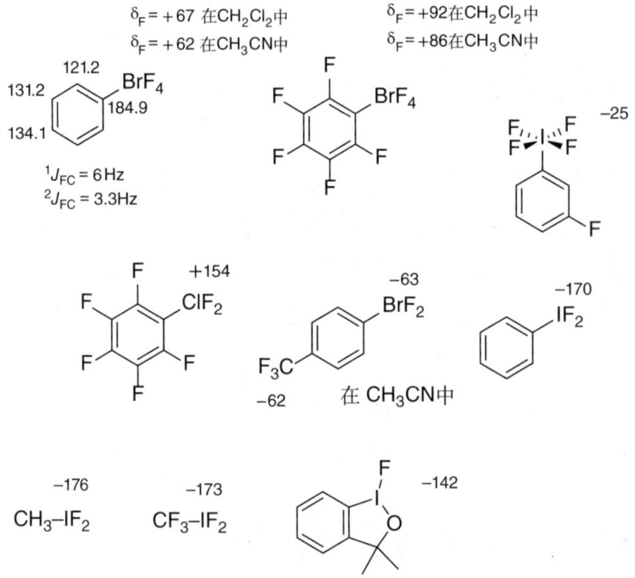

图 7.59 芳基氯、溴和碘的核磁共振数据

7.11 氙氟化物

图 7.60 中给出了一些氙氟化物的氟化学位移[9]。同时还展示了一种有机

氙化合物，即 Ph-XeF$_2$。

$$\begin{array}{ccc} \text{XeF}_2 & \text{XeF}_4 & \text{XeF}_2\text{O} \\ -179 & -20.5 & -49 \end{array}$$

$$\begin{array}{c} \text{PhXeF}_2 \\ -29.5 \end{array}$$

图 7.60　氙氟化物的氟化学位移

参考文献

[1] Gombler, W.; Schaebs, J.; Willner, H. *Inorg. Chem.* **1990**, *29*, 2697.

[2] Gillespie, R. J. *J. Chem. Ed.* **1963**, *40*, 295.

[3] Ibbott, D. G.; Janzen, A. F. *Can. J. Chem.* **1972**, *50*, 2428.

[4] Taha, A. N.; True, N. S.; LeMaster, C. B.; LeMaster, C. L.; Neugebauer Crawford, S. M. *J. Phys. Chem. A* **2000**, *104*, 3341.

[5] Seppelt, K. *Chem. Rev.* **2015**, *115*, 1296.

[6] Savoie, P. R.; Welch, J. T. *Chem. Rev.* **2015**, *115*, 1130.

[7] Rozen, S. *Acc. Chem. Res.* **2005**, *38*, 803.

[8] Yoneda, N.; Fukuhara, T. *Chem. Lett.* **2001**, 222.

[9] Brock, D. S.; Bilir, V.; Mercier, H. P. A.; Schrobilgen, G. J. *J. Am. Chem. Soc.* **2007**, *129*, 3598.